城镇防洪技术与设计导则

中国市政工程东北设计研究总院　主编

中国建筑工业出版社

图书在版编目（CIP）数据

城镇防洪技术与设计导则/中国市政工程东北设计研究总院主编. —北京：中国建筑工业出版社，2014.1
ISBN 978-7-112-16058-7

Ⅰ. ①城… Ⅱ. ①中… Ⅲ. ①城镇-防洪工程-研究 Ⅳ. ①TU998.4

中国版本图书馆 CIP 数据核字（2013）第 261322 号

本书共分15章，分别为：总则，术语，城镇防洪排涝标准，总体设计，经济评价，洪水、涝水、潮位计算，分洪与蓄滞洪，堤防，护岸及河道整治，治涝工程，山洪防治，泥石流防治，防洪闸，交叉构筑物，防洪管理。本书重点对城市防洪排涝标准、城市用地防洪安全布局、城市防洪体系、城市防洪排涝工程措施、城市防洪排涝非工程措施以及城市防洪规划编制内容进行了深入研究。具有较强的可操作性，可以指导工程实践。

*　　*　　*

责任编辑：于　莉　田启铭
责任设计：张　虹
责任校对：陈晶晶　关　健

城镇防洪技术与设计导则
中国市政工程东北设计研究总院　主编
*
中国建筑工业出版社出版、发行（北京西郊百万庄）
各地新华书店、建筑书店经销
霸州市顺浩图文科技发展有限公司制版
北京君升印刷有限公司印刷
*
开本：787×1092毫米　1/16　印张：18¾　字数：466千字
2014年3月第一版　　2014年3月第一次印刷
定价：**58.00**元
ISBN 978-7-112-16058-7
（24814）

参编人员

主编单位： 中国市政工程东北设计研究总院

主　　编： 杨　红　中国市政工程东北设计研究总院教授级高级工程师

副 主 编： 赵文明　中国市政工程东北设计研究总院高级工程师

编　　委： 张继权　东北师范大学教授

李玉良　中国市政工程东北设计研究总院研究员

费立春　松辽水利委员会流域规划与政策研究中心教授级高级工程师

编写人员：（按照章节顺序）

杨　红　中国市政工程东北设计研究总院教授级高级工程师

赵文明　中国市政工程东北设计研究总院高级工程师

李玉良　中国市政工程东北设计研究总院研究员

张　勇　中国市政工程东北设计研究总院教授级高级工程师

李树军　松辽水利委员会流域规划与政策研究中心高级工程师

陈　鹏　东北师范大学讲师

黄相军　中水东北勘测设计研究有限责任公司高级工程师

王　鹤　中水东北勘测设计研究有限责任公司高级工程师

马东来　东北师范大学博士研究生

孙仲益　东北师范大学博士研究生

胡　月　东北师范大学博士研究生

主审专家： 郭　晓　中国市政工程东北设计研究总院教授级高级工程师

张富国　中国市政工程东北设计研究总院教授级高级工程师

审核专家： 厉彦松　中国市政工程东北设计研究总院教授级高级工程师

姜云海　中国市政工程东北设计研究总院教授级高级工程师

序

暴雨、径流、洪水是自然现象，是地球上水文循环规律所使然。参加水文循环的水量极为有限，其总量为57万km^3/年，占地球水储量的0.003%。水文循环产生的大陆径流更为希少，仅为4.7万km^3/年，是地球水储量的0.0004%。这部分可更新的淡水资源是人类和自然生态系赖以生存的基础。

洪水是可更新的淡水资源的主要部分，占年径流的60%以上。所以洪水不是猛兽，而是人类的宝贵资源。人类要珍惜洪水，与洪水共存。进一步利用洪水的发生与运动规律为人类服务，为水环境服务。

洪灾古今中外有之，而久治不绝。究其原因，不过是人类活动，尤其是城市畸型发展的结果。在过去的一百多年里，尤其是近50年，大片森林被砍伐；自然湿地萎缩和消失；草原、山体被破坏……是人类阻断了雨水径流通道，侵占了洪水栖身之所，由此必然遭到洪水之报复。

防治洪水泛滥，首先要着眼于全流域。流域植被、水土的保护和保持，蓄洪滞洪区的确立，流域有度径流调节等等……都不可或缺。在最大限度的留住洪水资源的同时，也大力减轻了洪水危害的机率。《城镇防洪技术与设计导则》是在流域（区域）水利和防洪总体规划的大框架下，对城镇防洪、防内涝工程体系具体技术与管理工作的规范。在集成、整理传统技术的基础上，渗入了人与洪水合谐的新理念，增色了近年国内外新技术和管理经验，是一部完整的防洪工程设计指南。愿本导则对提升城镇防洪防涝功能以及在建立循环型城市的进程中起到推动作用。

中国市政工程东北设计总院名誉院长
中　国　工　程　院　院　士　張傑

前　言

近年来，国内水灾频出，导致基础设施被淹，火车停运乃至人员伤亡等事故频出，暴雨造成我国很多城区部分地段积水严重，有网友戏称雨后的城市为“水都北京”、“海上长沙”、“水城武汉”、“水泽南昌”。2004年“7·10”北京城区暴雨，降雨强度80mm/h，莲花桥积水2m，城西地区交通瘫痪；2005年“8·14”密云局地特大暴雨，降雨强度100mm/h，暴发山洪，威胁群众生命安全；2006年“7·31”首都机场暴雨，降雨强度105mm/h，迎宾桥积水1.7m，进出机场交通中断；2007年“8·1”和“8·6”暴雨，降雨强度85mm/h，北三环安华桥下两次发生积水。2011年6月23日北京大范围城市内涝。2011年6月18日武汉市遭受强暴雨袭击。2011年6月18日杭州市遭受强暴雨袭击，暴雨水淹西湖长桥，网友戏称“水漫金山”。2011年6月28日长沙市遭受强暴雨袭击，城区部分地段由于积水较深，导致交通受阻，一些路段变成“泽国”，部分地区积水甚至没过大腿。

近年来，上海、北京、重庆、广州等城市都不同程度遭遇暴雨内涝灾害。2010年5月广州暴雨袭城，当时官方数据称，当地中心城区排水管道达“一年一遇”的占总量83%，达“两年一遇”的仅占9%。今年武汉大涝，媒体报道称，武汉符合国家“一年一遇”的城市防涝标准。相比于国内多数城市的“一年一遇”标准（注：一年一遇是每小时可排36mm雨量），国外很多城市的排水标准则要高得多。国外多数城市在设计排水系统标准时，都是按照降雨丰富时的最大排水量来取样的。据了解，目前巴黎是“五年一遇”的标准、东京采取“五至十年一遇”的标准、纽约采用的是“十至十五年一遇”标准。欧美的排水系统设计标准为“100年甚至300年一遇”。法国巴黎在进行城市规划时，设计了很大的地下排水系统，既能存水又能排水。德国汉堡市建有容量很大的地下调蓄库，调蓄库在洪水期有很强的调节水量能力。这种大规模的城市地下蓄水，既能保证汛期排水通畅，又能实现对雨水的合理利用。德国的绿化率很高，也在一定程度上减少了雨水径流。为防止城市积水，不少国家还在城市建设中采用透水砖铺装人行道、增加透水层、减少硬质铺装等措施。日本的城市内涝问题以前也很严重，但他们从20世纪80年代开始发展地下空间，在修车库和地铁的同时，在地下修建了很多储存雨水的装置。

我国在经历了近年来的内涝灾害后，现在正在进行管道设计标准的研究和调整工作，同时提倡借鉴国外经验，在城市规划时应留出更多的跟硬化地面配套的透水地面和存水设施，雨水并不一定非得从管道走，而是可以采取生态措施，进行雨水的综合运用。比如，可以利用人工或自然水体、池塘、湿地或低洼地对雨水径流实施调蓄、净化和利用。此外，积极建设雨水收集、储存、净化系统，留住雨水或让其回渗地下，能起到汇聚湿地、涵养土地、补充地下水资源的作用。

根据国家相关部委要求编制城市防洪导则。

本导则编制过程中，编制组在认真总结我国城市防洪规划编制实践经验、学习参考国家相关标准规范的基础上，重点对城市防洪排涝标准、城市用地防洪安全布局、城市防洪体系、城市防洪排涝工程措施、城市防洪排涝非工程措施以及城市防洪规划编制内容进行了深入研究。具有较强的可操作性，可以指导工程实践。

本导则经过广泛征求意见、反复修改论证，经专家及有关部门审查定稿。在此，对给予本导则支持和帮助的国内相关领域的专家和学者表示衷心的感谢。

目　　录

第1章 总　　则

1.1 编制目的

为防治洪水、涝水、风暴潮危害，保障城镇防洪安全，指导城镇防洪排涝建设（改造、扩建、新建）工程的设计、施工、运行和监督管理，制定本导则。

1.2 适用范围

城镇范围内的河（江）、海潮、山洪和泥石流等防洪工程建设（改造、扩建、新建）的规划、设计。重要的基础设施（含工矿企业、机场、油田等）可参照执行。

1.3 基本要求

（1）城镇防洪工程规划及设计应该以城镇总体规划及所在江河流域防洪规划、区域防洪规划为依据，与城市市政建设、生态环境相协调，全面规划，统筹兼顾，工程措施与非工程措施相结合进行综合治理。

（2）城市防洪工程设计，应当调查、收集、掌握气象、水文、泥沙、地形、地质、环境和社会经济等基础资料。选用的基础资料应准确可靠。

（3）城市防洪范围内的河道及沿岸的土地利用应服从防洪、排涝要求，跨河建筑物和穿堤建筑物的防洪标准应与该城市的防洪、排涝标准相适应。

（4）山区城市除防治江河洪水外，应重视山洪、泥石流的防治；平原城市主要防江河洪水，同时应考虑涝水治理，洪、涝兼治；海滨城市除防洪治涝外，还应考虑海潮的影响，洪、涝、潮兼治。

（5）在地面沉降区，应考虑地面沉降对防洪工程产生的影响，并采取相应的防治措施；在季节性冻土、多年冻土或凌汛地区，应考虑冻胀对防洪工程的影响，并采取相应的防治措施。

（6）建在湿陷性黄土、膨胀土、红黏土、淤泥质土和泥炭土等特殊地基上的城市防洪工程，应按有关规范的规定进行基础处理。

（7）城市防洪工程设计，应从城市的具体情况出发，总结已有防洪工程实践经验，同时积极采用国内外先进的新理论、新技术、新工艺、新材料。

（8）防护对象的防洪标准应以防御的洪水或潮水的重现期表示，对特别重要的防护对象可采用可能最大洪水表示，根据防护对象的不同需要其防洪标准可采用设计一级或设计校核两级。

1.4 指导思想

（1）全面规划、统筹兼顾、预防为主、综合治理；

（2）除害与兴利相结合，注重雨洪利用；

（3）注重城市防洪排涝工程措施综合效能，工程措施与非工程措施相结合。

1.5 技术原则

（1）各类防护对象的防洪标准应根据防洪安全的要求并考虑经济、政治、社会、环境等因素综合论证确定，有条件时应进行不同防洪标准所可能减免的洪灾经济损失与所需的防洪费用的对比分析合理确定。

（2）当防护区内有两种以上的防护对象又不能分别进行防护时，该防护区的防洪标准应按防护区和主要防护对象两者要求的防洪标准中较高者确定。

（3）对于影响公共防洪安全的防护对象应按自身和公共防洪安全两者要求的防洪标准中较高者确定，兼有防洪作用的路基围墙等建筑物、构筑物其防洪标准应按防护区和该建筑物、构筑物的防洪标准中较高者确定。

（4）遭受洪灾或失事后，损失巨大、影响十分严重的防护对象可采用高于本标准规定的防洪标准；损失及影响均较小且使用期限较短及临时性的防护对象可采用低于本标准规定的防洪标准。

采用高于或低于本标准规定的防洪标准时不影响公共防洪安全的应报行业主管部门批准；影响公共防洪安全的尚应同时报水行政主管部门批准。

（5）各类防护对象的防洪标准确定后，相应的设计洪水或潮位、校核洪水或潮位应根据防护对象所在地区实测和调查的暴雨洪水潮位等资料分析研究确定，同时应符合下列要求：

1）对实测的水文资料进行审查，并检查资料的一致性和分析计算系列的代表性，对调查资料应进行复核。

2）根据暴雨资料计算设计洪水对产流汇流计算方法和参数应采用实测的暴雨洪水资料进行检验。

3）对暴雨洪水的统计参数和采用成果应进行合理性分析。

（6）各类防护对象的防洪设计除应符合本导则要求外，尚应符合国家现行有关标准规范的规定。

1.6 引用标准

（1）《防洪标准》GB 50201—1994

（2）《城市防洪工程设计规范》GB/T 50805—2012

（3）《堤防工程设计规范》GB 50286—2013

（4）《泵站设计规范》GB 50265—2010

（5）《水闸设计规范》SL 265—2001

（6）《开发建设项目水土保持方案技术规范》SL 204—1998

（7）《环境影响评价技术导则　水利水电工程》HJ/T 88—2003

（8）《水利建设项目经济评价规范》SL 72—1994

（9）《水利水电工程等级划分及洪水标准》SL 252—2000

第2章　术　　语

2.1　城市防洪标准

指城市应具有的防洪能力，也就是城市整个防洪体系的综合抗洪能力。

在一般情况下，当发生不大于防洪标准的洪水时，通过防洪体系的正确运用，能够保证城市的防洪安全。具体表现为防洪控制点的最高水位不高于设计洪水位，或者河道流量不大于该河道的安全泄量。防洪标准与城市的重要性、洪水灾害的严重性及其影响有关，并与国民经济发展水平相适应。

中华人民共和国国家标准《防洪标准》和行业标准《城市防洪工程设计规范》都明确规定，城市防洪标准采用"设计标准"一个级别，不用校核标准。

2.2　城市防洪标准的表达方式

（1）以调查、实测某次实际发生的历史洪水作为城市防洪标准。

例如，长江中、下游沿岸城市，都是以1954年洪水作为防洪标准；淮河沿岸城市，也是以1954年洪水作为防洪标准；黄河中、下游沿岸城市，都是以1958年洪水作为防洪标准等。这种方法具有通俗易懂、效益明显的优点，但该标准的高低不明确，它与调查或实测时间系列长短，以及该时期洪水状况有关。

（2）特别重要城市和特别重要防护对象应采用可能发生最大洪水（或潮位）作为防洪标准。

例如，北京市永定河三家店至卢沟桥河段的左岸堤防、秦山核电站主厂房、大亚湾核电站主厂房、大伙房水库等，均采用可能发生最大洪水（或潮位）作为防洪标准。

（3）采用洪水的重现期表示城市防洪标准。

这种方法在我国城市防洪等许多部门普遍采用。这种方法虽然比较抽象，而且在发生一次特大洪水后数据有变化，但是它对城市防洪安全程度和风险大小比较明确，能够满足风险和敏感性分析需要各不同量级洪水出现频率的要求；计算理论和方法比较成熟，任意性小，容易掌握。因此设计规范采用这种方法表达城市防洪标准。

2.3　洪灾类型

城镇防洪工程指的洪灾类型包括江河洪水、山洪、泥石流、海潮和涝水。城市防洪工程等别相同时，不同类型的洪灾造成的灾害程度和损失大小是不同的。同一城市遭受不同洪灾威胁时，采用不同的防洪标准。

2.4 城镇防洪体系

城镇防洪工程是一个系统工程，一般由多种防洪建筑物、构筑物共同组成。

城镇防洪标准是城市防洪体系的防洪标准，而不是某一个防洪建筑物的标准。城市防洪体系的构成主要由城市洪灾类型决定，并与城市自然条件和流域规划有关。防洪建筑物的防洪标准，根据在城市防洪体系中的地位与作用确定。

例如，大中型水库因为非常重要，其防洪标准可高于城市防洪标准。堤防的防洪标准，一般低于城市防洪标准，只有当其成为城市唯一的防洪措施时，堤防的防洪标准才等于该城市的防洪标准。

2.5 洪水整治线

设计洪水时的水边线，称为洪水整治线。

在进行防洪工程规划设计时，通常根据河流水文、地形、地质等条件和河道演变规律以及泄洪需要，拟定比较理想的河槽，使其河槽宽度和平面形态，既能满足泄洪要求，又符合河床演变规律及保持相对稳定。设计洪水时的水边线，称为洪水整治线。洪水整治线为河流主槽的水边线，这一河槽的大小和位置的确定，对与防洪有关的洪水河槽有直接影响。

2.6 治涝工程

指城市雨水管网系统之外的排除城市涝水的水利工程，主要包括排涝河道、排涝泵站等内容。

2.7 泥石流重力密度

为获得泥石流重力密度，除了解当地原有的观测、调查资料外，在勘测时常采用当地的泥沙、石块，加水搅拌成不同稀稠的若干种样品，请当地经常看到泥石流暴发的居民辨认，指认一种较为接近流动时情况的样品，称出重量，量出体积，即作为泥石流重力密度值。

2.8 停淤场

使泥石流停淤的一块平坦而宽阔的场地。稀性泥石流，流动范围扩大、流深及流速减小，大部分石块因失去动力而沉积。黏性泥石流，则利用它有残留层的特性，让它粘附在流过的地面上，停淤场就是利用广大的地面来停积泥石流的一种方法。

第3章 城镇防洪排涝标准

3.1 城市防洪工程等别、洪灾类型与防洪标准关系

3.1.1 城市防洪工程等别

对有防洪任务的城市，按人口和重要程度划分等级，同时根据城市的等级确定城市防洪工程的等别，见表 3-1。

城市防洪工程等别 表 3-1

城市防洪工程等别	分等指标	
	重要程度	防洪保护区人口(万人)
一	特别重要城市	≥100
二	重要城市	<100，且≥50
三	中等城市	<50，且≥20
四	一般城市	<20，且≥10
五	小城市	<10

注：1. 城市是指国家按行政建制设立的直辖市、市、镇中有防洪任务的城市；
2. 防洪保护区内的人口是指城市防洪工程保护的市区和近郊区的常住人口。

3.1.2 不同洪灾类型的防洪标准

城市防洪工程等别相同时，不同类型的洪灾造成的灾害程度和损失大小是不同的。同一城市遭受不同洪灾威胁时，采用不同的防洪标准。位于山区、平原和海滨不同地域的城市，其防洪工程的设计标准应根据防洪工程的等别、灾害类型按表 3-2 分析确定。

不同洪灾类型防洪工程的设计标准 表 3-2

城市防洪工程等别	设计标准(重现期:年)				
	河(江)洪水	涝水	海潮	山洪	泥石流
一	≥200	≥20	≥100	100～50	≥100
二	<200，且≥100	<20，且≥10	<100，且≥50	<50，且≥20	<100，且≥50
三	<100，且≥50	<20，且≥10	<50，且≥20	<20，且≥10	<50，且≥20
四	<50，且≥20	<20，且≥10	<20，且≥10	<10，且≥5	<20，且≥10
五	<20，且≥10	<20，且≥5	<10，且≥5	<10，且≥5	<10，且≥5

注：1. 标准上下限的选用应考虑灾后造成的影响、经济损失、抢险难易以及筹资条件等因素；
2. 涝水指暴雨重现期；
3. 海潮指设计高潮位；
4. 当城市地势平坦排泄洪水有困难时，经论证山洪和泥石流防洪标准可适当降低。

3.1.3　防洪标准与防洪体系的关系

城镇防洪标准是城市防洪体系的防洪标准，而不是某一个防洪建筑物的标准。防洪建筑物的防洪标准，根据在城市防洪体系中的地位与作用确定。例如，大中型水库因为非常重要，其防洪标准可高于城市防洪标准。堤防的防洪标准，一般低于城市防洪标准，只有当其成为城市唯一的防洪措施时，堤防的防洪标准才等于该城市的防洪标准。

3.1.4　确定防洪标准注意事项

（1）江河沿岸城市堤防的防洪标准，应与流域堤防的防洪标准相适应。

城市堤防的防洪标准应高于流域堤防的防洪标准；当城市堤防成为流域堤防组成部分时，不论城市大小，其堤防的防洪标准不应低于流域堤防的防洪标准。

（2）江河沿岸城市，当城市上游规划有大型水库或分（滞）洪区时，城市防洪标准可分期达到。

近期主要依靠堤防防御洪水，其防洪标准可低一些；待上游水库或分（滞）洪区建成投入运转后，城市防洪标准再达到防洪规范要求的防洪标准。

（3）江河下游沿岸城市和沿海城市，地面标高往往低于洪（潮）水位，依靠堤防保卫城市安全。堤防一旦决口，将使全城受淹，后果不堪设想。防洪标准应在规范规定范围内选用防洪标准上限。

（4）当城市防洪可划分为几个防护区单独设防时，各防护区的防洪标准，应根据其重要程度和人口多少，选用相应的防洪标准。使重要保护区采用较高的防洪标准，而不必提高整个城市的防洪标准。重要性较低和人口较少的防护区，采用较低的防洪标准，以降低防洪工程投资。

（5）当一个城市受到多条江河洪水威胁时，可能有多个防洪标准，但表达城市防洪标准时应采用防御城市主要外河洪水的设计标准，同时还说明其他的防洪（潮）标准。

（6）在城市防治山洪、泥石流设计中，排洪渠道设计，一般不考虑规划中水土保持措施削减洪峰作用，仍按自然条件下设计洪峰流量计算排洪渠道的泄洪断面。水土保持措施实施的削减洪峰作用，可作为增加防洪安全度的一个有利因素。

（7）兼有城市防洪作用的港口码头、路基、涵闸、围墙等建筑物、构筑物，其防洪标准应按城市防洪和该建筑物、构筑物防洪较高者来确定；即不得低于城市防洪标准，否则，必须采取必要的防洪保安措施。

（8）同一城市中，涝水发生在重要干道、重要地区或积水后可能造成严重不良后果的地区，治涝设计标准可高一些，次要地区或排水条件好的地区，治涝设计标准可低一些。

3.2　防洪建筑物的级别、安全超高及稳定安全系数

3.2.1　防洪建筑物的级别

城市防洪建筑物，按其作用和重要性分为永久性建筑物和临时性建筑物；永久性建筑物分为主要建筑物和次要建筑物。防洪建筑物根据城市防洪工程等别、防洪建筑物在工程中的作用和重要性分为五个级别，可按表3-3确定。

防洪建筑物级别　　**表 3-3**

城市防洪工程等别	永久性建筑物		临时性建筑物
	主要建筑物	次要建筑物	
一	1	2	3
二	2	3	4
三	3	4	5
四	4	5	5
五	5	5	—

注：1. 主要建筑物指失事后使城市遭受严重灾害并造成重大经济损失的建筑物，例如堤防、防洪闸；
2. 次要建筑物指失事后不致造成城市严重灾害或造成重大经济损失的建筑物，例如丁坝、护坡、谷坊；
3. 临时性建筑物指防洪工程施工期间使用的建筑物，例如施工围堰等；
4. 跨河建筑物和穿堤建筑物工程级别，应根据其规模确定，并应与堤防的级别相协调，特别重要的建筑物可高于堤防的级别。

3.2.2　防洪建筑物的安全超高

城市防洪建筑物的安全超高应为设计静水位以上的波浪爬高、风壅增水高和安全加高。防洪建筑物安全加高值按表 3-4 采用，治涝建筑物的安全加高可适当减小。

防洪建筑物安全加高（m）　　**表 3-4**

建　筑　物	建筑物工程级别				
	1	2	3	4	5
土堤、防洪墙、防洪闸、防潮闸	1.0	0.8	0.6	0.5	0.5
护岸、排洪渠道、渡槽	0.8	0.6	0.5	0.4	0.3
海堤不允许越浪	1.0	0.8	0.7	0.6	0.5
海堤允许部分越浪	0.5	0.4	0.4	0.3	0.3

注：1. 安全加高不包括施工预留的沉降加高及波浪爬高；
2. 越浪后不造成危害时，安全加高可适当降低；
3. 1级建筑物安全加高，经论证可适当提高或降低；
4. 建在防洪堤上的防洪闸和其他建筑物，其挡水部分的顶标高不应低于堤防（护岸）的顶部高程。

3.2.3　防洪建筑物的稳定安全系数

（1）堤（岸）坡抗滑稳定系数，按表 3-5 采用。

堤（岸）坡抗滑稳定系数　　**表 3-5**

荷载组合	建筑物工程级别				
	1	2	3	4	5
基本荷载组合	1.30	1.25	1.20	1.15	1.10
特殊荷载组合	1.20	1.15	1.10	1.05	1.05

注：1. 表中安全系数相应的计算方法为不计条块间作用力的瑞典圆弧法；
2. 建筑物的抗滑稳定系数，对地震工况不作具体规定，应根据有关技术规范选定，下同。

（2）建于非岩基上的混凝土或圬工砌体防洪建筑物与非岩基接触面的水平抗滑稳定系数按表 3-6 采用。

（3）建于岩基上的混凝土或圬工砌体防洪建筑物与岩基接触面的水平抗滑稳定系数按

表3-7采用。

非岩基抗滑稳定系数　　表3-6

荷载组合	建筑物工程级别				
	1	2	3	4	5
基本荷载组合	1.35	1.30	1.25	1.20	1.15
特殊荷载组合	1.15	1.10	1.05	1.05	1.05

岩基抗滑稳定系数　　表3-7

荷载组合	建筑物工程级别				
	1	2	3	4	5
基本荷载组合	1.10	1.10	1.05	1.05	1.05
特殊荷载组合	1.05	1.05	1.00	1.00	1.00

第4章　总体设计

4.1　主要任务及基本原则

4.1.1　主要任务

根据该城市在流域或地区规划中的地位和重要性以及城市总体规划的要求，在充分分析洪水特性、洪灾成因和现有防护设施抗洪能力的基础上，按照城市自然条件，从实际出发，因地制宜选用各种防洪措施，制定几个可行方案，并进行技术、经济论证，推荐最佳方案。由于城市防洪工程总体设计确定了城市防洪工程建设的方向、指导原则、总体布局、防洪标准、建设规模、治理措施和实施步骤，所以，在一定时期内，防洪总体设计是指导防洪建设、安全度汛和维护管理的依据，也是保护城市社会经济发展和人民生命财产安全的重要保障。

4.1.2　基本原则

（1）城市防洪工程总体布局，应在流域（区域）防洪规划和城市总体规划的基础上进行。应收集和分析有关的气象水文、地形地质、社会经济、洪涝潮灾害等基础资料，根据城市自然地理条件、社会经济状况、洪涝潮特性，结合城市发展的需要确定。

（2）不同地域的城市应分析灾害的特点，有所侧重，有的放矢，取得最佳效果。位于山区的城市，主要防江河洪水，同时防山洪、泥石流，防治并重；位于平原地区的城市，主要防江河洪水，同时治理涝水，洪、涝兼治；位于海滨的城市，除防洪、治涝外，应防风暴潮，洪、涝、潮兼治。

（3）城市防洪应洪、涝、潮灾害统筹治理，上下游、左右岸关系兼顾，工程措施与非工程措施相结合，形成完整的城市防洪减灾体系。同时应编制防洪调度运用方案。

（4）城市防洪工程总体布局，应与城市发展规划相协调、与市政工程相结合。在确保防洪安全的前提下，兼顾城市绿化、美化、交通及其他综合利用要求，发挥综合效益。

（5）城市防洪工程总体布局应保护生态与环境。城市的湖泊、水塘、湿地等天然水域应予保留，并充分发挥其防洪滞涝作用。

（6）城市防洪工程总体布局，应将城市的主要交通干线、供电、电信和输油、输气、输水管道等基础设施纳入城市防洪体系的保护范围，保障其安全和畅通。

（7）城市防洪工程总体布局，应节省用地，应根据工程抢险和应急救生等要求，设置必要的防洪通道。

（8）防洪建筑物选型应因地制宜，就地取材，与城市市政建设风格相协调。

（9）山区城市应做好山洪、泥石流的普查与防治。主要排洪河道及大型湖泊应为城市涝水提供出路；沿海城市排涝应考虑洪、潮的影响；沿海城市应研究高潮位或风暴潮对城市排洪排涝的影响。

（10）城市防洪工程体系中各单项工程的规模、特征值和调度运行规则，应按照城市防洪规划的要求和有关标准的规定，分析论证确定。

4.2　主要依据

4.2.1　有关文件

（1）上级主管部门对项目建议书或设计任务书（计划任务书）的批文及对工程内容、规模和范围的要求。

（2）有关部门对可行性研究报告（或设计方案）的批文及基本要求。

（3）与建设单位签订的设计合同及与有关部门签订的技术协议等文件。

4.2.2　有关规则

（1）城市所在江河流域（区域）规划和防洪专业规划。

（2）城市总体规划和防洪专业规划。

（3）与城市防洪有关的专业规划，如：城市交通规划、排水规划、人防规划、园林绿化规划等。

（4）环境质量评价报告书等。

4.2.3　有关法规、规范

（1）《防洪标准》GB 50201—1994

（2）《城市防洪工程设计规范》GB/T 50805—2012

（3）《堤防工程设计规范》GB 50286—2013

（4）《泵站设计规范》GB 50265—2010

（5）《水闸设计规范》SL 265—2001

（6）《开发建设项目水土保持方案技术规范》SL 204—1998

（7）《环境影响评价技术导则　水利水电工程》HJ/T 88—2003

（8）《水利水电工程等级划分及洪水标准》SL 252—2000

（9）《水利建设项目经济评价规范》SL 72—1994

（10）中华人民共和国《水法》

（11）中华人民共和国《水土保持法》

（12）中华人民共和国《城市规划法》

（13）中华人民共和国《河道管理条例》

（14）中华人民共和国《防洪法》

4.2.4　基础资料

1. 测量资料

（1）地形图；

（2）河道、山洪沟纵横断面图。

2. 地质资料

（1）水文地质资料；

（2）工程地质资料；

（3）抗震设防资料。

3. 水文气象资料

(1) 历年最大洪峰流量及洪水过程线；

(2) 历年暴雨量（根据设计需要收集不同历时暴雨量）；

(3) 历史最高洪水位；

(4) 设防河段控制断面的水位、流量关系曲线；

(5) 特征潮位；

(6) 特征波浪；

(7) 历史洪水调查资料；

(8) 历年最大风速、雨季最大风速及风向；

(9) 气温、气压、温度及蒸发量；

(10) 河流含砂量（包括砂峰）；

(11) 地区水文图集及水文计算手册；

(12) 土壤冰冻深度；

(13) 河流结冰冰厚及开河融化流冰情况；

(14) 河道变迁情况。

4. 其他资料

(1) 汇水区域内的地貌和植被情况；

(2) 城市防洪设施现状和存在问题；

(3) 防洪河段桥、涵等交叉构筑物现状和存在问题；

(4) 历史洪水灾害成因及其损失情况；

(5) 现有防洪工程的设计资料及运行情况；

(6) 人防工程设施情况（主要是与防洪构筑物交叉部分）；

(7) 当地建筑材料价格及运输条件；

(8) 当地施工技术水平及施工条件；

(9) 关于河道管理的规定和法令；

(10) 城市地面沉降资料等。

4.3　总体设计的方法与步骤

4.3.1　防洪标准的选定

城市防洪标准的选定，应以《城市防洪工程设计规范》为准。首先，应根据防护城市重要程度和人口数量确定城市防洪工程等别；然后，再按城市洪灾成因确定所属洪灾类型，对照规范规定即可确定防洪标准的上下限范围。还要分析洪灾特点、损失大小、抢险难易、投资条件等因素，在规范规定的范围内合理选定城市防洪标准。

4.3.2　总体设计方案的拟定、比较与选定

在拟定总体设计方案时，首先，应明确城市在流域中的政治、经济地位，城市总体规划对防洪的具体要求；然后根据城市洪灾类型、防洪设施现状、流域防洪规划，结合水资源的综合开发，因地制宜地选择各种防洪措施，如整治河道、加高堤防、修建水库或分滞洪区等。其次，拟定几个综合性的可行防洪方案，分别计算其工程量、投资、占地、效益

等指标。最后通过政治、经济、技术分析比较，选定最优方案。

4.4　防洪措施与防洪体系

4.4.1　防洪措施

城市防洪措施，包括工程防洪措施和非工程防洪措施两大类。

（1）工程防洪措施主要有以下几项：

1）防洪堤和防洪墙。

2）护坡和护岸工程。

3）防洪闸，包括分洪闸、泄洪闸、挡潮闸等。

4）水库拦洪工程。

5）截洪沟、谷坊和跌水。

6）排洪渠道。

7）拦挡坝、排导沟等。

（2）非工程防洪措施主要有以下几项：

1）洪泛区的规划与管理。

2）洪水预报和警报。

3）防洪优化调度。

4）实行防洪保险。

5）分滞（蓄）洪水。

6）清障与整治河道。

7）搞好水土保持等。

4.4.2　防洪体系

城市防洪工程由各种防洪措施共同组成。不同类型城市和不同洪灾成因，防洪体系的构成是不同的，常见的主要有以下几种：

（1）江河上游沿岸城市的防洪体系：一般多由整治河道、修筑堤防和修建调洪水库构成。在城市上游修建水库调洪，可以有效地削减洪峰，减轻洪水对城市的压力，减少河道整治和修筑堤防的工程量，提高防洪体系的防洪标准。

（2）江河中、下游沿岸城市防洪体系：一般采取“上蓄、下排、两岸分滞”的防洪体系。江河中下游地势平坦，当在上游修建水库调洪、两岸修筑堤防和进行河道整治仍不能安全通过设计洪水时，在城市上游采用分滞法措施，是提高城市防洪标准最有效的对策。

（3）沿海城市的防洪体系：沿海城市一般地势平坦，风暴潮是造成洪涝灾害的主要原因。防洪体系一般由修筑堤防、挡潮闸、排涝泵站组成，还可以增开入海通道，使上游大部设计洪水避开市区直接入海，大大减轻洪水对城市的压力。

（4）山区城市防洪体系：一般在山洪沟上游采用水土保持措施和修建塘坝拦洪、中游在山洪沟内修建谷坊和跌水缓流、在山洪沟下游采用疏浚排泄措施组成综合防洪体系。

（5）河网城市防洪体系：河网城市防洪工程布置，一般根据城市被河流分割情况，宜采用分片封闭形式。防洪体系由堤防、防洪闸、排涝泵站等设施组成，实行各区自保。

（6）泥石流城市防洪体系：泥石流防治应贯彻以防为主，防、避、治结合的方针。采用生物措施与工程措施相结合的办法进行综合治理。工程设计中应重视水土保持的作用，降低泥石流的发生几率。新建城市要避开泥石流发育区。其防洪体系的工程措施一般由拦挡坝、排导沟、停淤场、排洪渠道等组成。

（7）治涝城市防洪体系：治涝工程主要是承接城市排水管网的承泄工程，包括排涝河道、行洪河道、低洼承泄区、排涝泵站等。治涝应采取截、排、滞方法，就是拦截排涝区域外部的径流使其不能进入本区，将区内涝水汇集起来排到区外，充分利用区内的湖泊、洼地临时滞蓄涝水。

（8）综合性城市防洪体系：当城市受到两种或两种以上洪水危害时，该城市就有两种或两种以上防洪体系。各防洪体系之间要相互协调，密切配合，共同组成综合性防洪体系。

4.5　防洪总体设计要求

4.5.1　江河沿岸城市防洪总体设计

（1）以城市防洪设施为主，与流域防洪规划相配合：首先应以提高城市防洪设施标准为主，当不能满足城市防洪要求或达不到技术经济合理时，需要与流域防洪规划相配合，并纳入流域防洪规划。对于流域中可供调蓄的湖泊，应尽量加以利用，采取逐段分洪、逐段水量平衡的原则，分别确定防洪水位。对于超过设计标准的特大洪水，总体设计要作出必要的对策性方案。

（2）泄蓄兼顾，以泄为主：市区内河道一般较短，河道泄洪断面往往被市政建设侵占而减小，影响泄洪能力，所以城市防洪总体设计应按泄蓄兼顾，以泄为主的原则；尽量采取加固河岸，修筑堤防，河道整治等措施，加大泄洪断面，提高泄洪能力。在无法以加大泄量来满足防洪要求或技术经济不合理时，才考虑修建水库或分泄洪区来调蓄洪水以提高城市防洪标准。修建水库和分泄洪区还应考虑综合利用，提高综合效益。

（3）因地制宜，就地取材：城市防洪总体设计要因地制宜，从当地实际情况出发。当分区设防时，可以根据防护地段保护对象的重要性和受灾损失等情况，分别采取不同防洪标准。构筑物选型要体现就地取材的原则，并与当地环境相协调。

（4）全面规划，分期实施：总体设计要根据选定的防洪标准，按照全面规划，分期实施，近、远期结合，逐步提高的原则来考虑。当防洪工程分期分批实施时，应尽快完成关键性工程设施，及早发挥作用，为继续治理奠定基础。现有防洪工程应充分利用。

（5）与城市总体规划相协调：防洪工程布置，要以城市总体规划为依据，不仅要满足城市近期要求，还要适当考虑远期发展需要，要使防洪设施与市政建设相协调。

4.5.2　沿海城市防洪（潮）总体设计

（1）正确确定设计高潮位和风浪侵袭高度：沿海城市不仅遭受天文潮袭击，更主要的是遭受风暴潮袭击，特别是天文潮和风暴潮相遇，往往使城市遭受更大灾害。因此，必须详细调查研究、分析海潮变化规律，正确确定设计高潮位和风浪侵袭高度。然后针对不同潮型，采取相应的防潮措施。

（2）要尽可能符合天然海岸线，滩涂开发要与城市海滨环境相协调：沿海城市的海岸和海潮的特性关系密切，必须充分掌握这方面的资料。天然海岸线是多年形成的，一般比较稳定。因此，总体布置要尽可能地不破坏天然海岸线，不要轻易向海中伸入或作硬性改变，以免影响海水在岸边的流态和产生新的冲刷或淤积。

（3）要充分考虑海潮与河洪的遭遇：河口城市除受海潮袭击外，还受河洪的威胁；而海潮与河洪又有各种不同的遭遇情况，其危害也不尽相同，特别是出现天文潮、风暴潮与河洪三碰头时，其危害最为严重。因此要充分分析可能出现最不利的遭遇，以及对城市的影响，按照设计洪水与潮位较不利的组合，确定海堤工程设计水位。在防洪措施上，除了采取必要的防潮设施外，有时还需要在河流上游采取分（蓄）洪设施，以削减洪峰；在河口适当位置建防潮闸，以抵挡海潮影响。

（4）与市政建设和码头建设相协调：为了美化环境，常在沿海地带建设滨海道路，滨海公园，以及游泳场等。防潮工程在考虑安全和经济的情况下，构筑物造型要美观，使其与优美的环境相协调。

（5）因地制宜选择防潮工程结构形式和削浪设施，重视基础的加固和处理，采用符合地基情况的加固处理技术措施：当海岸地形平缓，有条件修建海堤和坡式护岸时，应优先选用坡式护岸，以降低工程造价。为了降低堤顶高程，通常采用坡面加糙的方法来有效地削减风浪。

4.5.3　城市山洪防治总体设计

（1）工程措施与植物措施相结合：对于水土流失比较严重、沟壑发育的山洪沟，可采用工程措施与生物措施相结合。工程措施主要有沟头防护，修筑谷坊、跌水、截洪沟、排洪沟、堤防等；植物措施主要有植树、种草，以防止沟槽冲刷，控制水土流失。

（2）按水流形态和沟槽发育规律分段治理：山洪沟的地形和地貌千差万别，但从山洪沟的发育规律来看，具有一定的规律性。

1）上游段为集水区：防治措施主要有植树造林，挖鱼鳞坑，挖水平沟，水平打垅，修水平梯田等。防止坡面侵蚀，达到蓄水保土。

2）中游段为沟壑地段：水流在此段有很大的下切侧蚀作用。为防止沟谷下切引起两岸崩塌，一般多在冲沟上设置多道谷坊，层层拦截，使沟底逐渐实现川台化，为农林牧业创造条件。

3）下游段为沉积区：由于山洪沟坡度减缓，使得流速降低，泥沙淤积，水流漫溢，沟床不定。一般采取整治和固定沟槽的方法，使山洪安全通过市区，排入江河。

（3）全面规划，分期治理：山洪沟治理应全面规划。在治理步骤上可以将各条山洪沟，根据危害程度区别轻重缓急；治好一条沟后，再治另一条沟。在治理方法上应先治坡，后治沟，分期治理。

（4）因地制宜地选择排泄方案：

1）当有几条山洪沟通过市区时，应尽可能地就近、分散排入江河。

2）当地形条件许可时，山洪应尽量采取高水高排，以减轻滨河地带排水负担。

3）当山洪沟汇水面积较大，市区排水设施承受不了设计洪水时，如果条件允许也可在城市上游修建截洪沟，把山洪引至城市下游排入干流。

4）如城市上游无条件修建截洪沟，而有条件修水库时，可以修建缓洪水库来削减洪峰流量，以减轻市区防洪设施的负担。

4.5.4　城市泥石流防治总体设计

（1）泥石流防治原则：实行全面规划，突出重点，综合治理的原则。采取治坡与治沟相结合，治水与保土相结合，上、中、下游相结合，工程措施与生物措施相结合的对策。

（2）泥石流防治措施的选择：应根据泥石流的类型和运动特性，因地制宜选择防治措施。上游段，应以植树造林、修梯田等生物措施为主，蓄水保土，稳固山坡，减少泥石流中固体物质的来源；中游段应以工程措施为主，在泥石流沟床上设置多道拦挡坝，层层拦截砂石，减少小水流的冲刷侵蚀能力；下游段应采取河道整治措施，增加沟槽的排泄能力，使泥石流不致产生严重的淤积。

（3）泥石流预警报措施：在未能全面、可靠地控制泥石流发生之时，对尚未发生的泥石流作出预报，对即将发生的泥石流作出警报，使人们事先有避难逃生之机，以避免或减轻人员伤亡及财产损失。

4.5.5　城市涝水防治总体设计

（1）城市内涝的防治，应在城市排水规划和城市防洪规划基础上进行。结合城市防洪，洪涝兼顾，统筹安排。

（2）城市内涝一般发生在局部区域，城市排涝宜分区进行。根据城市地形、已有排涝河道和蓄涝区等排涝工程体系布局，确定排涝分区。合理保护和利用现有水塘，发挥调蓄作用。适当减少城市“硬化”面积，在广场、停车场等公共设施建设中采用透水设施，使雨水直接进入地下，有利于保护水资源和城市生态平衡。

（3）应充分利用城市的自排条件，排涝工程布置宜据此进行。

（4）排涝河道出口水位受顶托时，宜在出口处设置挡洪闸。当承泄区高水位持续时间较长，无自排条件时，可设置排涝泵站。

4.5.6　城市超标准洪水的安排

我国城市防洪标准相对较低，超标准洪水时有发生，在防洪工程总体设计中，应根据需要和可能对超标准洪水作出安排，最大限度地保障城市人民生命财产安全，减少洪灾损失。

（1）遇超标准洪水时，重要地区要重点保护，防洪保护对象主要为人口密集、经济发达的城区。同时对重要的交通干线、供水、供电、供气设施、较集中的大型工矿企业，也应加强保护。

（2）遇超标准洪水时，应充分利用流域已建的防洪设施，统筹调度，合理安排。

（3）遇超标准洪水时，应在流域总体安排的基础上，制定各项应急预案和应急措施。

第5章　经济评价

5.1　经济评价的特点、计算原则和步骤

5.1.1　经济评价的特点

防洪减灾工程与兴利工程不同。防洪减灾工程本身不直接创造财富，而是把兴建工程后防止或减少某一频率洪水所造成的洪灾损失作为效益。防洪效益具有随机性和复杂性的特点。

1. 防洪效益的随机性

防洪效益的随机性在时间、空间和量级上都表现得十分明显。

2. 防洪效益计算的复杂性

防洪效益计算的复杂性主要在于有些损失难以计算，有些洪灾损失、防洪效益难以划分以及不同时期的洪灾损失难以估计等。

5.1.2　计算原则

（1）对规划设计的待建防洪工程防洪效益采用动态法计算；对已建防洪工程的当年防洪效益，一般采用静态法计算。

（2）只计算能用货币价值表示的因淹没而造成的直接经济损失和工业企业停产与电讯通信中断等原因而造成的间接经济损失。

（3）各企事业单位损失值、损失率、损失增长率，按不同地区的典型资料分析，分别计算选用。

（4）投入物和产出物价格对经济评价影响较大的部分，应采用影子价格；其余的可采用财务价格。

5.1.3　计算步骤

（1）了解防洪保护区内历史记载发生洪灾的年份、月份，各次洪水的洪峰流量及洪水历时。

（2）确定各频率洪水的淹没范围。

（3）历史洪水灾害调查分析

1）防洪保护区的各行业财产价值调查包括人口、房产、家庭财产、耕地、工商企业、基础设施、电力通信、公路铁路交通、水利工程等的基本情况。

2）调查分析洪灾损失增长率。

3）历史洪水灾害调查。

4）绘制洪水频率与财产损失值关系曲线。

5）防洪效益计算。

6）国民经济评价。

5.2　致灾洪水淹没范围的确定

5.2.1　淹没范围的确定

根据防洪保护区某一控制断面发生不同频率洪水的洪峰流量及与上、下游计算断面相应的洪峰流量，利用河道的纵横断面实测资料，运用一维恒定非均匀流方法，推求河道各计算断面的堤水面线，并将同一频率水面线成果点绘在防洪保护区的地形图上，其连线即为该频率洪水的淹没范围的淹没面积。

随着计算机的发展，亦可从二维非恒定流的基本理论出发，利用大容量的计算机，模拟计算洪水在洪泛区的动态演进过程，最终编制出洪泛区的洪水风险图，以确定各种频率洪水的淹没面积和程度。洪水风险图的内容，包括洪泛区的洪水历时图、等水深图、流场图及洪泛区内各重要地区水位过程线图等。

5.2.2　淹没水深的确定

根据不同频率的淹没范围线，选定几条具有代表性的断面，建立河道代表断面的水位（H）与流量（Q）关系曲线，并据水文分析得出的各频率洪水的洪峰流量，查 $H \sim Q$ 曲线，查得相应断面的水位。此断面水位与地面高程之差，即为相应频率洪水的淹没水深。若无 $H \sim Q$ 关系曲线，可进行实地调查，分析各次洪水的实际淹没水深。

5.3　致灾年国民经济价值量的确定

5.3.1　洪灾损失调查

1. 防洪保护区社会经济调查

社会经济调查是一项涉及面广、工作量大的工作，应尽力依靠当地政府的支持，取得可靠的数据。调查方法包括全面调查、抽样调查或典型调查，也可二者结合。

（1）对防洪保护区的城郊乡镇和农村，应实地调查，以取得各项经济资料；

（2）对城区调查应以国家统计部门的有关资料为准；

（3）对铁路、交通、邮电部门，亦应取自有关部门的统计数据。

2. 洪灾损失调查内容

（1）洪灾损失主要包括：

1）直接损失：是指各行各业由于洪水直接淹没或水冲所造成的损失。

2）间接损失：是指由于上述直接损失带来的波及影响而造成的损失。

3）抗洪抢险的费用支出。

（2）洪灾损失调查的主要内容包括：

1）工商业、机关事业单位损失：包括固定资产、流动资金，因淹没减少的正常利润和利税收入等。

2）交通损失：包括铁路、公路、空运和港口码头的损失部分，可分为固定资产损失、停运损失（按实际停运日计算）、间接损失及其他损失。

3）供电及通信损失：供电损失包括供电部门的固定资产损失和停电损失。

4）水利工程设施损失：洪水淹没和被冲毁的水利设施所造成的损失，包括水库、堤防、桥涵、穿堤建筑物、排灌站等项，应分别造册，分项计算汇总。

5）城郊洪灾损失调查，包括调查农作物蔬菜损失及住户的家庭财产损失等。

上述各项经济损失，均应按各频率洪水的淹没水深与损失率关系，计算出各频率洪水财产综合损失值，并绘制成洪水频率与财产综合损失值关系曲线。

5.3.2　洪灾损失率、财产增长率、洪灾损失增长率的确定

1. 洪灾损失率

是指洪灾区内各类财产的损失值与灾前或正常年份各类财产值之比。损失率不仅与降雨、洪水有关，而且有地区特性，不同地区、不同经济类型区损失率不同。各类财产的损失率，还与洪水淹没历时、水深、季节、范围、预报期、抢救时间和措施等因素有关。

2. 财产增长率

洪灾损失或兴修工程后的减灾损失，一般与国民经济建设有密切关系。因此，在利用已有的各类曲线时，必须考虑逐年的洪灾损失增长率。由于国民经济各部门发展不平衡，社会各类财产的增长不同步，因此，必须对各类社会财产值的增长率及其变化趋势，进行详细分析，才能确定。

3. 洪灾损失增长率

是用来表示洪灾损失随时间增加的一个参数。由于洪灾损失与各类财产值和洪灾损失率有关，因此，洪灾损失增长率与各类财产的增长率及其洪灾损失率的变化，与洪灾损失中各项损失的组成比重变化有关，在制定其各类财产的综合增长率时，应充分考虑。洪灾损失增长率是考虑有关资金的时间因素和财产值，随时间变化的一种修正及折算方法。

4. 计算步骤

（1）预测防洪受益区的国民经济各部门、各行业的总产值的增长率。

（2）测算各类财产变化趋势，分段确定各类财产洪灾损失率的变化率。

（3）计算各有关年份的财产值、洪灾损失值及各类财产损失占总损失的比重，依此来推求洪灾损失增长率。

（4）计算洪灾综合损失增长率β，可按公式（5-1）、公式（5-2）求得：

$$\beta=\sum\lambda_i \tag{5-1}$$

$$\Phi_i=S_i/\sum S_i \tag{5-2}$$

式中　λ_i——第i类社会财产值的洪灾损失增长率；

Φ_i——第i类社会财产值的损失占整个洪水淹没总损失的比重；

S_i——第i类财产洪灾损失值；

i——财产类别。

5.4　经济效益计算

5.4.1　已建防洪工程效益计算

对已建防洪工程计算实际效益，一般采用静态法。对运行期内的多年平均防洪经济效益和总效益的计算，是将运行期内各次致灾洪水的减灾损失，按照其发生年社会各类财产的经济价值，用动态经济分析方法，折算到某一基准年，求出总效益和多年平均防洪经济效益。

计算公式为：

$$B_o = \sum B_i(1+r)m-1 \quad (5\text{-}3)$$

式中 B_o——运行期内防洪经济效益总和；

B_i——第 i 年的防洪经济效益值；

r——折算利率；

m——工程已运行的年数；

i——运行年的序号。

5.4.2 待建防洪工程效益计算

1. 频率曲线法

洪灾损失频率曲线如图 5-1 所示。

(1) 对未修防洪工程前和修建防洪工程后分别计算不同频率洪水所造成受灾面积及其相应的洪灾损失，由此即可绘制修建工程前后的洪灾损失频率曲线，见图 5-2。

(2) 曲线与两坐标轴所包围面积即为修建工程前、后各自的多年洪灾损失（*oac*、*obc*）。求出相应整个横坐标轴（0～100%）上的平均值，其纵坐标即为各自的多年平均洪灾损失值。如图 5-2 中的 *oe* 即为未修工程前的多年平均值，而 *og* 为修建该工程后的多年平均值。二者之差值（*ge*）即为工程实施前后的年平均损失的差值，即此工程的防洪效益。

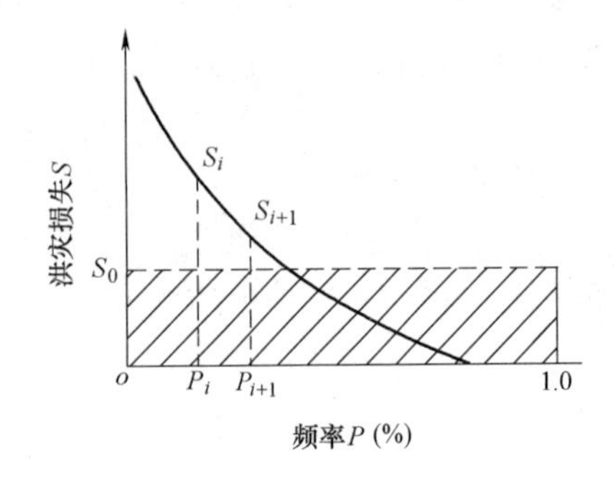

图 5-1 洪灾损失频率曲线

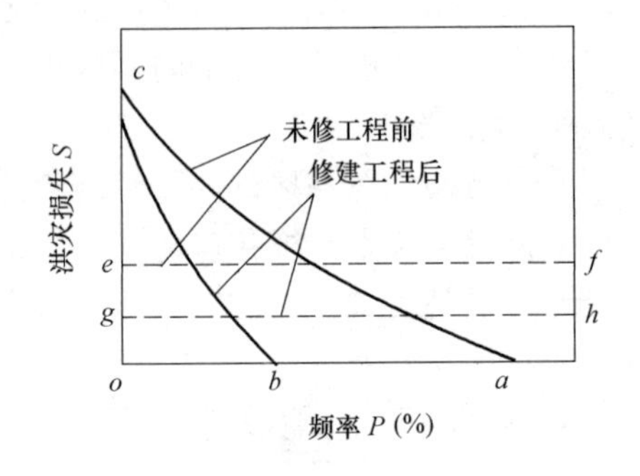

图 5-2 多年平均洪灾损失计算

根据洪灾损失频率曲线，可用公式（5-4）计算多年平均损失值 S_0。

图 5-1 中 S_0 以下的阴影面积，即为多年平均洪灾损失值，即：

$$S_0 = \sum_{P=0}^{i}(P_{i+1}-P_i)(S_i+S_{i+1})/2 = \sum_{P=0}^{i}\Delta P\overline{S} \quad (5\text{-}4)$$

式中 P_{i+1}，P_i——两相邻频率；

S_i，S_{i+1}——两相邻频率的洪灾损失；

ΔP——频率差；

$\overline{S}$——平均经济损失。

2. 实际年系列法

从历史资料中选择一段洪水灾害资料比较齐全的实际年系列，逐年计算洪灾损失，取其平均值作为多年平均洪灾损失。这种方法所选用的计算时段对实际洪水的代表性和计算成果有较大影响。

多年平均防洪效益（Y）的计算公式（5-5）为：

$$Y=\sum_{i=1}^{n}\Delta\sum P_iS_i \tag{5-5}$$

式中　Y——多年平均防洪效益；

$\Delta P_i=P_i-P_{i-1}$，P_i、P_{i-1}分别表示不同洪水的频率；

$\Delta S_i=(S_i+S_{i-1})/2$，$S_i$、$S_{i-1}$表示频率为$P_i$和$P_{i-1}$洪水造成的洪灾损失；

i——计算洪灾损失的洪水序号。

【例 5-1】 某江现状能防御 200a 一遇洪水，超过此标准即发生决口。该江某水库建成后能防御 4000a 一遇洪水，超过此标准时也假定决口。修建水库前（现状）与修建水库后在遭遇各种不同频率洪水时的损失值见表 5-1。试计算水库防洪效益。

洪灾损失计算　　**表 5-1**

工程情况	洪水频率 P	经济损失 S(亿元)	频率差 ΔP	$\overline{S}=\frac{S_i+S_{i+1}}{2}$ (亿元)	ΔPS (亿元)	多年平均损失 $\Sigma\Delta PS$ (亿元)	多年平均效益 B (亿元)
现状	>0.005	0					
	⩽0.005	33					
			0.004	37	1480	1895	
	0.001	41					
			0.0009	46	415		
	0.0001	50					
修建水库后	>0.00025	0					
	⩽0.00025	33					1841
			0.00015	36	54	54	
	0.0001	39					

【解】 由公式（5-3）求得多年平均效益 B=1841 万元。

5.4.3　资金的时间价值

不同时间发生的等额资金在价值上的差别称为资金的时间价值，它体现为放弃现期消费的损失所应给予的必要补偿。由于防洪保护区的各类财产与救灾费用，都有随时间增长的趋势，所以按多年平均损失计算时，应考虑保护区内各项财产和费用的增长，在工程建成后正常运行期内，将各年的防洪效益按洪灾损失增长率逐年折算。

5.5　费用计算、评价指标与准则

5.5.1　费用计算

防洪工程建设的费用包括固定资产投资、流动资金和年运行费。

5.5.2　评价指标与准则

1. 一般规定

（1）防洪工程的经济评价应遵循费用与效益计算口径对应一致的原则，计及资金的时间价值，以动态分析为主，辅以静态分析。

（2）防洪工程的计算期，包括建设期、初期运行期和正常运行期。正常运行期可根据工程的具体情况研究确定，一般为 30～50a。

（3）资金时间价值计算的基准点应设在建设期的第一年年初，投入物和产出物除当年借款利息外，均按年末发生和结算。

（4）进行防洪工程的国民经济评价时，应同时采用12%和7%的社会折现率进行评价，供项目决策参考。

2. 评价指标和评价准则

防洪工程的经济评价，可根据经济内部收益率、经济净现值及经济效益费用比等评价指标和评价准则进行。

（1）经济内部收益率（$EIRR$）

经济内部收益率以项目计算期内各年净效益现值累计等于零时的折现率表示。其表达式为：

$$\sum_{t=1}^{n}(B-C)_t(1+EIRR)-t=0 \tag{5-6}$$

式中　$EIRR$——经济内部收益率；

B——年效益，万元；

C——年费用，万元；

t——计算期各年序号，基准点的序号为零；

$(B-C)_t$——第 t 年的净效益，万元。

（2）经济净现值（$ENPV$）：经济净现值是用社会折现率（i_g）将计算期内各年的净效益折算到计算期初的现值之和表示。当经济净现值大于或等于零时，该项目在经济上是合理的。

$$ENPV=\sum_{t=1}^{n}(B-C)_t(1+i_g)^{-t} \tag{5-7}$$

式中　$ENPV$——经济净现值，万元；

i_g——社会折现率。

（3）经济效益费用比（$EBCR$）：经济效益费用比以项目效益现值与费用现值之比表示。当经济效益费用比大于或等于1.0时，该项目在经济上是合理的。

其表达式为：

$$EBCR=\frac{\sum_{t=1}^{n}B_t(1+i_g)^{-t}}{\sum_{t=1}^{n}C_t(1+i_g)^{-t}} \tag{5-8}$$

式中　$EBCR$——经济效益费用比；

n——计算期，a；

B_t——第 t 年的效益，万元；

C_t——第 t 年的费用，万元。

（4）进行经济评价，应编制经济效益费用流量表，反映项目计算期内各年的效益、费用和净效益，并用以计算该项目的各项经济评价指标。

【例 5-2】　甲城市防洪经济效益分析与评价：

（1）甲市是以机械工业为主的综合性工业城市，市区总面积163.3km^2。据1987年调查资料，人口为296.6万人，工业企业单位为4100个，职工人数207.2万人，工业总产值178.6亿元（按1980年不变价格计），固定资产原值142.9亿元，流动资金68.7亿元，利税总额30.2亿元。预计，2000年工业总产值发展到577亿元。远景规划市区总面积340km²，人口发展到340万人。

（2）甲市曾多次遭受浑河历史洪水淹没，尤其是1888年洪水，洪峰流量为1.19万m^3/s，淹没浑河右岸163.4km²，其中城市淹没为61.5km²，市区水深一般在2～2.5m之间；1935年洪水的洪峰流量为5550m^3/s，淹没浑河右岸133.8km²，其中城市淹没为45.6km²，市区水深一般在1～1.5m之间。倒塌房屋316间。

（3）新中国成立后1960年洪水，洪峰流量8800m^3/s（还原值），为浑河历史洪水第三位。但由于大伙房水库控制调蓄，洪峰流量仅为2650m^3/s，尽管如此，由于城防堤断面瘦小，致使全面出险，经全力抢修才避免了一次巨大经济损失。

（4）甲市不同频率洪水损失率，通过对浑河右岸市区洪泛区的二维不恒定流的三种频率洪水演进计算，进入洪泛区的不同频率洪水，洪峰持续时间为2～4d，一般水深在1.3～1.8m之间。将洪泛区内拟定0.5～4m五个级别的水深，选择30余个不同行业的典型代表，进行详细经济调查分析，绘出淹没水深与经济损失率关系曲线。

（5）计算中将浑河右岸市区的国民经济归纳为七个部门，在500a一遇洪水淹没下，损失率为：

1）工业：固定资产0.41%～62%，流动资金8.6%～62.5%，工业总产值0.6%～19%。

2）农业：农业产值4.2%～30%。

3）交通运输：固定资产3.7%～20%，停运7～16d。

4）电业：固定资产28%，停电12d。

5）邮电通信：固定资产32%，停电及通信中断10d。

6）商业饮食服务：固定资产3.5%，停业5d。

7）其他：固定资产4.5%。

（6）依据某市计委编制的城市各行各业发展的远景规划，确定经济增长率为：

1）工业：总产值年平均增长率为5.2%～9.5%，固定资产及流动资金分别为10%、16%。

2）农业为5%，个人财产及房屋分别为4%、2%，乡镇工业为7%。

3）交通运输：铁路的固定资产及客运分别为1%、2%；公路的固定资产及客运分别为2%、4%；市内交通固定资产及客运分别为3%、4%。

4）电业：固定资产及供电分别为37%、16.7%。

5）邮电通信：固定资产及业务量分别为2%、10%。

6）商业饮食服务：城镇固定资产及营业额分别为5%、7%。

7）其他：采用1%。

（7）浑河右岸某市城区的防洪经济评价，是以1987年为基础，按上述国民经济各部门的平均增长率，以堤防工程生效的1997年为计算基准年，确定其国民经济发展指标。浑河右岸城防堤，防御标准为500a一遇，在1997年整修完工。多年平均防洪效益，采用频率法计算，现状防御标准为50a一遇，计算得洪灾多年平均损失为3610万元。当城市堤防进行整修后，防洪标准可提高到500a一遇，则上述经济损失可以减免，而此值即为城防工程在计算基准年时的毛效益。

(8) 经济分析和评价：500a一遇防洪标准堤防工程投资原值1.7亿元，折算到基准年为2.185亿元。年运行费50万元，年平均效益3610万元。

(9) 计算结果：经济效益费用比3.41，净收益5.428亿元，内部回收率13.12%，投资回收年限为8.31a。依据规范，经济效益费用比大于1，净收益为正值，内部回收率大于7%，则工程方案在经济上是可行的。

【例5-3】 乙城市防洪经济效益分析与评价：

(1) 乙市是以燃料、动力、原材料为主的综合性重工业城市，人口超过百万。浑河从市区中部穿过，市区河段长38.5km，先期整治长为5.5km（中段），设计中段堤防中心距370m，设计标准为300a一遇。

(2) 根据水文计算各频率洪水位，在1/1000市区地形图上，量得100a、300a、1000a三个频率洪水淹没范围，分别为22.7km^2、34.3km^2、43.24km^2，并估算相应的淹没损失。再参照地形及水文特征、城市大小、工业结构都相似的相邻太子河流域1960年实际洪水淹没损失资料及国内其他地区实际资料，综合分析确定各项损失率，包括工业、房屋、个人财产以及城建、安装、文教、卫生、商业、交通、邮电等。各项经济损失和效益计算结果：

1) 各项损失率计算：300a一遇的工业损失率为16%；房屋损失率（平房）为50%；个人财产损失率按房屋倒塌者全部损失，不倒塌者不计损失确定；其他损失采用工业损失的30%。

2) 淹没区经济发展预测：调查淹没区10个工矿企业，1980～1984年增长比例及国民经济到2000年翻两番的发展要求，综合分析后，取1980年至计算基准年1991年职工增长率为2%，工业总产值增长率为9%，固定资产增长率为10%，利润增长率为10%，城市人口增长率为1%，个人财产增长率为5%，房屋增长率为1.9%。

3) 各部门经济损失值计算：按300a一遇洪水计算得工业损失值为23746万元；房屋损失值为2786万元；个人财产损失值为10004万元；城建、安装、文教、卫生、商业、交通等其他损失值为7124万元；中段计算基准年1991年综合损失值为43660万元。

(3) 多年平均防洪效益：将各频率洪水的洪灾损失，用频率法列表计算，修防洪工程前、后年平均洪灾损失差值，即为防洪工程多年平均防洪效益，其值为535万元。

1) 增地效益计算：中部段可增加城市发展用地67hm^2，其中城市建设用地40hm^2，单价120万元，中部段效益为4800万元。

2) 工程投资及年运行费计算：中段5.5km沿河工程投资6480万元，分六年不等投入。年运行费包括维修费、管理费，参照规范按工程投资的1%计。橡胶坝年运行费取2%。计算结果：大堤维修费45.08万元，堤维修费13.92万元；大堤管理费7.75万元，堤管理费3.5万元，合计70.25万元。

(4) 经济评价：

1) 以1991年为基准年，年初为折算基准点，投资年初一次投入，年运行费和效益年末一次结算，当年不计时间价值，工程经济计算期定为40a，社会折现率按7%计，计算期国民经济综合增长率为3%；工程投资折算总值k_0=8240.3万元；工程效益折算总值B_0=10461.2万元。计算增地效益B_0'=5406.3万元。则中段折算总效益为15867.5万元，年平均效益811.5万元。

2）工程年运行费折算总值 C_0 =936.6 万元。

经计算主要经济指标为：

效益费用比 R_0 =1.73，净收益 6690.6 万元，内部经济回收率 13.6%，完全符合规范要求。该工程方案，在经济上合理可行。

（5）乙市防洪工程修建，还带来了巨大的社会效益：

1）南岸修建堤下路，增大了市区东西方向车辆通过能力，改善了交通拥挤现状，减少了对南岸居民的噪声和空气污染；

2）南部段开拓了建设用地，为城市建设增加用地 160hm^2，改善了市区居民住房环境，并为发展公用事业提供了必要的用地条件；

3）美化了城市环境，河内修建的橡胶坝两岸，布置绿化带，使整个中段河道及两岸风景优美，为市民游览、休息活动提供了良好的公共用地；

4）这个带状公园总面积 270hm^2，其中水域面积 258hm^2，陆地面积 12hm^2，给旅游业的发展创造了有利条件。

第 6 章　洪水、涝水、潮位计算

6.1　由流量资料推求设计洪水

6.1.1　洪峰、洪量统计系列选样方法

1. 洪峰流量统计系列选样方法

（1）年最大值法：也叫年洪峰法，即每年选取一个最大的洪峰流量，进行频率分析。

（2）年若干最大值法：一年中取若干个相等数目的洪峰流量，进行频率分析。

（3）超定量法：选择超过某一标准的全部洪峰流量，进行频率分析。

2. 洪水总量统计系列选样方法

（1）一次洪量法：统计各年中最大的一次洪量，进行频率分析。一次洪量的统计不符合防洪工程要求，除特殊情况，一般多不采用。

（2）定时段洪量法（极值法）：以一定时段为标准，统计该时段内的最大洪量。该方法能较严密地反映其对防洪工程的威胁程度，而且应用简便，一般采用此法。

6.1.2　资料的审查

对实测洪水流量资料，在计算前必须详细审查其是否有误。

（1）资料的可靠性：一般用水位流量对照、前后期对照、上下游、干支流洪水过程线对照、历史变化情况对照、邻近河流对照等方法，对某些特别重要的数据，尚应作水文模型试验。绘制历年大断面及 $H \sim Q$ 关系线对照比较。

（2）资料的一致性：使资料系列统一到同一基础，然后进行频率计算。

（3）资料的代表性：资料中要有量级较大的洪水，且要有一定个数的历史大洪水。一般要求系列 $n > 25$a 以上，并以包括丰、平、枯水时段的资料系列为佳。

6.1.3　洪水资料的插补延长

1. 流域面积比拟法

（1）当上、下游邻近水文站的流域面积与测站的流域面积相差不超过 10%，且中间又无天然或人工分洪、滞洪设施时，可将上、下游邻近水文站的洪水资料直接移用于测站。

（2）当邻近水文站的流域面积与测站的流域面积相差较大，但不超过 20%，流域内自然地理条件比较一致，阵雨又均匀，区间河道又无特殊的调蓄作用时，可按公式（6-1）计算移用：

$$Q_1 = \left(\frac{F_1}{F_2}\right)^n Q_2 \tag{6-1}$$

式中　Q_1——测站洪峰流量，m^3/s；

Q_2——上、下游邻近水文站洪峰流量，m^3/s；

F_1——测站流域面积，km^2；

F_2——上、下游邻近水文站流域面积，km^2；

n——指数，一般大、中河流 $n=0.5\sim0.7$，较小河流（$F<100km^2$）$n\geqslant0.7$。

（3）如果在测站上、下游不远处均有观测资料，则可按流域面积直接内插得公式（6-2），即：

$$Q_1=Q_2+(Q_3-Q_2)\frac{F_1-F_2}{F_3-F_2} \tag{6-2}$$

式中 Q_1、F_1 意义同公式（6-1）；

Q_2、Q_3——上、下游不远处的观测洪峰流量，m^3/s；

F_2、F_3——上、下游不远处的流域面积，km^2。

2. 水位流量关系曲线法

（1）当上、下游两水文站相同观测年份的最大洪峰流量大致成比例关系时，如甲站缺某几年最大流量或最高水位资料，而乙站有实测资料时，则可绘出两站的 $H=f(H')$ 及 $Q=f(H)$ 等关系曲线进行插补延长，或直接用两站的 $Q=f(Q')$ 关系曲线求得（H、H'、Q、Q' 为甲、乙两站水位、流量）。

（2）当测站缺某几年流量资料，但有这几年水位资料时，可绘制该站的 $Q=f(H)$ 关系曲线求得。

3. 过程线叠加法

当两支流上有较长的实测数据，而合流后测站的实测数据却短缺时，则可利用两支流过程线叠加起来（如果两站汇流历时相差较长，应进行错时段相加），求得合流后测站的洪峰流量，洪水传播时间（t）可用公式（6-3）求得：

$$t=\frac{L}{v_p} \tag{6-3}$$

式中　L——洪水传播距离，m；

v_p——洪水传播速度，m/s，可根据实测资料选其出现次数最多者。

4. 直线相关法

在运用简单的直线相关法时，应从气象、自然地理等特征条件进行合理分析，防止不问成因地机械使用。插补所得的资料，不宜再用到第三站去，避免辗转相关累积误差增大。在条件相似的情况下，以图解法较简便，如图解时点据散乱形不成直线，则可采用回归方程式的相关计算法进行计算。

6.1.4　设计洪峰、洪量的计算

（1）凡工程所在地区或其上、下游邻近地点具有 30a 以上实测和插补延长洪水流量资料，并有调查历史洪水时，应采用频率分析法计算设计洪水。

（2）设计洪峰流量的计算

1）矩法：

① 平均洪峰流量：

$$\overline{Q}=\frac{Q_1+Q_2+\cdots\cdots+Q_n}{n}=\frac{1}{n}\sum_{i=1}^{n}Q_i \tag{6-4}$$

式中　Q_1，Q_2，……，Q_n——实测每年最大洪峰流量，m^3/s；

n——实测资料年数；

i——1，2，3，……，n。

② 均方差：

$$\left.\begin{aligned}\sigma&=\sqrt{\frac{\sum_{i=1}^{n}(Q_i-\overline{Q})^2}{n-1}}\\ \text{或}\quad \sigma&=\sqrt{\frac{\sum_{i=1}^{n}Q_i^2-\frac{1}{n}\left(\sum_{i=1}^{n}Q_i\right)^2}{n-1}}\end{aligned}\right\}\tag{6-5}$$

③ 变率：

$$K=\frac{Q_i}{Q}\tag{6-6}$$

④ 变差系数：

$$\left.\begin{aligned}C_v&=\frac{\sigma}{Q}=\sqrt{\frac{\sum_{i=1}^{n}(K_i-1)^2}{n-1}}\\ \text{或}\quad C_v&=\frac{1}{Q}\sqrt{\frac{\sum_{i=1}^{n}Q_i^2-\frac{1}{n}\left(\sum_{i=1}^{n}Q_i\right)^2}{n-1}}\end{aligned}\right\}\tag{6-7}$$

⑤ 偏态系数：

$$\left.\begin{aligned}C_s&=\frac{n\sum_{i=1}^{n}(K_i-1)^3}{(n-1)(n-2)C_v^3}\\ \text{或}\quad C_s&=\frac{n^2\sum_{i=1}^{n}Q_i^3-3n\sum_{i=1}^{n}Q_i\sum_{i=1}^{n}Q_i^2+2\left(\sum_{i=1}^{n}Q_i\right)^3}{n(n-1)(n-2)\overline{Q}^3C_v^3}\end{aligned}\right\}\tag{6-8}$$

对于N年不连续系列：如果在N年中已查明为首的a项的特大洪水（其中有1个发生在n年实测与插补系列中）。假定（$n-1$）年系列的均值和均方差与除去特大洪水后的（$N-a$）年系列的相等，即$\overline{Q}_{N-a}=\overline{Q}_{n-1}$、$\sigma_{N-a}=\sigma_{n-1}$，可推导出统计参数的计算公式（6-9）、公式（6-10）为：

$$\overline{Q}=\frac{1}{N}\left[\sum_{j=1}^{a}Q_j+\frac{N-a}{n-l}\sum_{i=l+1}^{n}Q_i\right]\tag{6-9}$$

$$\left.\begin{aligned}C_v&=\frac{1}{\overline{Q}}\sqrt{\frac{1}{N-1}\left[\sum_{j=1}^{a}(Q_j-\overline{Q})^2+\frac{N-a}{n-l}\sum_{i=l+1}^{n}(Q_i-\overline{Q})^2\right]}\\ \text{或}\quad C_v&=\sqrt{\frac{1}{N-1}\left[\sum_{j=1}^{a}(K_j-1)^2+\frac{N-a}{n-l}\sum_{i=l+1}^{n}(K_i-1)^2\right]}\end{aligned}\right\}\tag{6-10}$$

式中　Q_j——特大洪水（$j=1$，2，……，a）；

Q_i——一般洪水（$i=l+1$，$l+2$，……，n）；

a——特大洪水的总个数，其中包括发生在实测系列内的1个。

2）概率权重法：

$$M_j=\int_0^1 xF^j(x)\,dF \tag{6-11}$$

$$j=0,1,2\cdots\cdots$$

皮尔逊Ⅲ型频率曲线的三个统计参数，不能用概率权重矩的显式表述，但经推导为：

$$\overline{Q}=M_0 \tag{6-12}$$

$$C_v=H\left(\frac{M_1}{M_0}-\frac{1}{2}\right) \tag{6-13}$$

$$R=\frac{M_2-M_0/3}{M_1-M_0/2} \tag{6-14}$$

式中 H 和 R 均与 C_s 有关，并已有近似的经验关系，可用公式（6-15）、公式（6-16）表示：

$$\left.\begin{aligned}C_s&=16.41\mu-13.51\mu^2+10.72\mu^3+94.54\mu^4\\ \mu&=\frac{R-1}{(4/3-R)^{0.12}}(1\leqslant R<4/3)\end{aligned}\right\} \tag{6-15}$$

$$\left.\begin{aligned}H&=3.545+29.85V-29.15V^2+363.8V^3+6093V^4\\ V&=\frac{(R-1)^2}{(4/3-R)^{0.14}}(1\leqslant R<4/3)\end{aligned}\right\} \tag{6-16}$$

为保证 C_v 和 C_s 有两位小数准确，要求在计算 R 时，M_0、M_1 和 M_2 的计算值至少要达到5位有效数字。

6.1.5　设计洪水过程线

1. 选择典型洪水过程线的原则

（1）峰高量大、水量集中的丰水年。

（2）为双峰型且大峰在后。

（3）具有一定代表性的大洪水。

（4）根据资料的实际情况和流域的具体特点慎重选定。

2. 放大方法

对典型洪水过程线的放大，有同频率放大法和同倍比放大法两种，目前比较常用的是各时段同频率控制放大法。

（1）同频率放大法定义：设计洪水过程线以洪峰及不同时段洪量同频率控制，按典型放大的方法绘制。

（2）计算步骤

1）首先根据流域大小及江（河）洪水特性选择最长控制时段，并要照顾峰型的完整。

2）根据设计洪水过程对水工构筑物安全起作用的时间来确定最长控制时段。

3）最长控制时段选定后，即可在控制时段内依次按1d、3d、5d……将流量进行放大（各时段按同一频率控制放大），从而得出相应设计频率的洪水总量 W_{1d}、W_{3d}、W_{5d}……。

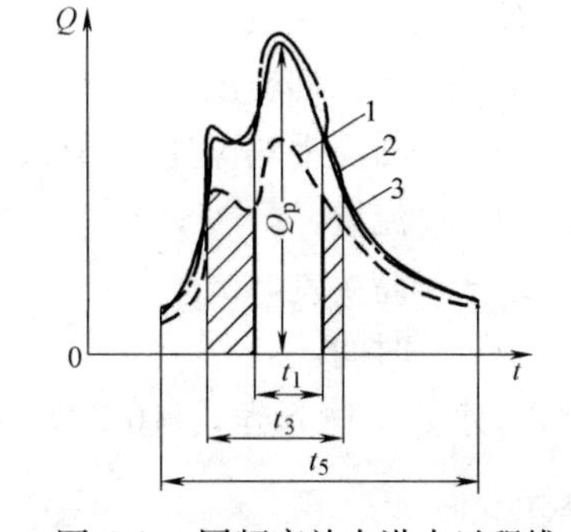

图6-1　同频率放大洪水过程线

1—典型洪水过程线；2—放大后的过程线；3—修匀后的设计洪水过程线

Q_p—设计洪峰流量（m^3/s）；

t_1、t_3、t_5—洪量计算历时：1d、3d、5d

4）放大系数计算公式：

洪峰流量的放大倍比按公式（6-17）计算：

$$\left.\begin{aligned} &K_{Q}=\frac{Q_{p}}{Q_{d}} \\ &\text{各时段洪量的放大倍比：} \\ &\qquad K_{w1}=\frac{W_{1p}}{W_{1d}}\text{或}K_{w1}\frac{W_{1p}-Q_{p}xt}{W_{1d}-Q_{d}xt} \\ &\qquad K_{w3-1}=\frac{W_{3p}-W_{1p}}{W_{3d}-W_{1d}} \\ &\qquad K_{w5-3}=\frac{W_{5p}-W_{3p}}{W_{5d}-W_{3d}} \\ &\qquad \cdots\cdots \end{aligned}\right\} \tag{6-17}$$

式中　K_{Q}——洪峰流量的放大倍比；

Q_{p}——频率为 p 的洪峰流量，m^3/s；

Q_{d}——典型过程线的洪峰流量，m^3/s；

W_{p}——频率为 p 的洪水总量，m^3；

W_{d}——典型过程线的洪水总量，m^3。

以下依次类推，即得放大后的设计洪水过程线，如图 6-1 所示。

6.1.6　洪水演进

（1）单一河道流量演算法：

$$\frac{\partial A}{\partial L}+\frac{\partial Q}{\partial L}=0 \tag{6-18}$$

$$\frac{\partial H}{\partial L}=\frac{Q^2}{K^2}+\frac{1}{g}\frac{\partial v}{\partial t}+\frac{v}{g}\frac{\partial v}{\partial L} \tag{6-19}$$

式中　A——过水断面面积，m^2；

L——距离，m；

K——流量模数；

g——重力加速度，m^2/s；

v——断面平均流速，m/s；

Q——流量，m^3/s；

H——高度差，m；

t——时间，s。

（2）水量平衡方程式（6-20）为：

$$\frac{I_1+I_2}{2}\Delta t-\frac{Q_1+Q_2}{2}\Delta t=W_2-W_1 \tag{6-20}$$

（3）槽蓄方程式（6-21）为：

$$W=K[xI+(1-x)Q] \tag{6-21}$$

式中　I、Q、W——河段的入流、出流和河段槽蓄量；

x——流量比重因数；

K——蓄量流量关系曲线的坡度，槽蓄系数，$K=\Delta W/\Delta Q'$。

6.2 由暴雨资料推求设计洪水

6.2.1 样本系列

1. 统计选样方法

一般暴雨资料的统计，可采用定时段（如 1d、3d、7d 等）年最大值选择的方法。

$$H_{24}=1.12H_{\mathrm{d}} \tag{6-22}$$

式中 H_{d}——年最大 1d 雨量；

H_{24}——年最大 24h 雨量。

（我国年最大 24h 雨量约为年最大日雨量的 1.10～1.30 倍，平均为 1.12 倍左右）

2. 雨量资料的插补延长

暴雨的地区局限性，使相邻站同次暴雨的相关较差，用相关法插补延长暴雨资料比较困难。一般可采用以下三种方法：

（1）在站网较密的平原区、邻站与本站距离较近，且暴雨形成条件基本一致时，可以直接利用邻近站的雨量记录，或取周围几个站的平均值。

（2）在站网较稀的平原区，或在暴雨特性变化较大的山区，可绘制同一次暴雨量等值线图，也可作同一年各种时段年最大雨量等值线图，由各站地理位置进行插补。

（3）当暴雨和洪水的相关关系较好时，可利用洪水资料来插补延长暴雨资料。

1）比值法：

$$\frac{\overline{P}_{\mathrm{AN}}}{\overline{P}_{\mathrm{An}}}=\frac{\overline{P}_{\mathrm{BN}}}{\overline{P}_{\mathrm{Bn}}}$$

即
$$\overline{P}_{\mathrm{AN}}=\frac{\overline{P}_{\mathrm{An}}}{\overline{P}_{\mathrm{Bn}}}\overline{P}_{\mathrm{BN}}$$

令
$$a=\overline{P}_{\mathrm{An}}/\overline{P}_{\mathrm{Bn}}$$

则
$$\overline{P}_{\mathrm{AN}}=a\,\overline{P}_{\mathrm{BN}} \tag{6-23}$$

式中 $\overline{P}_{\mathrm{AN}}$——设计站 N 年暴雨均值；

$\overline{P}_{\mathrm{An}}$——设计站实测雨量系列求得的暴雨均值；

$\overline{P}_{\mathrm{BN}}$——参证站实测雨量系列求得的暴雨均值；

$\overline{P}_{\mathrm{Bn}}$——参证站在设计站实测资料年份内所求得的暴雨均值。

2）站年法：此法认为某一地区各站雨量出自于同一暴雨的总体，各站实测雨量资料均为这一总体随机抽样的一个小样本。于是，可将这些小样本合并，成为一个容量较大的样本，进行频率计算，推求设计暴雨，减少成果的计算误差和抽样误差。其雨量 $P \geqslant P_1$ 的频率 $P(P \geqslant P_1)=M/N$，其中 N 为总站年数，M 为 $P \geqslant P_1$ 的站年数。

3. 面雨量的计算方法

（1）当流域内雨量站分布较均匀时，可采用算术平均法计算面雨量。

（2）当流域内雨量站分布不均匀时，可用泰森多边形法确定各站的控制面积，再用加权平均法计算面雨量。

（3）地形变化较大的流域，可先绘制雨量等值线图，再用加权平均法计算面雨量。

（4）通过点面系数将总雨量转换成面雨量。

1）绘制流域图与暴雨等值线图，见图 6-2。

2）点面系数的计算公式见式（6-24）。

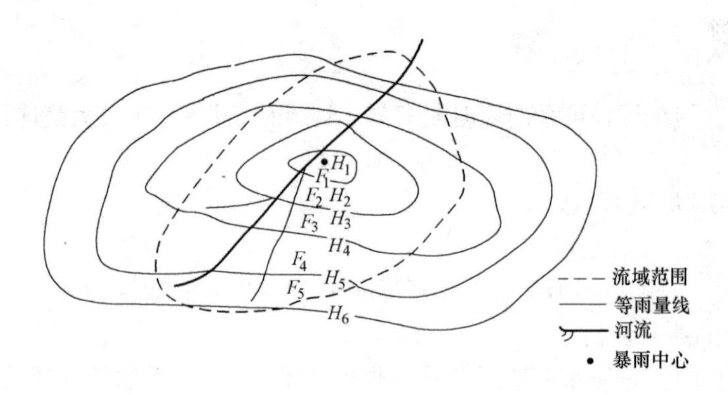

图 6-2　某场暴雨点面关系

$$
\left.\begin{aligned}
K_1 &= \frac{H_2 \times F_1}{H_1 \times F_1} \\
K_2 &= \frac{\left[\left(\frac{H_1+H_2}{2}\right)F_1+\left(\frac{H_2+H_3}{2}\right)F_2\right]}{(F_1+F_2)H_1} \\
K_3 &= \frac{\left[\left(\frac{H_1+H_2}{2}\right)F_1+\left(\frac{H_2+H_3}{2}\right)F_2+\left(\frac{H_3+H_4}{2}\right)F_3\right]}{(F_1+F_2+F_3)H_1} \\
K_4 &= \frac{\left[\left(\frac{H_1+H_2}{2}\right)F_1+\left(\frac{H_2+H_3}{2}\right)F_2+\left(\frac{H_3+H_4}{2}\right)F_3+\left(\frac{H_4+H_5}{2}\right)F_4\right]}{(F_1+F_2+F_3+F_4)H_1} \\
&\cdots\cdots
\end{aligned}\right\} \tag{6-24}
$$

式中　K_1、K_2、K_3……——点面系数；

H_1、H_2、H_3……——降雨量，mm；

F_1、F_2、F_3……——相应之间的受雨面积，km^2。

3）绘制点面关系曲线，见图 6-3。

6.2.2　设计暴雨的推求

设计暴雨是指与设计洪水同标准的暴雨，这个雨型包括设计雨量的大小及其在时间上的分配过程。目前常用的方法是通过频率计算，推求出流域面积上设计时段内的设计暴雨总量；然后根据流域内或邻近地区的暴雨雨型，采用平均雨型或选择某种典型雨型，再以所求得设计暴雨总量为控制，求得降雨在时间上的分配。

6.2.3　设计净雨量的推求

暴雨降落地面后，由于土壤入渗、洼地填蓄、植物截留及蒸发等作用，损失了一部分雨量，未损失的部分，即为净雨量。由设计暴雨推求设计净雨量的过程，通常称为产流计算。推求设计净雨量，常用径流系数法、相关法、水量平衡法、分阶段扣除损失法四种方法。

(1) 径流系数法：一次暴雨的径流系数计算公式(6-25)为：

$$\alpha=\frac{y}{x} \tag{6-25}$$

式中 $\overline{x}$——某次雨洪径流求得流域平均降雨深，mm；

y——相应地区的径流深，mm。

(2) 相关法：考虑影响降雨径流关系的前期雨量，绘制相关曲线图，由设计暴雨推求设计净雨量。

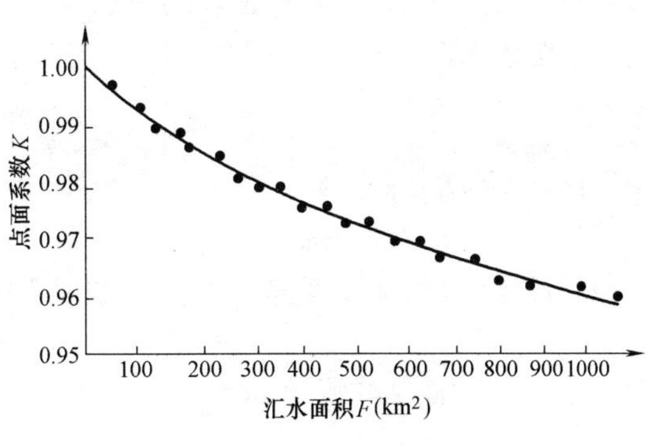

图 6-3 点面关系曲线示意

(3) 水量平衡法：

$$y=x-v-D-I_0-E-E_0 \tag{6-26}$$

式中 y——径流深，mm；

x——降雨量，mm；

v——植物枝叶截留量，mm；

D——洼地填蓄量，mm；

I_0——土壤初期入渗量，mm；

E——蒸发量，mm；

E_0——径流产生后的入渗总量，mm；$E_0=\overline{f}t$；

$\overline{f}$——产生径流期间的平均入渗率，mm/h；

t——净雨历时，h。

(4) 分阶段扣除损失法：此法假定总损失中的蒸发、填蓄、植物截留量与土壤入渗量相比可以忽略，而降雨的损失量，可以近似地认为主要是土壤的入渗损失量，因此关键是计算土壤的入渗损失量。

6.2.4 设计洪水过程线的推求

(1) 稳渗强度 f_c 的计算：

$$f_c=\frac{P-R-I}{t_c} \tag{6-27}$$

式中 P——降雨量，mm；

R——净雨量，mm；

I——初损量，mm；

t_c——稳渗历时，h。

(2) 地面径流深：

$$R=\frac{10W}{F} \tag{6-28}$$

式中 $W=0.36\Delta t(Q_1+Q_2+Q_3+\cdots\cdots+Q_n)$

R——地面径流深，mm；

W——洪水总量，10^4m^3；

F——流域面积，km^2；

Δt——洪水时段，h；

Q_1、Q_2、……Q_n——地面径流量，m^3/s。

（3）汇流历时：

$$\tau=0.278\frac{L}{v} \tag{6-29}$$

式中　L——干流长度，km；

v——汇流速度，m/s。

（4）设计洪峰流量模数表示单位流域面积的设计洪峰流量：

$$M_{mR24}=Q_p/F \tag{6-30}$$

式中　Q_p——设计洪峰流量，m^3/s。

6.3　由推理公式和地区经验公式推求设计洪水

6.3.1　小流域设计暴雨

我国常用的两种指数型暴雨公式为：

$$\left.\begin{aligned} i&=\frac{S_p}{(t+b)^{n_d}} \\ H_t&=S_p\frac{t}{(t+b)^{n_d}} \end{aligned}\right\} \tag{6-31}$$

式中　i——暴雨强度，mm/h 或 mm/min；

H_t——历时为 t 的暴雨量，mm；

S_p——暴雨系数，或称雨力，即 $t=1h$ 的暴雨强度，mm/h；

n_d——暴雨衰减指数；

t——降雨历时，h；

b——时间参数。

6.3.2　推理公式

（1）水利科学研究院水文研究所公式：

$$Q_p=0.278\Phi\frac{S_p}{\tau^n}F \tag{6-32}$$

式中　Q_p——设计洪峰流量，m^3/s；

Φ——洪峰流量径流系数；

S_p——设计频率暴雨雨力，mm/h；

τ——流域汇流时间，h；

F——流域面积，km^2。

（2）水利科学研究院水文研究所简化公式为：

$$Q_p=AF=0.278\left(\frac{s}{\tau^n}-\mu\right)F \tag{6-33}$$

$$A=0.278\left(\frac{s}{\tau^n}-\mu\right)$$

$$\tau=0.278\frac{L}{mJ^{\frac{1}{2}}Q^{\frac{1}{4}}}$$

式中　Q_p——设计洪峰流量，m^3/s；

s——雨力，mm/h；

τ——汇流时间，h；

m——汇流参数；

J——主河槽平均比降；

L——主河道长度，km；

F——汇流面积，km^2。

（3）铁道部第一设计院公式：根据西北地区资料分析的公式见式（6-34）：

$$Q_p = \left[\frac{k_1(1-k_2)k_3}{x^{n'}}\right]^{\frac{1}{1-n'y}} \tag{6-34}$$

式中　Q_p——设计洪峰流量，m^3/s；

k_1——产流因子，按后式计算：$k_1 = 0.278\eta S_p F$，其中 η 为暴雨点面折减系数，见表 6-1；

η 值　　**表 6-1**

$F(km^2)$	η	$F(km^2)$	η	$F(km^2)$	η
<10	1.00	25	0.90	60	0.84
10	0.94	30	0.89	70	0.83
12.5	0.93	35	0.88	80	0.82
15	0.92	40	0.87	90	0.81
20	0.91	50	0.86	100	0.80

S_p——设计暴雨参数，mm/h；

F——汇水面积，km^2；

k_2——损失因子，按后式计算：$k_2 = R(\eta S_p)\ r_1^{-1}$，$R$、$r_1$ 为损失系数，见表 6-2；

R、r_1 值　　**表 6-2**

损失等级	特　征	R	r_1
Ⅱ	黏土：地下水位较高（0.3～0.5m）盐碱土地面；土层较薄的岩石地区；植被差、风化较微的岩石地区	0.93	0.63
Ⅲ	植被差的砂黏土；戈壁滩；土层较厚的岩石山区；植被中等、风化中等岩石地区；北方地区坡度不大的山间草地；黄土（Q2）区	1.02	0.69
Ⅳ	植被差的黏砂土；风化严重、土层厚的土石山区；杂草灌木较密的山丘或草地；人工幼林或土层较薄中等密度的林区；黄土（Q3、Q4）区	1.10	0.76
Ⅴ	植被差的一般砂土地面；土层较厚森林较密的地区；有大面积水土保持措施、治理较好的土层山区	1.18	0.83
Ⅵ	无植被的松散的砂土地面；茂密的并有枯枝落叶层的原始森林区	1.25	0.90

k_3——造峰因子，按后式计算：$k_3 = \dfrac{(1-n')^{1-n'}}{(1-0.5n')^{2-n'}}$

$$其中：n' = c_n n = \frac{1-r_1 k_2}{1-k_2} n$$

x——河槽和山坡综合汇流因子；

y——反映流域汇流特征的指数。

（4）铁道部第二设计院公式：根据西南地区资料分析制定的公式为：

$$Q_p = 0.278 F C_1 i_p y \tag{6-35}$$

式中　C_1——产流系数；

i_p——设计暴雨强度，mm/h；

y——径流函数；

其他符号意义同前。

（5）铁道部第三勘测设计院公式：

1）山丘区：

① 当 $i_p = \frac{s_p}{t^n}$ 时，

$$Q_p = \frac{C_2 F_g{}^0 J_4^{p_0}}{L_4^{p_0}} \cdot \eta \frac{1+\gamma_0}{1-m_0 n} \tag{6-36}$$

式中　C_2、g^0、γ_0、m_0、p_0——参数；

L_4——流域长度，从分水岭算起，km；

J_4——流域坡度，从分水岭算起，用加权法计算；

其他符号意义同前。

② 当 $i_p = \frac{s_p}{(t+b)^n}$ 时，

$$Q_p = 16.7 \beta_0 i_p^{1+r_0} F \tag{6-37}$$

其中 r_0 为流域汇流时间，其他符号意义同前。

2）平原区：

$$H_p = m'_0 t_0^{n'} \left[用\ i_p = \frac{S_p}{\tau^n} 时, H_p = S_p t^{(1-n)} = S_p \cdot t^{N'_0} \right] \tag{6-38}$$

式中　H_p——设计暴雨雨量，mm；

S_p——暴雨系数，或称雨力，即 $t=1$h 的暴雨强度，mm/h；

t——汇流时间；

m'_0、N'_0——参数。

（6）铁道部第四勘测设计院公式：根据华东、华中地区资料分析制定的公式为：

$$Q_p = 0.278 A_5 B_5 \frac{R_p}{t_0} F \tag{6-39}$$

式中　R_p——设计净雨深，mm；

t_0——净雨历时，取 6h 或 24h；

B_5——雨型系数；

A_5——洪峰削减系数。

（7）公路科学研究所的简化公式：适用于流域面积小于 30km^2 的情况，设计洪峰流量公式为：

$$Q_{1\%} = \varphi (h-Z)^{3/2} F^{4/5} \beta \gamma \delta \tag{6-40}$$

式中　φ——地貌系数；

F——汇水面积，km^2；
h——径流深度，mm；
Z——植物和坑洼滞留的拦蓄厚度，mm；
β——洪峰传播的流量折减系数；
γ——汇水区降雨量不均匀的折减系数；
δ——湖泊所起调节作用的折减系数。

（8）交通部公路科学研究所推理公式

$$Q_P=0.278\left(\frac{S_P}{\tau^n}-\mu\right)F \tag{6-41}$$

式中：Q_P——设计频率 P 时的洪峰流量，m^3/s；
S_P——设计频率 P 时的雨力，mm/h，查各省（自治区）水文手册中雨力等值线图，或全国雨力等值线图（如查高冬光主编的《公路桥涵设计手册》“桥位设计”的图 3-6-3、图 3-6-4、图 3-6-5、图 3-6-6）；
μ——损失参数，mm/h；
北方地区　$\mu=K_1(S_P)^{\beta_1}$
南方地区　$\mu=K_2(S_P)^{\beta_2}F^{-\lambda}$

其中：K_1、K_2 与 β_1、β_2、λ——系数与指数，查表 6-4，表中土壤分类见表 6-5。
n——暴雨递减指数，按各省（自治区）分区可查高冬光主编的《公路桥涵设计手册》“桥位设计”图 3-6-6）和表 6-3，得 n_1、n_2、n_3；

当 $\tau<1h$ 时，用 n_1；
当 $1h<\tau<6h$ 时，用 n_2；
当 $6h<\tau<24h$ 时，用 n_3；

τ——汇流时间，h；

北方多采用　$\tau=K_3\left(\frac{L}{\sqrt{I}}\right)^{\alpha_1}$

南方多采用　$\tau=K_4\left(\frac{L}{\sqrt{I}}\right)^{\alpha_2}S_P^{-\beta}$

其中：L——主河沟长度，km；
I——主河沟平均坡度，‰；
K_3、K_4 和 α_1、α_2、β——系数与指数，查 6-6。
F——流域面积，km^2；

暴雨递减指数 n 值分区　　**表 6-3**

省名	分区	n 值		
		n_1	n_2	n_3
内蒙古自治区	Ⅰ	0.62	0.79	0.86
	Ⅱ	0.60	0.76	0.79
	Ⅲ	0.59	0.76	0.80
	Ⅳ	0.65	0.73	0.75
	Ⅴ	0.63	0.76	0.81
	Ⅵ	0.59	0.71	0.77
	Ⅶ	0.62	0.74	0.82

续表

省名	分区	n 值		
		n_1	n_2	n_3
陕西省	Ⅰ	0.59	0.71	0.78
	Ⅱ	0.52	0.75	0.81
	Ⅲ	0.52	0.72	0.73
福建省	Ⅰ	0.53	0.65	0.70
	Ⅱ	0.52	0.69	0.73
	Ⅲ	0.47	0.65	0.70
	Ⅳ	0.48	0.65	0.73
	Ⅴ	0.51	0.67	0.70
浙江省		0.60	0.65	0.78
		0.49	0.62	0.65
		0.53	0.68	0.73
安徽省	Ⅰ		0.61	0.69
	Ⅱ	0.38	0.69	0.69
	Ⅲ	0.39	0.76	0.77
甘肃省	Ⅰ	0.69	0.72	0.78
	Ⅱ	0.61	0.76	0.82
	Ⅲ	0.62	0.77	0.85
	Ⅳ	0.55	0.65	0.82
	Ⅴ	0.58	0.74	0.85
	Ⅵ	0.49	0.59	0.84
	Ⅶ	0.53	0.66	0.75
宁夏回族自治区	Ⅰ	0.52	0.62	0.81
	Ⅱ	0.58	0.66	0.75
湖南省	Ⅰ	0.45	0.62～0.63	0.70～0.75
	Ⅱ	0.30～0.40	0.65～0.70	0.75
	Ⅲ	0.40～0.50	0.55～0.60	0.70～0.80
	Ⅳ	0.40～0.50	0.65～0.70	0.75～0.80
	Ⅴ	0.40～0.50	0.70～0.75	0.75～0.80
辽宁省	Ⅰ	0.60～0.66	0.70～0.74	
	Ⅱ	0.60～0.55	0.70～0.60	
	Ⅲ	0.55～0.50	0.60～0.55	
四川省	Ⅰ	0.50	0.60～0.65	
	Ⅱ	0.45	0.70～0.75	
	Ⅲ	0.73	0.70～0.75	
青海省	Ⅰ	0.49	0.75	0.87
	Ⅱ	0.47	0.76	0.82
	Ⅲ	0.65	0.78	
吉林省	Ⅰ	0.56	0.70	0.76
	Ⅱ	0.56	0.75	0.82
	Ⅲ	0.60	0.69	0.75

续表

省名	分区	n值		
		n_1	n_2	n_3
河南省	Ⅰ	0.55～0.60	0.65～0.70	0.75～0.80
	Ⅱ	0.50～0.55	0.70～0.75	0.75～0.80
	Ⅲ	0.45～0.50	0.60～0.65	0.75
广西壮族自治区	Ⅰ	0.38～0.43	0.65～0.70	0.70～0.73
	Ⅱ	0.40～0.45	0.70～0.75	0.75～0.85
	Ⅲ	0.40～0.45	0.60～0.65	0.75～0.85
新疆维吾尔自治区	Ⅰ	0.63	0.70	0.84
	Ⅱ	0.73	0.78	0.85
	Ⅲ	0.56	0.72	0.88
	Ⅳ	0.45	0.64	0.80
	Ⅴ	0.63	0.77	0.91
	Ⅵ	0.62	0.74	0.80
	Ⅶ	0.60	0.72	0.86
	Ⅷ	0.60	0.66	0.85
山西省		0.60	0.70	
贵州省		0.47	0.69	0.80
河北省	Ⅰ	0.40～0.50	0.50～0.60	0.65
	Ⅱ	0.50～0.55	0.60～0.70	0.70
	Ⅲ	0.55	0.60	0.60～0.70
	Ⅳ	0.30～0.40	0.70～0.75	0.75～0.80
云南省	Ⅰ	0.50～0.55	0.75～0.80	0.75～0.80
	Ⅱ	0.45～0.55	0.70～0.80	0.75～0.80
	Ⅲ	0.55	0.60	0.65
	Ⅳ	0.50～0.45	0.65～0.75	0.70～0.80

注：n_1——小于1h的暴雨递减指数；n_2——1～6h的暴雨递减指数；n_3——6～24h的暴雨递减指数。

损失参数的分区和系数、指数值　　**表6-4**

省名	分区	分区、指标	K_1	β_1	K_2	β_2	λ
河北省	Ⅰ	河北平原区	1.23	0.61			
	Ⅱ	冀北山区	0.95	0.60			
		冀西北西盆区	1.15	0.58			
	Ⅲ	冀西山区	1.12	0.56			
		坝上高原区	1.52	0.50			
山西省	Ⅰ	煤矿塌陷和森林覆盖较好地区	0.85	0.98			
	Ⅱ	裸露石山区	0.25	0.98			
	Ⅲ	黄土丘陵区	0.65	0.98			
四川省	Ⅰ	青衣江区			0.742	0.542	0.222
	Ⅱ	盆地丘陵区			0.270	0.897	0.272
	Ⅲ	盆缘山区			0.263	0.887	0.281
安徽省	Ⅱ	根据表6-5土壤分类			0.755	0.74	0.0171
	Ⅲ				0.103	1.21	0.0425
	Ⅳ				0.406	1.00	0.1104
	Ⅴ				0.520	0.94	0
	Ⅵ				0.332	1.099	0

续表

省名	分区	分区、指标	K_1	β_1	K_2	β_2	λ
宁夏回族自治区	Ⅳ	根据表6-5土壤分类	0.93	0.86			
	Ⅴ		1.98	0.69			
湖南省	Ⅰ	湘资流域	0.697	0.567			
	Ⅱ	沅水流域	0.213	0.940			
	Ⅲ	沣水流域	1.925	0.223			
甘肃省	Ⅱ	根据表6-5土壤分类	0.65	0.82			
	Ⅲ		0.75	0.84			
	Ⅳ		0.75	0.86			
吉林省	Ⅱ	根据表6-5土壤分类	0.12	1.44			
	Ⅲ		0.13	1.37			
	Ⅳ		0.29	1.01			
	Ⅴ		0.29	1.01			
河南省	Ⅰ	根据湖南省 n 值分区图	0.0023	1.75			
	Ⅱ		0.057	1.0			
	Ⅲ		1.0	0.71			
	Ⅴ		0.80	0.51			
青海省	Ⅰ	东部区	0.52	0.774			
	Ⅱ	内陆区	0.32	0.913			
新疆维吾尔自治区	Ⅰ	$50<F<200$	0.46	1.09			
	Ⅱ	$F>200$	0.68	1.09			
浙江省	Ⅰ	浙北地区	0.08	0.15			
	Ⅱ	浙东南沿海区	0.10～0.11	0.15			
	Ⅲ	浙西南、西北及东部丘陵区	0.13～0.14	0.15			
	Ⅳ	杭嘉湖平原边缘地势平缓区	0.15	0.15			
内蒙古自治区	Ⅳ	大兴安中段及余脉山区	0.517～0.83	0.4～0.71			
	Ⅵ	黄河流域山地丘陵区	1.0	1.05			
福建省		全省通用	0.34	0.93			
贵州省	Ⅰ	深山区			1.17	1.099	0.437
	Ⅱ	浅山区			0.51	1.099	0.437
	Ⅲ	平丘区			0.31	1.099	0.437
广西壮族自治区	Ⅰ	丘陵区	0.52	0.774			
	Ⅱ	山区	0.32	0.915			

土壤植被分类　　**表6-5**

类别	特　征
Ⅱ	黏土、盐碱土地面，土壤瘠薄的岩石地区；植被差，轻微风化的岩石地区
Ⅲ	植被差的沙质黏土地面；土层较薄的土面山区，植被中等、风化中等的山区
Ⅳ	植被差的黏、砂土地面；风化严重土层厚的山区，草灌较厚的山丘区或草地；人工幼林区；水土流失中等的黄土地面区
Ⅴ	植被差的一般砂土地面，土层较厚森林较密的地区；有大面积水土保持措施治理较好的土质
Ⅵ	无植被松散的砂土地面，茂密并有枯枝落叶层的原始森林

汇流时间分区和系数、指数 **表 6-6**

省名	分区	分区、指标	K_3	α_1	K_4	α_2	β_3
河北省	Ⅰ	河北平原	0.70	0.41			
	Ⅱ	冀北山区	0.65	0.38			
		冀西北盆地	0.58	0.39			
		冀西山区	0.54	0.40			
	Ⅲ	坝上高原	0.45	0.18			
山西省		土石山覆盖的林区	0.15	0.42			
		煤矿塌陷漏水区和严重风化区	0.13	0.42			
		黄土丘陵区	0.10	0.42			
四川省		盆地丘陵区 I_Z≤10‰			3.67	0.620	0.203
		青衣江区 I_Z>10‰			3.67	0.516	0.203
		盆缘山区 I_Z<15‰及西昌区			3.29	0.696	0.239
		I_Z≥15‰			3.29	0.536	0.239
安徽省	Ⅰ	>15‰			F<(90)37.5	0.925	0.725
					F>(90)26.3		
	Ⅱ	10‰~15‰			11	0.512	0.395
	Ⅲ	5‰~10‰			29	0.810	0.544
	Ⅳ	<5‰			14.3	0.30	0.330
湖南省	Ⅰ	湘资水系	5.59	0.380			
	Ⅱ	沅水系	3.79	0.197			
	Ⅲ	沣水系	1.57	0.636			
宁夏回族自治区	Ⅰ	山区	0.14	0.44			
	Ⅱ	丘陵区	0.38	0.21			
广西	Ⅰ	山区	0.56	0.306			
	Ⅱ	丘陵区	0.42	0.419			
甘肃省	Ⅰ	平原	0.96	0.71			
	Ⅱ	丘陵区	0.62	0.71			
	Ⅲ	山区	0.39	0.71			
吉林省	Ⅰ		0.00035	1.40			
	Ⅱ		1.40	0.84			
	Ⅲ		0.032	0.84			
			0.022	1.45			
河南省	Ⅰ	根据 n 值分区	0.73	0.32			
	Ⅱ		0.038	0.75			
	Ⅲ		0.63	0.15			
	Ⅳ		0.80	0.20			
青海省	Ⅰ	东部区	0.871	0.75			
	Ⅱ	内陆区	0.96	0.747			
新疆维吾尔自治区	Ⅰ	50<F<200	0.60	0.65			
	Ⅱ	F>200	0.20	0.65			
浙江省	Ⅰ	浙北地区			72.0	0.187	0.90
	Ⅱ	浙东南沿海区			72.0	0.187	0.90
	Ⅲ	浙西南、西北山区及中部丘陵区			72.0	0.187	0.90
	Ⅳ	杭嘉湖平原边缘地势平缓地区			105.0	0.187	0.90
内蒙古自治区	Ⅰ	大兴安岭中段及余脉山地丘陵区	0.334~0.537	0.16			
	Ⅱ	黄河流域山地丘陵区	0.334~0.537	0.16			

续表

省名	分区	分区、指标	K_3	α_1	K_4	α_2	β_3
福建省	Ⅰ	平原区			1.8	0.48	0.51
	Ⅱ	丘陵区			2.0	0.48	0.51
	Ⅲ	山区			2.6	0.48	0.51
贵州省	Ⅰ	平丘区	0.080	0.713			
	Ⅱ	浅山区	0.193	0.713			
	Ⅲ	深山区	0.302	0.713			

6.3.3　经验公式

（1）根据当地各种不同大小的流域面积和较长期的实测流量资料，并有一定数量的调查洪水资料时，可对洪峰流量进行频率分析；然后再用某频率的洪峰流量 Q_p 与流域特征作相关分析，制定经验公式，其公式为：

$$Q_p = C_p F^n \tag{6-42}$$

式中　F——流域面积，km^2；

C_p——经验系数（随频率而变）；

n——经验指数。

（2）对于实测流量系列较短，暴雨资料相对较长的地区，可以建立洪峰流量 Q_m 与暴雨特征和流域特征的关系，其公式为：

$$\left.\begin{aligned} Q_m &= C H_{24}^{\alpha} F^n \\ Q_m &= C h_i^{\beta} F^n J^m \end{aligned}\right\} \tag{6-43}$$

式中　H_{24}——最大24h雨量，mm；

h_i——时段净雨量，mm；

α、β——暴雨特征指数；

n、m——流域特征指数；

C——综合系数；

F——流域面积，km^2；

J——河道平均比降，‰。

（3）有些地区建立洪峰流量均值 $\overline{Q}_m$ 与暴雨特征和流域特征的关系

$$\left.\begin{aligned} \overline{Q}_m &= C F^m \\ \overline{Q}_m &= C \overline{H}_{24} F^n J^m \end{aligned}\right\} \tag{6-44}$$

式中　$\overline{H}_{24}$——最大24h暴雨均值；

其他符号意义同前。

本法只能求出洪峰流量均值，尚需用其他方法统计出洪峰流量参数 C_v、C_s，才能计算出设计洪峰流量 Q_p 值。

（4）宁夏回族自治区采用类似经验公式为：

$$\overline{Q}_m = C F^n \tag{6-45}$$

式中　$\overline{Q}_m$——洪峰流量均值，m^2/s；

C——洪峰模数；

n——指数。

（5）交通部公路研究所经验公式（1）

$$Q_P = \Psi(S_P - \mu)^m F^{\lambda_2} \tag{6-46}$$

式中　Q_P——设计频率 P 时的洪峰流量，m^3/s；

S_P——设计频率 P 时的雨力，mm/h；

μ——损失参数，mm/h；

F——流域面积，km^2；

Ψ——地貌系数，查表 6-7；

m、λ_2——指数，查表 6-7。

（6）交通部公路研究所经验公式（2）

$$Q_P = CS_P^{\beta} F^{\lambda_3} \tag{6-47}$$

式中　Q_P、S_P、F——同前；

C、β、λ_3——系数，查表 6-8。

经验公式（6-46）各区系数、指数　　　**表 6-7**

省份	分区	分区、指标		Ψ		m	λ_2
四川省	Ⅰ	盆地丘陵区	$I_Z \leqslant 2‰$	0.086		1.18	0.712
			$2 < I_Z < 10‰$	0.105			0.730
			$I_Z \geqslant 10‰$	0.124			0.747
	Ⅱ	盆地山区，青衣江区	$I_Z \leqslant 10‰$	0.102		1.20	0.724
			$10 < I_Z < 20‰$	0.123			0.745
			$I_Z \geqslant 20‰$	0.142			0.788
安徽省	Ⅰ	$I_Z > 15‰$		$P=4\%$	1.2×10^{-4}	2.75	0.896
				2%	1.4×10^{-4}		
				1%	1.6×10^{-4}		
	Ⅱ	$I_Z = 5‰ \sim 15‰$		$P=4\%$	4.8×10^{-4}	2.75	1.0
				2%	5.5×10^{-4}		
				1%	7.0×10^{-4}		
	Ⅲ	$I_Z < 5‰$		$P=4\%$	1.8×10^{-4}	2.75	0.965
				2%	1.9×10^{-4}		
				1%	2.0×10^{-4}		
宁夏回族自治区	Ⅰ	丘陵区		0.308		1.32	0.60
	Ⅱ	山区		0.542		1.32	0.60
	Ⅲ	林区		0.085		1.32	0.75
甘肃省	Ⅰ	平原		0.08		1.08	0.96
	Ⅱ	丘陵		0.14		1.08	0.96
	Ⅲ	山区		0.27		1.08	0.96
吉林省	Ⅰ	平原		0.0076～5.6		1.50	0.80
	Ⅱ	丘陵		0.0053～7.0		1.50	0.80
	Ⅲ	山区		0.003～0.68		1.50	0.80

续表

省份	分区	分区、指标	Ψ		m	λ₂
河南省	Ⅰ	根据河南省 n 值分区图	0.22		0.98	0.86
	Ⅱ		0.66		1.03	0.65
	Ⅲ		0.76		1.00	0.67
	Ⅳ		0.28		1.07	0.81
新疆维吾尔自治区	Ⅰ	林区土石山	0.0065		1.5	0.80
	Ⅱ	土石山	0.035		1.5	0.80
内蒙古自治区	Ⅰ	大青山东端山区	P=4%	8.4	0.41	0.55
			2%	12.3		
			1%	19.2		
	Ⅱ	大青山东部和蛮汉山山地丘陵区	P=4%	7.8	0.41	0.55
			2%	11.8		
			1%	16.5		
	Ⅲ	大青山西端山区	P=4%	7.4	0.41	0.55
			2%	11.2		
			1%	15.0		
福建省	Ⅰ	平原区	0.09		1.0	0.96
	Ⅱ	丘陵区	0.10			
	Ⅲ	浅山区	0.16			
	Ⅳ	深山区	0.25			
贵州省	Ⅰ	平原丘陵区	0.022		1.085	0.98
	Ⅱ	浅山区	0.038			
	Ⅲ	深山区	0.066			

经验公式（6-47）各区系数、指数　　**表 6-8**

省名	分区	分区、指标		C		β	λ_3
山西省	Ⅰ	石山、黄土丘陵植被差		0.24～0.20		1.0	0.78
	Ⅱ	土石山，风化石山植被一般		0.19～0.16			
	Ⅲ	煤矿漏水区，植被较好地区		0.15～0.12			
四川省	Ⅰ	盆地丘陵区	$I_Z\leqslant 10‰$	0.125		1.10	0.723
			$I_Z>5‰$	0.145			
	Ⅱ	盆缘山区，青衣江区	$I_Z\leqslant 10‰$	0.140		1.14	0.737
			$I_Z>10‰$	0.160			
安徽省	Ⅰ	$I_Z>15‰$		P=4%	2.92×10^{-4}	2.414	0.896
				2%	3.15×10^{-4}		
				1%	3.36×10^{-4}		
	Ⅱ	I_Z=5‰－15‰		P=4%	1.27×10^{-4}	2.414	1.0
				2%	1.32×10^{-4}		
				1%	1.50×10^{-4}		
	Ⅲ	$I_Z<5‰$		P=4%	2.35×10^{-4}	2.414	0.965
				2%	2.66×10^{-4}		
				1%	2.75×10^{-4}		

续表

省名	分区	分区、指标		C	β	λ3
宁夏回族自治区	Ⅰ	丘陵区		0.061	1.51	0.60
	Ⅱ	山区		0.082		0.60
	Ⅲ	林区		0.013		0.75
甘肃省	Ⅰ	平原区		0.016	1.40	0.95
	Ⅱ	丘陵区		0.025		
	Ⅲ	山区		0.05		
吉林省	Ⅰ	松花江、图们江、牡丹江水系	山岭	0.075	0.8	1.12
			丘陵	0.035		
			平原	0.0135		
	Ⅱ	拉林河、饮马河水系	山岭	0.31	0.8	1.37
			丘陵	—		
			平原	0.14～0.618		
	Ⅲ	东运河水系	山岭	—	0.8	0.52
			丘陵	—		
			平原	0.275		
河南省	Ⅰ	见 n 值分区		0.18	1.0	0.86
	Ⅱ			0.45	1.09	0.65
	Ⅲ			0.36	1.07	0.67
	Ⅳ			0.48	0.95	0.80
浙江省	Ⅰ	钱塘江流域		0.01	1.37	1.11
	Ⅱ	浙北地区		0.02		
	Ⅲ	其他		0.015		
福建省	Ⅰ	平原区		0.030	1.25	0.90
	Ⅱ	丘陵区		0.034		
	Ⅲ	浅山区		0.050		
	Ⅳ	深山区		0.071		
贵州省	Ⅰ	平原丘陵区		0.016	1.112	0.985
	Ⅱ	浅山区		0.030		
	Ⅲ	深山区		0.056		

6.3.4　地区综合法

地区综合法主要应用在无资料地区。它是利用设计流域与各参证站流域的自然地理、气象因素基本一致或相似的条件，运用相关原理，建立洪峰（洪量）与汇水面积关系，在双对数格纸上点绘关系线。这样，只要知道工程点以上汇水面积，即可查得设计值。同样亦可建立各时段的变差系数与汇水面积的关系线，通过各地区的统计经验值以确定偏态系数；有了以上参数值，即可通过雷布京表求得设计所需的各种频率设计值。

6.3.5　合并流量计算

两条或数条相邻山洪沟，在地形条件许可下，为减少穿越市区泄洪渠数量，根据经济技术比较结果，往往将多条山洪沟合并为一条泄洪渠。本条介绍了其合并后的流量计算办法，主要包括简易法、铁路研究院法和进程线叠加法。

（1）简易法：计算公式为：

$$Q_p = Q_0 + 0.75(Q_1 + Q_2 + \cdots\cdots) \quad (6\text{-}48)$$

式中　Q_p——合并后的设计流量，m^3/s；

Q_0——主沟的设计流量，m^3/s；

Q_1、Q_2……——被合并沟的设计流量，m^3/s。

（2）铁路研究院法：计算公式为：

$$Q_p = Q_0\left(\sum_{i=1}^{n} K_i - n + 1\right) \quad (6\text{-}49)$$

式中　K_i——合并流量计算参数；

n——被合并沟个数（不包括主沟）。

6.3.6　设计洪水总量及设计洪水过程线

（1）设计洪水总量：一次洪水总量可按公式（6-50）计算：

$$W = 1000 H_r F \quad (6\text{-}50)$$

式中　W——一次洪水总量，m^3；

H_r——一次净雨量，mm；

F——流域面积，km^2。

若用推理公式计算设计洪峰时，则洪水总量可用下式计算：

$$W = 1000 nSF\left[(1-n)\frac{S}{\mu}\right]^{\frac{1-n}{n}} \quad (6\text{-}51)$$

式中　n——暴雨衰减指数；

S——雨力，mm/h；

μ——流域平均损失率。

（2）设计洪水过程线：洪水总历时 T 的计算公式为：

$$T = C\frac{W_p}{Q_p} \quad (6\text{-}52)$$

式中　C——反映过程线特性的参数；

W_p——设计频率的洪水总量；

Q_p——设计频率的洪峰流量。

6.4　历史洪水调查和计算

6.4.1　洪水调查的内容

在有长期实测水文资料的河段，用频率计算方法可以求得比较可靠的设计洪峰流量。洪水调查的内容，包括历史上洪水发生的情况、各次大洪水的详细情况、调查区域的自然地理特征、洪痕的调查辨认以及测量工作。

6.4.2　洪峰流量计算

（1）比降法计算洪峰流量：

$$Q=\frac{\omega}{n}R^{\frac{2}{3}}I^{\frac{1}{2}} \tag{6-53}$$

式中 Q——流量，m^3/s；

n——糙率；

ω——洪痕高程以下的河道断面面积，m^2；

R——水力半径，m；

I——水面比降。

（2）水面曲线法计算洪峰流量：

$$H_1=H_2+\frac{1}{2}\left(\frac{Q^2}{{K_1}^2}+\frac{Q^2}{{K_2}^2}\right)l-(1-a)\left(\frac{{v_1}^2}{2g}-\frac{{v_2}^2}{2g}\right) \tag{6-54}$$

式中 H_1——1-1 断面水深，m；

H_2——2-2 断面水深，m；

v_1——1-1 断面流速，m/s；

v_2——2-2 断面流速，m/s；

g——重力加速度，m/s^2。

（3）控制断面法：

$$Q=\sqrt{\frac{gw_k^3}{B_k}}=w_k\sqrt{\frac{gw_k}{B_k}} \tag{6-55}$$

式中 w_k——临界断面面积，m^2；

B_k——临界断面水面宽度，m。

（4）水利部门推理公式：

$$Q_m=0.278\Psi\frac{S_P}{\tau^n}F \tag{6-56}$$

$$\tau=\frac{0.278L}{mQ_m^{\frac{1}{4}}f^{\frac{1}{3}}}$$

式中 Q_m——设计洪峰流量，m^3/s；

Ψ——洪峰径流量系数；

S_P——设计频率暴雨雨力，mm/h；

τ——流域汇流时间，h；

F——流域面积，km^2；

n——暴雨衰减指数；

L——主河槽长度，km；

m——汇流参数；

f——主河槽坡降。

（5）经验公式法：

$$Q=A\cdot J^{1/6}\cdot H_{24}\cdot(F/L^2)^{0.4}\cdot F^{0.7} \tag{6-57}$$

式中 A——综合系数，取 0.15；

J——河道坡度；

H_{24}——平均 24h 降雨量，mm；

F——流域面积，km^2；

L——河道长度，km。

6.4.3 由历史洪峰流量推求设计洪峰流量

通过调查历史洪水资料可以获得不少信息，如果得到了三个历史最大洪水位以及相应的流量便可推求出设计洪峰流量；如果通过调查只能确定河流的多年平均洪峰流量$\overline{Q}$值和某历史洪水流量及其频率，也可以推求出设计洪峰流量；如果在同一断面处有三个以上不同重现期的洪调成果便可以使用适线法推求设计洪峰流量。

（1）有三个历史最大洪水流量及相应的水位，按公式（6-58）和公式（6-59）设计洪峰流量计算：

$$\frac{Q_1}{\varphi_{p_1}C_v+1}=\frac{Q_2}{\varphi_{p_2}C_v+1}=\frac{Q_3}{\varphi_{p_3}+C_v+1}=\overline{Q} \tag{6-58}$$

$$Q_p=\overline{Q}(1+\varphi_p C_v) \tag{6-59}$$

式中 Q_1、Q_2、Q_3——相应于不同频率的历史调查洪峰流量，m^3/s；

$\overline{Q}$——试算出的多年平均洪峰流量，m^3/s；

C_v——偏差系数。

Q_p——设计频率洪峰流量，m^3/s；

（2）通过调查能确定河流的多年平均洪峰流量 $\overline{Q}$ 值和某历史洪水流量及其频率，可按公式（6-60）计算设计洪峰流量

$$Q_p=\overline{Q}K_p \tag{6-60}$$

式中 Q_p——设计洪峰流量，m^3/s；

$\overline{Q}$——多年平均洪峰流量，m^3/s；

K_p——设计频率模量系数。

（3）由洪水调查成果用适线法推求设计洪峰流量。

6.4.4 历史洪水计算成果鉴定

洪峰流量计算成果的误差取决于洪水位、过水面积、水面比降及糙率的误差。对各种计算洪峰流量方法的评定：利用水文站的水位流量关系曲线延长，其精度取决于延长的范围和历史断面的冲淤情况。对洪峰流量计算成果的可能误差的评定：洪水位的误差可根据洪水痕迹的指认情况，来估计洪水痕迹的可能误差范围。通过上、下游众多洪水痕迹的中心点所绘的洪水水面线，或根据水面曲线法计算所得的接近大多数洪水痕迹的洪水水面曲线，可以认为是接近实际的。

6.5 洪水遭遇与洪水组成

6.5.1 洪水遭遇与洪水组成分析的内容

洪水遭遇与洪水组成分析的内容包括：河流的洪水量大小及其分布情况；分析哪种洪水过程线形式的遭遇是严重的；各支流的洪水是否同时发生。

6.5.2 洪水遭遇与洪水组成分析

洪水量的推求方法包括：按照典型年洪水组成资料分析法；分析历年各次洪水组成比例，

绘制洪水组成曲线图；同频率组成法，是指某一分区发生与控制断面同频率的洪量，按水量平衡原则可计算出其余分区洪量的总数。洪峰流量过程线线型确定一般从实测资料中，选择典型洪水过程线，然后放大至设计频率的洪水过程线，作为可能产生的流量过程线。

6.6　潮位计算

6.6.1　潮位的计算方法

设计高（低）潮位是沿海城市进行防洪规划、设计时的一个重要水文数据。设计高、低潮位的推算，采用年频率统计方法。应用此法可把不同观测年数的资料统一到一个相同的标准。

6.6.2　主要计算公式

（1）有20a以上实测潮位资料推算设计高潮位：

$$h_{\mathrm{p}}=\overline{h}+\lambda_{\mathrm{p}n}S \tag{6-61}$$

式中　h_{p}——设计年频率P的高（低）潮位，m；

$\lambda_{\mathrm{p}n}$——与设计年频率P及资料年数n有关的系数；

$\overline{h}$——n年中的年最高（低）潮位值h_i平均值，m；

S——n年h_i的均方差。

（2）不足20a实测潮位资料推求设计高潮位：

$$h_{\mathrm{yp}}=A_{\mathrm{Ny}}+\frac{R_{\mathrm{y}}}{R_{\mathrm{x}}}(h_{\mathrm{xp}}-A_{\mathrm{Nx}}) \tag{6-62}$$

式中　h_{yp}、h_{xp}——分别为拟建工程地点和附近验潮站（或港口）的设计年频率的高（低）潮位值，m或cm；

A_{Ny}、A_{Nx}——分别为拟建工程地点和附近验潮站（或港口）的同期年平均潮位值，m或cm；

R_{y}、R_{x}——分别为拟建工程地点和附近验潮站（或港口）的年最高潮位平均值与同期年平均潮位的差值，m或cm。

6.7　城市洪涝灾害

6.7.1　城市洪涝风险评估

1. 风险框架概念

洪涝灾害风险是指洪涝的活动及其对经济、社会和自然环境系统造成的影响和危害的可能性。当这种由于洪涝导致的影响和危害的可能性变为现实时，即为洪涝灾害。具体而言，就是指某一地区某一时间内洪涝发生的可能、活动程度、破坏损失及对经济、社会和自然环境系统造成的影响和危害的可能性有多大。本条介绍了自然灾害风险理论，并根据自然灾害风险理论和洪涝灾害风险的形成原理，建立了洪涝灾害风险概念框架。

2. 研究方法

洪涝灾害风险评价的研究方法，包括洪涝灾害风险指数法、层次分析法、加权综合评估法、线性标准化法和非恒定流方程有限体积法解法等。

6.7.2　城市暴雨积涝危险性数值模拟

1. 暴雨积涝危险性数值模拟数学方法

暴雨积涝数值模拟模型中的汇流模型是整个模型的主体，它以二维非恒定流方程为基础，根据地形、地物的特点，将模拟范围划分为不规则网格，以这些网格为基本单位，利用有限体积法进行数值计算，求解研究区内的积涝范围和水深。在计算时，通过网格对地形地物进行概化，设置网格类型、高程、糙率、面积修正率以及排水能力。网格与网格之间的水量交换通过通道实现。对于空间尺度较小，不足以概化为网格的二级河道，概化成特殊通道，采用一维非恒定流方程计算。特殊通道与网格之间的水量交换通过宽顶堰溢流公式计算。

2. 相关计算公式

（1）二维非恒定流方程

$$\left.\begin{aligned}&\text{连续方程：}\frac{\partial h}{\partial t}+\frac{\partial M}{\partial x}+\frac{\partial N}{\partial y}=q\\&\text{动量方程：}\frac{\partial M}{\partial t}+\frac{\partial(uM)}{\partial x}+\frac{\partial(uM)}{\partial y}+gh\frac{\partial H}{\partial x}+\frac{gn^2u\sqrt{u^2+v^2}}{h^{\frac{1}{3}}}=0\\&\frac{\partial N}{\partial t}+\frac{\partial(uN)}{\partial x}+\frac{\partial(uN)}{\partial y}+gh\frac{\partial H}{\partial y}+\frac{gn^2v\sqrt{u^2+v^2}}{h^{\frac{1}{3}}}=0\end{aligned}\right\}\tag{6-63}$$

式中　h——水深；

H——水位；

q——源汇项，在模型中代表有效降雨强度；

M、N——分别为 x、y 方向上的单宽流量；

u、v——分别为流速在 x、y 方向上的分量；

n——糙率系数；

g——重力加速度。

（2）一维非恒定流基本控制方程

$$\frac{\partial Q}{\partial t}+\frac{\partial}{\partial l}\left(\frac{Q^2}{A}\right)+gA\frac{\partial H}{\partial l}=-gAS_{\mathrm{f}}\tag{6-64}$$

式中　Q——截面流量；

A——计算断面的过水面积；

S_{f}——摩阻坡降。

（3）宽顶堰溢流公式

$$Q_j=m\sigma_{\mathrm{s}}\sqrt{2g}H_j^{3/2}\tag{6-65}$$

式中　Q_j——堰顶单宽流量；

m——宽顶堰溢流系数；

σ_{s}——淹没系数；

H_j——堰顶水位。

3. 研究区网格划分

在暴雨积水危险性模拟当中，网格是最基本的计算单元，因此，网格划分对于危险性数值模拟具有很重要的意义。

4. 网格通道拓扑关系建立

利用有限体积法计算求解二维非恒定流方程的基础是划分研究区网格以及建立网格通道之间的拓扑关系。即通过一定的编码规则，使得网格和通道产生联系，明确一个网格周围有哪些通道，一个通道两侧有哪些网格。

6.7.3　城市洪水危险性数值模拟

洪水危险性模拟与积涝危险性模拟所采取的数学方法是一致的，都是以二维非恒定流方程为基础，根据地形、地物的特点，将模拟范围划分为不规则网格，以这些网格为基本单位，利用有限体积法进行数值计算，求解研究区内的洪水淹没范围和水深。本条后举例说明洪水危险性数值模拟数学方法的应用。

第7章　分洪与蓄滞洪

7.1　分洪与蓄滞洪工程总体布置

（1）分洪与蓄滞洪工程在城市防洪中的作用是将超过下游河道安全泄量部分的洪水，导入其他河流或原河下游，或分流入蓄滞洪区蓄存，以减轻下游河道的负担。一般应包括进洪工程、泄洪工程、分洪道、蓄滞洪区等。

（2）在选定分洪与蓄滞洪工程时，不仅要满足分洪、蓄滞洪的要求，还要从经济、政治等多方面进行分析研究确定。必须以河流流域（或河段）规划为基础，因地制宜，综合治理。

（3）分洪口的位置：分洪口和泄洪口一般设有控制工程，以便运转管理。分洪闸和泄洪闸的闸址，应选择在水力条件和地质情况较好处。应尽可能地靠近城市的上游，以发挥最大的防洪作用。

（4）蓄滞洪区应力求少占耕地、好地，减少淹没损失。

7.2　分洪工程规模的确定

7.2.1　分洪最大流量和分洪流量过程线的确定

应根据上游水文测站确定的设计洪水过程线推算。河槽洪水演算，在河道地形资料及实测水文资料较少的条件下，一般使用马斯京干法。分洪工程的规模要考虑下游城市的防洪要求及河段的安全泄量、蓄滞洪区和分洪道的可能蓄泄能力、分洪水量流入原河流下游对上游河道过洪能力的影响、近期可能实施的河道整治工程对分洪量和水位的影响等。

7.2.2　计算河段内有支流汇入时洪水演算

可采用近似法来处理。其中靠近上游断面的支流，入流过程加在干流入流过程线上，并和下游断面的出流过程作洪水演算；靠近下游断面的支流，入流过程在出流过程线上减去，并和上游断面的入流过程作洪水演算。对于江、湖连通河段，串联湖泊河段等复杂情况，其洪水演算需按有关方法另行计算。

7.2.3　分洪后原河道水面线的改变

（1）分洪道将分泄洪水直接排入其他河流或湖、海。这时分洪口以下河流均按安全量形成新的水面线。

（2）分洪道将分泄洪水在城市下游流回原河流。

1）分洪口和泄洪口距离较近，泄洪口上游河段受泄洪回水的影响。泄洪流量较小，影响较小；泄洪流量较大，则影响也较大。回水对上游河段的影响，可按第8.1节天然河道水面曲线计算的方法，推求河段水面线。

2）泄洪口远离分洪口，泄洪回水影响可忽略不计。

3）蓄滞洪区的容积较大，分泄洪水可全部贮蓄其中，待河道洪峰过后，再行泄洪，这时可按排入其他河流情况考虑。

7.3　分洪闸和泄洪闸

7.3.1　分洪闸

1. 分洪闸上游设计水位的确定

分洪闸上游的设计水位，根据原河道下游出口是否受其他水体影响，分两种情况计算：

（1）当原河道下游出口不受其他水体影响时，分洪闸上游设计水位可按公式（7-1）计算，见图7-1。

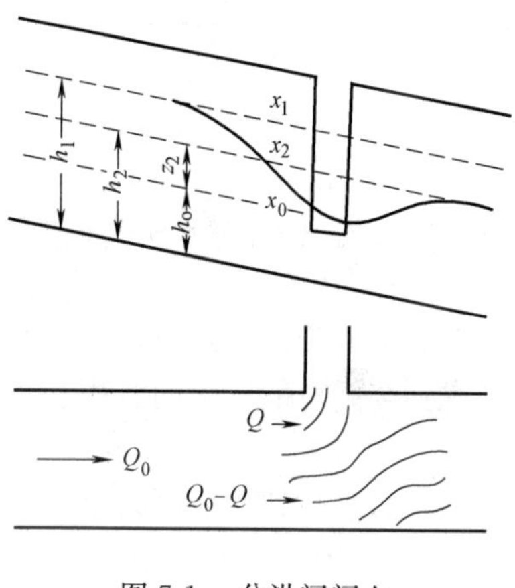

图 7-1　分洪闸闸上

$$x_0 = x_2 - z_2$$
$$z_2 = x_2 - x_0 = \frac{3Kv_2^2}{4g(1-K)} \tag{7-1}$$

式中　x_0——分洪闸所在地河道设计洪水位，用以作为分洪闸上游的设计水位，m；

x_2——相应于流量（Q_0-Q）的河道水位差，m；

Q_0——分洪前河道的设计洪水流量，m^3/s；

Q——最大分洪流量，m^3/s；

z_2——分洪闸所在地由于分洪闸，以下能量恢复所引起的河道水位差，m；

K——分洪流量与设计流量比值，$K=Q/Q_0$；

v_2——分洪后水位为 x_2 时的河道平均流速，m/s，$v_2=\dfrac{Q_0-Q}{\omega_2}$；

ω_2——分洪后水位为 x_2 处的河道过水断面面积，m^2；

g——重力加速度，$9.81m/s^2$。

计算出的 x_0 与相应流量为 Q 的分洪闸前临界水深的水位 x_c 比较。如果 $x_0>x_c$，则用 x_0 作为闸上游设计水位；如果 $x_0<x_c$，则采用 x_c。这是因为在缓流情况下，分洪闸前水位 x_0 不可能低于 x_c。

按上述方法计算的 z_2 是近似值，对重要工程应进行水工模型试验验证；另外 h_1、h_2、h_3 实际上不是在同一断面上的水深，为计算方便，可设定为同一断面的水深采用。

如考虑流速水头，闸上游水头 H_0 可按公式（7-2）计算，见图7-2。

$$H_0 = h_0 + \frac{v_0^2}{2g}\cos\delta \tag{7-2}$$

式中　h_0——闸前静水头，m；

δ——引水角，°；

v_0——行进流速，m/s。

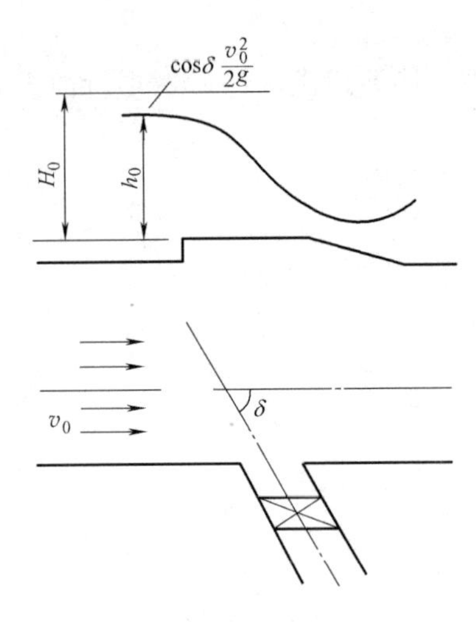

图7-2　分洪闸上游水头计算

(2) 当原河道下游出口受其他水体影响时，分洪闸上游设计水位，可按以下方法确定：

1) 根据设计洪水典型年或设计洪水标准，拟定分洪时段河道下游水体的水位或水位过程线，作为最大分洪流量时下游水体的水位。

2) 根据分洪闸下游河道的安全泄量，由上述下游水体的水位向上游推算水面线，详见8.1节。一般以闸址中点的河道水位作为分洪闸的闸上游设计水位。如闸址至下游水体间，还有支流汇入或分流河道，计算各河段水面线时，应考虑流量的变化。

3) 闸址以上河道的水位，系根据上述算得的闸址水位，按分洪前河道余部流量继续向上游推算，以便和上游实测水位对照。

2. 分洪闸下游设计水位的确定

在确定分洪闸下游设计水位时，应首先推算闸下游分洪道的水位流量关系曲线，同时应考虑到今后可能发生的淤积和水位的壅高。分洪闸下游设计水位与分洪道及滞洪区等情况有关。

(1) 分洪道直接分洪入水体

1) 首先确定承洪水体的设计水位或水位过程线。

2) 根据已确定的各时段水体水位及相应的分洪流量，用推求水面线的方法，推求闸下游的水位过程线。

(2) 分洪道分洪至滞洪区（分洪时不泄洪）

根据分洪流量过程线及滞洪区的水位～蓄量关系曲线，进行调蓄计算，求出滞洪区水位过程线。

根据各时段滞洪区的水位及相应的分洪流量，用推求水面线的方法，沿分洪道推求闸下游水位过程线。

(3) 分洪道分洪至滞洪区（滞洪区同时泄洪）：分洪闸下游水位的确定，一般用近似的试算方法计算：

1) 确定承洪水体的水位过程线。

2) 假定本时段的滞洪区泄流量为Q_2，用推求水面线的方法，从承洪水体推求得滞洪区出口处的水位。

3) 计算本时段滞洪区蓄量的变化，即$\Delta V=(Q_1-Q_2)\Delta t$，$Q_1$为本时段流入滞洪区的分洪流量，由分洪流量过程线求得。

4) 根据滞洪区的水位（中点水位或进、出口水位平均值）蓄量关系曲线及时段变化蓄量，求出滞洪区入口处的水位。

5) 用滞洪区泄洪闸的泄流曲线，即入口水位、出口水位与Q_2的关系曲线，按2)、3) 的水位校验Q'_2与2) 假定的Q_2是否吻合；如不吻合再重新假定，重复上述计算。

6) 根据已校验吻合的滞洪区入口的水位及该时段的分洪流量Q_1，用推求水面线的方法，顺分洪道推算出分洪闸下游的设计水位。

3. 分洪闸闸底、闸顶高程的确定

分洪闸闸底、闸顶高程，根据最大过闸流量，闸上、下游水位，闸址的地形、地质及滞洪区、分洪道的地形等条件，通过技术经济比较确定。

（1）闸底高程，主要根据闸址处的河道滩地高程、滞洪区的地形、闸址的地质条件，并考虑泥沙、单宽流量和闸门高度等因素选定。闸底高程，应高于河底高程，根据河道洪水泥沙含量和历次洪水的冲淤情况选定，一般要高出淤积高程 1.0m 以上。

闸底高程还可以用经验公式（7-3）确定：

$$Z_W = Z_P - H_0 \tag{7-3}$$

式中　Z_W——闸底高程，m；

Z_P——闸前河道设计洪水位，m；

H_0——闸前水头，m，$H_0=\left(\frac{q}{M}\right)^{\frac{2}{3}}$；

M——综合流量系数，一般采用 $M=1.30$；

q——单宽流量，m^3/s；$q=Q/b$；

Q——分洪闸最大分洪流量，m^3/s；

b——闸孔宽，m。

（2）分洪闸闸顶高程，可按公式（7-4）计算：

$$Z_H = Z_P + e + h_\delta + \delta \tag{7-4}$$

式中　Z_H——闸顶高程，m；

Z_P——闸前河道设计洪水位，m；

h_δ——波浪侵袭高度；

δ——安全超高，一般不小于 0.5m；

e——由于风浪而产生的水位升高，m；可按经验公式（7-5）求得：

$$e = \frac{v^2 D}{4840 H_0}\cos\beta \tag{7-5}$$

式中　v——风速，m/s；

D——浪程，m；

H_0——闸前水深，m；

β——风向与计算吹程方向的夹角，°。

7.3.2　泄洪闸

1. 泄洪闸上游设计水位的确定

泄洪闸上游设计水位和分洪与滞洪工程的总体布置有关，一般分为有滞洪区和无滞洪区两种情况：

（1）有滞洪区的泄洪闸：位于滞洪区下游的泄洪闸，闸上游设计水位可按滞洪区的水位过程线求得。如滞洪区与泄洪闸之间还有一段距离，此时还必须考虑其间连接渠道的水面降落。

（2）分洪道下游的泄洪闸：在分洪道下游无滞洪区时，洪水直接由泄洪闸外泄，这时泄洪闸上游设计水位，可按分洪道排泄最大分洪流量时的水面线确定。

2. 泄洪闸下游设计水位的确定

泄洪闸下游设计水位，主要取决定泄洪时段承洪水体的设计水位或水位过程线，可按历史上的大洪水年份在泄洪期间相应的承洪水体的水位分析确定。对于分洪入海的泄洪闸，除了出口高程不受高潮位影响的情况外，一般均需有滞洪区调蓄，以便在高潮位时关闸蓄洪；低潮位时开闸泄洪。这时泄洪闸下游设计水位，可按最高最低潮位的平均值计算。

3. 泄洪闸闸底、闸顶高程的确定

泄洪闸闸底高程，应根据滞洪区的地形及泄洪要求、承洪水体的底高程和水位，经方案比较，综合分析后确定。有条件时应采用较高的闸底高程。泄洪闸闸顶高程的确定，一方面要考虑滞洪区的设计最高水位，另一方面还要考虑承洪水体的最高水位，因此闸上游设计水位采用较高值，其余计算同公式（7-4）。

7.3.3　临时分洪口

当分洪的概率较小时，为节省投资，可采用临时分洪。或当洪水超过设计标准，原有分洪闸的分洪能力已不能满足要求时，为了确保城市（或保护区）的安全，迅速降低下游河道的洪水位，也可配合分洪闸，同时采用临时扒口分洪。

（1）扒口的位置必须事先进行选定，并同时考虑以下因素：

1）河岸土质较好的地段，宜减少护砌工程量。

2）分洪后的洪水应有一定的出路，或有合适和足够容积的滞洪区。

3）分洪路线的经济损失最小。

4）尽量避开影响国计民生的重大设施，如铁路、公路和电力网等。

（2）扒口的宽度，可根据其可能最大分洪流量，按宽顶堰流量公式进行计算确定。由于扒口分洪无法控制，一般前期分洪流量常较需要分洪流量为大，而主河道的泄洪能力没有得到充分利用，在最大流量过后也有类似情况，故扒口分洪的有效作用比分洪闸小，其有效系数约为0.7～0.8。

为了防止扒口宽度在行洪时过分扩大，事先应根据扒口宽度，在两端进行裹头加固；同时在扒口下游侧护砌一定长度，视土质情况，一般取4～10倍上、下游水头差。有关分洪闸、泄洪闸的闸址选择以及闸孔计算，详见第13章防洪闸。

7.4　分洪道

7.4.1　分洪道布置类型

根据城市地形、河道特性和下游承洪条件，分洪道布置，一般分为以下几种类型：

（1）河道中、下游的城市河段，由于河道过洪能力较小，来水量超过河道的安全泄量，在采用其他措施不经济或不安全的情况下，有条件时可考虑开挖分洪道，分泄一部分洪水流入附近其他河流或直接入海。

（2）上述情况，如没有合适的水体承洪，而附近有低洼地带可供调蓄，可开辟低洼地带为滞洪区，使洪水通过分洪道，引入滞洪区。

（3）当河道各河段的安全泄量不平衡时，对于安全泄量较小的卡口河段，如有合适的条件，可采用开挖分洪道，绕过卡口河段，以平衡各河段的安全泄量。

7.4.2 分洪道的规划设计

分洪道规划设计，应遵循以下原则：

（1）分洪道的规划设计，必须符合分洪与滞洪工程的总体布置。

（2）分洪道的线路选择，要根据淹没损失大小、工程量多少、分洪道进口距滞洪区或承洪水体的远近等条件，经方案比较确定。

（3）分洪道采用的横断面形式、尺寸和纵坡，要根据进、出口水位，经推算水面线后确定。

（4）分洪道的起点位置选择，必须和分洪闸闸址要求一并考虑；出口位置可根据承洪水体的可能性、分洪效果和工程量等，进行比较确定。

7.5 蓄滞洪区

蓄滞洪区是用来调蓄分洪流量的临时平原水库，其调洪能力可按一般常用的调洪计算方法确定。

7.5.1 蓄滞洪区的布置

（1）安全台或安全区必须做到确保安全，便于生产。

安全台或安全区一般布置在地势比较高、围堤工程量小、原有堤防工程比较好的顺堤之处；安全区的大小，以适当分散为宜；安全区围堤设计水位，应按江河水位或蓄滞洪区的最高水位确定；围堤堤顶高程和安全超高，一般按堤防工程设计规范执行。

（2）蓄滞洪区的报警措施、分洪汛号、交通等，均应全面规划、妥善解决。

（3）蓄滞洪区在分洪年份，除了本区内涝积水量要排除外，还有大量洪水进入，而且使内涝水位较不分洪的年份大为增加，为了汛后恢复和发展农业生产及满足其他有关要求，蓄滞洪区内的水应适时排出。因此，除了在适当位置建泄洪闸外，还需要布置排水系统或其他排涝措施。

7.5.2 蓄滞洪区最高水位的确定

（1）蓄滞洪区的分洪总量和最高水位应根据承洪水体的不同工况分别确定。

不能同时分洪、泄洪的蓄滞洪区应根据分洪过程线决定分洪总量和最高水位；边分洪、边泄洪的蓄滞洪区的分洪总量和最高水位，需根据分洪流量和泄洪流量，按调蓄计算确定；蓄滞洪区为长年积水的洼地或湖泊时，还需考虑原有积水容量。

（2）蓄滞洪区调蓄计算的基本方程式（7-6）为：

$$\frac{Q_1+Q_2}{2}\Delta t-\frac{q_1+q_2}{2}\Delta t=W_2-W_1=\Delta W \tag{7-6}$$

式中 Q_1、Q_2——时段 Δt 始、末分人滞洪区的流量，m^3/s；

q_1、q_2——时段 Δt 始、末泄洪闸的泄洪量，m^3/s；

W_1、W_2——时段 Δt 始、末滞洪区的蓄水量，m^3；

Δt——计算时段，s。

方程中 Q_1、Q_2 可从分洪过程线上查得；Δt 为选定值，根据洪水过程的长短，可取 $\Delta t=1\sim3h$；q_1 及 W_1 可根据起调水位确定；q_2 及 W_2 是未知数，因此还必须建立蓄滞洪区下泄流量与蓄水量的关系，可以公式（7-7）表示：

$$q=f(W) \tag{7-7}$$

联立公式（7-6）与公式（7-7），求出泄洪过程线，从而可计算出蓄滞洪区的最高水位，常用的求解方法有列表试算法、半图解法、简化三角形法。

为进行蓄滞洪区调蓄计算，需先绘制蓄滞洪区水位与蓄量的关系曲线，即 $Z\sim W$ 关系曲线和泄洪闸泄量与泄洪区蓄量关系曲线，即 $q\sim W$ 关系曲线，如图 7-3 和图 7-4 所示。$q\sim W$ 关系曲线，可用表 7-1 计算。

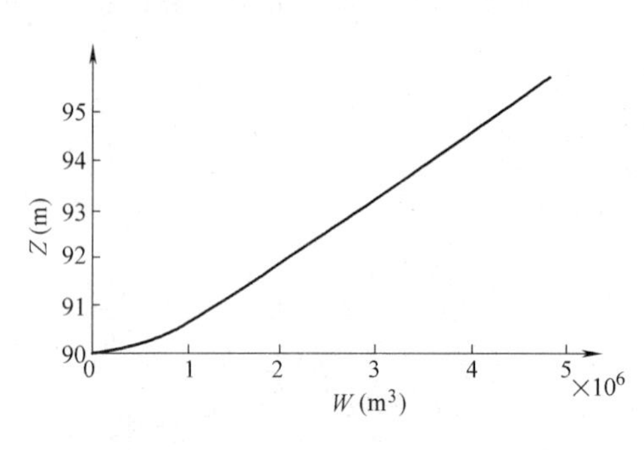

图 7-3　$Z\sim W$ 关系曲线

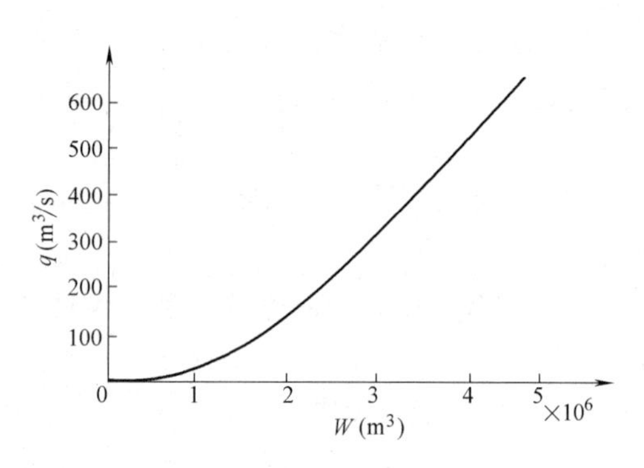

图 7-4　$q\sim W$ 关系曲线

$q\sim W$ 关系曲线计算　　**表 7-1**

蓄滞洪区水位 Z（m）	闸顶水头 H(m)	下泄流量 q（m^3/s）	蓄量 W（m^3）	备注
(1)	(2)	(3)	(4)	(5)

表中（1）、(4）栏摘自蓄滞洪区水位～蓄量关系曲线；(2）栏闸顶水头等于蓄滞洪区水位 Z 减泄洪闸闸底高程；(3）栏下泄流量 $q=f$（H），从泄洪闸泄流曲线上查得。

以（3）栏 q 为纵坐标、(4）栏 W 为横坐标，绘制 $q\sim W$ 曲线。

(3）列表试算法：列表试算法，是将公式（7-6）水量平衡方程中各项，按表 7-2 列出，逐时段试算出蓄滞洪区的最高水位。

1）根据蓄滞洪区的水位～蓄量曲线、泄洪闸的 $q\sim W$ 曲线，从第一时段开始逐时段进行水量平衡计算。

2）已知第一时段初的泄流量 $q_1=0$，假定第一时段末的泄量为 q_2，因本时段 Q_1、Q_2 及 W_1 均为已知，得 $\Delta W=(Q_1+Q_2)\Delta t/2-(q_1+q_2)\Delta t/2$ 、$W_2=\Delta W+W_1$，再由 W_2 查 $q\sim W$ 曲线得 q'_2。如果 $q'_2=q_2$，说明假定正确；若 $q'_2\neq q_2$，则必须另设 q_2，重新计算至相等为止。

3）第一时段末的泄流量 q_2 确定后，将此值作为第二时段初的泄流量，再计算第二时段末的泄流量，依次类推，计算以下各时段始、末的泄流量，直至时段末的泄流量为零时止。

4）根据各 W 值，查水位～蓄量曲线，得对应的水位 Z，其中最大的 Z 值即为蓄滞洪区的最高水位。

蓄滞洪区调蓄计算（试算法） **表 7-2**

时间 (h)	时段	Q (m^3/s)	$\frac{Q_1+Q_2}{2}$ (m^3/s)	$\frac{Q_1+Q_2}{2}\Delta t$ (m^3)	q (m^3/s)	$\frac{q_1+q_2}{2}$ (m^3/s)	$\frac{q_1+q_2}{2}\Delta t$ (m^3)	ΔW (m^3)	W (m^3)	Z (m)
(1)	(2)	(3)	(4)	(5)	(6)	(7)	(8)	(9)	(10)	(11)

(4) 半图解法

1) 半图解法的依据是：将方程（7-6）中的未知项和已知项，分别列于等号左右两端，如公式（7-8）：

$$\frac{W_2}{\Delta t}+\frac{q_2}{2}=\frac{Q_1+Q_2}{2}+\frac{W_1}{\Delta t}-\frac{q_1}{2} \quad (7\text{-}8)$$

公式（7-8）中左端是未知项，右端是已知项。未知项是 q 的函数，可绘制关系曲线，见图 7-5。

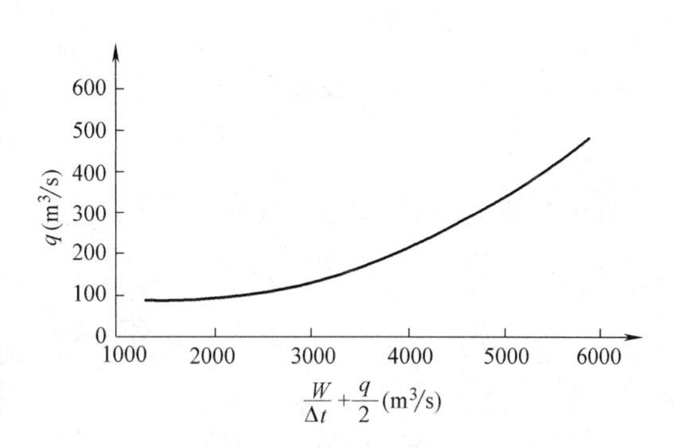

图 7-5 $q\sim\left(\frac{W}{\Delta t}+\frac{q}{2}\right)$关系曲线

按已知各数求出右端项，即可得左端项；再从关系曲线上查得 q_2，然后依次类推，求出泄流过程线，找出最大泄量及对应的蓄滞洪区最高水位。

2) 半图解法调蓄计算的步骤如下：

① 按表 7-3 的格式计算蓄滞洪区 $q\sim\left(\frac{W}{\Delta t}+\frac{q}{2}\right)$关系曲线。

$q\sim\left(\frac{W}{\Delta t}+\frac{q}{2}\right)$关系曲线计算 **表 7-3**

Z (m)	W (m^3)	$\frac{W}{\Delta t}$ (m^3/s)	q (m^3/s)	$\frac{q}{2}$ (m^3/s)	$\frac{W}{\Delta t}+\frac{q}{2}$ (m^3/s)

② 按第一时段已知 Q_1、Q_2、q_1、W_1 和 Δt，求得$\frac{W_2}{\Delta t}+\frac{q_2}{2}=\frac{Q_1+Q_2}{2}+\frac{W_1}{\Delta t}-\frac{q_1}{2}$。

③ 由$\frac{W_2}{\Delta t}+\frac{q_2}{2}$值在 $q\sim\left(\frac{W}{\Delta t}+\frac{q}{2}\right)$关系曲线上查得相应的 q_2 值，用同样的方法逐时段进行计算，见表 7-4。

蓄滞洪区调蓄计算（半图解法） **表 7-4**

时间 t (h)	时段	Q (m^3/s)	$\frac{Q_1+Q_2}{2}$ (m^3/s)	q (m^3/s)	$\frac{W}{\Delta t}+\frac{q}{2}$ (m^3/s)	备注
(1)	(2)	(3)	(4)	(5)	(6)	(7)

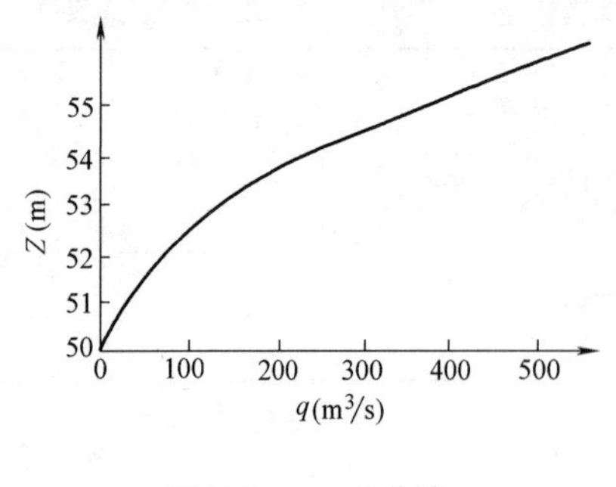

图 7-6　q～Z 曲线

④ 从表 7-3 中摘取对应的 q 和 Z 值，绘制 q～Z 曲线，见图 7-6。

⑤ 从表 7-4 中找出泄量 q 的最大值 q_{m}。

⑥ 根据 q_{m} 查 q～Z 曲线，即得蓄滞洪区的最高水位。

半图解法只适用于闸门全开或无闸门及时段 Δt 固定的情况。当有闸门控制及 Δt 变化时仍需采用试算法。

（5）简化三角形法：此法是将分洪过程线简化为三角形来考虑，同时把泄洪闸泄流过程也概化为三角形来考虑，这样就大大减少了计算工作量。

1）计算的基本公式是：

$$W=V\left(1-\frac{q_{\mathrm{m}}}{Q_{\mathrm{m}}}\right) \tag{7-9}$$

式中　W——调蓄容积，m^3；

q_{m}——泄洪闸最大泄流量，m^3/s；

V——进蓄滞洪区的洪水量，$V=Q_{\mathrm{m}}t/2$，m^3；

t——分洪历时，由分洪流量过程线确定，s；

Q_{m}——最大分洪流量，m^3/s。

2）调洪计算步骤如下：

① 首先绘制 q～W 曲线和 Z～W 曲线。

② 计算 V，$V=Q_{\mathrm{m}}t/2$。

③ 设 q_{m}，代入公式（7-9）计算得 W。

④ 根据计算的 W，查 q～W 曲线得 q'_{m}，如 $q'_{\mathrm{m}}=q_{\mathrm{m}}$，即为所求，这时 W 即为最大调蓄容积；否则，需另行假设 q_{m}，直至两者相等为止。

⑤ 根据 W 查 Z～W 曲线得 Z，即为蓄滞洪区的最高水位。

简化三角形法只适用于无闸门的泄洪口，当泄流过程与直线变化相差很大时不宜用此法。

【例 7-1】 某市防洪工程中，河流设计洪峰流量 $Q=1430\mathrm{m}^3/\mathrm{s}$，城市段河流的安全泄洪量为 $850\mathrm{m}^3/\mathrm{s}$，附近又有洼地可供分蓄，为此采用分洪与蓄滞洪措施，在城市下游排入其他河流，以确保城市安全。已知分洪口附近河流的设计洪水过程线如图 7-7 所示，蓄滞洪区（洼地）的水位～蓄水量和泄洪闸泄量～蓄水量曲线如图 7-8 所示，选定泄洪闸闸底高程为 50.00m，试确定蓄滞洪区的最大蓄水量和最高水位。

【解】 采用列表试算法（按表 7-2 格式）进行调洪计算（列于表 7-5）。现以 10～11h 的第 3 时段为例，进行计算说明。

（1）因分洪过程线陡涨陡落，取计算时段 $\Delta t=1\mathrm{h}$，即 $\Delta t=3600\mathrm{s}$。开始时段从分洪开始算起。

（2）根据分洪流量过程线图 7-7 查得 10h 分洪流量 $Q_1=340\mathrm{m}^3/\mathrm{s}$，11h 分洪流量 $Q_2=500\ \mathrm{m}^3/\mathrm{s}$，填入表中（1）、（3）栏。

（3）按时段始末分洪流量，计算时段入蓄滞洪区的平均流量，填入表中（4）栏。

（4）计算本时段流入蓄滞洪区的水量，填入表中（5）栏。

（5）由试算决定本时段的泄洪量 $q=100\text{m}^3/\text{s}$，填入表中（6）栏。

（6）以时段初 q 为 q_1，时段末 q 为 q_2，计算本时段流出蓄滞洪区的平均泄洪量，并计算本时段出蓄滞洪区的水量，填入表中（7）、（8）栏。

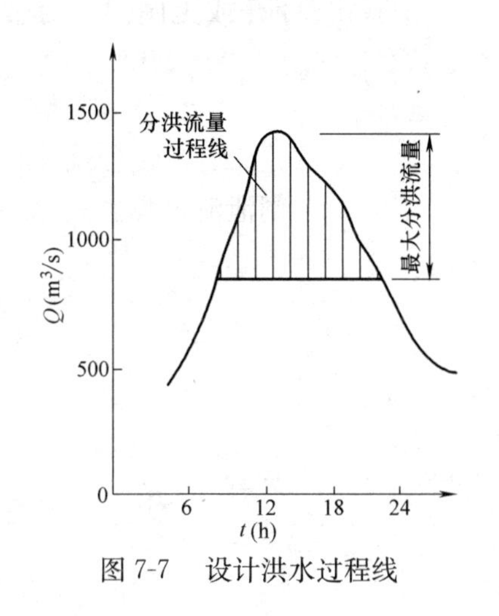

图 7-7 设计洪水过程线

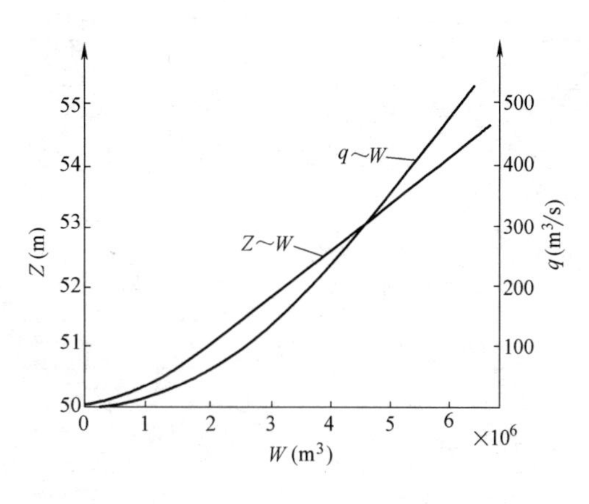

图 7-8 $Z\sim W$ 与 $q\sim W$ 曲线

蓄滞洪区调蓄计算 表 7-5

时间 (h)	时段	Q (m³/s)	$\frac{Q_1+Q_2}{2}$ (m³/s)	$\frac{Q_1+Q_2}{2}\Delta t$ (10⁴m³)	q (m³/s)	$\frac{q_1+q_2}{2}$ (m³/s)	$\frac{q_1+q_2}{2}\Delta t$ (10⁴m³)	ΔW (10⁴m³)	W (10⁴m³)	Z (m)
(1)	(2)	(3)	(4)	(5)	(6)	(7)	(8)	(9)	(10)	(11)
8		0			0				0	50.00
	1		85	30.60		0.4	0.14	30.46		
9		170			0.8				30.46	50.06
	2		255	91.80		10.4	3.74	88.06		
10		340			20.0				118.52	50.50
	3		420	151.20		60.0	21.60	129.60		
11		500			100.0				248.12	51.45
	4		540	194.40		160.0	57.60	136.80		
12		580			220.0				384.92	52.50
	5		575	207.00		275.0	99.00	108.00		
13		570			330.0				492.92	53.30
	6		550	198.00		355.0	127.80	70.20		
14		530			380.0				563.12	53.80
	7		485	174.60		395.0	142.20	32.40		
15		440			410.0				595.52	54.10
	8		415	149.40		410.0	147.60	1.80		
16		390			410.0				597.32	54.10
	9		370	133.20		405.0	145.80	−12.60		
17		350			400.0				584.72	54.00
	10		310	111.60		390.0	140.40	−28.80		
18		270			380.0				555.92	53.80
	11		210	75.60		357.5	128.70	−53.10		
19		150			335.0				502.82	53.35
	12		115	41.40		305.0	109.80	−68.40		
20		80			275.0				434.42	52.75
	13		40	14.40		237.5	85.50	−71.10		
21		0			200.0				363.32	52.00

（7）计算本时段的蓄水量变化值，填入表中（9）栏。

（8）本时段末的蓄水量 $W_2=W_1+\Delta W$，其中 W_1 为本时段初的蓄水量，即上时段末的蓄水量，$W_1=118.52$，$W_2=118.52+129.60=248.12$（10^4m^3），填入表中（10）栏。

（9）根据（10）栏W值查图7-8的水位～蓄水量曲线得相应水位51.45m，填入表中（11）栏。

（10）根据（10）栏W值查图7-8的泄量～蓄水量曲线得泄量$q'=100m^3/s$，若和假定的q相等，说明假定正确，否则重新假定。

（11）按上述方法逐时段计算分洪全过程，从（10）栏中找出蓄滞洪区的最大蓄水量$W_{max}=597.32$（10^4m^3）；从（11）栏中找出蓄滞洪区的最高水位$Z_{max}=54.10m$。

第8章　堤　　防

8.1　天然河道水面曲线计算

8.1.1　基本规定

（1）堤防工程设计应以所在河流、湖泊、海岸带的综合规划或防洪、防潮专业规划为依据；城市堤防工程的设计还应以城市总体规划为依据，并与城市其他专业规划相协调。

（2）堤防工程设计应推算河道水面线。

（3）河道水面曲线应逐段推算，分段应恰当，断面位置应适宜。

（4）河道水面曲线一般应采用水流能量方程式推算。

（5）当城市下游修建水库时，应做回水曲线计算。

8.1.2　水面面线基本方程及有关参数确定

（1）水面曲线基本方程：

$$Z_2+\frac{\alpha_2 v_2^2}{2g}=Z_1+h_f+h_j+\frac{\alpha_1 v_1^2}{2g} \tag{8-1}$$

式中　Z_1——下游断面的水位高程，m；

Z_2——上游断面的水位高程，m；

h_f——两断面之间的沿程水头损失，m；

h_j——两断面之间的局部水头损失，m；

α_1——下游动能修正系数；

α_2——上游动能修正系数；

v_1——下游断面平均流速，m/s；

v_2——上游断面平均流速，m/s。

（2）沿程水头损失 h_f 计算：一般采用均匀流沿程水头损失的公式计算河道渐变流的沿程水头损失 h_f：

$$h_f=JL \tag{8-2}$$

式中　J——河段的平均水力坡降；

L——计算河段长度，m。

（3）局部水头损失 h_j 计算

在水面曲线计算中，河道糙率 n 既反映河槽本身因素（如河床壁的粗糙程度等）对水流阻力的影响，又反映水流因素（如水位的高低等）对水流阻力的影响。因此，除非河槽局部地方有突出的变化或障碍物（如断面的突缩和突扩、急弯段、两岸有显著的突嘴、河中有桥墩等等），产生较大的局部水流阻力必须计算外，在一般情况下无须考虑局部水头损失。但在山区河流的水面曲线计算中，局部水头损失就有一定的影响，必须考虑。

（4）动能修正系数 α 的选用

动能修正系数 α 与断面上流速分布的不均匀性有关。复式断面的 α 较单式断面的 α 大，山区河流的 α 较平原河流的 α 大，特别在河道断面发生突变的地方，水流近似为堰流的河段，α 值可达 2.1 左右。平原河流 α=1.15～1.5，山区河流 α= 1.5～2.0。

8.2 堤防设计

8.2.1 基本规定

（1）堤线布置应遵循以下原则：

1）应与防洪工程总体布置密切结合，并与城市规划协调一致，同时还应考虑与涵闸、道路、码头、交叉构筑物、沿河道路、滨河公园、环境美化以及排涝泵站等构筑物配合修建。

2）尽量利用原有的防洪设施。

3）堤线应力求平顺，要因势利导，使水流顺畅，不宜硬性改变自然情况下的水流流向，堤线走向要求与汛期洪水流向大致相同，同时又要兼顾中水位的流向。

4）要注意堤线通过岸坡的稳定性。防止水流对岸边的淘刷危及堤身的稳定。堤线与岸边要有一定的距离，如果岸边冲刷严重，则要采取护岸措施；如果由于堤身重量引起岸坡不够稳定，堤线应向后移，加大岸边与堤身距离。应尽可能地走高埠老地，使堤身较低、堤基稳定，以利堤防安全。

5）河道弯曲段，要采取较大弯曲半径，避免急转弯和折线。

6）上下游要统筹兼顾。避免束窄河道。

7）河堤堤距设计，应按堤线选择的原则，根据河道纵横断面、水力要求、河流特性及冲淤变化，分别计算不同堤距的河道设计水面线、设计堤顶高程线、工程量及工程投资等技术经济指标，综合权衡对设计有重大影响的自然因素和社会因素（如果堤距变窄，应充分考虑对上、下游的影响），最后确定堤距。

（2）堤型选择应根据堤段处于城市中的位置、城市总体规划要求、地质条件、水流、风浪特性、施工管理要求、工程造价等因素，通过技术经济比较，综合权衡确定。在城市不同地段，可分别采用不同的堤型。堤型分类如下：

1）按筑堤材料分：可分为土堤、石堤、混凝土、钢筋混凝土防洪墙或分区填筑的混合材料堤等。

2）按堤体断面分：可分为斜坡式堤、直墙式堤、直斜复合式堤等。

3）按防渗体分：可分为均质土堤、斜墙式或心墙式土堤等。

（3）堤防工程的安全加高值应根据堤防工程的级别和防浪要求，按表 8-1 确定。

堤防工程安全加高值 **表 8-1**

堤防工程级别		1	2	3	4	5
安全加高值(m)	不允许越浪的堤防工程	1.0	0.8	0.7	0.6	0.5
	允许越浪的堤防工程	0.5	0.4	0.4	0.3	0.3

（4）土堤的抗滑稳定安全系数，不应小于表 8-2 的规定。

土堤抗滑稳定安全系数 表 8-2

堤防工程级别		1	2	3	4	5
安全系数	正常运用条件	1.30	1.25	1.20	1.15	1.10
	非常运用条件	1.20	1.15	1.10	1.05	1.05

(5) 防洪墙抗滑稳定安全系数，不应小于表 8-3 的规定。

防洪墙抗滑稳定安全系数 表 8-3

地基性质		岩基					土基				
堤防工程级别		1	2	3	4	5	1	2	3	4	5
安全系数	正常运用条件	1.15	1.10	1.05	1.05	1.00	1.35	1.30	1.25	1.20	1.15
	非常运用条件	1.05	1.05	1.00	1.00	1.00	1.20	1.15	1.10	1.05	1.05

(6) 防洪墙抗倾稳定安全系数，不应小于表 8-4 的规定。

防洪墙抗倾稳定安全系数 表 8-4

堤防工程级别		1	2	3	4	5
安全系数	正常运用条件	1.60	1.55	1.50	1.45	1.40
	非常运用条件	1.50	1.45	1.40	1.35	1.30

8.2.2 设计要点

1. 堤顶高程

(1) 堤顶高程计算：堤顶高程应按设计洪水位或设计高潮位加堤顶超高确定。

$$Z_H + Z_p + \Delta Z \tag{8-3}$$

式中 Z_H——堤顶高程，m；

Z_P——设计洪水位或设计高潮位，m；

ΔZ——堤顶超高，m。

堤顶超高按下式计算：

$$\Delta Z = R_p + e + A \tag{8-4}$$

式中 R_p——设计波浪爬高，m；

e——设计风壅水面高，m，按《堤防工程设计规范》GB 50286—2013 附录 C 计算确定；

A——安全加高，m，可按表 8-1 选用。

(2) 当土堤临水侧堤肩设有稳定、坚固的防浪墙时，防浪墙顶高程计算应与堤顶高程计算相同，但土堤顶面高程应高出设计静水位 0.5m 以上。

(3) 对于一般的土堤堤防，堤顶高程应加预留沉降值，沉降量可根据堤基地质、堤身土质及填筑密实度等分析确定，宜取堤高的 3%～8%。当有下列情况之一时，沉降量应按第 8.3.4 条的规定计算。

1) 土堤高度大于 10m；

2) 堤基为软弱土层；

3) 非压实土堤；

4）压实度较低的土堤。

2. 堤身断面设计

（1）断面形式

1）土堤：除城市中心区外，地形条件允许，有足够土料来源的情况下，应优先考虑土堤，尤其优先考虑均质土堤，均质土堤施工不受干扰，心墙或斜墙土堤施工干扰较大。

2）防洪墙：城市中心区为了减少修建堤防占地或避免大量拆迁，可采用浆砌石或钢筋混凝土防洪墙。这两种类型堤防的优点为占地少、工程量小、施工场地小、堤防结构坚固耐久、抗水流冲击能力强、岁修量较小。缺点是耗费石料和三大材料较多、抗洪抢险时不利于加高培厚。

① 钢筋混凝土防洪墙通常有悬臂式和扶壁式。断面应根据内力计算确定。当堤身较高，地基软弱时，可采用桩基础。

② 浆砌石堤均为重力式，堤顶宽度通常为0.5～1.0m。

③ 在场地允许的条件下，可在堤防背水侧填土至一定宽度和高度，既可减少堤防的断面，又有利于堤基防渗。

④ 由于浆砌石堤防和钢筋混凝土堤防基础宽度比土堤底宽度小得多，所以应特别注意基础渗流变形问题。严防堤后产生管涌、流土现象。为了增加基础渗径长度，减小堤后渗透压力，一般在堤基设置防渗齿墙，其深度应根据渗透计算确定。

⑤ 堤防基础埋深不应过浅，在寒冷地区应满足冻层深度要求。

⑥ 为防止堤防由于温度应力或地基不均匀沉降而产生裂缝，应设置变形缝，一般浆砌石和混凝土堤变形缝间距为10～15m，钢筋混凝土堤为15～20m，缝宽一般为10～30mm。为防止沿变形缝漏水，缝内须设止水。

⑦ 浆砌石堤防的石料，应不低于Mu50，最适宜的岩石是火成岩，砌石的水泥砂浆应不低于M8，勾缝的水泥砂浆应比砌石的高一档。钢筋混凝土堤，其强度等级应不低于C20，在寒冷地区还应考虑抗冻要求。

（2）堤顶宽度：堤顶宽度应根据防汛、管理、交通、施工、构造及其他要求确定，对土堤和土石混合堤，堤顶宽度宜大于6m，3级以下堤防，也不宜小于3m。

堤顶根据防汛交通、存放物料的需要，在顶宽以外应设置回车场、避车道、料场等。堤坡还应设置上坡道和下坡道以满足群众、生产及防汛、交通的需要。对处于滨河游览区内以及堤顶兼作道路使用的，可根据其功能需要确定。

（3）土堤边坡：土堤边坡应根据堤防等级、堤身结构、堤基、筑堤土质、堤身高度、洪水持续时间、波浪作用程度、施工及运用条件，经稳定计算确定。

一般土堤通常采用的边坡值可为1∶2～1∶5，堤高超过6m者，应考虑设置戗台，戗台顶宽为1.5～2.0m，有交通要求时，按有关规范选用。

3. 防浪墙

为了减少堤身工程量，或减轻软基所受荷重，降低堤顶高程，而又不降低设计标准，可在堤顶设置防浪墙。防浪墙一般设在堤顶外侧，也有设于堤顶内侧的，堤顶起消浪作用。通常堤顶略高于设计洪水位，因此防浪墙高度应满足波浪侵袭高度和安全超高的要求。为了美化城市环境，防浪墙应考虑造型美观，高度不宜大于1.2m。防浪墙结构形式有直墙式、陡坡式及反弧式等。

（1）直墙式：适用于波浪作用较小的内地城市防洪的河堤或湖堤，一般采用浆砌石结构。墙顶宽度通常为0.5m，每隔20～30m设置一道变形缝，缝宽为10～30mm，自基础直通墙顶，缝两侧接触面应力求平整，缝内应填塞柔性材料。

（2）陡坡式：适用于受海潮影响的河口堤防，通常墙体为浆砌石结构，顶部用浆砌条石或混凝土预制块压顶，顶宽为0 6～1.0m，变形缝设置同直墙式。

（3）反弧式：适用于受海潮影响的河口堤防，墙体为钢筋混凝土结构，混凝土强度等级不低于C18，墙体每隔10～15m设置一道变形缝，缝宽为10～20mm，缝内应填塞柔性材料。

反弧式防浪墙，墙顶向前伸出，形成挑浪鼻坎，好似弧形挑浪墙。能使波浪上卷时大量回入江、河，减少越顶水量及防止冲刷堤顶。

4. 土堤防护与坡面排水

（1）堤顶防护

1）为了防止降雨冲刷堤顶，一般在堤顶上铺设一层粗砂或碎石，或做成路面。

2）堤顶应具有向两侧倾斜的排雨水坡度，一般采用2%～3%。当设有防浪墙时，可向一侧排水。

3）有风浪越过防浪墙冲刷堤顶时，堤顶要进行防护以防止冲刷，保护堤身安全。

（2）边坡防护

1）护坡应坚固耐久、就地取材、利于施工和维修。对不同堤段或同一坡面的不同部位可选用不同的护坡形式。

2）护坡设计应考虑维修人员通行方便和人民生活的需要。

3）临水侧护坡的形式应根据风浪大小、近堤水流、潮流情况，结合堤的等级、堤高、堤身与堤基土质等因素确定。通航河流船行波作用较强烈的堤段，护坡设计应考虑其作用和影响。

背水侧护坡的形式应根据当地的暴雨强度、越浪要求，并结合堤高和土质情况确定。

4）1、2级土堤水流冲刷或风浪作用强烈的堤段，临水侧坡面宜采用砌石、混凝土或土工织物模袋混凝土护坡。1、2级堤防背水坡和其他堤防的临水坡，可采用水泥土、草皮等护坡。

5）砌石护坡的结构尺寸应按《堤防工程设计规范》GB 50286—2013附录D进行计算。高度低于3m的1、2级堤防或3级及以下堤防，可按已建同类堤防的护坡选定。

6）水泥土、砌石、混凝土护坡与土体之间必须设置垫层。垫层可采用砂、砾石或碎石、石渣和土工织物，砂石垫层厚度不应小于0.1m。风浪大的湖堤的护坡垫层，可适当加厚。

7）水泥土、浆砌石、混凝土等护坡应设置排水孔，孔径可为50～100mm，孔距可为2～3m，宜呈梅花形布置。浆砌石、混凝土护坡应设置变形缝。

8）砌石与混凝土护坡在堤脚、戗台或消浪平台两侧或改变坡度处，均应设置基座，堤脚处基座埋深不宜小于0.5m，护坡与堤顶相交处应牢固封顶，封顶宽度可为0.5～1.0m。

（3）堤脚防护：堤脚的稳定程度直接影响到堤坡的稳定，为了防止堤脚被水流淘刷，引起堤坡的塌陷或滑动，对堤脚要采取防护措施。

（4）坡面排水

1）高于6m的土堤受雨水冲刷严重时，宜在堤顶、堤坡、堤脚以及堤坡与山坡或其他建筑物结合部设置排水设施。

2）平行堤轴线的排水沟可设在戗台内侧或近堤脚处。坡面竖向排水沟可每隔50～100m设置一条，并应与平行堤轴向的排水沟连通。排水沟可采用预制混凝土或块石砌筑，其尺寸与底坡坡度应由计算或结合已有工程的经验确定。

8.3 稳定计算

8.3.1 渗流及渗透稳定计算

（1）河堤、湖堤应进行渗流及渗透稳定计算，计算求得渗流场内的水头、压力、坡降、渗流量等水力要素，进行渗透稳定分析，并应选择经济合理的防渗、排渗设计方案或加固补强方案。

（2）土堤渗流计算断面应具有代表性，并应进行下列计算。计算应符合《堤防工程设计规范》GB 50286—2013附录的有关规定。

1）应核算在设计洪水或设计高潮持续时间内浸润线的位置，当在背水侧堤坡逸出时，应计算逸出点的位置、逸出段与背水侧堤基表面的逸出比降；

2）当堤、身、堤基土渗透系数$K \geqslant 10^{-3}$cm/s时，应计算渗流量；

3）应计算洪水或潮水水位降落时临水侧堤身内的自由水位。

（3）河、湖的堤防渗流计算应计算下列水位的组合：

1）临水侧为设计洪水位，背水侧为相应水位；

2）临水侧为设计洪水位，背水侧为低水位或无水；

3）洪水降落时对临水侧堤坡稳定最不利的情况。

（4）海堤或感潮河流河口段的堤防渗流计算应计算下列水位的组合：

1）以设计潮水位或台风期大潮平均高潮位作为临海侧水位，背海侧水位为相应的水位、低水位或无水等情况；

2）以大潮平均高潮位计算渗流浸润线；

3）以平均潮位计算渗流量；

4）潮位降落时对临水侧堤坡稳定最不利的情况。

（5）进行渗流计算时对比较复杂的地基情况可作适当简化并按下列规定进行：

1）对于渗透系数相差5倍以内的相邻薄土层可视为一层，采用加权平均的渗透系数作为计算依据；

2）双层结构地基，当下卧土层的渗透系数比上层土层的渗透系数小100倍及以上时，可将下卧土层视为不透水层；表层为弱透水层时，可按双层地基计算；

3）当直接与堤底连接的地基土层的渗透系数比堤身的渗透系数大100倍及以上时，可认为堤身不透水，仅对堤基按有压流进行渗透计算，堤身浸润线的位置可根据地基中的压力水头确定。

（6）渗透稳定应进行以下判断和计算：

1）土的渗透变形类型；

2）堤身和堤基土体的渗透稳定；

3）堤防背水侧渗流逸出段的渗透稳定。

（7）土的渗透变形类型的判定应按国家现行标准《水利水电工程地质勘察规范》GB 50487—2008的有关规定执行。

（8）背水侧堤坡及地基表面逸出段的渗流比降应小于允许比降；当逸出比降大于允许比降时，应采取设置反滤层、压重等保护措施。

8.3.2 土堤抗滑稳定计算

（1）抗滑稳定计算应根据不同堤段的防洪任务、工程等级、地形地质条件，结合堤身的结构形式、高度和填筑材料等因素选择有代表性断面进行。

（2）土堤抗滑稳定计算可分为正常情况和非常情况。

1）正常情况稳定计算应包括下列内容：

① 设计洪水位下的稳定渗流期或不稳定渗流期的背水侧堤坡；

② 设计洪水位骤降期的临水侧堤坡。

2）非常情况稳定计算应包括下列内容：

① 施工期的临水、背水侧堤坡；

② 多年平均水位时遭遇地震的临水、背水侧堤坡。

（3）多雨地区的土堤，应根据填筑土的渗透和堤坡防护条件，核算长期降雨期堤坡的抗滑稳定性，其安全系数可按非常情况采用。

（4）土堤抗滑稳定计算可采用瑞典圆弧滑动法。当堤基存在较薄软弱土层时，宜采用改良圆弧法。土堤抗滑稳定计算应符合《堤防工程设计规范》GB 50286—2013的规定。

（5）土的抗剪强度应根据各种运用条件选用，并应符合《堤防工程设计规范》GB 50286—2013的规定。

8.3.3 防洪墙稳定计算

（1）作用在防洪墙上的荷载可分为基本荷载和特殊荷载两类。

1）基本荷载：应包括自重；设计洪水位时（或多年平均水位）的静水压力、扬压力及风浪压力；土压力；冰压力；其他出现机会较多的荷载。

2）特殊荷载：应包括地震荷载；其他出现机会较少的荷载。

（2）防洪墙设计的荷载组合可分为正常情况和非常情况两类。正常情况由基本荷载组合；非常情况由基本荷载和一种或几种特殊荷载组合。根据各种荷载同时出现的可能性，选择不利的情况进行计算。

（3）防洪墙的抗滑和抗倾稳定安全系数计算应符合《堤防工程设计规范》GB 50286—2013的有关规定。

（4）防洪墙在各种荷载组合的情况下，基底的最大压应力应小于地基的允许承载力。土基上的防洪墙基底的压应力最大值与最小值之比的允许值，黏土宜取1.5～2.5；砂土宜取2.0～3.0。

（5）岩基上的防洪墙基底不应出现拉应力。土基上的防洪墙除计算堤身或沿基底面的抗滑稳定性外，还应核算堤身与堤基整体的抗滑稳定性。

8.3.4 沉降计算

（1）当土堤高度大于10m或堤基为软土层时，应进行沉降量计算，一般计算堤轴处堤身和堤基的最终沉降量，可不计算其沉降过程。

（2）根据堤基的地质条件、土层的压缩性、堤身的断面尺寸和荷载，可将堤防分为若干段，每段选取代表性断面进行沉降量计算。

（3）堤身和堤基的最终沉降量，可按公式（8-5）计算：

$$S = m\sum_{i=1}^{n}\frac{e_{1i} - e_{2i}}{1 + e_{1i}}h_i \tag{8-5}$$

式中 S——最终沉降量，cm；

n——压缩层范围的土层数；

e_{1i}——第 i 土层在平均自重应力作用下的孔隙比；

e_{2i}——第 i 土层在平均自重应力和平均附加应力共同作用下的孔隙比；

h_i——第 i 土层的厚度，cm；

m——修正系数，一般堤基的 m=1.0，对于海堤超软土地基，可采用1.3～1.6。

（4）堤基压缩层的计算厚度，可按公式（8-6）确定：

$$\frac{\delta_2}{\delta_B} = 0.2 \tag{8-6}$$

式中 δ_B——堤基计算层面处土的自重应力，kPa；

δ_2——堤基计算层面处土的附加应力，kPa。

如实际压缩层的厚度小于上式计算值时，则按实际压缩层的厚度计算其沉降量。

8.4 旧堤加固

8.4.1 土堤加固

（1）标准偏低的旧土堤：根据具体情况采用以下方法提高标准：

1）在背水坡加高培厚。

2）在迎水坡加高培厚。

3）在迎水坡和背水坡同时加高培厚。

4）如果因地形或构筑物加固受到限制时，可采取设置收坡挡墙的方法。

（2）堤身裂缝的旧土堤：土堤的裂缝按照缝的方向，可分为龟裂缝、横向裂缝（垂直堤轴线）、纵向裂缝（平行堤轴线）；按照产生的原因可分为沉降裂缝、滑坡裂缝和干缩裂缝等；按照部位可分为表面裂缝和内部裂缝。

堤面发生裂缝后，应通过表面观测和开挖探坑、探槽，查明裂缝的部位、形状、宽度、长度、深度、错距、走向以及发展情况。根据观测资料，结合堤防设计施工情况，分析裂缝成因，针对不同性质的裂缝，采取以下不同的处理措施：

1）开挖回填：

① 对于缝长不超过5m的裂缝，可采用开挖回填处理。

② 开挖时采用梯形断面，使回填土与原堤身结合好；当裂缝较深时，为了开挖方便和安全，可挖成阶梯形坑槽，在回填时再逐级削去台阶，保持梯形断面；对于贯穿性的横缝，还应另行开挖接合槽。

③ 开挖深度应比裂缝尽头深0.3～0.5m，开挖长度应比缝端扩展约2m，槽底宽约

1m。为了便于查找裂缝范围，可以在开挖前向缝内灌注石灰水，槽壁坡度应满足边坡稳定及新旧土结合等要求，一般采用1∶0.4～1∶1.0，在开挖期间，特别是结束后尚未回填以前，要尽量避免日晒、雨淋或冰冻等。

④ 回填土料宜与原土料相同，填筑含水量可控制在略大于塑性限度，回填土要分层夯实，严格控制质量，并用洒水、刨毛等措施，保证新老填土很好结合。

2）灌浆：

① 对于较深的裂缝，可以采用上部开挖回填，下部灌浆法处理。

② 灌浆的浆液，可用纯黏土或黏土水泥浆，糟浆的压力要适当控制，以防止堤身发生过大变形和被顶起来，一般由现场试验确定。

3）滑坡：

① 对迎水坡滑坡，可填筑戗堤或放缓堤坡，如果不要求它起防渗作用，可用透水料填筑，但需砌筑牢固的护坡防冲。

② 对背水坡滑坡，亦可用填筑戗堤加固，最好用透水料填筑，同时还应采取降低堤身浸润线的措施。

③ 填筑戗堤或放缓堤坡都应清坡清基，以保证新老材料结合紧密。

④ 滑坡裂缝，浅的可以进行开挖回填处理，深的应在堤坡补强结束后再作灌浆处理。

4）塌坑：

① 沉降塌坑，一般可做回填处理，如面积和深度较大，所处部位又较重要，可根据具体情况采取其他加固措施。

② 管涌塌坑的危险性很大，如不及时处理就会造成严重的后果。因此，应把渗漏通道全线挖开，然后回填与周围相同的土料，分层夯实，保证质量，同时还应根据堤体或堤基发生渗透破坏的原因，决定是否需要采取其他措施。

5）堤面渗水：对堤面渗水，主要应检查渗水的逸出高度和集中程度，逸出点太高直接影响堤坡的稳定，而堤面集中渗漏往往是堤身发生渗透破坏的先兆。其加固方法有以下几种：

① 用黏性土在迎水坡填筑防渗层，以截断渗透途径。

② 有条件时可采用堤身帷幕灌浆、劈裂灌浆，或在堤身内设置混凝土防渗墙（高喷灌浆防渗墙或浇筑式混凝土槽板墙）。

③ 条件允许时还可在背水坡设置导渗沟和贴坡反滤排水。

④ 如在处理堤面渗水的同时，还要求增加背水坡的稳定性，则可采用在背水坡加筑透水戗堤。

6）土质严重不纯：对于历年用不同土质进行加高培厚，或临时堵口抢险，致使土质严重不纯，甚至夹有草捆、梢料等，堤身隐患较多，渗水严重，在汛期常出现脱坡和管涌等险工现象的堤段，最好用抽槽换土进行翻修，这是一种比较彻底的改建加固办法。抽槽换土法，就是将堤身挖开一条槽，更换杂质土壤，重新填筑渗透性较小的黏性土壤。

抽槽换土挖的沟槽边坡应呈台阶状，并将表层耙松5～10cm，以便回填时新旧土壤更好的结合；新换的黏性土应分层填筑夯实。挖出来的土填筑背水坡，以扩大堤防的断面，从而增加堤防的稳定性。

抽槽换土的加固方法，虽能彻底消除隐患，但工程量较大，施工比较麻烦。因此，对旧堤土质隐患不是十分严重，只是渗水较多的堤段，可采取在迎水面修筑戗堤的措施，土料用透水性小的黏性土，填筑厚度应按渗透容许坡降或渗透流速来决定。

8.4.2　浆砌石堤和钢筋混凝土堤加固

1. 标准偏低的堤

（1）浆砌石堤：一般是在背水面加高加厚。作法是将背水面勾缝凿掉，并冲洗干净，基础部分要将原砌石凿掉部分，使之成犬齿交错状，以利新旧砌石结成一体。

（2）钢筋混凝土堤：可在迎水面或背水面浇筑一层混凝土或钢筋混凝土。作法是将旧堤面凿毛，并冲洗干净，然后再浇筑混凝土，其厚度应根据内力计算决定。新老混凝土接合面设置化学植筋或砂浆锚杆连接新老混凝土，其长度根据计算或根据规范规定取值。

2. 堤身渗漏的堤

（1）浆砌石堤：可在迎水面浇筑混凝土或钢筋混凝土的防渗面板。新老结构结合面设置化学植筋或砂浆锚杆，以达到整体性。

（2）钢筋混凝土堤：对于局部裂缝产生的渗水，可采取化学灌浆。因蜂窝麻面产生渗漏，可用环氧树脂砂浆抹面。如蜂窝麻面面积较大，可在迎水面采用高压喷水泥砂浆或碎石混凝土防渗层，也可浇钢筋混凝土防渗面板（新老混凝土接合面设置化学植筋或砂浆锚杆）。

8.4.3　堤基加固

当堤基无防渗措施时，可采用以下方法加固：

（1）对土堤基础透水层较薄，施工条件又允许的堤段，应优先考虑在迎水面修筑黏土截水墙。

（2）堤基透水层较厚时，有条件的堤段，可在迎水面距堤脚一定距离，用钻机打孔浇混凝土防渗墙，或打板桩，然后用黏土或混凝土将其顶部封闭，并与堤脚衔接好。防渗墙或板桩深入不透水层，一般不小于0.5m。混凝土防渗墙较板桩防渗效果好又经济。

（3）堤基透水层较厚，又无条件打板桩时，可在堤顶上钻孔用压力灌浆固结透水堤基。采用哪种浆液效果好，要根据现场试验确定。

（4）若堤基透水层较厚，条件允许时，亦可采用水平铺盖来控制基础渗流。

（5）对于堤防基础渗水严重、地表覆盖层又薄、坑洼地临近堤脚、地基承载力低的旧堤，易引起深层滑动，对此，可在堤防两侧均填筑土平台。这种措施既能加固堤基，又减少了渗透水头，延长了渗透途径。平台厚度为1.5～3.0m，有的可达5.0m；平台宽度为10～30m，视具体情况而定，以满足渗透途径要求为原则。

8.5　海堤工程

8.5.1　基本规定

1. 堤线布置

（1）堤线布置应依据防潮（洪）规划和流域、区域综合规划或相关的专业规划，结合地形、地质条件及河口海岸和滩涂演变规律，考虑拟建建筑物位置、已有工程现状、施工条件、防汛抢险、堤岸维修管理、征地拆迁、文物保护和生态环境等因素，经技术经济比较后综合分析确定。

（2）堤线布置应遵循以下主要原则：

1）堤线布置应服从治导线或规划岸线的要求。

2）堤线走向宜选取对防浪有利的方向，避开强风和波浪的正面袭击。

3）堤线布置宜利用已有旧堤线和有利地形，选择工程地质条件较好、滩面冲淤稳定的地段，避开古河道、古冲沟和尚未稳定的潮流沟等地层复杂的地段。

4）堤线布置应与入海河道的摆动范围及备用流路统一规划布局，避免影响入海河道、入海流路的管理使用。

5）堤线宜平滑顺直，避免曲折转点过多，转折段连接应平顺。迎浪向不宜布置成凹向，无法避免时，凹角应大于150°。

6）堤线布置与城区景观、道路等结合时，应统一规划布置，相互协调。应结合与海堤交叉连接的建（构）筑物统一规划布置，合理安排，综合选线。

（3）对地形、地质和潮流等条件复杂的堤段，堤线布置应对岸滩的冲淤变化进行预测，必要时应进行专题研究。

2. 堤型选择

（1）堤型选择应根据堤段所处位置的重要程度、地形地质条件、筑堤材料、水流及波浪特性、施工条件，结合工程管理、生态环境和景观等要求，综合比较确定。

（2）海堤断面形式根据具体条件可选择斜坡式、陡墙式和混合式等。

（3）当堤线较长或地质、水文条件变化较大时，宜分段设计，各段可采用不同的断面形式，结合部位应做好渐变衔接处理。

3. 堤身设计

（1）应根据地形、地质、潮汐、风浪、筑堤材料和管理要求分段进行堤身设计。应妥善处理各堤段结合部位的衔接。

（2）改建堤段应按新建海堤设计，并应与相邻堤段的结构形式相协调。

（3）在满足工程安全和管理要求的前提下，海堤可与码头、滨海大道等工程相结合并统筹安排。

（4）堤身断面应简单、美观，便于施工和维修。

（5）堤身设计应包括筑堤材料及填筑标准、堤顶高程、堤身断面、护面结构、消浪措施、岸滩防护等设计内容，并应考虑景观、生态方面的要求。

4. 堤基处理

（1）堤基处理应根据海堤工程级别、堤高、地质条件、施工条件、工程使用和渗流控制等要求，选择经济合理的方案。

（2）堤基处理应满足渗流控制、稳定和变形的要求。

1）渗流控制应保证堤基及堤脚处土层的渗透稳定。

2）堤基稳定应进行静力稳定计算。按抗震要求设防的海堤，其堤基应进行动力稳定计算，对粉细砂地基还应进行抗液化分析。

3）堤基和堤身的工后沉降量和不均匀沉降量应不影响海堤的安全运用。

（3）对堤基中的暗沟、古河道、塌陷区、动物巢穴、墓坑、坑塘、井窖、房基、杂填土等隐患，应探明并采取处理措施。

(4) 除软土堤基外，其他堤基处理应按《堤防工程设计规范》GB 50286—2013 等执行。

8.5.2 设计要点

1. 堤顶高程

(1) 堤顶高程应根据设计高潮（水）位、波浪爬高及安全加高值按公式（8-7）计算，并应高出设计高潮（水）位 1.5～2.0m。

$$Z_p = h_p + R_F + A \tag{8-7}$$

式中 Z_p——设计频率的堤顶高程，m；

h_p——设计频率的高潮（水）位，m；

R_F——按设计波浪计算的累积频率为 F 的波浪爬高值（海堤按不允许越浪设计时 $F=2\%$，按允许部分越浪设计时 $F=13\%$），m；

A——安全加高值，按表 8-1 的规定选取。

海堤工程中，对于堤线长、潮向不同、风浪大小有差别的大型工程，应分情况按堤段计算风浪爬高，分段确定堤顶高程，以节约工程量，并保证一定的安全度。

(2) 海堤按允许部分越浪设计时，堤顶高程按公式（8-7）计算后，计算采用的越浪量不应大于《海堤工程设计规范》SL 435—2008 所规定的允许越浪量。

(3) 当堤顶临海侧设有稳定坚固的防浪墙时，堤顶高程可算至防浪墙顶面。但不计防浪墙的堤顶高程仍应高出设计高潮（水）位 $0.5H_{1\%}$。

(4) 按允许部分越浪设计的海堤，当计算越浪量超过《海堤工程设计规范》SL 435—2008 所规定的允许值时，应通过加高堤身或者采用设置平台、人工消浪块体、消浪堤和防浪林等措施减小越浪量，满足不超过允许越浪量的要求。

(5) 堤路结合海堤，按允许部分越浪设计时，在保证海堤自身安全及对堤后越浪水量排泄畅通的前提下，堤顶超高可不受（1）～(3）条规定的限制，但不计防浪墙的堤顶高程仍应高出设计高潮（水）位 0.5m。

(6) 海堤设计应考虑预留工后沉降量。预留沉降量可根据堤基地质、堤身土质及填筑密度等因素分析确定，非软土地基可取堤高的 3%～5%，加高的海堤可取小值。当土堤高度大于 10m 或堤基为软弱地基时，预留沉降量应按《海堤工程设计规范》SL 435—2008 的规定计算确定。

2. 堤身断面设计

(1) 堤身断面应根据堤基地质、筑堤材料、结构形式、波浪、施工、生态、景观、现有堤身结构等条件，经稳定计算和技术经济比较后确定。堤身断面设计应遵循以下原则：

1) 斜坡式断面堤身高度大于 6m 时，背海侧坡面宜设置马道，宽度宜大于 1.5m。对波浪作用强烈的堤段，宜采用复合斜坡式断面，在临海侧设置消浪平台，高程宜位于设计高潮（水）位附近或略低于设计高潮（水）位。平台宽度可为设 计波高的 1～2 倍，且不宜小于 3m。

2) 陡墙式断面临海侧宜采用重力式或箱式挡墙，背海侧回填土料，底部临海侧基础应采用抛石等防护措施。

3) 混合式断面堤身高度大于 5m 时，临海侧平台可按本条 1) 款规定的消浪平台宽度要求确定。

(2) 包括防浪墙的堤顶宽度应根据堤身整体稳定、防汛、管理、施工的需要按表8-5确定。

堤顶宽度 **表8-5**

海堤级别	1	2	3
堤顶宽度(m)	≥5	≥4	≥3

(3) 堤顶结构包括防浪墙、堤顶路面、错车道、上堤路、人行道口等，应符合以下规定：

1) 防浪墙宜设置在临海侧，堤顶以上净高不宜超过1.2m，埋置深度应大于0.5m。风浪大的防浪墙临海侧，可做成反弧曲面。宜每隔8～12m设置一条沉降缝。

2) 堤顶路面结构应根据用途和管理的要求，结合堤身土质条件进行选择。堤顶与交通道路相结合时，其路面结构应符合交通部门的有关规定。

3) 错车道应根据防汛和管理需要设置。堤顶宽度不大于4.5m时，宜在海堤背海侧选择有利位置设置错车道。错车道处的路基宽度应不小于6.5m，有效长度应不小于20m。

4) 生产、生活有需要时，在保证工程安全的前提下，可在堤顶防浪墙上开口，但应采取相应的防浪措施。

(4) 因防汛抢险需要在海堤背海侧设置交通道时，其高程应高于背海侧最高水位1.0～2.0m，宽度为4～8m。在软基上的海堤背海侧交通道应与反压平台结合考虑。

(5) 堤前滩地宽阔呈淤涨趋势或稳定的堤段，且有防浪植物护滩时，经论证，临海侧可选用适宜的植物护坡。

(6) 海堤不同填料与土体之间应满足反滤过渡要求。用作反滤的土工织物设计计算可按《海堤工程设计规范》SL 435—2008附录H确定。

(7) 为防止堤前底流冲刷堤脚，临海侧坡脚应设置护脚。对于滩涂冲刷严重的堤段，可增设护坦保护措施。

(8) 海堤两侧边坡坡比应根据堤身材料、护面形式，经稳定分析确定。边坡内部稳定计算可按《海堤工程设计规范》SL 435—2008附录K确定。初步拟定时可按表8-6选取。

海堤两侧边坡坡比 **表8-6**

海堤堤型	临海侧坡比	背海侧坡比
斜坡式	1∶1.5～1∶3.5	水上:1∶1.5～1∶3.0
陡墙式	1∶0.1～1∶0.5	水下:海泥掺砂1∶5～1∶10; 粉土1∶5～1∶7
混合式	参照斜坡式和陡墙式	

(9) 海堤堤身应设置排水设施，并应符合下列要求：

1) 对不透水护坡应设置有可靠反滤措施的排水孔，孔径为50～100mm，孔距为2～3m，可按梅花形布置。

2) 高于6m且无抗冲护面的土质海堤宜在堤顶和背海侧堤坡、堤脚以及堤坡与山坡或者其他建(构)筑物结合部设置排水设施。

3) 按允许部分越浪设计的海堤，宜设置坡面纵横向排水系统，汇水的排水沟断面尺寸根据越浪量大小及边坡坡度计算确定。平行堤轴线的排水沟可设在背海侧马道或坡脚处，应按《海堤工程设计规范》SL 435—2008附录L计算确定。

（10）堤身防渗体顶高程应高于设计高潮（水）位0.5m。

3. 防浪墙

为了减少堤身工程量，或减轻软基所受荷重，降低堤顶高程，而又不降低设计标准，可在堤顶设置防浪墙。防浪墙一般设在堤顶外侧，也有设于堤顶内侧的，堤顶起消浪作用。通常堤顶略高于设计洪水位，因此防浪墙高度应满足波浪侵袭高度和安全超高的要求。为了美化城市环境，防浪墙应考虑造型美观，高度不宜大于1.2m。防浪墙结构形式有陡坡式、反弧式等。

（1）陡坡式：适用于波浪作用很强的海堤，通常墙体为浆砌石结构，顶部用浆砌条石或混凝土预制块压顶，顶宽为0.6～1.0m。

（2）反弧式：适用于波浪作用很强的海堤，墙体为钢筋混凝土结构，混凝土强度等级不低于C18，墙体每隔10～15m设置一道变形缝，缝宽为10～20mm，缝内应填塞柔性材料。

反弧式防浪墙，墙顶向前伸出，形成挑浪鼻坎。能使波浪上卷时大量回入大海减少越顶水量及防止冲刷堤顶。

4. 海堤防护

（1）海堤护面应根据具体情况选用不同的护面形式。对允许部分越浪的海堤，堤顶面及背海侧坡面应根据越浪量大小按《海堤工程设计规范》SL 435—2008采用相应的防护措施。

（2）对于受海流、波浪影响较大的凸、凹岸堤段，应加强护面结构强度。

（3）浆砌块石、混凝土护坡及挡墙应设置沉降缝、伸缩缝。

（4）斜坡式海堤临海侧护面可采用现浇混凝土、浆砌块石、混凝土灌砌石、干砌块石、预制混凝土异型块体、混凝土砌块和混凝土栅栏板等结构形式，并应符合下列要求：

1）波浪小的堤段可采用干砌块石或条石护面。干砌块石、条石厚度应按《海堤工程设计规范》SL 435—2008附录J计算，其最小厚度不应小于30cm。护坡砌石的始末处及建筑物的交接处应采取封边措施。

2）可采用混凝土或浆砌石框格固定干砌石来加强干砌石护坡的整体性，并应设置沉降缝。

3）浆砌石或灌砌块石护坡厚度应按《海堤工程设计规范》SL 435—2008附录J计算，且不应小于30cm。

4）对不直接临海堤段，护坡设计应沿堤线采取生态恢复措施。

5）护面采用预制混凝土异型块体时，其重量、结构和布置可按《海堤工程设计规范》SL 435—2008设计。

6）反滤层可采用自然级配石渣铺垫，其厚度为20～40cm，底部可铺土工织物。

（5）陡墙式海堤临海侧挡墙应符合下列要求：

1）挡墙基底宜设置垫层。

2）挡墙宜设置沉降缝、伸缩缝，并根据需要设置排水孔。

3）箱式挡墙内宜采用砂或块石作为填料。

4）对原有干砌块石、浆砌块石陡墙式挡墙采用混凝土加固护面时，护面厚度应根据作用的波浪大小分析确定，且不宜小于20cm。

5）挡墙应进行抗滑、抗倾覆稳定计算，土基挡墙基底的最大压应力应不大于地基允许承载力，且压应力最大值与最小值的比值，应小于《海堤工程设计规范》SL 435—2008附录M.0.3第3款要求的值。

（6）混合式海堤临海侧护面，应符合斜坡式和陡墙式海堤设计的有关规定。坡面转折处宜根据风浪条件，采取加强保护措施。

（7）堤顶护面应符合下列要求：

1）不适应沉降变形的堤顶护面，宜在堤身沉降基本稳定后实施，期间采用过渡性工程措施保护。

2）不允许越浪的海堤，堤顶可采用混凝土、沥青混凝土、碎石、泥结石等作为护面材料。

3）允许部分越浪的海堤，堤顶应采用抗冲护面结构，不应采用碎石、泥结石作为护面材料，不宜采用沥青混凝土作为护面材料。

4）路堤结合并有通车要求的堤顶，应满足公路路面、路基设计要求。

（8）背海侧护面应符合下列要求：

1）按不允许越浪设计的海堤，背海侧护坡应具备一定的抗冲能力，可采用植物措施、工程措施或两者相结合的措施。

2）按允许部分越浪设计的海堤，根据越浪量的大小，应按《海堤工程设计规范》SL 435—2008中表6.6.1选择合适的护面形式。

（9）旧海堤护面加固应符合下列要求：

1）旧海堤护面的加固措施应根据海堤等级、波浪状况和原有护面的损害程度等综合确定。其新、旧护面应接合牢固，连接平顺。

2）对于1级、2级海堤或波浪较大的堤段，当原海堤的临海侧干砌块石护面、浆砌块石护面基本完好且反滤层有效，或整修工作量不大时，可采用栅栏板、四脚空心块等预制混凝土块体护面。对于沉降已基本稳定，干砌块石、浆砌块石基本完好的斜坡式堤段，当反滤层良好或经修复后，可在其上增设混凝土护面。板厚应按《海堤工程设计规范》SL 435—2008附录J计算，且不宜小于8cm。

3）对于3～5级海堤，在原海堤的临海侧干砌块石护坡基本完好、反滤层有效的条件下，可采用灌缝、框格加固。

4）挡墙加固时应将原墙面排水孔延接至新墙外，新加固部分墙体的沉降缝位置应与原墙一致。

5）堤顶及背海侧的加固应符合《海堤工程设计规范》SL 435—2008的规定。

5. 堤基处理

（1）对浅埋的薄层软土宜挖除；当软土厚度较大难以挖除或挖除不经济时，可采用垫层法、土工织物铺垫法、放缓边坡或反压法、排水井法、抛石挤淤法、爆炸置换法、水泥土搅拌桩法、振冲碎石桩法等进行处理，也可采用多种方法结合进行处理。软基处理及计算应按《海堤工程设计规范》SL 435—2008附录N进行。

（2）当采用垫层法时，垫层可选用透水材料加速软土排水固结，透水材料可采用砂、砂砾、碎石，必要时可采用土工织物作为隔离、加筋材料。但在防渗体部位，应避免造成渗流通道。

(3) 当海堤的填筑高度达到或超过软土堤基能承受的高度时，可在堤脚处设置反压平台。反压平台的高度和宽度应通过稳定计算确定。

(4) 在深厚软土中新建海堤，采用排水井法时，竖向排水设施应与水平排水层相结合形成完整的排水系统。

(5) 在距离石料场近、软土层厚度有限、工期紧的地段，允许爆破的海堤，可采用爆炸置换法，但应做好施工安全和环境保护措施。

(6) 当施工工期允许时，可采用控制填土速率填筑。填土速率和间歇时间应通过计算、试验或结合类似工程分析确定。

(7) 重要的或采取其他堤基处理方法难以满足要求的海堤，可采用水泥土搅拌桩或振冲碎石桩等方法处理。

6. 海堤护堤地

海堤护堤地是海堤防护的组成部分，直接关系到堤身的安全、防汛抢险和维护管理。护堤地的宽度根据海堤的等级、地基情况来确定，宽度一般在10～30m，与海堤背水坡坡脚相连。其高程不得低于堤内地面高程。

当地基软弱、堤身较高时，还需设置抛石镇压层以保持堤身稳定。

8.5.3 海堤工程管理设计

1. 一般规定

(1) 海堤工程管理设计，应为海堤工程正常运用、工程安全创造条件，促进海堤工程管理规范化，提高管理水平。

海堤工程管理内容应包括海堤工程、附属工程以及全部管理设施等。

(2) 海堤工程管理设计是海堤工程设计的重要组成部分，管理设施建设应与海堤主体工程建设同步进行，工程管理设施的建设投资应纳入工程总概算。

(3) 海堤工程管理设计应包括海堤工程运行期的下列内容：

1) 管理体制、岗位设置和人员编制。

2) 工程管理范围和保护范围。

3) 交通和通信设施。

4) 其他维护管理设施。

5) 生产与生活设施。

6) 工程运行管理。

(4) 新建、加固、改（扩）建的1～3级海堤工程，其管理设计应执行本标准。4级、5级海堤工程管理设计应参照执行。

(5) 海堤管理设计，应以安全可靠、经济合理、技术先进、管理方便为原则。

(6) 对重要的二线海堤工程应进行必要的维护和管理。

2. 管理体制和机构设置

(1) 海堤工程管理机构设置，应以加强管理、提高效率、精简机构、健全责任制为原则，根据工程等级、规模、功能和管理任务，结合行政区域划分设置管理机构。

(2) 应依据国家对水利工程的分类、定性原则，明确海堤工程管理单位的类别、性质以及隶属关系；应按照相关规定提出管理单位岗位设置和人员编制方案。

（3）除特别重要的建（构）筑物需单独设置管理机构外，沿海堤的建（构）筑物宜实行统一管理。

3. 工程管理范围和保护范围

（1）为保护海堤工程安全和正常运行，应根据海堤工程级别确定海堤工程的管理范围和保护范围。

（2）工程管理范围应包括以下工程和设施的建筑物场地及管理用地。管理用地应纳入工程征地范围。

1）海堤堤身、堤内外平台以及护堤地。

2）与海堤交叉、连接的水闸、泵站、管道等建（构）筑物的覆盖范围。

3）护堤房、界碑、里程碑、观测站点等其他附属工程及设施的用地。

4）防汛仓库、管理单位的办公及生活用房及其他附属设施用地。

（3）护堤地的取值应依据下列原则确定：

1）护堤地宽度应根据海堤工程级别并结合当地的自然条件和土地资源等情况分析确定。可按表 8-7 确定。

护堤地宽度 **表 8-7**

工程级别	1	2、3	4、5
护堤地宽度(m)	20～10	15～10	10～5

2）护堤地范围应从海堤的坡脚线开始计算。对设有护脚防护工程的应从护脚工程的边界线起开始计算。

3）经过城区和重点险工险段的海堤护堤地范围，在保证海堤安全的前提下，可根据具体情况作适当调整。

（4）海堤工程上的大、中型建（构）筑物的管理用地，可按表 8-8 确定。

建（构）筑物的管理用地 **表 8-8**

建筑物级别	1	2、3	4、5
建(构)筑物的上、下游宽度(m)	400～300	300～200	100～50
建(构)筑物的左、右两侧宽度(m)	100	80～50	50～30

（5）在工程管理用地边界线以外，应划定一定区域作为工程保护范围。

1）海堤工程保护范围可按表 8-9 确定。

海堤工程保护范围 **表 8-9**

工程级别	1	2、3	4、5
保护范围宽度(m)	300～200	200～100	100～50

2）大、中型建（构）筑物的保护范围可根据工程规模分析确定。

（6）在海堤及其建（构）筑物的保护范围内禁止从事开挖土方、打井、爆破等危害工程安全的活动。

（7）海堤管理设计，应提出海堤和建（构）筑物管理范围和保护范围的要求。

4. 交通和通信设施

(1) 海堤工程应设置防汛道路，并符合本标准的相关规定。管理单位可配备必要的交通工具。

(2) 海堤工程应至少布置一条与干线公路连接的道路，堤线较长时，应每隔10～15km布置一条与干线公路连接的道路。

(3) 管理单位可配备必要的通信设施。通信设施应满足工程管理单位与防汛指挥部门之间信息传输迅速、准确、可靠的要求。通信系统建设应以利用当地公共通信设施为主。

5. 其他管理维护设施

(1) 为满足海堤工程运行管理的需要，应设置下列必要的管理维护设施：

1) 沿海堤全程，应埋设永久性千米里程碑，并根据需要埋设百米断面桩。

2) 海堤上的交通路口，应设置交通管理标志牌和拦车卡。

3) 不同行政区管辖的相邻堤段处、管理范围的分界线，应统一设置界碑和界标。

4) 沿海堤全程，应每隔5～10km建造一所护堤房，其建筑面积不应小于60m^2。

(2) 1级和2级海堤工程管理单位可根据工程规模和实际需要配置必要的检测设备。

(3) 1级和2级海堤工程的重要堤段及险工段，应设置抢险需要的固定或便携式照明设施。

6. 生产与生活设施

(1) 工程管理设计，应为海堤工程管理单位配置必要的办公设施、生产设施、生活设施以及办公和生活区环境绿化设施等，其办公、生产、生活等各项用房的建筑面积，可按《堤防工程管理设计规范》SL 171-96确定。

(2) 对于地处生活环境恶劣的管理单位，可选择附近的城镇区建立后方生活基地。

7. 工程运行管理

(1) 应根据工程任务提出调度运用原则 、各项设施管理要求以及海堤工程管理制度建设要求。

(2) 应测算工程运行管理费用，提出运行管理费的来源渠道，为有关部门筹集维护管理经费和制定相关的财务补贴政策提供依据。

(3) 年运行费应按照国家现行有关规定编制，并应符合现行的财会制度。

第9章　护岸及河道整治

9.1　护岸（滩）工程

9.1.1　一般规定

（1）当城镇中的河（江）岸、海岸、湖岸被冲刷时，会直接影响到城市防洪安全。为了保护岸边不被水流冲刷，防止岸边坍塌，保证汛期行洪岸边稳定，应采取护岸（滩）保护措施。护岸布置应减少对河势的影响，避免抬高洪水位。

（2）护岸整治线，既要与城市现状和总体规划相适应，又要符合城市防洪和河道整治的要求，使之具有足够的安全排泄设计洪水的能力。

（3）护岸形式应根据河流特性、河岸地质、城市建设、环境景观、航运码头、建筑材料和施工条件等因素综合分析确定。当河床土质较好时，宜采用坡式护岸和墙式护岸；当河床土质较差时，宜采用板桩护岸和桩基承台护岸；在冲刷严重河段的中枯水位以下部位宜采用顺坝或丁坝护岸。顺坝和短丁坝常用来保护坡式护岸和墙式护岸基础不被冲刷破坏。

（4）护岸整治线

在进行防洪工程规划设计时，通常根据河流水文、地形、地质等条件和河道演变规律以及泄洪需要，拟定比较理想的河槽，使其河槽宽度和平面形态，既能满足泄洪要求，又符合河床演变规律及保持相对稳定。设计洪水时的水边线，称为洪水整治线。中水整治线为河流主槽的水边线，这一河槽的大小和位置的确定，对与防洪有关的洪水河槽有直接影响。

1）整治线间距：

整治线间距是指两岸整治线之间的距离，即整治线之间的水面宽度。实践证明，整治线间距确定得是否合理，对防洪投资及效果影响很大。一般是拟定几个方案，进行比较，从中选取最佳方案。

2）整治线走向：

① 确定整治线走向时，应结合上下游河势，使整治线走向尽量符合洪水主流流向，并兼顾中、枯水流流向，使之交角尽量小些，以减少洪水期的冲刷和淤积。

② 整治线的起点和终点，应与上下游防洪设施相协调，一般应选择地势高于设计洪水，河床稳定和比较坚固的河岸作为整治线的起止点，或者与已有人工构筑物，如桥梁、码头、取水口、护岸等相衔接。

3）整治线线形：

① 冲积性河流，一般是以曲直相间，弯曲段弯曲半径适当，中心角适度，以及直线过渡段长度适宜的微弯河段较为稳定。

② 整治线的弯曲半径，根据河道的比降、来砂量及河岸的可冲性等因素，一般以 4～6 倍的整治线间距为宜。

③ 两弯曲段之间的直线过渡段不宜过长，一般不应超过整治线间距的 3 倍。

④ 通航河道整治线，应使洪水流向大致与枯水河槽方向相吻合，以利航道的稳定。

4）整治线平面布置：

① 河道具有足够的泄洪断面，能够安全通过设计洪水，而且要和城市规划及现状相适应，兼顾交通、航运、取水、排水、环保等部门的要求，并应与河流流域规划相适应。

② 应与滨河道路相结合，与规划中沿河建筑红线保持一定距离。

③ 在条件允许时，应与滨河公园和绿化相结合，为市民提供游览场所，美化城市，改善环境。

④ 应尽量利用现有防洪工程（如护岸、护坡、堤防等）及抗冲刷的坚固河岸，以减少工程投资。

⑤ 要左右岸兼顾，上下游呼应，尽量与河流自然趋势相吻合，一般不宜做硬性改变。

（5）护岸设计应考虑下列荷载，并进行稳定分析。

1）自重及其上部荷载；

2）墙前水压力、冰压力和被动土压力与波吸力；

3）墙后水压力和主动土压力；

4）船舶系缆力；

5）地震力。

通常护岸设计荷载的分类为：

1）设计荷载：一般包括建筑物自重及其上部荷载、土压力、水压力、地面荷载。

2）校核荷载：一般包括冰压力、船舶系缆力、施工荷载。

3）特殊荷载：波吸力、地震力。

（6）水较深、风浪较大，而且河滩较宽时，宜布置防浪平台，并栽植一定宽度的防浪林可显著削减风浪作用，但种植防浪林以不影响河、湖行洪为原则。

（7）各种形式的护坡，都应设置排泄堤顶和堤坡降水径流的沟渠，它可以引导降水径流有序地流入河道，避免对堤顶和堤坡的冲刷。另外，还要设置排泄渗水和地下水的管、孔，它们可以降低护坡背后的水压力，在河道水位骤降时，有利于护坡稳定。

（8）护岸材料

目前国内外通常采用梢料、块石、混凝土和钢筋混凝土，结构形式不断从重型实体、就地浇筑，向轻型空心、预制装配发展。随着塑料工业的发展，护岸工程又逐渐采用了土工合成材料。近年来，欧洲和美国在坡式护岸中已较多应用土工织物取代一般砂石反滤层；荷兰和日本采用尼龙砂袋抗御洪水也获得成功。

我国在护岸工程中应用塑料材料方面也取得了很多成就。例如：土工膜袋。它可用于替代干砌块石、浆砌块石等修建堤坡、堤脚，构筑堤坝主体，也可用于堤坝崩塌、江河崩岸险情的抢修维护。它适用于容许流速为 2～3m/s 的护岸冲刷防护。土工膜是将土工合成材料表面涂一层树脂或橡胶等防水材料，或将土工合成材料与塑料薄膜复合在一起形成的不透水防水材料。土工膜以薄型无纺布与薄膜复合较多，按工程需要可制成一布一膜、二布一膜或三布二膜等，所选用无纺布与薄膜厚度也可按需要而定。膜袋的主要技术指标见表 9-1。

膜袋主要技术指标　　表 9-1

项目		指标
单层重量(g/m²)		200
拉伸强度(N/5cm)	经	1500
	纬	1300
延伸率(%)	经	14
	纬	12
撕裂强度(N/5cm)	经	600
	纬	400
顶破强度(N)		800
渗透系数(cm/s)		0.028
单层厚度(mm)		0.45

9.1.2 坡式护岸

1. 坡式护岸的类型

(1) 按坡式护岸淹没情况分为 3 种类型：

1) 下层护岸，护岸在枯水位以下。

2) 中层护岸，护岸在枯水位与设计洪水位之间。

3) 上层护岸，护岸在设计洪水位以上。

(2) 按坡式护岸使用年限分为 2 种类型：

1) 临时性护岸，一般采用竹、木、梢料等轻质材料修建，结构简单、施工方便，但防腐和抗冲性能差，使用期限较短，多用于防汛抢险。

2) 永久性护岸，一般由土石料、混凝土等建成。如砌石、抛石、丁坝、顺坝、混凝土、钢筋混凝土以及板桩等护岸，防腐和抗冲性能强，使用年限长。

2. 下层护岸

下层护岸经常淹没在水中，遭受水流冲刷最严重，整个护岸的破坏往往从这里开始，所以要求下层护岸能够承受水流的冲刷，防止淘底和适应河床变形。

(1) 抛石护岸

1) 适用范围：当河床土质松软时，冲刷严重地段可先在底部铺沉排等衬垫后再抛石块，如图 9-1 所示。抛石的自然边坡为 1∶1.5～1∶2.0。当水深流急或波浪强烈时，可将抛石的自然边坡放缓至 1∶3～1∶3.5。

2) 抛石数量：抛石数量根据河岸坡度和河床水下地形确定。抛石护坡顶部厚度不应小于计算最小块石粒径的两倍。坡面部分的厚度视水流情况，以不小于 0.5m 为宜。抛石护坡镇脚厚度不应小于 0.6m，平铺厚度深泓部分为 0.7m 以上，岸边部分 0.5m 以上，如图 9-2 所示。为了使抛石具有一定的密实度，宜采用大小不等的石块掺杂抛投，小于计算粒径的石块含量不应超过 25%。计算抛石数量时，应考虑一部分沉入泥土中及流失的数量。

3) 抛石粒径：抛石粒径大小，可以根据流速、边坡、波浪的大小进行估算。

① 在水流作用下石块的稳定计算：通过对石块在水中受力情况的分析，得出在各种

条件下石块在水流中保持稳定的折算直径（即所求块石折算成圆球形之直径，又称为当量粒径）为：

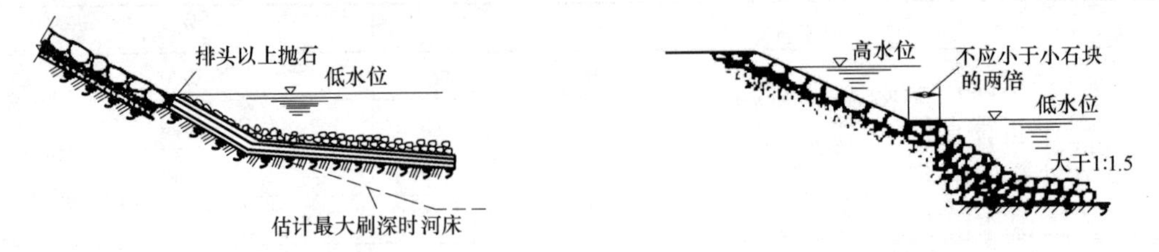

图 9-1　沉排抛石护岸　　　　图 9-2　抛石护岸镇脚

$$d=\frac{v^2}{C^2\times 2g\frac{\gamma_s-\gamma_0}{\gamma_0}} \tag{9-1}$$

式中　d——折算直径，$d=1.24\sqrt[3]{W}$，m；

W——石块体积，m^3；

v——水流流速，m/s；

γ_s——石块的重力密度，可取 $\gamma_s=2.65\times 10kN/m^3$；

γ_0——水的重力密度，$\gamma_0=10kN/m^3$；

g——重力加速度，m/s^2；

C——石块运动的稳定系数，由实验确定。

② 在不同条件下，折算直径 d（m）的具体表达式分别为：

a. 底坡水平：C 可取 0.90，则：

$$d=0.0382v^2 \tag{9-2}$$

式中　v——抛石断面的平均流速，m/s；也可用石块的启动流速计算。

b. 底坡倾斜（与水流方向平行）：如丁坝或潜坝的坝坡由抛石堆成，这时 C 可取 1.20，则：

$$d=0.0215v^2 \tag{9-3}$$

式中　v——水流经斜坡的流速，m/s；即石块在动水中抗冲的最大流速。

c. 底坡倾斜（与水流方向垂直）：如丁坝坝头首部抛石护坡，如图 9-3 所示，这时 C 仍取 1.20，则：

$$d=0.0215v^2\sec\alpha \tag{9-4}$$

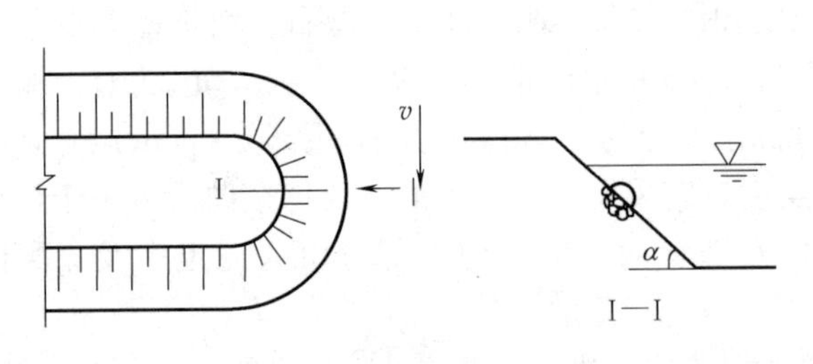

图 9-3　丁坝坝头

式中　v——坝头过水断面处的平均流速，m/s；

α——坝头过水断面抛石堆成斜坡的坡底角，°；

d. 在水平与倾斜河床情况下，以重力密度表示的石块稳定关系式为：

$$G=0.062v_c^6 \tag{9-5}$$

式中　G——石块重力密度，$10kN/m^3$；

v_c——近河底流速，m/s，可用下式计算：$\frac{v_c}{\overline{v}}=\frac{1}{0.958\lg\left(\frac{h}{d}\right)+1}$

$\overline{v}$——断面平均流速，m/s；

h——水深，m；

d——折算直径，m。

③ 在波浪作用下石块的稳定计算：

a. 在波浪作用下石块的稳定可用公式（9-6）计算：

$$G=\frac{\gamma_s h_b^3}{K_D\left(\frac{\gamma_s-\gamma_0}{\gamma_0}\right)^3\cot\alpha} \tag{9-6}$$

式中：G——单个石块重力密度，10kN/m³；

α——堆石斜坡坡度角，°；

K_D——与石块（或块体）的形状、护面层粗糙度等因素有关的系数，见表 9-2；

h_b——设计波高，m。

K_D 值　　**表 9-2**

护面块体	施工方法	层数	K_D			
			坝身部分		坝头部分	
			破碎波	不破碎波	破碎波	不破碎波
圆石	抛投	2	2.5	2.6	2.0	2.4
圆石	抛投	>3	3.0	3.2	2.7	2.9
棱角块石	抛投	2	3.0	3.5	2.7	2.9
棱角块石	抛投	>3	4.0	4.3	—	3.8
级配	任意		当水深小于 6m 时，$K_D=1.3$			
棱角块石	抛投		当水深大于 6m 时，$K_D=1.7$			

h_b可由关系式 $h_b=nh'_b$求得，其中 h'_b为有效波高，由图 9-4 决定。系数 n 在 1～1.87 之间，一般工程 n 采用 1.25，大型工程 n 采用 1.60 或 1.87。图 9-4 中的吹程即对岸距离，可从地形图量取。风速可采用当地气象观测资料中汛期沿吹程方向的最大风速。

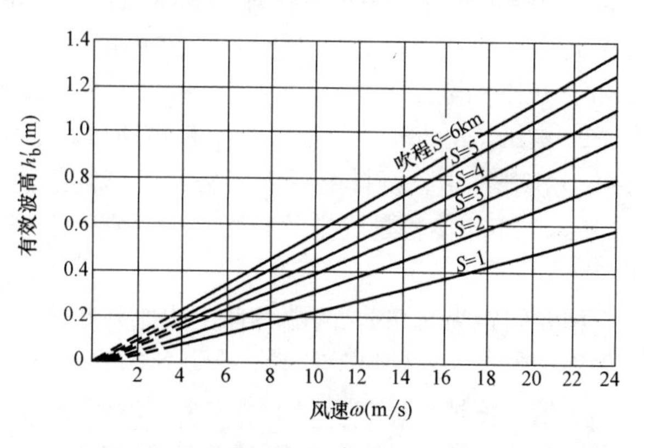

图 9-4　h'_b曲线

b. 设计波高 h_b 也可用堤防设计采用的方法计算。

④ 抛石距离：抛石地点的选择，对工程实效影响甚大。石块抛入水中后，一方面石块因为本身重量而下沉，另一方面石块又随着水流往下游移动。所以，抛石地点应在护岸地段的上游，其距离可结合当地的抛石经验来确定。

a. 长江抛石护岸经验公式为：

$$L=0.92\frac{\bar{v}H}{G^{1/6}} \tag{9-7}$$

$$L=0.74\frac{v_0 H}{G^{1/6}} \tag{9-8}$$

式中　L——抛石地点向护岸上游偏移的水平距离，m；

H——水深，m；

$\bar{v}$——抛石处水流平均流速，m/s；

v_0——水面流速，m/s；

G——石块重量，10N。

b. 公路部门的经验公式为：

$$L=2.5\frac{\bar{v}H}{d^{1/2}} \tag{9-9}$$

式中　L——石块冲移的水平距离，m；

$\bar{v}$——抛石处水流平均流速，m/s；

H——水深，m；

d——石块折算直径，cm。

（2）沉排护岸

1）适用范围：沉排具有整体性和柔软性，抗冲性能好，能抵抗流速为2.5～3.0m/s的冲刷。沉排护岸适用于土质松软、河床受冲范围较大、坡度变化较缓的凹岸。由于沉排面积大，且具有柔软性，能够贴附在河床表面，适应河床变形。即使沉排发生一定程度的弯曲，也不致破坏沉排的结构，所以使用年限较长。沉排护岸在长江和松花江下游沿岸城市防洪工程中被广泛利用，效果良好。

2）沉排尺寸和构造：

① 沉排平面尺寸：沉排的平面一般为矩形。有时为了适应地形需要，也可做成其他形状。沉排的尺寸，根据河床地形和水流流势决定。其伸出坡角处平坦河床的长度，系根据排端河床冲刷至预计深度时，沉排仍能维持稳定状态确定。沉排厚度一般为0.6～1.2m，长度和宽度视需要而定，可从数十米到百余米。松花江下游哈尔滨市沉排尺寸为：宽15～27m，长30m。长江下游南京市浦口、下关沉排尺寸达60m×90m和90m×120m。

② 沉排构造：沉排由下十字格、底梢、覆梢、上十字格、编篱及缆闩等组成，如图9-5所示。下十字格是沉排的底层结构，它的下梢龙与水流方向垂直，上梢龙与水流方向平行。

梢龙间距为1.0m，两端各伸出边龙外0.25～0.50m。上下梢龙互相垂直，组成1.0m的方格，每个交点用铅丝扎紧。

底梢和覆梢是铺在下层十字格上的散铺填料。底梢与水流方向平行，根部朝向上游，压实厚度为0.5～0.30m。覆梢与底梢和水流方向垂直，根都朝向岸边，压实厚度为0.15～0.30m，搭头约0.8m。

上十字格与下十字格互相对称，它的下梢龙与水流方向平行，上梢龙与水流方向及下梢龙垂直。

编篱的主要作用为拦阻压排石块的走动。编篱以木梗为骨架，木梗直径约为30mm，

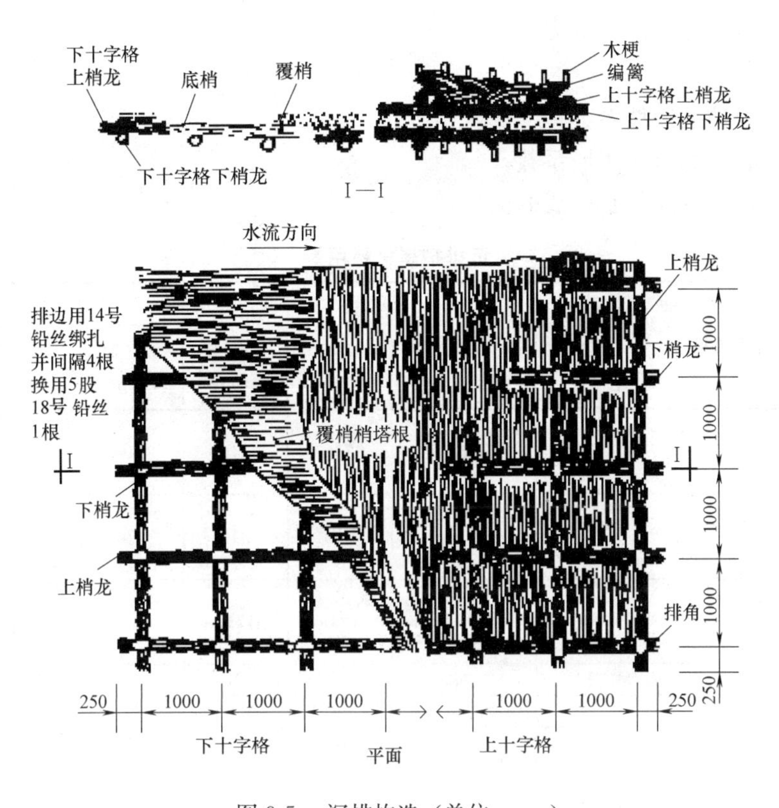

图 9-5　沉排构造（单位：mm）

每米打三根，其中一根应打在十字格交叉点上。由上十字格梢龙直穿下十字格梢龙。以加强上下十字格的连接。

缆闩是沉排的附属构件，由小竹子短笼及梢料加扎在十字格梢龙两旁组成，其作用为加强系缆部分十字格的强度，并扩大其受力范围。

沉排梢龙由各种梢料或秸料扎成。梢料应为无枝杈的树条，以新鲜、柔软、端直的为佳。结扎要求紧密光滑，搭接长度不得小于梢料全长的四分之一。

沉排护岸材料用量，参见表 9-3 所列数值。

③ 沉排压石粒径计算：

沉排是靠石块压沉的，石块的大小和数量应通过计算确定。为了保证沉排上的压石不致被水流冲走，必须计算石块的启动流速，以便确定石块粒径。沉排压石最小粒径可用公式（9-10）计算：

$$d=\frac{v_{\mathrm{H}}}{1.47g^{\frac{1}{2}}h^{\frac{1}{6}}} \tag{9-10}$$

$$v_{\mathrm{H}}=\frac{v'_{\mathrm{H}}}{\sqrt{\frac{m^2-m_0^2\cos\theta}{1+m^2}}-\frac{m_0\sin\theta}{\sqrt{1+m^2}}} \tag{9-11}$$

式中　v_{H}——流速，m/s；

v'_{H}——石块在斜坡上的启动流速，计算时可近似地取接近护岸地点洪水期的最大平均流速，m/s；

g——重力加速度，m/s^2；
h——水深，m；
m——斜坡的边坡系数；
m_0——石块的自然边坡系数；
θ——水流方向与水边线的交角，°。

沉排护岸材料用量　　**表 9-3**

编号	名称和规格	单位	每平方米用量	单位沉排用量			备　注
				30×30 (900m^2)	30×27 (810m^2)	30×24 (720m^2)	
1	塘柴 d=15～25 l=2.5—3.0	10N	103	92600	83400	24100	1. 每平方米用量系照裕溪口河港实际耗量； 2. 根据裕溪口实际耗量计，已包括系缆闩等各项材料； 3. d 为柴梗梢径(cm)，l 为柴梗长度(m)
2	芦柴 d=20～30 l=4	10N	1	900	810	720	
3	木梗 d=30～40 l=1.5	根	2.11	1899	1710	1523	
4	铅丝 18 号	10N	0.088	79	71	64	
5	铅线 16 号	10N	0.0615	55	50	45	
6	铅丝 14 号	10N	0.011	10	9	8	
7	五股铅丝绳 18 号	10N	0.004	4	3	3	
8	九股铅丝绳 18 号	10N	0.023	21	19	17	
9	麻绳 ϕ25mm 27 段	10N	0.016	14	13	12	
10	杉杆 ϕ150mm	m^3	0.007	6.3	5.67	5.04	
11	块石 0.25m×0.30m	m^3	0.300	2270	243	216	

④ 压石数量：由压石重量与水流对沉排浮力的平衡条件，得出压石厚度计算公式(9-12) 为：

$$T_1=\frac{K(1-\varepsilon_2)(1-\gamma_2)T_2}{(1-\varepsilon_1)(\gamma_s-1)} \tag{9-12}$$

式中　T_1——压石厚度，m；
T_2——沉排厚度，m；
ε_1——压石空缝率；
ε_2——沉排空缝率；
γ_s——压石重力密度，10kN/m^3；
γ_2——沉排重力密度，10kN/m^3；
K——安全系数，一般取 K=1.2～1.5。

在计算沉排需要石块数量时，除计算沉排的压石数量外，还应计入为了使沉排与河床接触更密实，在沉排沉放之前，填补河床局部洼坑的抛石数量，以及为了保护沉排四周河床不被淘刷，防止沉排发生过大变形而在沉排四周河床抛石数量。

⑤ 施工要求：沉排施工方法有两种。一是岸上编排，拖运水中压石下沉。二是冰上编排、压石，爆破下沉。

岸上编排法施工，最好选在枯水季节，这时河床水位较低，水流流速较小，沉排拖运和定位比较容易。沉排在沉放之前，应对防护地带进行一次水深测量，摸清坡面情况，有无洼坑，以确定沉排下面和四周的抛石数量。一般是在岸边扎排，向河中拖运定位，然后压石下沉。沉排下沉时，借助于排角拉绳（粗麻绳或尼龙绳）控制位置。沉排之间应搭接紧密，其搭接长度为 1～2m。为了固定沉排位置，不使其沿岸坡滑动，应在排头进行抛石，其抛石宽度为 3~4m，厚度为 1.0m 左右。

冰上编排系就地在冰面上编排，压石填完后在沉排四周距排头 0.3～0.4m 处穿凿冰孔，然后破冰下沉。冰盖破碎后，在沉排的压重下，随即被水流冲往下游，下沉时应从下游向上游进行。

（3）沉树和沉篮护岸

当河床局部受到剧烈冲刷，并已形成较大冲坑的情况下，如采用抛石填坑，用石料甚多，也不经济；若采用沉排则不易贴附于冲坑上；此时可采用沉树和沉篮护岸，不仅能防止冲坑的继续扩大，而且沉树可以起到缓流落淤作用。这种护岸在黄河和松花江下游护岸工程中曾经应用，实践证明防冲落淤效果较好。

沉树是将树杈茂密的树头或小树装在大柳框（或铅丝龙）中，并填满碎石绑好后沉入冲坑内。因树枝受浮托作用，沉树基本上保持直立状态，起到缓流落淤作用。沉树横向间距为 2m，纵向间距为 3m。沉篮是利用两个无把的土篮装满碎石相叩成盒，用 16 号铅丝将四边绑扎好，然后沉入冲坑内。如图 9-6 所示。在寒冷地区，可以利用封冻季节凿冰下沉，施工方便，沉放位置较为准确。

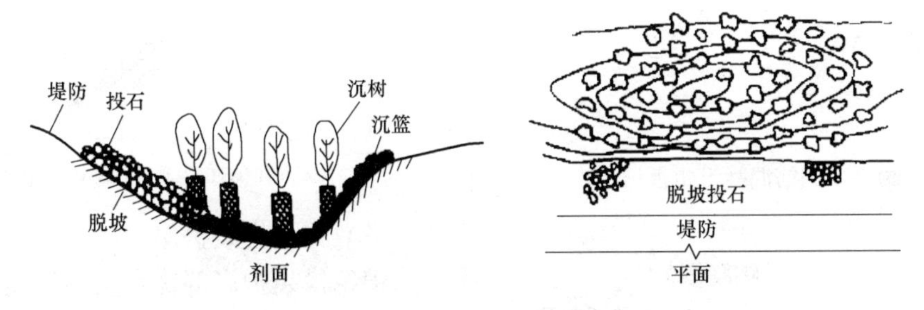

图 9-6　沉树和沉篮

（4）沉枕护岸

在河床土质松软并发生严重变形的情况下，沉枕是一种很好的下层护岸材料；其构造形式，如图 9-7 所示。锦州市小凌河护岸采用此种护岸，效果良好。

沉枕是用鲜柳枝或草材、石块等材料束成圆柱状，直径一般为 0.6～1.0m，长为 5～10m，每隔 0.3～0.6m 用铅丝捆扎一档。图 9-8 为黄河护岸工程中常用的沉枕制作方法。

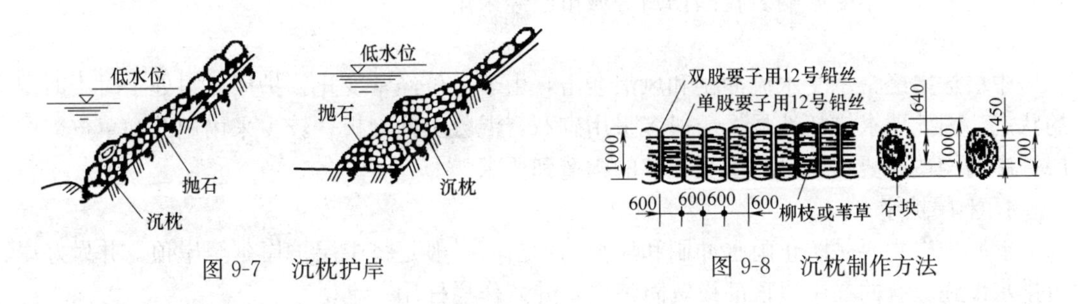

图 9-7　沉枕护岸　　　　图 9-8　沉枕制作方法

（5）钢筋混凝土肋板护岸

1976 年以来，上海市郊区在滨江和沿海防洪工程中，应用钢筋混凝土肋板护岸，效果较好。这种护岸与砌石护岸、混凝土护岸比较，具有工程量小、有利消浪等优点，其构造见图 9-9。

（6）铰接混凝土板护岸

近年来，美国在较大河流平铺护岸中应用铰接混凝土板护岸，由每块尺寸为 11.8m×3.56m×0.76m 的 20 块混凝土板铰接而成。板块之间用抗腐蚀的金属构件连在一起。我国设计和施工的铰接混凝土板，在武汉市长江河段天兴洲也首次沉放成功。这种护岸能适应河床变形，防止河岸在水流冲刷下崩塌，并能保护河床与河岸的稳定，见图 9-9。

（7）塑料柴帘护岸

它是一种新型的软体排类护岸形式。既吸收了柴排整体性强的优点，又保持了能够较理想的适应河床变形特性，并具有结构简单、造价低、体型轻、工效高等优点。但当水面流速大于 2.14m/s 和水下坡度陡于 1∶1 时，不宜采用。塑料柴帘构造见图 9-10。

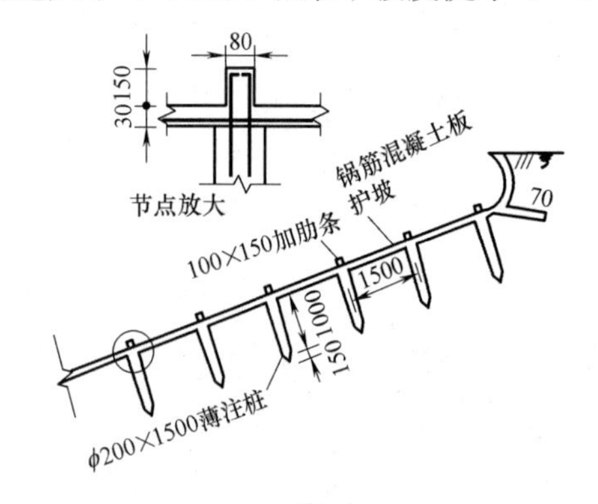

图 9-9　钢筋混凝土肋板护岸

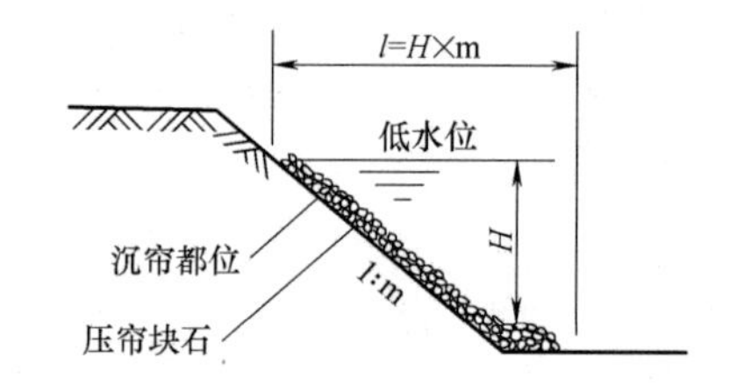

图 9-10　塑料柴帘护岸

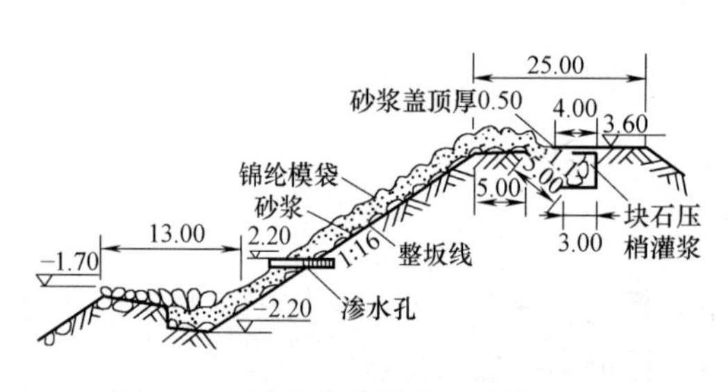

图 9-11　锦纶模袋护岸（单位：m）

（8）锦纶模袋护岸

锦纶模袋护岸的优点是不须建筑围堰，效果显著，施工方便。但施工最大坡度为 1∶1，较好的坡度为 1∶1.5。如图 9-11 所示。

模袋充填厚度为 65～700mm。目前日本已施工的充填厚度达 1000mm，施工水深达 26m。模袋具有耐寒性，其在零下 40℃时技术性能不受影响。我国扬州等城市已经采用。

3. 中层护岸

中层护岸经常承受水流冲刷和风浪袭击，由于水位经常变化，护岸材料处于时干时湿的状态，因此要求抗朽性强。一般多采用砌石、混凝土预制板，较少采用抛石和草皮。中层护岸的构造和要求可参照土堤护坡的构造和要求。

4. 上层护岸

上层护岸主要是防止雨水冲刷和风浪的冲击。一般是将中层护岸延至岸顶，并做好岸边排水设施。有的在岸边顶部设置防浪墙，并兼作栏杆用。

图 9-12 和图 9-13 为某市公园护岸上、中、下三段护岸。

如河岸较高，河床变化较大时，采用上、中、下三层不同护岸形式，能够充分发挥各层长处，以达到比较好的效果。

如河床较低，河床变化不大时，可采用一种护岸形式。在这种情况下，应用最广的是砌石护岸，其构造主要由护脚、护坡和护肩三个部分组成。如图 9-14 所示。

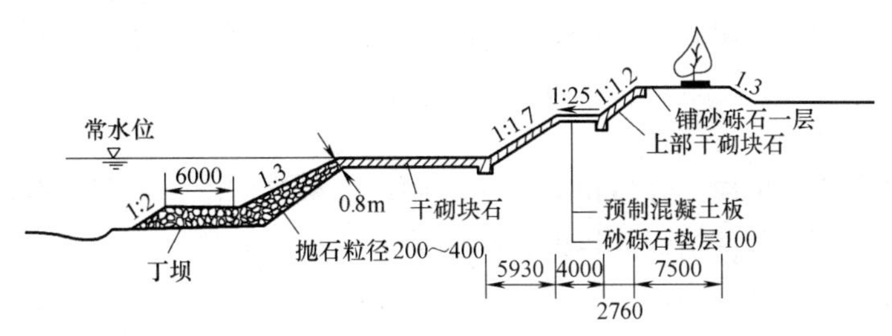

图 9-12　某市公园护岸

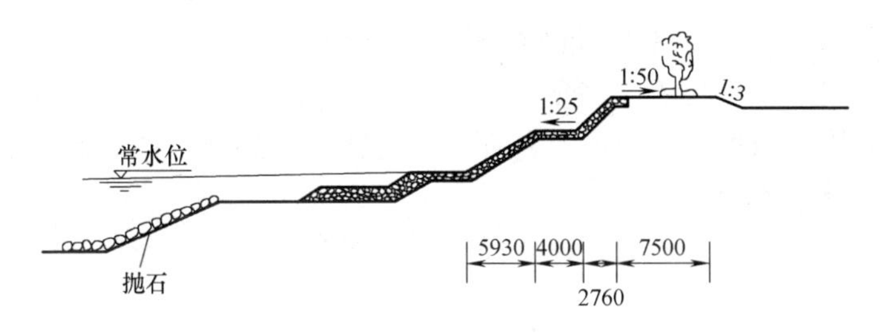

图 9-13　某市公园护岸

9.1.3　墙式护岸

墙式护岸具有断面小、占地少、整体性好等优点。其特点是，依靠自重及其填料的重量、地基的强度来维持自身和构筑物的整体稳定性，因此它要求有比较好的基础条件。

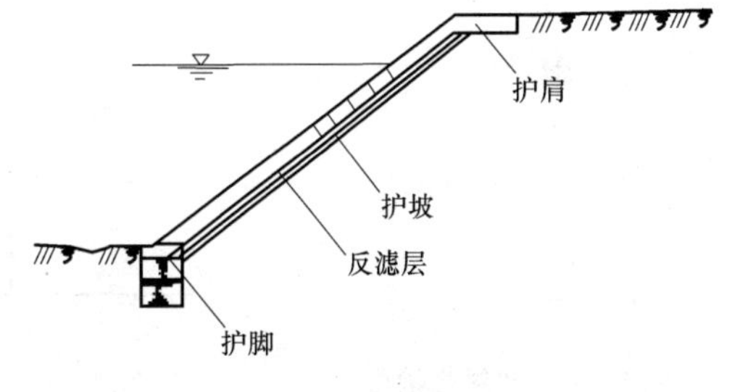

图 9-14　砌石护岸

墙式护岸沿长度方向在下列位置应设变形缝：

（1）新旧护岸连接处；

（2）护岸高度或结构形式改变处；

（3）护岸走向改变处；

（4）地基地质差别较大的分界处。

变形缝的缝距：浆砌石结构可采用 15～20m，混凝土和钢筋混凝土结构可采用 10～15m。变形缝宽 2～5cm，做成上下垂直通缝，缝内填充弹性材料，必要时应设止水。

墙式护岸的墙身结构应根据荷载等情况进行下列计算和验算：

（1）抗倾覆稳定和水平抗滑稳定；

（2）墙基地基应力和墙身应力；

（3）护岸地基埋深和抗冲稳定。

墙式护岸应设排水孔，并设置反滤。墙挡水位较高、墙后地面高程又较低的，应采取防渗透破坏措施。

排水孔的大小和布置应根据水位变化情况、墙后填料透水性能和岸壁断面形状确定。

墙顶宽度根据结构形式和城市建设要求确定，重要墙段应设防护栏和照明装置。

1. 分类与选型

墙式护岸的结构形式很多，按其墙身结构形式分为重力式、薄壁式、锚定式、加筋土式、空心方块式及异型方块式等。按其所用材料又分为浆砌石、混凝土及钢筋混凝土、钢板等。

（1）重力式护岸

砌石和混凝土墙式护岸，在城市防洪工程中应用最为广泛。按其墙背形式分，有仰斜式、俯斜式和垂直式、凸型折线式以及卸荷板式和衡重式等。

1）仰斜式，如图 9-15 所示。墙背主动土压力较小，墙身断面较小，造价较低。适用于墙趾处地面平坦的挖方段。

2）俯斜式，如图 9-16 所示。墙背主动土压力较大，墙身断面较大，造价较高，但墙背填土夯实比较容易。适用于地形较陡或填土的岸边。

3）垂直式，如图 9-17 所示。它介于仰斜式与俯斜式之间。适用条件和俯斜式相同。

4）凸型折线式，如图 9-18 所示。它将仰斜式挡土墙的上部墙背改为俯斜，减小了上部断面尺寸，故其断面较为经济。

5）卸荷板式，如图 9-19 所示。卸荷板起减小墙身土压力的作用，故墙身断面小，地基应力均匀。

6）衡重式，如图 9-20 所示。它是为了克服底宽大、地基应力不均匀而改进的一种形式，但它不如卸荷板式经济。

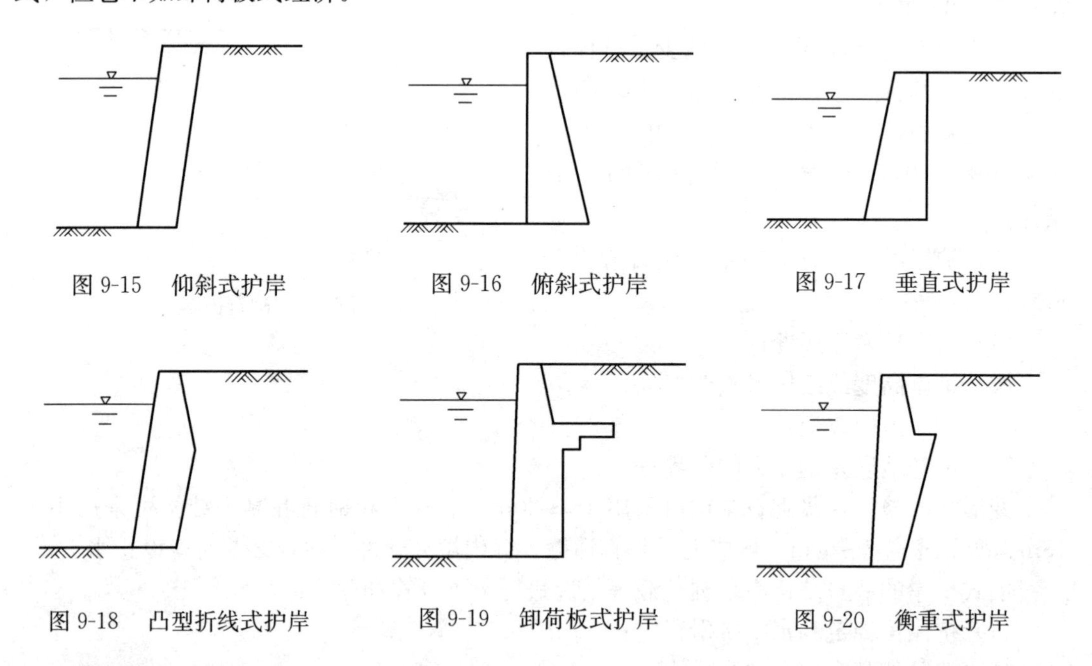

图 9-15　仰斜式护岸　　图 9-16　俯斜式护岸　　图 9-17　垂直式护岸

图 9-18　凸型折线式护岸　　图 9-19　卸荷板式护岸　　图 9-20　衡重式护岸

（2）薄壁式护岸

薄壁式护岸一般为预制或现浇的钢筋混凝土结构，如图 9-21、图 9-22 所示，可分为扶壁式和悬臂式，此种形式断面尺寸小，适用于地基承载力较低、缺乏石料的地区。

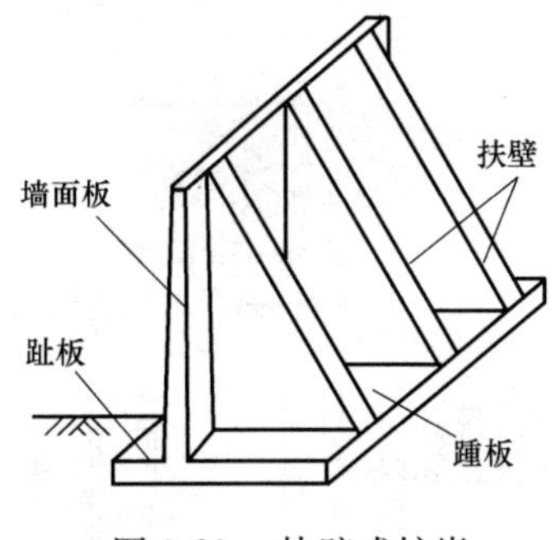

图 9-21　扶壁式护岸

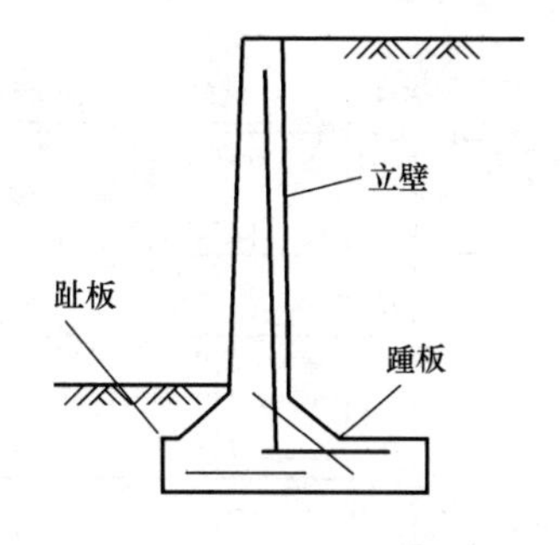

图 9-22　悬臂式护岸

（3）锚定式护岸

锚定式护岸可分为锚杆式和锚定板式，如图 9-23、图 9-24 所示，适用于墙高较大、缺乏石料或挖基困难、具有锚固条件的地区。

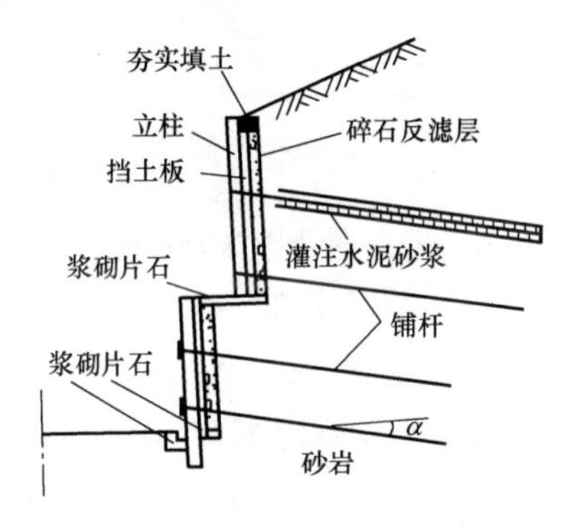

图 9-23　锚杆式护岸

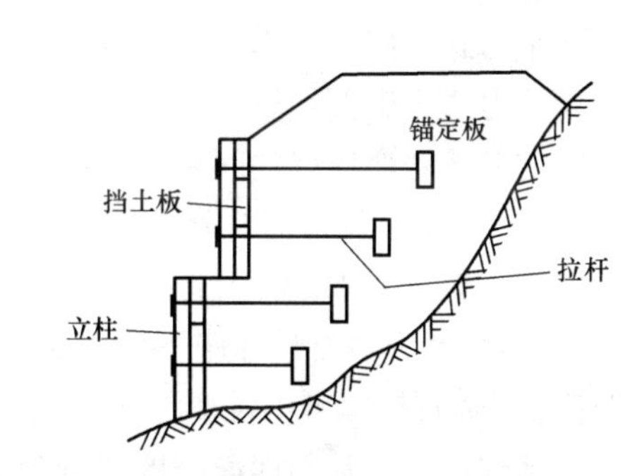

图 9-24　锚定板式护岸

（4）加筋土式护岸

加筋土式护岸属于柔性结构，对地基变形适应性大，抗震性能好，如图 9-25所示，可适用于较高的河岸地段，同时减少占地面积。

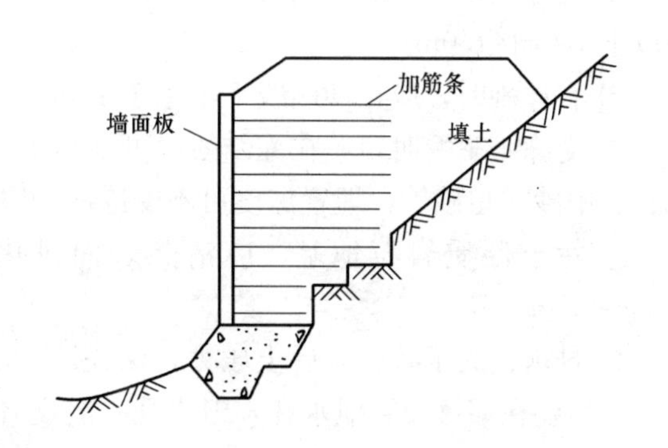

图 9-25　加筋土式护岸

（5）空心方块式及异型方块式护岸

混凝土和钢筋混凝土预制方块，形状有方形、矩形、工字形及 T 字形等。方块安装后，空心及空隙部分，全部或部分填充块石。这种结构较整体式节省混凝土，造价较低，但整体性和抗冻性较差。南方沿海城市护岸和海港码头使用较多，见图 9-26、图 9-27。

2. 构造要求

（1）重力式护岸构造要求

1）最小厚度：重力式护岸的横断面岸顶最小厚度，依建筑材料而定，一般不小于下列数值：

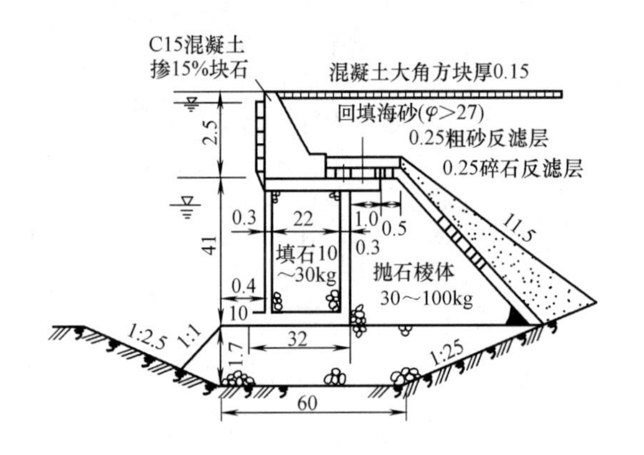

图 9-26　空心方块式护岸（单位：m）

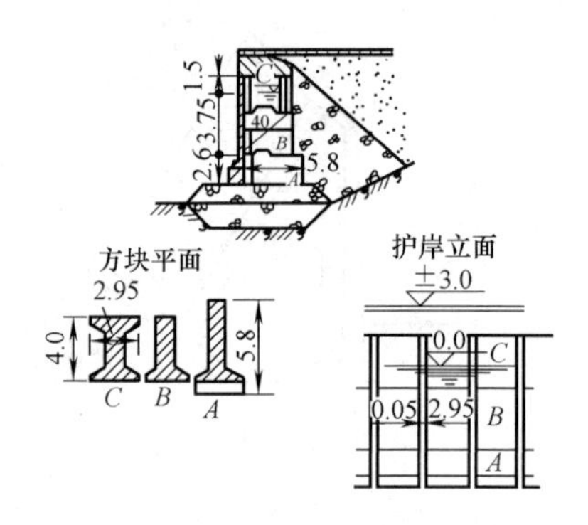

图 9-27　异型方块式护岸（单位：m）

① 重力式钢筋混凝土护岸 0.3m；

② 重力式混凝土护岸 0.4m；

③ 重力式浆砌石护岸 0.5m；

④ 重力式干砌石护岸 0.6m。

2）变形缝：变形缝的间距应根据气候条件、结构形式、温度控制措施和地基特性等情况确定。混凝土及浆砌石分段长度可采用 10～15m，缝宽一般采用 20～50mm，应做成上下垂直通缝，缝内沿墙内、外、顶三边填塞沥青麻絮或沥青木板，塞入深度不少于 0.15m，当墙背为填石且冻胀不厉害时，可尽留空隙，不塞填料。有防水要求的还应设置止水带。干砌石护岸可不设变形缝。

3）基础埋深：基础埋深一般要符合下列要求：

① 无冲刷时，一般应在天然地面以下不小于 1.0m，当河床有铺砌时，应在铺砌层顶面以下不小于 1.0m；

② 有冲刷时，应在冲刷线下不小于 1.0m；

③ 受冻胀影响时，应在冻结线以下不小于 0.25m。非冻胀土层中的基础，例如卵石、砾石、中砂或粗砂等，埋置深度可不受冻深的限制；

④ 对于硬质岩石地基，应清除表面风化层，并将基础置于风化层以下不少于 0.25～0.6m。

4）排水：为了减少墙后土压力，保证墙体的稳定性，同时减少冻胀地区填料的冻胀压力，需要在墙体设置泄水孔，泄水孔一般设置于常水位以上 0.3m，并具有向墙外倾斜的坡度，尺寸可按流量大小而定，可以为方形的，也可以是圆形的，间距一般为 2～3m，按梅花桩形布置，为防止水分渗入地基，在最下一排泄水孔的底部应设置 30cm 厚的黏土隔水层，当墙背填料为非渗水性土时，应在最底排泄水孔至墙顶以下 0.5m 高度范围内，填筑不小于 0.3m 的砂、砾石竖向反滤层，或者采用土工布等渗水材料，并在顶部以不透水材料进行封闭。

5）抛石基床：在非岩石地基上，在水下修建重力式护岸基础时，为了减少护岸前趾及墙身下面地基土壤应力，将压应力分布到较大的面积上，一般均设置抛石基床。实践证明效果良好。

基床的最小允许厚度，应使基床底面的最大应力不超过地基的容许应力。抛石最小厚度可按公式（9-13）计算。一般不小于 0.5m，对压缩性较大的土不宜小于 1.0m。

$$h_{\min}=\frac{2[R]-\gamma'_s B}{4\gamma'_s}-\sqrt{\left(\frac{\gamma'_s B-2[R]}{4\gamma'_s}\right)^2-\frac{B}{2\gamma'_s}(\sigma_{\max}-[R])}\ (\mathrm{m}) \tag{9-13}$$

式中 $[R]$——地基容许承载力，$10\mathrm{kN/m^2}$；

γ'_s——基床抛石水下重力密度，$10\mathrm{kN/m^3}$；

B——岸壁底宽，m；

$\sigma_{\max}$——基床底面最大应力，$10\mathrm{kN/m^2}$。

6）护岸混凝土强度等级，一般不低于 C20；浆砌块石的石料强度等级不低于 MU30；砂浆强度等级不低于 M7.5，勾缝用砂浆强度等级不低于 M10。

（2）薄壁式护岸构造要求

薄壁式护岸可分为悬臂式护岸和扶壁式护岸，悬臂式护岸由立壁、墙趾、墙踵组成，扶壁式护岸由墙面板、扶壁、墙趾以及墙踵组成。悬臂式适用于 5m 以下的防护，而扶壁式可增高到 15m。

1）立壁（墙面板）的厚度一般不小于 0.20～0.25m，底板一般采用等厚度，其厚度不小于 0.3m。前趾的顶面可削成坡形，其最小厚度应不小于 0.20m。

2）扶壁式护岸的分段长度不宜超过 20m，每一分段宜设 3 个或 3 个以上的扶壁。

3）当墙后回填砂等细颗粒填料时，为防止填料外流及流入基床，在各扶壁墙段的接缝处应设置反滤层。

4）混凝土强度等级不宜小于 C20。

（3）锚定式护岸构造要求

锚定式护岸又可分为锚杆式和锚定板式两种形式。

1）锚杆式护岸

① 锚杆式护岸由钢筋混凝土肋柱、挡板、锚杆组成，肋柱间距以 2.0～3.0m 为宜，可垂直布置或向填土一侧倾斜，但斜度不宜过大，一般不超过 1∶0.05。

② 每级肋柱上的锚杆层数，可设计为双层或多层，可按弯矩相等或支反力相等的原则布置，角度略向下倾斜，一般以 15°～20°为宜，间距不小于 2m。

③ 多级肋柱式锚杆之间的平台，宜用厚度不小于 0.15m 的混凝土封闭，并设置向外的斜坡。

④ 墙面板宜采用等厚度，厚度不得小于 0.3m。

⑤混凝土强度等级不宜小于 C20。

2）锚定板式护岸

① 锚定板式护岸由钢筋混凝土肋柱、挡板、锚杆及锚定板组成，肋柱间距以 1.5～2.5m 为宜，每级肋柱高度可采用 3～5m。

② 肋柱下端应设置混凝土条形基础、混凝土垫块基础或杯座式基础，基础厚度不宜小于 0.5m，襟边宽度不宜小于 0.1m。

（4）加筋土式护岸构造要求

1）加筋土式护岸由面板、拉筋以及内部填土组成，依靠拉筋与填土之间的摩擦力保持整体稳定性，面板一般采用混凝土预制，筋带可以分为钢带、钢筋混凝土带和聚丙烯土工带三种。

2）加筋土的平面线形可以是直线、折线或曲线式，相邻墙面内夹角不宜小于70°。

3）当面板不是设置于圬工、混凝土及基岩上时，墙面基础应设置宽度不小于0.4m、厚度不小于0.2m的混凝土基础，基础埋置深度应满足冲刷和冻深要求。

4）多级加筋土式护岸的平台应设置不小于2%的纵坡，并用厚度不小于0.15m的混凝土板进行防护；当采用细粒填料时，上级墙的面板基础下应设置宽度不小于1.0m，厚度不小于0.50m的砂砾或灰土垫层。

5）在满足抗拔稳定的前提下，拉筋长度应符合下列规定：

① 墙高大于3.0m时，拉筋最小长度应大于0.8倍墙高，且不小于5.0m；当采用不等长拉筋时，同等长度拉筋的墙段高度，应大于3m；相邻不等长拉筋的长度差不宜小于1.0m。

② 墙高小于3.0m时，拉筋长度不宜小于3.0m，且应采用等长拉筋。

③ 预制混凝土带每节长度不宜大于2.0m。

（5）空心方块式及异型方块式护岸构造要求

1）混凝土方块的长高比不大于3；高宽比一般不小于1.0。

2）方块层数一般不超过7～8层；阶梯式断面的底层方块在横断面上不宜超过3块。

3）方块的垂直缝宽采用20mm。上下层的垂直缝应互相错开。

4）混凝土空心方块的壁厚一般可取0.4～0.6m，钢筋混凝土空心方块的壁厚，在冰冻区不得小于0.3m。

5）混凝土方块强度等级一般不低于C15；砌石方块的石料强度等级不低于MU50；砂浆强度等级不低于M10。在冰冻区，混凝土方块强度等级不低于C20，砌石方块的石料强度等级不低于MU60，砂浆强度等级不低于M20。

3. 护岸稳定计算

（1）重力式护岸的稳定计算

重力式护岸稳定计算和地基应力验算，可参照防洪墙进行。护岸底宽可按公式(9-14)或公式（9-15）估算。墙身各部分的尺寸，可参照已建工程及实践经验拟定。

1）根据稳定条件估算护岸底宽B_1：

$$B_1=\frac{HK_1}{(h_1\gamma_1+h_2\gamma_2)f}\quad(\mathrm{m})\tag{9-14}$$

式中　H——作用于每延米护岸上的总水平力，t；

K_1——滑动稳定安全系数；

h_1——护岸水上部分高度，m；

γ_1——护岸水上部分混合重力密度，$10\mathrm{kN/m^3}$；

h_2——护岸水下部分高度，m；

γ_2——护岸水下部分混合重力密度，$10\mathrm{kN/m^3}$；

f——基床底的摩擦系数。

2）根据合力作用于护岸底部三分点上的条件估算护岸底宽B_2：

$$B_2=\sqrt{\frac{M_0}{0.12(h_1\gamma_1+h_2\gamma_2)}}\quad(\mathrm{m})\tag{9-15}$$

式中 M_0——倾覆力矩，N·m。

比较 B_1、B_2 值，取其较大值。然后再具体验算其在各种可能的最不利情况下的稳定程度，必要时进行适当调整。

根据大量计算分析，发现最危险的滑弧中心、荷载、滑动面及水底下的深度之间存在着一定的关系，如图 9-28 所示。据此作出表 9-4，可供设计时参考，以减少计算的工作量。

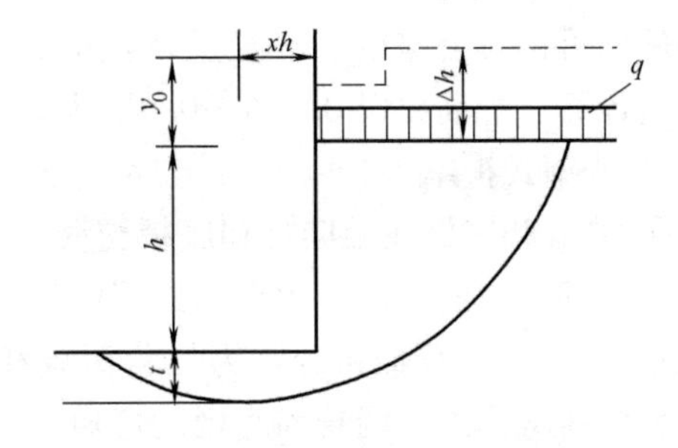

图 9-28 最危险滑弧中心经验关系

最危险滑弧中心经验关系 **表 9-4**

$\frac{h}{\Delta h}$	$\frac{t}{h}$	滑动圆心坐标参数	
		x	y
0.0	0.5	0.25	0.26
0.0	1.0	0.33	0.41
0.5	0.5	0.31	0.35
0.5	1.0	0.41	0.53
1.0	0.5	0.34	0.39
1.0	1.0	0.44	0.57

注：1. Δh——岸壁高度与平均换算高度之差，m；

2. h——岸壁高度，m；

3. t——河床至滑动面的深度，m；

4. 实际圆心的坐标为表中的坐标参数 x 及 y 各乘以 h 值。

(2) 薄壁式护岸的稳定计算

薄壁式护岸稳定验算包括土压力、墙身稳定、地基应力三部分。土压力计算可参照重力式护岸。

1) 悬臂式护岸

① 墙身可按固定在底板上的受弯构件计算，并验算其水平截面剪应力；底板可按固定在墙身上的受弯构件计算。

② 墙身任意水平截面的弯矩可按公式（9-16）计算，剪应力可按公式（9-17）计算，底板任意截面的弯矩可按公式（9-18）计算。

$$M=Pl_2 \tag{9-16}$$

$$\tau=\frac{P}{A_0} \tag{9-17}$$

$$M_1=G_1 l \tag{9-18}$$

式中 M——墙身计算截面的弯矩，kN·m；

P——墙身计算截面以上所有水平向荷载的总和，kN；

l_2——墙身计算截面以上所有水平向荷载的合力作用点至计算截面的距离，m；

τ——墙身计算截面的剪应力，kPa；

A_0——墙身计算截面的面积，m^2；

M_1——底板计算截面的弯矩，kN·m；

G_1——底板末端至计算截面范围内所有竖向荷载（包括基底应力）的总和，kN；

l——底板末端至计算截面范围内所有竖向荷载的合力作用点至计算截面的距离，m。

配筋可按《公路钢筋混凝土及预应力混凝土桥涵设计规范》JTG D62—2004 相关公式进行计算，配筋率以 0.3%～0.8%为宜。

2）扶壁式护岸

① 墙身和底板在距墙身和底板交线 $1.5L_x$ 区段以内（L_x 为扶壁净距）可按在梯形荷载作用下的三边固定、一边自由的双向板计算，其余部分可按单向板或连续板计算（如图 9-14 所示），梯形荷载可分解为三角荷载和均布荷载，分别按公式（9-19）～公式（9-24）计算相应荷载作用下墙身和底板的弯矩。

$$M_x = m_x q L_x^2 \quad (9\text{-}19)$$

$$M_x^0 = m_x^0 q L_x^2 \quad (9\text{-}20)$$

$$M_y = m_y q L_x^2 \quad (9\text{-}21)$$

$$M_y^0 = m_y^0 q L_x^2 \quad (9\text{-}22)$$

$$M_{0x} = m_{0x} q L_x^2 \quad (9\text{-}23)$$

$$M_{0x}^0 = m_{0x}^0 q L_x^2 \quad (9\text{-}24)$$

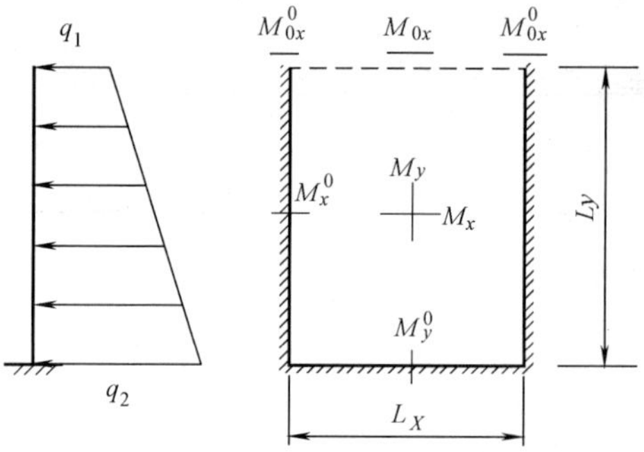

图 9-29　计算简图

式中　M_x、M_x^0——分别为平行于 L_x 方向的跨中和固段弯矩，kN·m；

M_y、M_y^0——分别为平行于 L_y 方向的跨中和固段弯矩，kN·m；

M_{0x}、M_{0x}^0——分别为自由边平行于 L_x 方向的跨中和固段弯矩，kN·m；

m_x、m_x^0、m_y、m_y^0、m_{0x}、m_{0x}^0——相应弯矩的计算系数，可从表 9-5 中查得；

q——计算荷载强度，kPa，当计算三角形荷载时，$q=q_2-q_1$；当计算均布荷载时，$q=q_1$；

L_x——计算长度，m。

梯形荷载作用下三边固支、一边自由的双向板弯矩计算系数表　　表 9-5

荷载形式		三角形荷载						均布荷载					
计算系数		m_x	m_x^0	m_y	m_y^0	m_{0x}	m_{0x}^0	m_x	m_x^0	m_y	m_y^0	m_{0x}	m_{0x}^0
	0.30	0.0007	−0.0050	0.0001	−0.0122	0.0019	−0.0079	0.0018	−0.0135	−0.0039	−0.0344	0.0068	−0.0345
	0.35	0.0014	−0.0067	0.0008	−0.0149	0.0031	−0.0098	0.0039	−0.0179	−0.0026	−0.0406	0.0112	−0.0432
	0.40	0.0022	−0.0085	0.0017	−0.0173	0.0044	−0.0112	0.0063	−0.0227	−0.0008	−0.0454	0.0160	−0.0506
	0.45	0.0031	−0.0104	0.0028	−0.0195	0.0056	−0.0121	0.0090	−0.0275	0.0014	−0.0489	0.0207	−0.0564
	0.50	0.0040	−0.0124	0.0038	−0.0215	0.0068	−0.0126	0.0116	−0.0322	0.0034	−0.0513	0.0250	−0.0607
$\frac{L_y}{L_x}$	0.55	0.0050	−0.0144	0.0048	−0.0232	0.0078	−0.0126	0.0142	−0.0368	0.0054	−0.0530	0.0288	−0.0635
	0.60	0.0059	−0.0164	0.0057	−0.0249	0.0085	−0.0122	0.0166	−0.0412	0.0072	−0.0541	0.0320	−0.0652
	0.65	0.0069	−0.0183	0.0065	−0.0264	0.0091	−0.0116	0.0188	−0.0453	0.0087	−0.0548	0.0347	−0.0661
	0.70	0.0078	−0.0202	0.0071	−0.0279	0.0095	−0.0107	0.0209	−0.0490	0.0100	−0.0553	0.0368	−0.0663
	0.75	0.0087	−0.0220	0.0077	−0.0292	0.0098	−0.0098	0.0228	−0.0526	0.0111	−0.0557	0.0385	−0.0661
	0.80	0.0096	−0.0237	0.0081	−0.0305	0.0099	−0.0089	0.0246	−0.0558	0.0119	−0.0560	0.0399	−0.0656

续表

荷载形式		三角形荷载						均布荷载					
计算系数		m_x	m_x^0	m_y	m_y^0	m_{0x}	m_{0x}^0	m_x	m_x^0	m_y	m_y^0	m_{0x}	m_{0x}^0
$\frac{L_y}{L_x}$	0.85	0.0105	−0.0254	0.0085	−0.0317	0.0099	−0.0079	0.0262	−0.0588	0.0125	−0.0562	0.0409	−0.0651
	0.90	0.0114	−0.0270	0.0087	−0.0329	0.0097	−0.0070	0.0277	−0.0615	0.0129	−0.0563	0.0417	−0.0644
	0.95	0.0122	−0.0284	0.0088	−0.0340	0.0096	−0.0061	0.0291	−0.0639	0.0132	−0.0564	0.0422	−0.0638
	1.00	0.0129	−0.0298	0.0089	−0.0350	0.0093	−0.0053	0.0304	−0.0662	0.0133	−0.0565	0.0427	−0.0632
	1.10	0.0144	−0.0323	0.0088	−0.0368	0.0088	−0.0040	0.0327	−0.0701	0.0133	−0.0566	0.0431	−0.0623
	1.20	0.0156	−0.0344	0.0085	−0.0384	0.0082	−0.0030	0.0345	−0.0732	0.0130	−0.0567	0.0433	−0.0617
	1.30	0.0167	−0.0361	0.0081	−0.0398	0.0075	−0.0023	0.0361	−0.0758	0.0125	−0.0568	0.0434	−0.0614
	1.40	0.0176	−0.0376	0.0076	−0.0410	0.0070	−0.0018	0.0374	−0.0778	0.0119	−0.0568	0.0433	−0.0614
	1.50	0.0184	−0.0387	0.0071	−0.0421	0.0065	−0.0015	0.0384	−0.0794	0.0113	−0.0569	0.0433	−0.0616

注：表中的系数适用于钢筋混凝土三边固支、一边自由的双向板$\left(泊松比\ \mu=\frac{1}{6}\right)$的弯矩计算。

② 扶壁部分可按固定在底板上的悬臂梁，按受弯构件计算。扶壁与墙体为一个整体进行受力，可按计算简图 9-30 截面Ⅰ-Ⅰ所示的梯形断面沿墙高分 3～5 段分别核算截面抗弯刚度，斜面上任意截面的弯矩可按公式（9-25）计算，抗弯钢筋面积可按公式(9-26)计算。

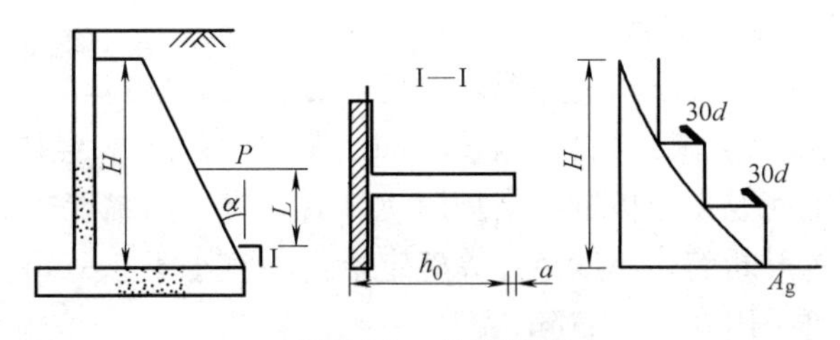

图 9-30 计算简图

$$M=PL \tag{9-25}$$

$$A_g=\frac{KM}{R_g\gamma_1 h_0}\sec\alpha \tag{9-26}$$

式中 L——任意截面上水平荷载的合力作用点至该任意截面的距离，m；

A_g——抗弯钢筋面积，cm^2；

K——安全系数；

R_g——钢筋设计强度，MPa；

α——扶壁斜面与垂直面的夹角，°；

h_0——截面有效高度，m；

γ_1——受破坏时的内力偶臂计算系数，可近似取 0.9。

③ 配筋可参照《公路钢筋混凝土及预应力混凝土桥涵设计规范》JTG D62—2004 相关规定进行计算。

（3）锚定式护岸的稳定计算

锚定式护岸稳定计算包括内力平衡和整体验算，内力平衡包括土压力计算、立柱设计、拉杆设计、挡土板设计、锚定板设计。

1）土压力计算可采用库伦土压力计算公式进行计算；

2）立柱计算时可按弹性支撑连续梁进行计算或是刚性支撑连续梁进行计算；

3）通长拉杆是水平的，所用钢筋面积可按下式计算：

$$A_g = \frac{KN_n}{[\sigma_g]} \tag{9-27}$$

式中　$[\sigma_g]$——钢筋强度；

K——安全系数，一般取 $K=1.7$；

N_n——拉杆轴力。

4）挡土板是以立柱为支座的简支板，其计算跨度 L_p 为挡土板两支座间的距离，荷载 q 取挡土板所在位置的土压应力的平均值，之后计算最大弯矩和剪力并配筋；

5）锚定板垂直上下两部分的弯矩均可按固定于拉杆处的悬臂来计算，水平方向的弯矩，对于不连续的锚定板可按水平方向的悬臂梁进行计算，对于连续的锚定板则按连续梁进行计算。

（4）加筋土式护岸的稳定计算

加筋土式护岸应进行内部稳定性验算和外部稳定性验算，内部稳定性验算包括计算拉筋拉力、拉筋断面面积、拉筋长度，外部稳定性验算包括基础底面地基承载力验算、基底抗滑稳定性验算和抗倾覆稳定性验算。详细计算可参考相关规范手册，在此不再赘述。

9.1.4　板桩式及桩基承台式护岸

港口、码头等重要河岸，若河岸地基软弱，宜采用板桩式及桩基承台式护岸，其形式应根据荷载、地质、岸坡高度以及施工条件等因素，同时满足环境要求，经技术经济比较确定。

桩板宜采用预制钢筋混凝土板桩，当护岸较高时，宜采用锚碇式钢筋混凝土板桩。钢筋混凝土板桩可采用矩形断面，厚度经计算确定，但不宜小于0.15m。宽度由打桩设备和起重设备能力确定，可采用0.5～1.0m。

板桩式护岸整体稳定，可采用瑞典圆弧滑动法计算，其滑动可不考虑切断板桩和拉杆的情况。

1. 分类及选型

（1）分类

按板桩护岸构造特点，可分为有锚板桩护岸和无锚板桩护岸两大类。有锚板桩护岸类似于锚定式护岸，不同的是，锚定式护岸墙面板有基础支撑，而有锚板桩护岸的锚固桩是锚固在稳定的地基中。有锚板桩护岸可分为单锚、双锚板桩护岸，图9-31为单锚板桩护岸，图9-32为双锚板桩护岸，图9-33为无锚板桩护岸。

按板桩护岸所用材料，可分为钢筋混凝土板桩护岸、钢板桩护岸和木板桩护岸三种。但木板桩护岸除特殊情况外不宜采用。

（2）适用范围

1）有锚板桩护岸：有锚板桩护岸系由板桩、上部结构及锚碇结构组成。其特点是依靠板桩入土部分的横向土抗力和安设在上部的锚碇结构来维持其整体稳定性。

① 单锚板桩护岸：适用于水深一般小于10m的城市护岸，并仅设有一个锚碇。优点为结构简单，施工比较方便，故使用广泛。

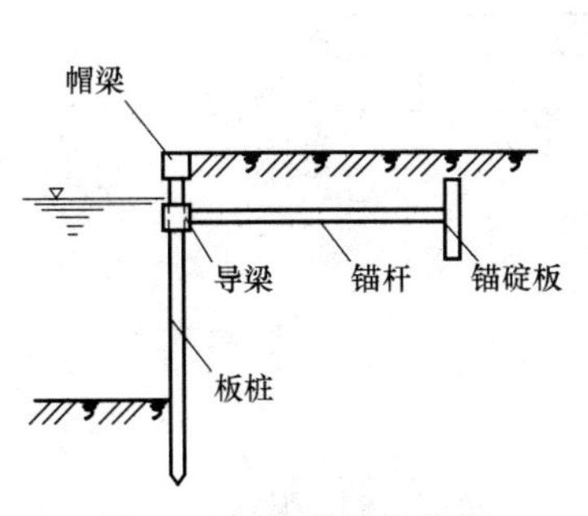

图 9-31 单锚板桩护岸

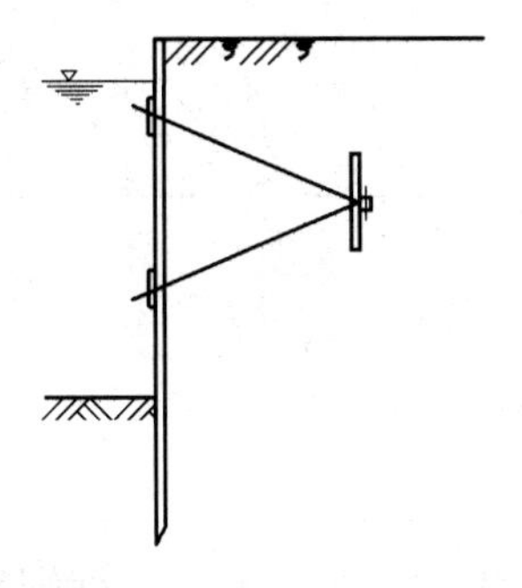

图 9-32 双锚板桩护岸

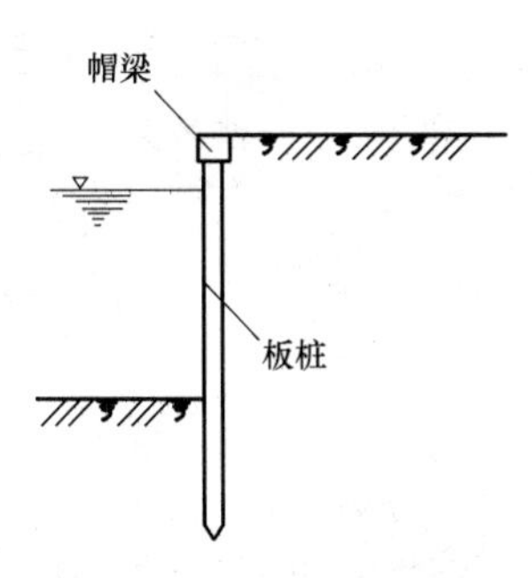

图 9-33 无锚板桩护岸

② 双锚板桩护岸：适用于水深在 10m 以上或地基软弱的情况。为了使板桩所受弯矩不致过大，有些城市板桩护岸采用双级锚碇，这种结构构造比较复杂，下层拉杆有时需要在水下安装，施工不便，而且两层拉杆必须按设计计算情况受力，否则如有一层拉杆超载过多，可能造成整个结构的破坏。

2）无锚板桩护岸：无锚板桩护岸的受力情况，相当于埋在基础内的悬臂梁，当悬臂长度增大时，其固定端弯矩急剧加大，板桩厚度必须相应地加厚，顶端位移较大，因此在使用时高度受到限制，一般适用于水深在 10m 以下的护岸工程。

（3）选型

板桩护岸结构形式的选择，可以考虑以下几点：

1）一般在中等密实软基上修建城市护岸，均可采用板桩结构。当原地面较高时，采取先在岸上打桩，设置锚碇，然后再做河底防护，较为经济合理。

2）在我国目前钢材不能满足需要的情况下，板桩材料应以钢筋混凝土为主，只有当水深在 10m 以上，使用钢筋混凝土板桩受到限制时，方可考虑采用钢板桩。

3）钢筋混凝土板桩断面在打桩设备能力允许的情况下，应尽可能加宽，并宜采用抗弯能力较大的工字形、空心等新型板桩断面。

4）锚碇板、锚碇桩以及板桩锚碇适用于原地面较高的情况，但会产生一定的位移。锚碇叉桩与板桩的距离可以较近，适用于原地面较低，且护岸背后地域狭窄的情况，其位移量较小。斜拉桩锚碇是一种比较经济的板桩结构，如图9-34所示。

2. 构造要求

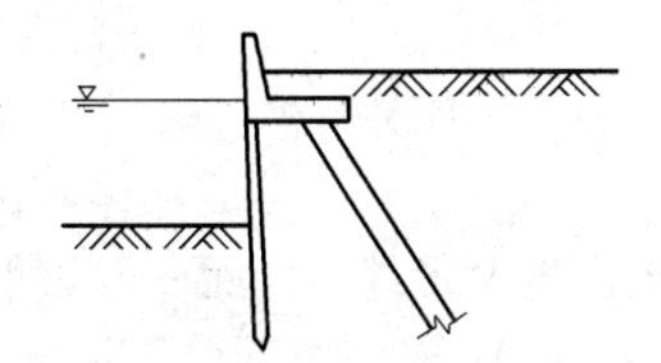

图 9-34 斜拉桩锚碇

板桩护岸主要由板桩、帽梁、锚碇结构以及导梁和胸墙等组成。

（1）板桩

1）钢筋混凝土板桩：

① 钢筋混凝土板桩，应尽可能采用预应力钢筋混凝土结构或采用高标号混凝土预制，以提高板桩的耐久性。

② 在地基条件和打桩设备能力允许的情况下，应尽可能加大板桩的宽度，以减少桩缝，加快施工进度。

③ 板桩的桩身带有阴、阳榫，如图 9-35 所示。在阳榫及阴榫的槽壁中应配钢筋，以免在施打时发生裂损以致脱落。

④ 待板桩打设完毕后，需在板桩间的榫槽孔中灌注水泥砂浆，以防墙后泥土外漏。

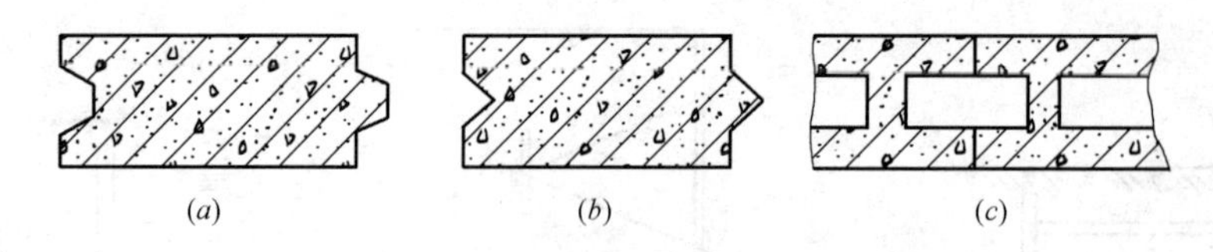

图 9-35 板桩榫槽

(a) 梯形榫槽；(b) 人字形榫槽；(c) 工字形榫槽

2) 钢板桩：

钢板桩根据其加工制作工艺的不同分为热轧/拉伸钢板桩、冷弯薄壁钢板桩。

① 钢板桩在施打前一般均应进行除锈、涂漆等防腐处理。特别是在腐蚀性较大的海水介质中的钢板桩，其潮差部位更应采取可靠的防蚀措施。

② 钢板桩的常见形式有 U 型、Z 型、L/S 型、H 型、直线型、异性型以及组合钢板桩（2 块 U 型钢板桩或者 H 型与 Z 型）等，如图 9-36 所示。

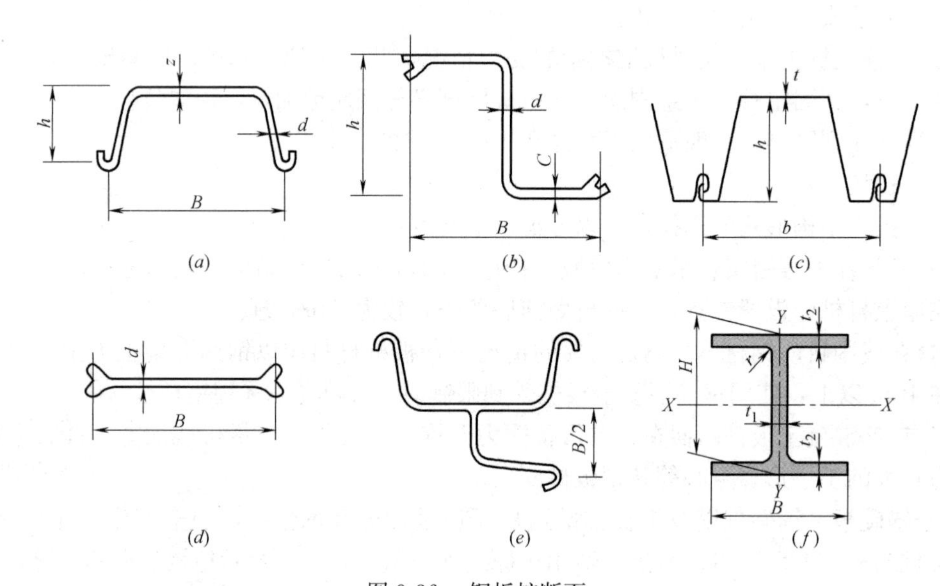

图 9-36 钢板桩断面

(a) U 型；(b) Z 型；(c) L/S 型；(d) 直线型；(e) 异性型；(f) H 型

(2) 帽梁

为将板桩连接成整体，保证护岸线平直，在板桩顶部必须现浇钢筋混凝土帽梁，帽梁应设置变形缝，间距一般可取 15～20m。

(3) 导梁

导梁是板桩与锚杆间的主要传力构件，因此它必须在板桩受力前安装完毕。钢筋混凝土板桩的导梁，一般宜采用现浇的钢筋混凝土结构，以保证导梁紧贴各根板桩。钢板桩的导梁一般均采用槽钢或工字钢制造，图 9-37 为槽钢的导梁。

(4) 胸墙

当板桩的自由高度较小或水位差较小时，常用胸墙代替帽梁和导梁，以简化结构形式。钢板桩的钢导梁埋入胸墙，可防止锈蚀，如图 9-38 所示。胸墙的变形缝间距，一般可取 15～20m。

（5）锚碇结构

1）锚碇桩（或板）：锚碇桩的桩顶一般在锚着点以上不小于0.5m。

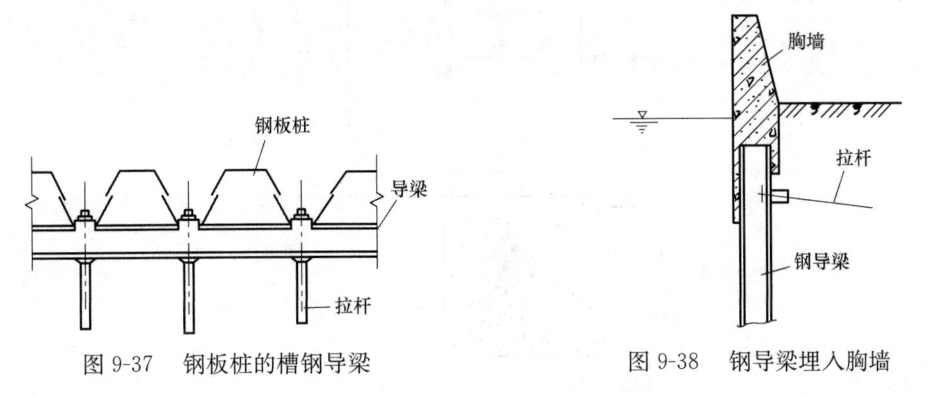

图 9-37　钢板桩的槽钢导梁

图 9-38　钢导梁埋入胸墙

2）锚杆：

① 锚杆间距应尽可能大一些（一般为1.5～4.0m），锚杆的中部应设紧张器，如图 9-39所示。

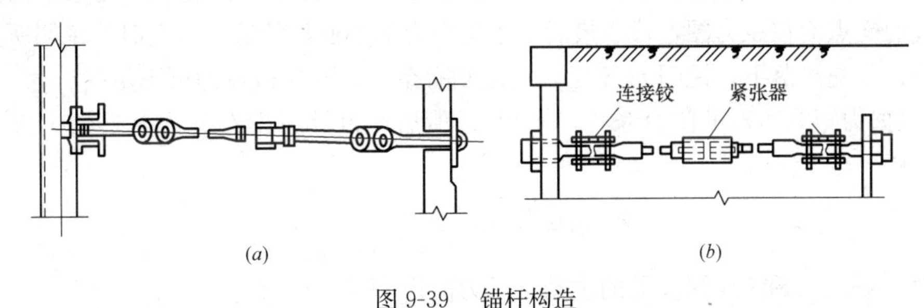

图 9-39　锚杆构造

（a）钢筋混凝土板桩锚杆构造；（b）钢板桩锚杆构造

② 锚杆在安装之前，应根据锚杆直径的大小施加一定的初始拉力，一般不小于20kN，以减少锚杆受力的不均匀程度。

③ 为了防止锚杆随着填土的沉降而下沉，从而产生过大的附加应力，最好在锚杆下面隔一定间距用打短桩或垫砌砖墩等把锚杆支承住。锚杆的两端应铰接。

④ 锚杆的防锈措施常用以下两种方法：一是涂刷红丹防锈漆各两道，外面缠沥青麻袋两层，在其四周还可夯打灰土加以保护；另一种是在锚杆外面包以素混凝土或钢丝网混凝土防护层，其断面一般不小于0.2m×0.2m。

3. 板桩护岸计算

板桩计算主要是按有关方法，求出作用于板桩护岸上的各种外力之后，进一步计算板桩的入土深度、弯矩和锚碇结构的拉力。

（1）无锚板桩

一般用图解法进行计算，如图 9-40 所示，计算步骤如下：

1）先假定入土深度 t_0，计算主动土压力及被动土压力，并绘制压力图。

2）将土压力图分成高度为0.5～1.0m的若干高度相同的三角形和梯形，通过三角形和梯形的重心各引一水平线，根据压力的大小绘出作用力图。

3）按适当比例选定极点0、极距 η 作力矩多边形和索线多边形力矩图。

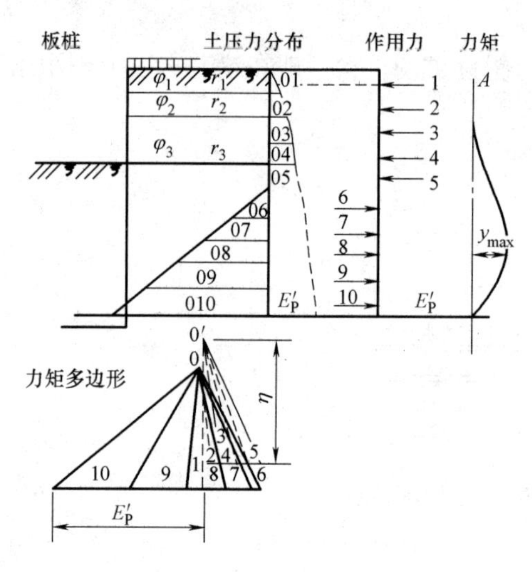

图 9-40　无锚板桩护岸的图解法

4）自 A 点引一平行线平行于板桩，这条线是索线多边形的闭合线。若最后一根索线与闭合线的交点恰在压力图上代表最后一个集中力的小面积的底边线上时，说明所选的 t_0 是合适的；若交点落下，说明 t_0 不足，反之则有余，经几次试算即可满足。

5）根据力矩多边形的闭合条件，求出 E'_p值后，再计算出在 t_0 深度处的极限土压力 e'，则可求出 Δt 值：

$$\Delta t=\frac{E'_p}{2e'}=\frac{E'_p}{2(e'_p-e'_s)} \tag{9-28}$$

式中　e'_s——墙前 t_0 深度处的主动土压力值；

e'_p——墙后 $h+t_0$ 深度处的被动土压力值。

6）板桩入土深 $t=\Delta t+t_0$，设计时亦可取 $t_{min}=(1.1\sim1.2)t$。

7）板桩最大弯矩 $M_{max}=y_{max}\eta$，y_{max}在索线多边形图上用长度的比尺；η 在力多边形图上用力的比尺。

（2）单锚板桩

单锚板桩的计算，按其底端的支承情况可分为：底端嵌固支承和底端自由支承两种类型。板桩入土较浅时为简支，板桩入土较深时为嵌固。当土压力图形比较复杂时，一般采用图解法求解；当土压力图形比较简单时，也可采用等值梁法求解。

1）底端嵌固支承的单锚板桩

① 图解法（即弹性线法）计算步骤如下：

a. 选择入土深度 t_0。

b. 按有关方法计算土压力图，如图 9-41（*a*）所示。

c. 将压力图按 0.5～1.0m 高度分成若干小块，用相应的集中力代表每一小块的面积。其作用点位于各小块的重心上。

d. 按适当比例选定极点 o 及极距 η 作力多边形，如图 9-41（*b*）所示。及索线多边形力矩图，如图 9-41（*c*）所示。索线多边形的闭合索线必须通过索线多边形与 R_a 及 e'_p的交点，各力才能平衡。故需先使索线多边闭合，再求作用力的大小，通过最上面一根索线与

R_s的交点向下画闭合线，该线应使跨中弯矩（即索线多边形的横坐标 y）比底部弯矩大10%～15%，由此即可求得 e_p'的作用位置。

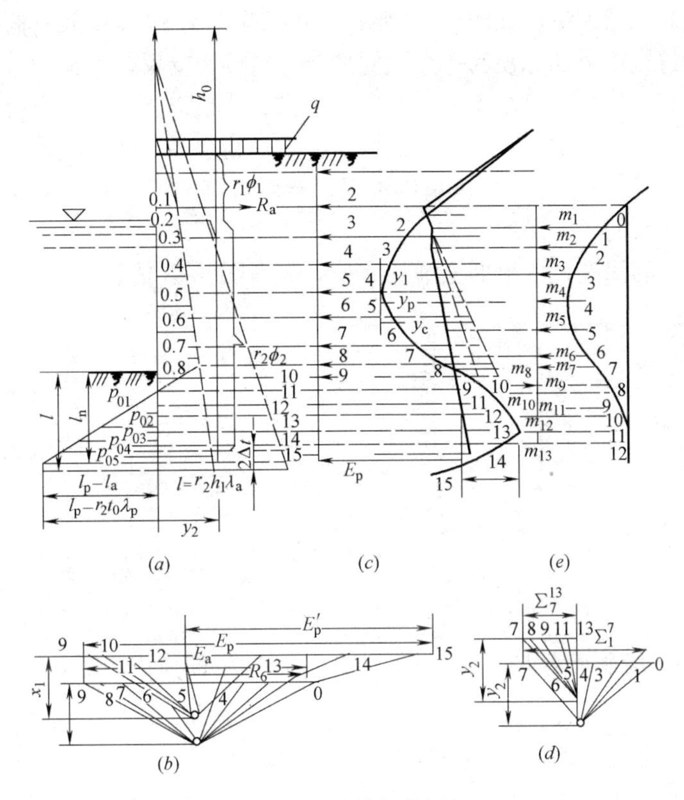

图 9-41　单锚板桩图解

（a）土压力分布图；（b）力多边形图；（c）索线多边形力矩图；（d）力矩多边形图；（e）变形图

e. 将索线多边形力矩图分成若干小块，用集中力（实际为力矩的单位）代表各小块面积，选适当比尺再做这些集中力的力多边形图及索线多边形图，该索线多边形图即为变形图，如图 9-41（e）所示。通过变形图最上面一条索线与锚杆拉力作用线的交点作垂线，若恰为最后一根索线相切于 E_p'的作用线上，则表示板桩入土深度是合适的。假若变形图不闭合，切点落上则说明入土深度不足，反之则有余，都需另行假定 t_0，重复上列计算，至满足要求为止。通常在设计中只要在作力矩图的闭合线时能满足跨中弯矩为固端弯矩的1.1～1.15 倍这一条件即可。除需要知道板桩的挠度外，一般不再做变形曲线图。

f. 在力多边形图上由极点作与索线多边形力矩图闭合线的平行线，使之与力线相交，即可求得 R_a及 E_p'。

g. 按 $\Delta t=\dfrac{E_p'}{2e'}=\dfrac{E_p'}{2\ (e_p'-e_s')}$及 $t=\Delta t+t_0$确定入土深度。

h. 板桩的 M_{max}由索线多边形力矩图上的最大横坐标 y_{max}与极距 η 相乘而得，即 $M_{max}=y_{max}\eta$。

i. 对以弯曲变形为主的单锚板桩，若土压力系按直线形分布方法计算（即未考虑土压力的重分布）时，则按上列计算步骤求得的锚点反力 R_a尚需乘以 1.35～1.40 的增大系数，即：$R_设=(1.35\sim1.40)\ R_a$；而对板桩弯矩 M_{max}，尚需乘以 0.6～0.8 的折减系数，

即 $M_{设}=(0.6\sim0.8)M_{max}$。

② 等值梁法：

等值梁法是简化图解法，如图 9-42 所示，反弯点处 $M=0$，因此它假设板桩在反弯点处是一个铰，而将铰以上部分视为一个独立的带悬臂的简支梁，其反力（锚杆拉力及反弯点处的反力）和弯矩可按一般结构力学的方法来求解。铰以下部分亦可视为简支于两个支点的梁，除底部反力外，梁的上部支点反力及荷重均为已知，故梁的跨度可以通过对底部反力作用点取矩，以 $\sum M=0$ 的平衡条件求得，然后再将按下部简支梁算得的入土深度乘以 1.2 倍，即得最后的入土深度。

铰点在土面下的深度，可根据土壤的 φ 值，参考图 9-43 估算。

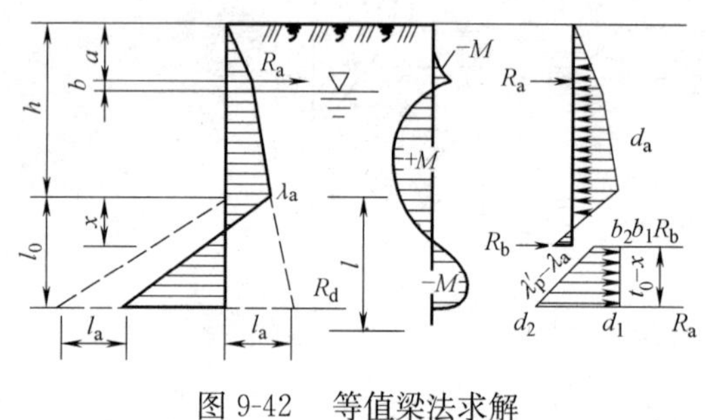

图 9-42 等值梁法求解

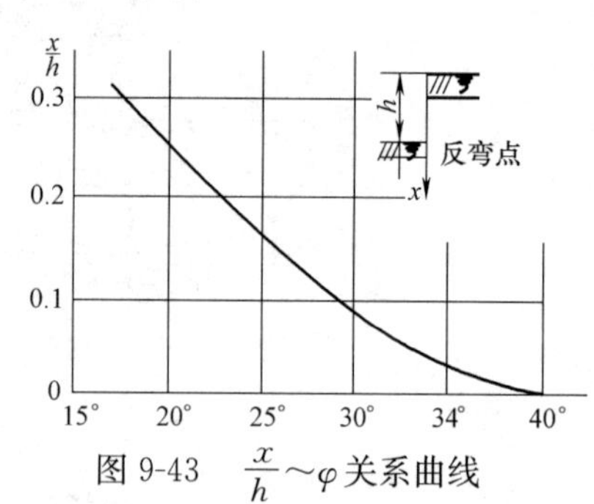

图 9-43 $\frac{x}{h}\sim\varphi$ 关系曲线

铰点以下 b_1d_1 段受反力 R_B、R_D 及土压力 $b_1b_2d_2d_1$ 的作用，对 d_1 点取矩，可得：

$$t_0\approx\frac{3}{2}h\frac{\lambda_a}{\lambda_p-\lambda_a}-\frac{x}{2}+\sqrt{\frac{6R_B}{(\lambda_p-\lambda_a)r}} \tag{9-29}$$

而板桩的入土深度 $t=1.2t_0$。

2）底端自由支承的单锚板桩

① 图解法：

作图方法和步骤与底端嵌固支承的单锚板桩相同，只是在作索线多边形力矩图的闭合线时应使底部弯矩等于零（参见图 9-44 中最右侧的一条闭合线），然后在力多边形图上作闭合线的平行线，即可得出锚杆拉力 R_a，R_a 为所有主动土压力与被动土压力的差值。

但求出来的入土深度 t 是板桩入土深度的最小值，对板柱护岸的稳定性，几乎没有安全系数，而被动土压力的计算不可能与实际情况完全一致，故实际上板桩的设计深度采用 $t'=1.4t_0$。

② 数解法：

当土压力图形比较简单时，如图 9-44 所示，亦可采用数解法求解，其计算步骤如下：

a. 假定入土深度 t_0。

b. 按有关方法绘出土压力图形。

c. 将土压力图分成若干小块对锚着点取矩，若主动土压力的力矩 M_a 与被动土压力的力矩 M_p 相等，则假定的入土深度 t 合适，否则应改变 t 值重新计算，直至满足 $M_a=M_p$ 后为止。

d. 由 $R_a=E_a-E_p$ 计算锚着点反力。

e. 按一般结构力学方法解算 M_{max}。

f. 取 $t'=1.4t_0$。

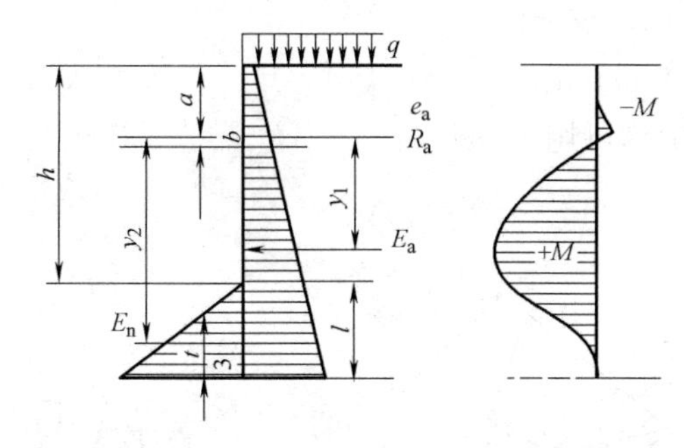

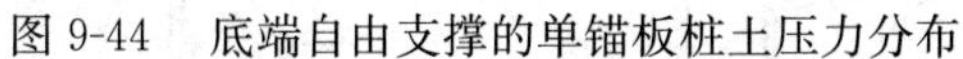
图 9-44　底端自由支撑的单锚板桩土压力分布

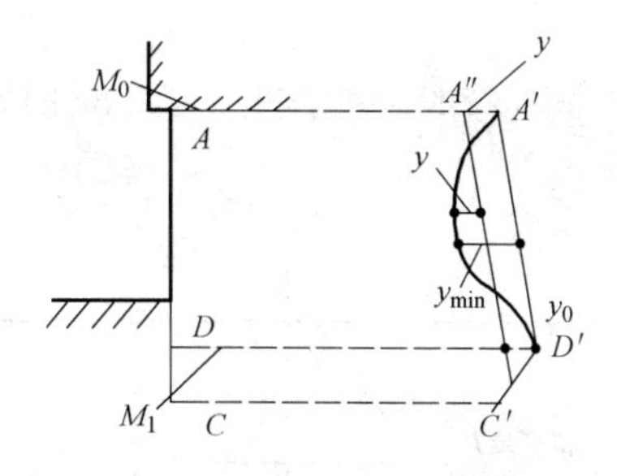

图 9-45　顶端嵌固的板桩图解法

3）顶端嵌固的板桩

对于高承台板桩护岸或其他特殊的板桩结构，有时将板桩顶端嵌入比板桩本身刚度大得多的刚性上部结构中，这种板桩即属于顶端嵌固的板桩，其计算方法和单锚板桩的图解法一样，自桩台底作索线多边形力矩图，如图 9-45 所示，自 A'点作$A'D'$线与索线多边形切于 D'点，得最大横坐标 y_{max}的中点，然后作闭合线 $A''C''$平行于$A'D'$，得到 $y_0=y=y_a$，其相应的弯矩 $M_0=M=M_a$，即为板桩所受的弯矩。

4）锚碇计算

锚碇计算主要根据锚碇的构造，计算锚碇结构的强度和稳定，确定锚碇板至板桩的距离和确定锚杆的断面。

① 锚碇板

a. 连续锚碇板的稳定计算：可取单位长度来计算，如图 9-46 所示。

在拉杆拉力 R_a（10kN/m）作用下，主要依靠锚碇板前的被动土压力 E_p来维持稳定，要求：

$$R_a \leqslant \frac{1}{K}(E_p - E_a) \tag{9-30}$$

式中　K——稳定安全系数，一般采用 2.0。

b. 不连续锚碇板的稳定计算：由于锚碇板间土体的被动土压力对锚碇板的稳定也起作用，计算时可将锚碇板宽度 b 的土压力增大 n 倍，其稳定条件为：

$$R_a l \leqslant \frac{1}{K}(E_p - E_a) bn \tag{9-31}$$

式中　l——拉杆的间距，m；

　　　n——增大系数。

滑动棱体每边的扩散宽度，如图 9-47 所示，建议取：

$$\alpha = 0.75\tan\varphi \tag{9-32}$$

故增大系数：

$$n = 1 + \frac{2}{3} \cdot \frac{a}{b} = 1 + 0.5\frac{c}{b}\tan\varphi \tag{9-33}$$

式中　c——锚碇板高。

但当锚碇板中心间距 $l < b + 2a$ 时，滑动棱体重叠部分只能计算一次，此时增大系数：

$$n = 1 + \frac{2}{3} \cdot \frac{a}{b} - \frac{2a_1^3}{3a^2 b} \tag{9-34}$$

式中 a_1——滑动棱体重叠宽度之半，如图 9-48 所示，

$$a_1=0.5(b+1.5c\tan\varphi-l)$$

同连续时一样，当 $y\leqslant 4.5c$ 时，在计算中均可用 y 来代替 c。

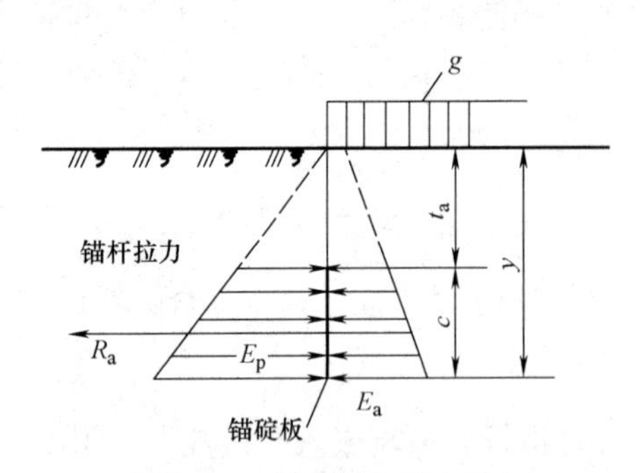

图 9-46 锚碇板土压力分布

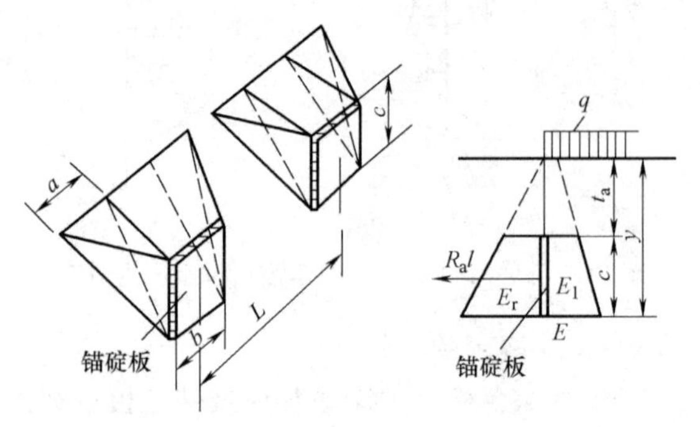

图 9-47 滑动棱体每边扩散宽度

c. 锚碇板与板桩间的距离：

为使锚碇板前的被动土压力充分发挥作用，应保证锚碇板前的被动破坏棱体与板桩的主动破坏棱体不相交，如图 9-49 所示，则锚碇板与板桩间的距离：

$$L_a=h_c\tan\left(45°-\frac{\varphi}{2}\right)+y\tan\left(45°+\frac{\varphi}{2}\right) \tag{9-35}$$

式中 h_c——板桩背后主动破坏棱体的深度，当板桩入土部分为嵌固支承时，h_c 为板桩土下最大弯矩点至顶面的高度，m；

y——锚碇板底至顶面高度，m。

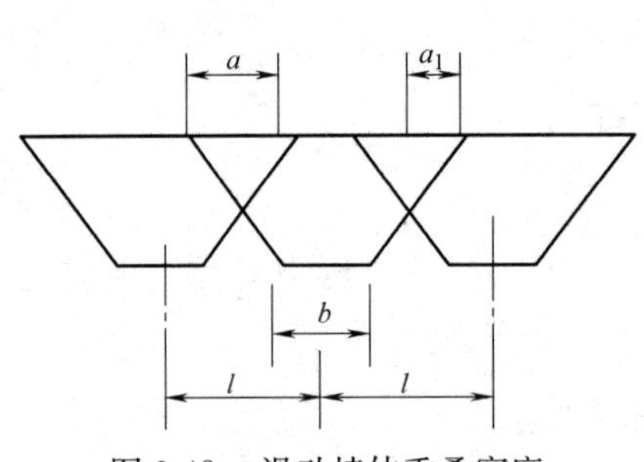

图 9-48 滑动棱体重叠宽度

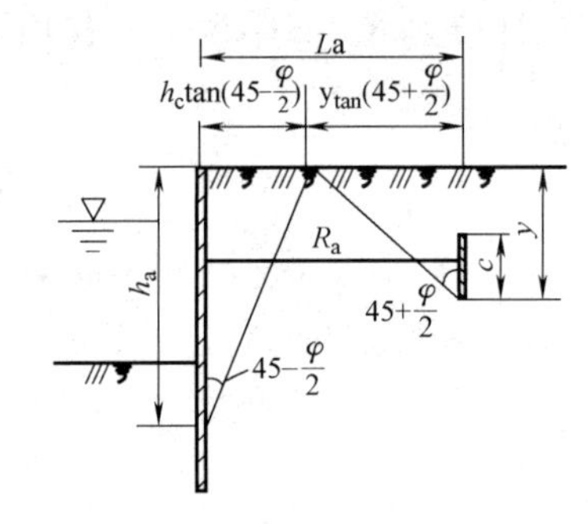

图 9-49 破坏棱体不相交

当锚碇板至板桩间的距离受到条件限制不能满足 l_1 时，如图 9-50 所示，则锚碇板前被动破裂面 $B'A'$ 与板桩主动破裂面 BA 相交点 O 以上部分的被动土压力 ΔE_p，应从锚碇板的总的被动土压力中扣除。

$$\Delta E_p=\frac{1}{2}rh_f^2\lambda_p \tag{9-36}$$

式中 h_f——破裂面交点 O 在地面以下的深度；

λ_p——被动土压力系数。

$$\lambda_p=\tan^2\left(45°+\frac{\varphi}{2}\right)$$

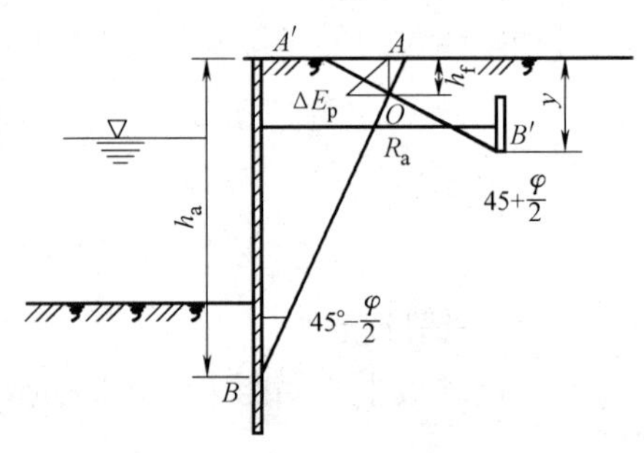

图 9-50 破坏棱体相交

② 锚杆断面计算

a. 锚杆的设计拉力：

设计锚杆时，需要考虑各锚杆张紧的不均匀性、锚杆以上土重对它的影响等因素，因此应当将板桩计算所得的拉力乘以不均匀系数 U，故锚杆的设计拉力为：

$$T=UR_a l\sec\theta \tag{9-37}$$

式中　R_a——从板桩设计中求得的锚着点水平反力，kN/m；

l——锚杆间距，m；

θ——锚杆与水平线的夹角，°；

U——不均匀系数，取 $U=1.2$。

b. 锚杆的断面积：

$$F_a=\frac{T}{[\sigma]}(\mathrm{m}^2) \tag{9-38}$$

锚杆的直径：

$$d=\sqrt{\frac{4F_a}{\pi}}+\Delta d(\mathrm{m}) \tag{9-39}$$

式中　$[\sigma]$——锚杆材料的允许应力，10kPa；

Δd——预留锈蚀厚度，可根据锚杆所处介质的腐蚀性及锚杆的防蚀措施确定。

【例 9-1】 板桩护岸设计。图 9-51 所示为钢筋混凝土板桩护岸。基本数据如下：

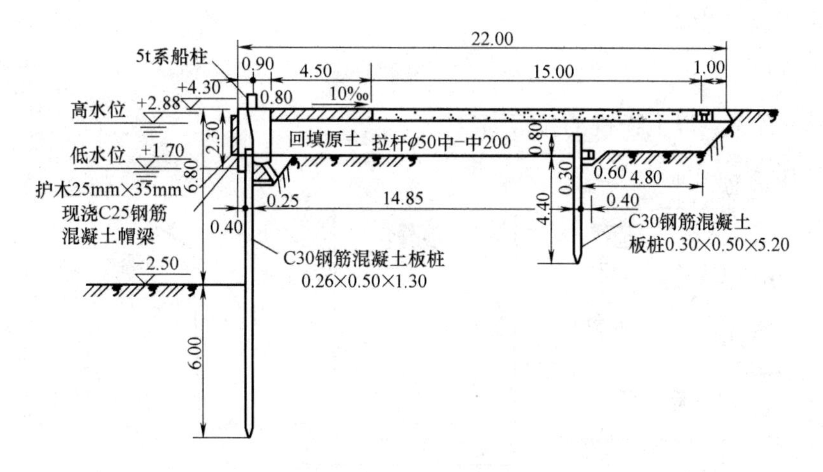

图 9-51　钢筋混凝土板桩护岸（单位：m）

（1）岸壁顶面高程为＋4.3m，护岸前河床高程：常水位时为－2.5m，洪水期为－3.5m（考虑最大冲刷度为 1.0m）。

（2）计算水位：高水位为 2.8m，低水位为 1.7m。

护岸后设置排水棱体，不考虑不平衡水压力。

（3）荷载：护岸顶面均布荷载 $q=1.0\times10\text{kPa}$；2.5m 高程上建筑物基础的局部均布荷载为 $q'=2.0\times10\text{kPa}$。

（4）土壤资料见表 9-6。

土壤资料　　**表 9-6**

高程(m)	土壤名称	固结快剪		快剪	
		φ(°)	c(10kPa)	φ(°)	c(10kPa)
2.5 以上	回填土	20	1.5	10	1.5
2.5～+0.5	粉质黏土	23	1.5	10	2.5
0.5～−6.0	砂质粉土	20	0.5	20	0.5
−6.0～−8.0	粉质黏土	23	1.5	13.5	1.6
−8.0～−9.5	砂质粉土	27	1.5	23	1.5
−9.5～−10.5	黏土	23	1.5	9	2.0

各层土壤重力密度：水上 $\gamma=1.85\times10\text{kN/m}^3=18.5\text{kN/m}^3$；

水下 $\gamma'=0.85\times10\text{kN/m}^3=8.5\text{kN/m}^3$。

（5）建筑物等级为Ⅳ级。

【解】

（1）桩土压力计算：考虑到施工程序是先打板桩和锚碇板桩，安设完拉杆后在板桩墙后回填，最后进行河床清理。故土压力按板桩取弯曲变形为主的情况来进行计算。

1）高水位为 2.8m 的计算情况：板桩前河床高程为−3.5m。计算土压力采用固结快剪的 φ 值，高程−3.5m 以下 1m 开始考虑粘结力 C。

① 墙后主动土压力：为使板桩跨中弯矩最大，地面均布荷载 q 布置在离护岸边线以后 l_1 开始，如图 9-52 所示。

$$l_1=h_1\tan\left(45°-\frac{20°}{2}\right)=1.8\tan35°=1.3\text{m}$$

式中　h_1——锚着点以上板桩的悬臂高度。

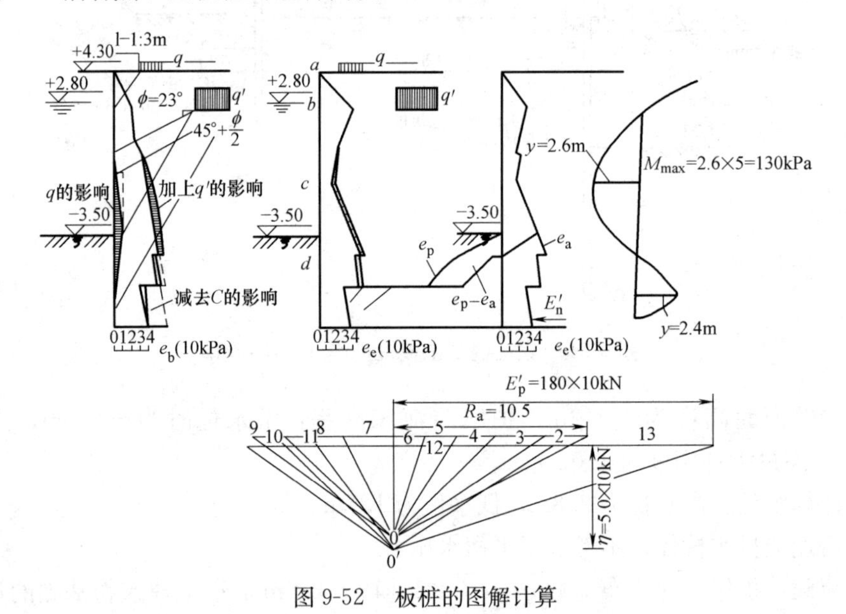

图 9-52　板桩的图解计算

墙后主动土压力的一般公式为：

$$e_a=[ae_b+(1-a)e_c]k_i$$

a. 先计算 $e_b=(\gamma y+q)\lambda_a(10kPa)$，见表 9-7。

e_b计算 **表 9-7**

高程(m)	$e_b=(\gamma y+q)\lambda_a(10kPa)$	高程(m)	$e_b=(\gamma y+q)\lambda_a(10kPa)$
+4.3	<0	+0.5	(1.85×1.5+0.85×2.3+1.0)×0.49=2.80
+3.8	(1.85×0.5)×0.49=0.45	−6.0	(1.85×1.5+0.85×8.8+1.0)×0.49=5.51
+2.5	(1.85×1.5+0.85×0.3+1.0)×0.49=1.97	−6.0	(1.85×1.5+0.85×8.8+1.0)×0.44=4.95
+2.5	(1.85×1.5+0.85×0.3+1.0)×0.44=1.77	−8.0	(1.85×1.5+0.85×10.8+1.0)×0.44=5.70
+0.5	(1.85×1.5+0.85×2.3+1.0)×0.44=2.52		

$\varphi=20°$，$\lambda_a=0.49$；$\varphi=23°$，$\lambda_a=0.44$。

由 q'所产生的主动土压力：

$e_a'=q'\lambda_a\approx 2\times 0.49\approx 1.0\times 10kPa$，其作用范围在图 9-52 上由作图法求得。

自−4.5m 以下的主动土压力区，减去粘结力对土压力的有利影响，其值为：

$$-4.5\sim-6.0m, e=2c\tan\left(45°-\frac{\varphi}{2}\right)=2\times 0.5\times\tan\left(45°-\frac{20°}{2}\right)=0.7\times 10kPa$$

$$-6.0\sim-8.0m, e=2c\tan\left(45°-\frac{\varphi}{2}\right)=2\times 1.5\times\tan\left(45°-\frac{23°}{2}\right)=2.0\times 10kPa$$

b. 其次计算 e_c：按土压力性质划分各墙段的长度，如图 9-53 所示。

ab 段：拉杆高程为 2.5m，$h_1=4.3-2.5=1.8m$

过渡区 bc 段：$h_2=\frac{1}{2}\left(h+\frac{t_0}{3}-h_1\right)$，设$\frac{t_0}{3}=1m$，故：

$$h_2=\frac{1}{2}(4.3+3.5+1-1.8)=3.5m$$

主动区 cd 段：$h_3=h_2=3.5m$

a 点（4.3m）：$e_c=e_h=0$

b 点（2.5m）：$e_c=(\gamma h_1+q)\tan^2 45°=(1.85\times 1.5+0.85\times 0.3+1)\tan^2 45°$

$=4.03\times 10kPa=40.3kPa$

0.5m：bc 段内的 e_c按下式计算：

$$e_c=[\gamma(h_1+y_2)+q]\tan^2\mu-\frac{[\gamma y_2^2\varphi'+2(\gamma h_1+q)y_2\varphi']\tan\mu(1+\tan^2\mu)}{2h_2}$$

$y_2=2.5-0.5=2.0m$

$\gamma(h_1+y_2)=1.85\times 1.5+0.85\times 2.3=4.73$

当 $\varphi=23°$时，$\mu=45°-\frac{23°\times 2}{2\times 3.5}=38.4°$，$\tan\mu=0.79$，$\tan^2\mu=0.62$

$$e_c=(4.73+1)0.62-\frac{(0.85\times 2^2\times 0.0175\times 23+2\times 4.03\times 2\times 0.0175\times 23)\times 0.79\times(1+0.62)}{2\times 3.5}$$

$=2.12\times 10kPa$

当 $\varphi=20°$时，$\mu=45°-\frac{20°\times 2}{2\times 3.5}=39.3°$

$\tan\mu=0.82$，$\tan^2\mu=0.67$，带入后得 $e_c'=2.50\times 10kPa=25.0kPa$

c 点（−1.0m）：

$$e_c=[\gamma(h_1+h_2)+q]\tan^2\left(45°-\frac{\varphi}{2}\right)-\frac{1}{2}[\gamma h_2+2(\gamma h_1+q)]\varphi'\times\sqrt{\lambda_a}(1+\lambda_a)$$

$$=[1.85\times1.5+0.85\times3.8+1.0]\times0.49-\frac{1}{2}[0.85\times3.5+2\times4.03]\times0.0175\times20$$

$$\times\sqrt{0.49}(1+0.49)=1.42\times10\text{kPa}=14.2\text{kPa}$$

$q'=2.0\times10\text{kPa}=20.0\text{kPa}$ 对 e_c 的影响范围和大小，如图 9-53 所示。

c. a 值：$h_1/h=1.8/7.8=0.23<0.25$，a 均为 0.5。

d. K_i 值：

(a) ab 段，$K_1=\cos\delta=\cos20°=0.94$

(b) bc 段，$K_2=\left(\cos\delta+\frac{1-\cos\delta}{h_2}\cdot y_2\right)\left(1-\frac{1-K_c}{h_2}y_2\right)$

式中跨中主动土压力减少系数 K_c 可根据跨中（c 点）的相对挠度 f_c/h_2 查表 9-8 而得。计算挠度 f_c 时，将板桩及土压力简化为图 9-54 的计算图示。

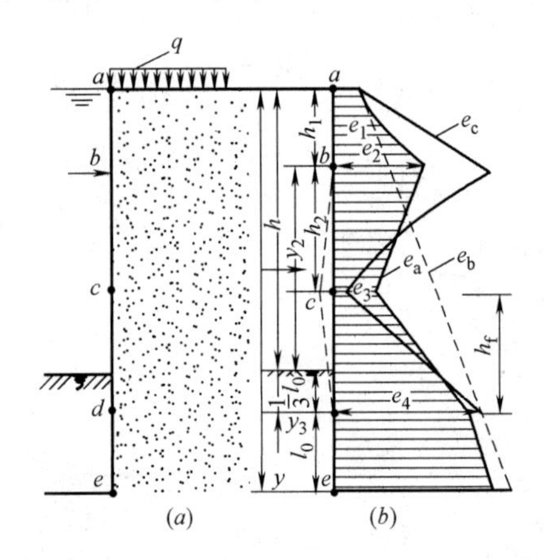

图 9-53 按土压力性质划分各墙段的长度

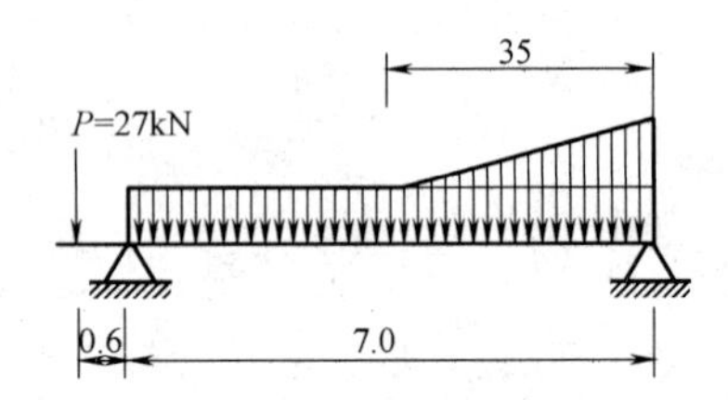

图 9-54 计算板桩挠度时的计算图示

系数 K_c 值 9-8

跨中相对挠度 f_c/h_2	0.001	0.0025	0.005	0.0075	0.01
系数 K_c	1.00	0.80	0.65	0.55	0.50

因此，$f_c=\frac{5p_1l^4}{384EJ}+\frac{\frac{1}{2}\frac{l}{2}p_2\times3l^3}{320EJ}-\frac{pl_1l^2}{9\sqrt{3}EJ}$

设每米宽板桩的刚度 $EJ=2.0\times10^6\times2.2\times10^{-3}=4.4\times10^3\text{t}\cdot\text{m}^2/\text{m}=4.4\times10^4\text{kN}\cdot\text{m}^2/\text{m}$，再将 p_1、p_2、p、l_1、l 等数值带入后，得

$f_c=0.0207\text{m}$

$\frac{f_c}{h_2}=\frac{0.0207}{3.5}=0.0059$，查表 9-8 得 $K_c=0.61$，表中 f_c 为 c 点挠度。

0.5m 处的 K_2，当 $\varphi=23°$ 时，

$$K_2=\left(\cos23°+\frac{1-\cos23°}{3.5}\times2\right)\left(1-\frac{1-0.61}{3.5}\times2\right)=0.75$$

当 $\varphi=20°$时，

$$K_2=\left(\cos 20°+\frac{1-\cos 20°}{3.5}\times 2\right)\left(1-\frac{1-0.61}{3.5}\times 2\right)=0.76$$

-1.0m 处的 K_2 为：

$$K_2=\left(\cos 20°+\frac{1-\cos 20°}{3.5}\times 3.5\right)\left(1-\frac{1-0.61}{3.5}\times 3.5\right)=0.61$$

（c）cd 段：

$$K_3=\left(K_c+\frac{1-K_c}{h_3}y_3\right)\left(1-\frac{y_3}{10h_3}\right)$$

d 点（-4.5m）：$h_3=3.5$m、$y_3=3.5$m

$$K_3=\left(0.61+\frac{1-0.61}{3.5}\times 3.5\right)\left(1-\frac{3.5}{10\times 3.5}\right)=0.9$$

（d）d 点以下 K_4 均为 0.9。

最后计算 e_a，见表 9-9。

② 当地面无载荷时，墙前被动土压力：

$$e_p=q_p\lambda_{pq}+\frac{c(\lambda_{pq}-1)}{\tan\varphi}+\gamma z\lambda_{pe}$$

$-3.5\sim6.0$m，$\varphi=20°$，自 -4.5m 以下考虑 $c=0.5\times10$kPa$=5$kPa，取 $\delta=20°$。查表得 $\lambda_{pq}=2.7$，$\lambda_{pe}=2.87$。

$-6.0\sim8.0$m，$\varphi=23°$，$c=1.5\times10$kPa$=15$kPa，

$q_s=\gamma h=0.85\times(6-3.5)=2.13\times10kPa=21.3$kPa，

取 $\delta=23°$，查表得 $\lambda_{pq}=3.2$，$\lambda_{pe}=3.4$。e_p值的计算见表 9-10。

e_a计算　　**表 9-9**

高程 (m)	e_b (10kPa)	e_c (10kPa)	K_i	$e_a=\frac{e_b+e_c}{2}K_i$ (10kPa)
+4.3	0.0	0.0	0.94	0.0
+2.5	1.97	4.03	0.94	2.82
+2.5	1.77	4.03	0.94	2.73
+0.5	2.52	2.12	0.75	1.74
+0.5	2.80	2.50	0.76	2.01
−1.0	3.60	1.42	0.61	1.53
−4.5	5.20	5.20	0.90	4.68
−4.5	4.50	4.50	0.90	4.05
−6.0	4.95	4.90	0.90	4.43
−6.0	5.51	3.10	0.90	3.87
−8.0	5.70	—	0.90	5.13

e_p值计算 **9-10**

高程(m)	e_p(10kPa)
−3.5	0
−4.5	$\frac{0.5(2.7-1)}{\tan20^\circ}+0.85\times1\times2.87=4.77t/m^2=4.77$
−6.0	$\frac{0.5(2.7-1)}{\tan20^\circ}+0.85\times2.5\times2.87=8.43t/m^2=8.43$
−6.0	$\frac{1.5(3.2-1)}{\tan23^\circ}+0.85\times2.5\times3.2=14.6t/m^2=14.6$
−8.0	$\frac{1.5(3.2-1)}{\tan23^\circ}+0.85\times2.5\times3.2+0.85\times2\times3.4=20.4t/m^2=20.4$

2）低水位为1.7m的计算情况：

板桩前深度用−2.5m，计算方法和步骤同1)，具体数字从略。

（2）板桩计算：

1）高水位为2.8m的计算情况：按图解法计算，详见图9-52。

计算结果：板桩最大弯矩$M_{max}=13.0\times10kN\cdot m/m=130kN\cdot m/m$。

$R_a=10.5\times10kN/m=105kN/m$。$E'_p=18.0\times10kN/m=180kN/m$，作用点位置在−7.6m处，即$t_0=4.1m$。

$$\Delta t=\frac{E'_p}{2e'_p}=\frac{E'_p}{2\ (e'_p-e'_a)}$$

$e'_a=\gamma h\lambda_a=0.85\times4.1\times0.44=1.53kN/m^2$（不计$c$的影响，偏于安全）。

$\delta=0$时的$\lambda_p=2.28$，

$$e'_p=\sum\gamma h\times\lambda_p+\frac{c(\lambda_p-1)}{\tan\varphi}=(1+1.85\times1.5+0.85\times10.4)2.28+\frac{1.5(2.28-1)}{0.424}=33.3$$

$$\Delta t=\frac{18.0}{2\ (33.3-1.53)}=0.28m$$

入土深度$t=t_0+\Delta t=4.1+0.28\approx4.4m$（高程−7.9m）。

2）低水位为1.7m的计算情况：

计算结果：$M_{max}=12.5\times10kN\cdot m/m=125kN\cdot m/m$。

$R_a=11.0\times10kN/m=110kN/m$。$E'_p=18.3\times10kN/m=183kN/m$，作用点位置−7.2m，即$t_0=4.7m$。$\Delta t=0.27m$，故入土深度$t=4.7+0.27\approx5.0m$（高程−7.5m）。

实际板桩桩尖打至−8.0m。

3）板柱断面计算

板桩计算弯矩$M=130kN\cdot m/m$，采用普通钢筋混凝土板桩，每块宽0.5m，混凝土强度等级C30，钢筋I级，按有关钢筋混凝土结构设计规范计算，其结果如下：

板桩厚度为0.26m，每边配置4ϕ25钢筋，计算裂缝宽度为0.069mm。

（3）锚碇结构设计：

1）锚碇板桩：采用连续锚碇板桩，桩顶高程3.0m，锚碇板桩后的地面均布荷载$q=15\times10kN/m^2$。

2.5～0.5m，$\varphi=23^\circ$，$\lambda_a=0.44$，$\lambda_p=2.28$。

其余均用$\varphi=20^\circ$，$\lambda_a=0.49$，$\lambda_p=2.04$。

按 $e_a=(q+\gamma y)\lambda_a$ 及 $e_p=\gamma y\lambda_p$ 计算土压力，如表 9-11 所示。

计算土压力 **表 9-11**

高程(m)	e_a(kPa)	e_p(kPa)	高程(m)	e_a(kPa)	e_p(kPa)
+3.0	19.4	49.0	+0.5	28.2	108
+2.8	21.0	56.5	+0.5	30.6	965
+2.5	22.3	62.0	−2.0	41.0	140
+2.5	20.7	69.0			

按图解法计算，详见图 9-55。

计算结果：锚碇板桩最大弯矩 $M_{max}=105\text{kN}\cdot\text{m/m}$，$E'_p=127\text{kN/m}$，作用点位置在 −1.0m 处。

$$\Delta t=\frac{12.7}{2(12.24-2.94)}=0.683\text{m}$$

实际桩尖打至−1.9m。

C28 混凝土板桩，每块宽 0.5m，当厚度为 0.3m 时，每边配置 4ϕ20 Ⅰ级钢筋。

2）锚杆：锚杆间距 $L=2.0\text{m}$，每根锚杆拉力按下式计算：

$$T=KR_aL\sec\theta=1.2\times11.0\times2.0=26.4\times10\text{kN}=264\text{kN}$$

Ⅰ级锚杆允许应力采用$[\sigma]=160\text{N/mm}^2$，故所需锚杆断面积为：

$$F_a=\frac{T}{[\sigma]}=\frac{264000}{160}=1650\text{mm}^2$$

锚杆直径：

$$d=\sqrt{\frac{4F_a}{\pi}}+\Delta d=\sqrt{\frac{4\times1650}{\pi}}+2=48\text{mm}$$

实际选用 $d=50\text{mm}$。锚杆在与紧张器及锚碇板桩连接处的直径加大为 60mm，以便车制螺纹。

（4）胸端设计：

1）水平弯矩计算：胸墙断面图如图 9-56 所示，胸墙与锚杆连接部分的水平弯矩可按导梁计算。

$$M_{max}=\frac{1}{10}R_aL^2=\frac{1}{10}\times11\times2^2=4.4\times10\text{kN}\cdot\text{m}=44\text{kN}\cdot\text{m}$$

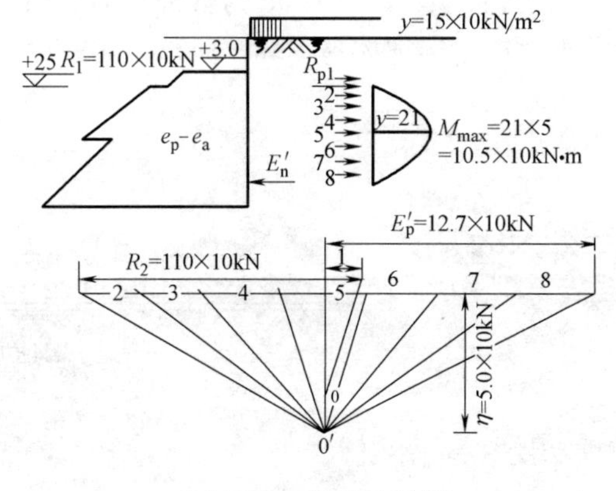

图 9-55 图解法计算

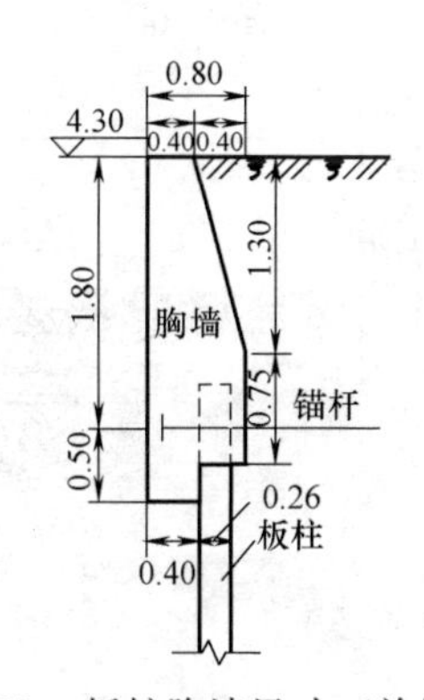

图 9-56 板桩胸墙尺寸（单位：m）

此弯矩假定由 $h=400\text{mm}$，$b=800\text{mm}$ 的梁来承受，其配筋及抗裂性计算从略。

2）竖向弯矩计算：胸端的竖向向外弯矩由墙后的土压力产生。地面均布荷载 q 从岸壁前沿线开始布置。

高程 4.3m 处，$e_a=1.0\times0.49=0.49\times10\text{kPa}=4.9\text{kPa}$。

高程 2.5m 处，$e_a=(1.85\times1.5+0.85\times0.3+1.0)\times0.49=1.97\times10\text{kPa}=19.7\text{kPa}$。

对 2.5m 处胸端断面的总土压力 $E=\dfrac{(0.49+1.97)}{2}\times1.8=2.21\times10\text{kPa}=22.1\text{kPa}$，作用点高度由梯形重心表求得为 0.72m。

$$M=0.72\times2.21=1.6\times10\text{kN}\cdot\text{m/m}=16\text{kN}\cdot\text{m/m}$$

其他细部计算从略。

4. 板桩的整体稳定计算

板桩的整体稳定计算可按“土堤边坡稳定计算的圆弧滑动法”进行计算。

9.1.5　顺坝和短丁坝护岸

丁坝和顺坝是间断式护岸的两种主要形式。适用于河道凹岸冲刷严重、岸边形成陡壁状态，或者河道深槽靠近岸脚，河床失去稳定的河段。丁坝和顺坝的作用主要是防冲、落淤，保护河岸。由于顺坝不改变水流结构，水流平顺，因此应优先采用；丁坝具有挑流导沙作用，为了减少对流态的影响，宜采用短丁坝，在多沙河流中下游应用，会获得比较理想的效果。不论选用哪种形式的坝型，都应把防洪安全放在首位。

丁坝建成后效果不好时，较容易进行调整，使之达到预期效果；丁坝能将泥沙导向坝格内淤积，不仅可以防止河岸冲刷，同时也可以减少下游淤积。丁坝护岸比顺坝、重力式或板桩护岸的工程量少，但丁坝对水流结构改变较大，坝头水流紊乱，枯水新岸线发展较缓慢，要待坝格间淤满后才能最终形成。

对于条件复杂、要求较高的重点短丁坝群护岸，应通过水工模型试验确定。

1. 顺坝护岸

（1）顺坝的作用及分类

顺坝的作用，除能使冲刷岸边落淤形成新的枯水岸线，以增大弯曲半径外，还能引导水流按指定方向流动，以改善水流条件，所以又叫导流坝。

顺坝有透水的和不透水的两种，一般多作成透水的，如铅丝石笼、打桩编柳及打桩梢捆等。图 9-57 为铅丝石笼顺坝；图 9-58 为框式打桩顺坝；图 9-59 为打桩梢捆顺坝。不透水的顺坝，一般为砌石结构，适应河床变形能力较差，坝体易损坏，所以应用较少。

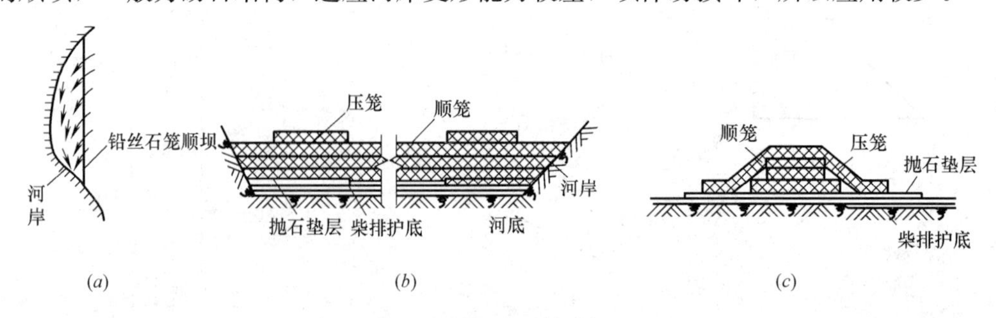

图 9-57　铅丝石笼顺坝

（a）平面；（b）纵断面；（c）横断面

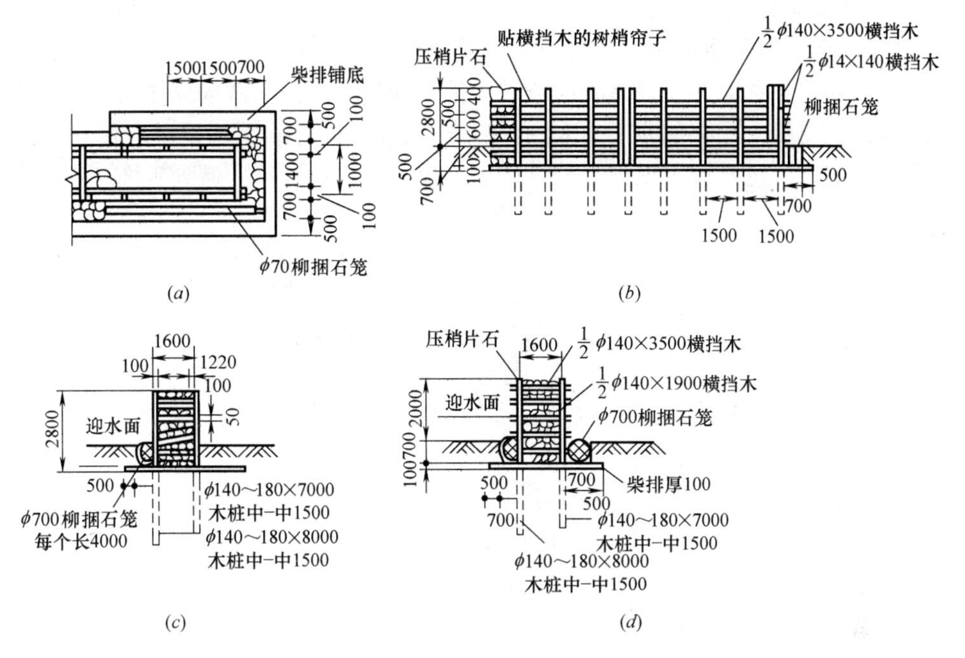

图 9-58　框式打桩顺坝

（a）平面；（b）坝身正面；（c）横断面；（d）坝头正面

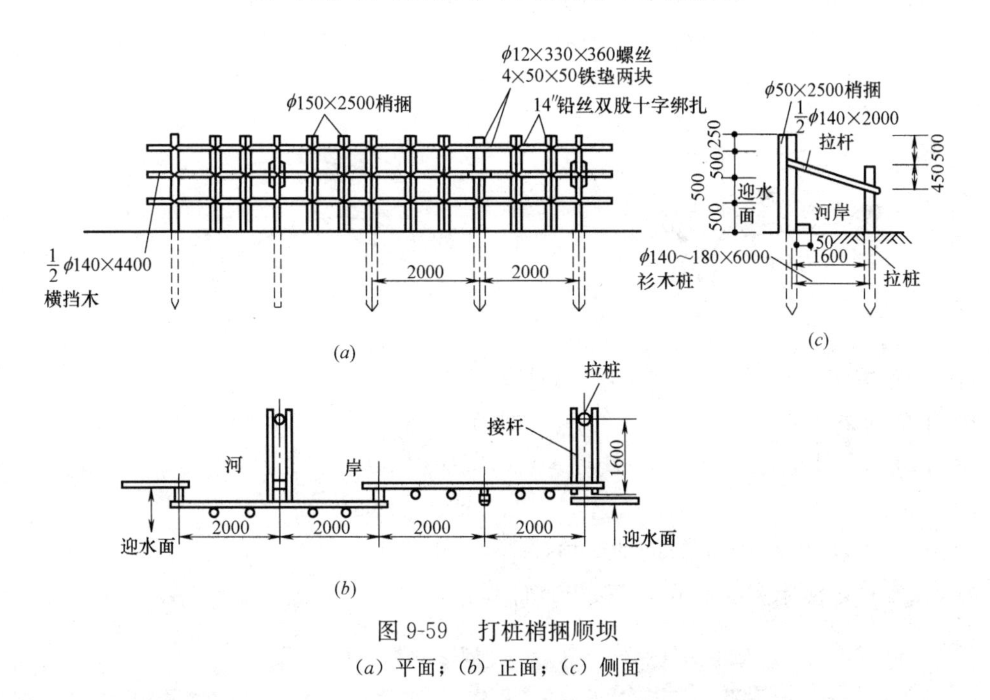

图 9-59　打桩梢捆顺坝

（a）平面；（b）正面；（c）侧面

（2）顺坝布置与构造

1）由于顺坝的坝身是组成整治线的一部分，因此在布置顺坝时，应沿整治线布置，使坝身与整治线重合。在弯道上的顺坝，其坝轴线应呈平缓的曲线，如图 9-60 所示。顺坝与上下游岸线的衔接必须协调，否则水流紊乱，达不到预期效果。

2）顺坝坝头应布置在主流转向点稍上游处，坝头常做成封闭式或缺口式。

3）顺坝的构造与丁坝相似，分为坝头、坝身和坝根三部分，如图9-60所示。坝根应嵌入河岸中，并适当考虑其上、下游岸坡的保护，坝身的顶面应做成纵坡，可按洪水时的水面比降设计，使整个顺坝的坝顶在同一时间被淹没，从而减小坝顶部分溢流的破坏作用。为保护坝根，可适当加大坝根部分纵坡，以免坝根过早溢流而遭到破坏。

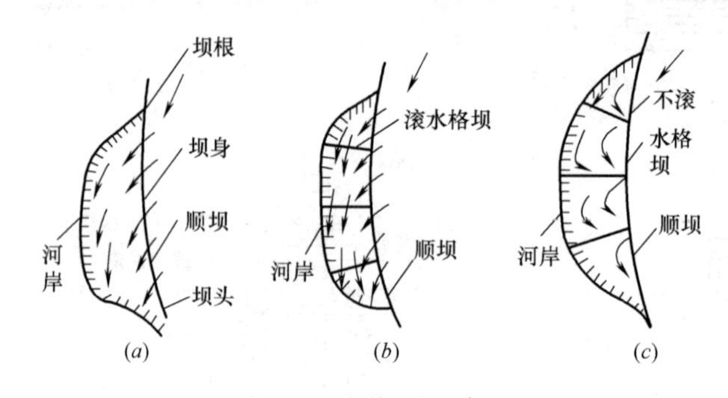

图9-60 顺坝平面布置

（a）不设格坝；（b）设格坝滚水；（c）设格坝不滚水

2. 丁坝护岸

（1）丁坝的作用及分类

1）按丁坝束窄河床的相对宽度可分为长丁坝、短丁坝和圆盘坝。丁坝愈长，束窄河床愈甚，挑流作用愈强，如图9-61所示。丁坝愈短，束窄河流宽度愈小，挑流作用愈弱，如图9-62所示。

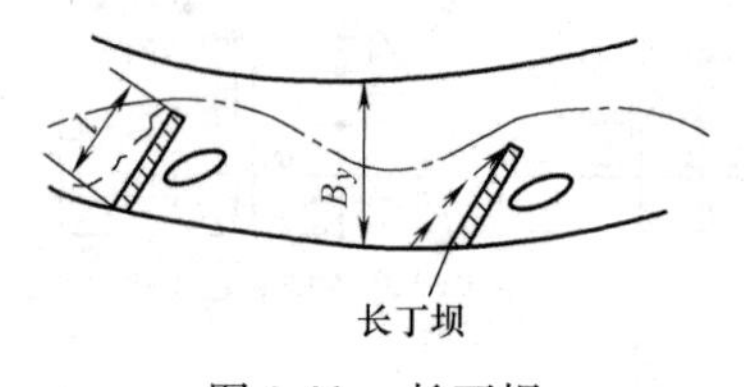

图9-61 长丁坝

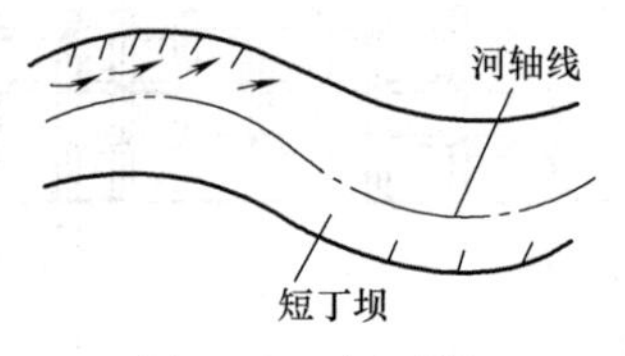

图9-62 短丁坝

长丁坝与短丁坝一般按下列条件加以区分：

短丁坝的条件是： $l<0.33B_y\cos\alpha$ (9-40)

长丁坝的条件是： $l>0.33B_y\cos\alpha$ (9-41)

式中 l——丁坝长度，m；

α——丁坝轴线与水流方向的交角，°；

B_y——稳定河床宽度，m；可按下式计算：

$$B_y=A\frac{Q^{1/2}}{v_p^{\frac{1}{2}}n^{\frac{1}{3}}}$$

Q——河道中的造床流量，m^3/s；一般为常水位流量；

A——河槽稳定系数，可参照表9-12选用；

v_p——泥沙移动流速，m/s；

n——河床糙率。

河槽稳定系数A值 **表9-12**

河床情况	稳定系数A	河床情况	稳定系数A
上游河床为大块石，比降大于临界比降	0.7～0.9	下游河床为细砂	1.1～1.3
山溪河床为砂砾，水流较平稳	0.9～1.0	下游河床为细砂或黏性土	1.3～1.7
中游河床为中粗砂，水流较平稳	1.0～1.1		

圆盘坝是由河岸边伸出的半圆形丁坝（也叫磨盘坝），由于圆盘坝的坝身很短，对水流影响较其他丁坝小，多用于保护岸脚和堤脚。

2）按丁坝外形可分为普通丁坝、勾头丁坝和丁顺坝。普通丁坝为直线形，勾头丁坝在平面上呈勾形。若勾头部分较长则为丁顺坝，如图9-63所示。L_1为坝身在与水流垂直方向上的投影长度。当$L_2 \leqslant 0.4L_1$时称为勾头丁坝；当$L_2 > 0.4L_1$时称为丁顺坝。勾头丁坝主要起丁坝作用，其勾头部分的作用是使坝头水流比较平顺；丁顺坝则同时起丁坝与顺坝的作用。

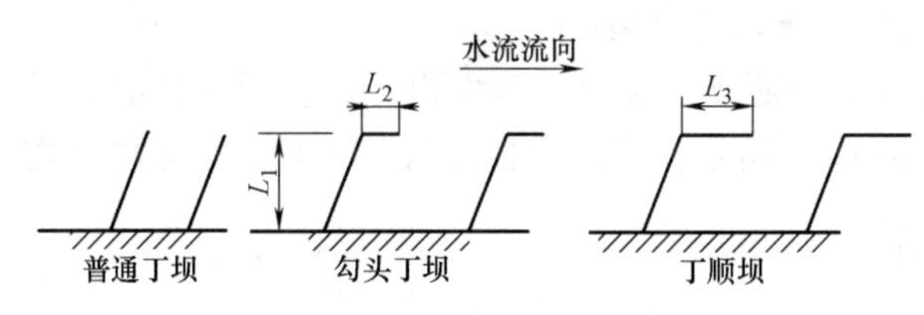

图9-63　三种丁坝类型

3）按丁坝轴线与水流方向的交角可分为上挑丁坝、下挑丁坝、正挑丁坝3种，如图9-64所示。丁坝轴线与水流方向的交角为α，若$\alpha < 90°$，则为上挑丁坝；$\alpha > 90°$，则为下挑丁坝；$\alpha = 90°$，则为正挑丁坝。

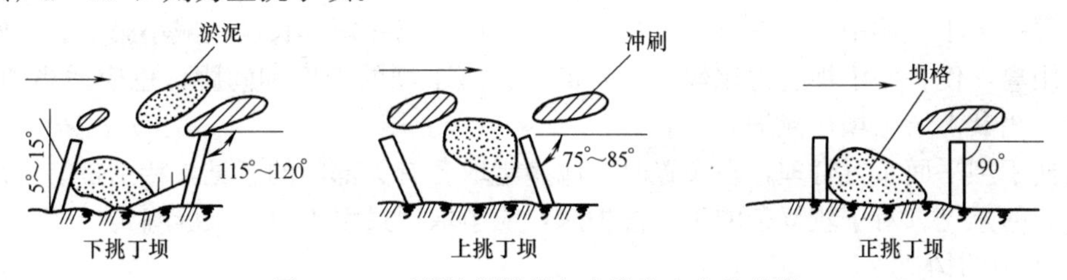

图9-64　丁坝按坝轴线与水流方向交角分类

实践证明，上挑丁坝的坝头水流紊乱，坝头冲刷坑较深，且距坝头较近，故影响整治构筑物的稳定，坝格内较易淤积；下挑丁坝则相反，坝头水流较平顺，冲刷坑较浅，且距坝头较远，坝格内较难淤积；正挑丁坝介于两者之间。三种形式各有其特点，应根据具体要求合理选用。

（2）丁坝平面布置

1）丁坝平面布置合理可收到事半功倍的效果。否则，不但效果不好，有时甚至会使水流更加恶化，造成更严重的危害。布置丁坝时，除了必须符合河道规划整治线的要求外，还要因地制宜地选择坝型和布置坝位。

2）丁坝坝型的选择，要根据各种丁坝的作用和工程要求来进行。防洪护岸丁坝多采用短丁坝，布置成丁坝群效果较好，当比降小、流速低、泥沙多，要求坝格加快淤积时，多采用上挑丁坝；当流速大、泥沙少，要求调整流向、平顺水流时，则多采用下挑丁坝；山区河流一般水流较急，上挑丁坝与水流方向交角不宜小于75°。为避免坝头水流过于紊乱，可采用勾头丁坝，或将一组上挑丁坝或正挑丁坝的第一条丁坝作成下挑丁坝。

3）当丁坝成组使用时，必须合理拟定丁坝间距。护岸短丁坝的间距以水流绕过上一丁坝扩散后不致冲刷下一丁坝根部为准，一般可采用丁坝长度的 2～3 倍，按公式（9-42）确定。

$$L=l_p\cos\theta+l_p\sin\theta\cot(\varphi+\Delta\alpha) \tag{9-42}$$

式中　L——丁坝间距，m；

l_p——丁坝的有效长度，m，保证坝根不受淘刷采用：

$$l_p=\frac{2}{3}l$$

l——丁坝的实际长度，m；

$\Delta\alpha$——水流扩散角，一般采用 $9\frac{1}{2}°$；

θ——丁坝与岸线间的交角，°；

φ——水流动力轴线与岸线间的交角，°。

短丁坝群的坝头线应布置成一条与整治线相一致的凹岸曲线，其弯曲半径不小于 4.5 倍稳定河床宽度，如图 9-65 所示。河床弯曲半径调整值 Δr 可按公式（9-43）计算，一般可近似取 $\Delta r=\frac{1}{2}l$，即：

$$\Delta r=\frac{l\sin\alpha\times\cos\frac{\varphi}{2}}{1-\cos\frac{\varphi}{2}} \tag{9-43}$$

式中　r——河床弯曲半径，m。

在每一组丁坝群中，第一座丁坝受力最大，可适当缩短其长度，减小第一、二座丁坝之间的距离，使各座丁坝受力比较均匀。最末一座丁坝的长度和间距，也应适当地减小，从而可利用其上游丁坝作掩护。

为使丁坝平面布置合理，在布置时，应多听取各有关部门的意见，特别是航运部门及当地船工的意见。对于较复杂的丁坝群护岸，应争取通过水工模型试验确定。

3. 丁坝的构造

丁坝由坝头、坝身和坝根三部分组成，如图 9-66 所示。

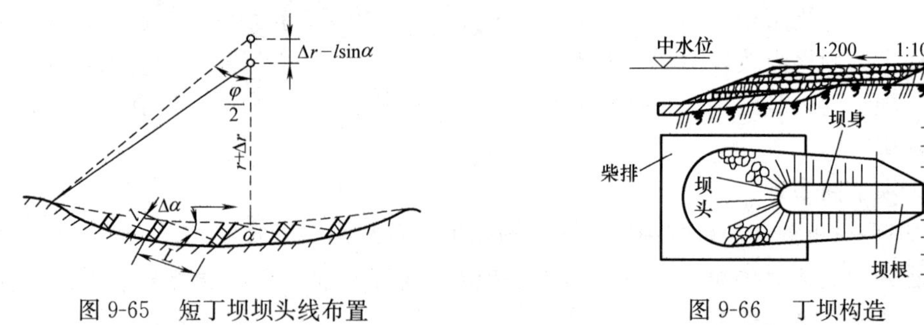

图 9-65　短丁坝坝头线布置　　　图 9-66　丁坝构造

（1）坝头：丁坝坝头不但受水流的强烈冲击，还易受排筏及漂木的撞击，因此坝头必须加固。一般在坝头背水面加大坝顶宽度至 1.5～3.0m，并做成圆滑曲线形，以及将坝头向河边坡放缓至 1∶3。放缓坝头边坡，不但可以加固坝头，而且可以使绕过坝头的水流比较平顺。

（2）坝身

1）坝身横断面一般为梯形，边坡系数和坝顶宽度视建筑材料和水流条件而定。丁坝的迎水面坡度为1∶1～1∶2. 背水面坡度为1∶1.5～1∶3.0，丁坝顶宽为1～2m。

2）当河床基础为易冲刷的软质土壤或丁坝建在水流较急的河段时，要用沉排护底。沉排露出基础部分宽度视水流情况及土壤性质而定；一般在丁坝的迎水面露出3.0m以上，背水面露出5m以上。

3）丁坝坝顶高程和坝顶纵坡，一般连接河岸的一端常与中水位齐平，自河岸向河心的纵坡一般采用1∶100～1∶300，这种丁坝在洪水时期，淹没在水中。对于护岸丁坝，其坝顶一般较高，在水位变幅不大时，连接河岸的一端常高于洪水位，由坝根向伸入河中一端逐渐降低，其末端一般不高于中水位，以免过多减小泄洪断面。

（3）坝根

如坝根结构薄弱，易冲成缺口，致使丁坝逐渐失去作用，则应妥善处理。坝根处理及其护岸范围，与其所处河岸的土质、流速、水位变幅以及丁坝所处位置有关。处理方法有：

1）若岸坡土质较易冲刷，或渗透系数较大，则坝根处应开挖基槽，将坝根嵌入岸中，并在其上、下游砌筑护坡。

2）若岸坡土质不易冲刷，或渗透系数较小，则仅采取上、下游适当护坡即可，坝根可不嵌入岸内。

3）第一座丁坝受力较大，其坝根护坡较同组其他丁坝要求高些，其他丁坝因有第一座丁坝掩护，可以要求低些。

4）对于水位变幅大，且变化频繁情况下的丁坝，其护岸范围应护高些。

5）由于影响护岸坡的因素很多，诸因素对护岸坡的影响亦不相同，故护岸坡措施各地差异很大，应视具体情况确定。根据实践经验，一般护岸坡长度下游应大于上游，尤其是下挑丁坝更是如此，其范围一般为上游护5～15m，下游护10～25m。

丁坝构造形式较多，图9-67为铅丝石笼丁坝，采用最为广泛。

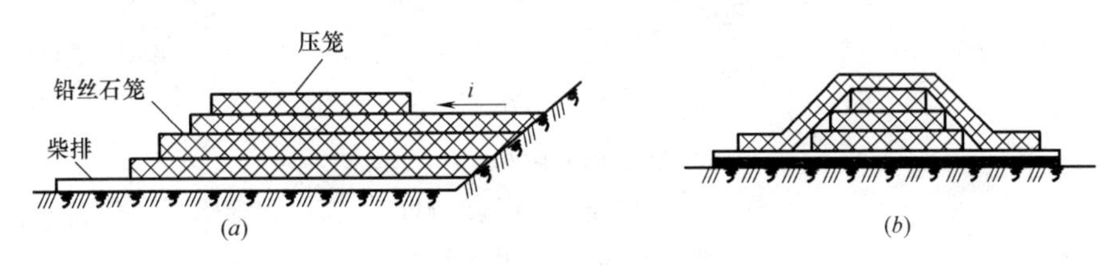

图9-67　铅丝石笼丁坝

（a）纵剖面；（b）横剖面

9.2　河道整治

9.2.1　一般规定

1. 河道整治的目的

城区河道整治主要是通过清淤、清障、扩宽、疏浚以及裁弯取直等措施，扩大泄洪断面，改善洪水流态、减小糙率、加大流速，从而达到提高城区段河道泄洪能力或降低城区段河道最高洪水位、提高城市防洪标准的目的。

2. 河道整治的原则

（1）河道整治的基本原则是：全面规划、统筹兼顾、防洪为主、综合治理。

（2）堤防、护岸布置以及洪水水面线衔接要兼顾上下游、左右岸，与流域防洪规划相协调。

（3）蓄泄兼筹，以泄为主，因地制宜选用整治措施，改善流态，稳定河床，提高河道泄洪能力。

（4）结合河道整治，利用有利地形和弃土进行滨河公园、景点、绿化带建设，改善和美化城市环境。

（5）结合河道疏浚、裁弯取直，在有条件的地方，并经充分论证，可以适当压缩堤距，开拓城市建设用地，加快工程建设进度。

（6）结合河道整治，宜采用橡胶坝抬高水位，增加城市河道水面，为开发水上游乐活动创造有利条件。

9.2.2　河道洪水水面线的衔接形式

河道洪水水面线的衔接形式，与水流的周界条件有关，现仅将在河道整治中常见的形式略述如下。

1. 壅水曲线

促使洪水水面曲线发生壅水作用的条件，一般有下列 5 种情况：

（1）河心阻水形体的壅水作用：具有防洪要求的河道，大都为缓坡河道，其阻水形体上游的壅水曲线呈上凹状，如图 9-68（*a*）所示。陡坡河道的壅水曲线接近水平线状，如图 9- 68（*b*）所示。

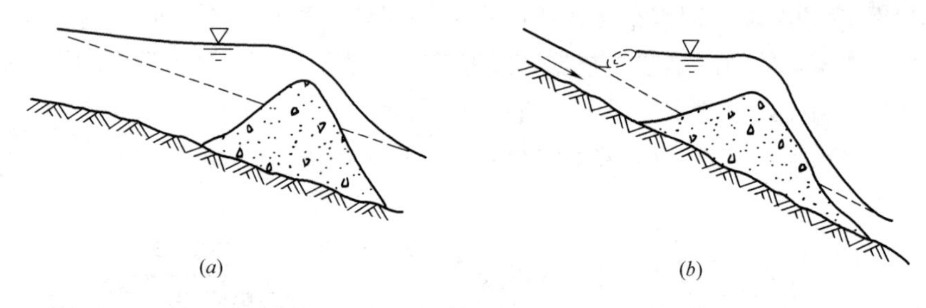

图 9-68　阻水形体上游壅水曲线示意

（*a*）缓坡河道；（*b*）陡坡河道

—壅水曲线；－－－正常水面线

（2）支流入汇处的壅水作用：在支流入汇处，由于干支流涨水幅度和先后的不同，在汇口上游的干流河段和支流河段，都有可能产生不同程度的壅高水位，如图 9-69（*a*）及图 9-69（*b*）所示。壅水处有可能产生泥沙淤积；在汇口附近及下游干流河段，常因支流冲出的大量泥沙形成汇口滩，这种情况起着进一步壅高上游水位的作用。

（3）断面束窄处的壅水作用：城区河段往往因被侵占和挤压而束窄；由于各种防护工程使束窄河段具有不可冲刷的两岸及难于冲刷的河床，因其正常水深较上游宽河段为大，对其上游常产生壅水作用，如图 9-70 所示。若其上游来沙在壅水段落淤，将进一步壅高上游水位。

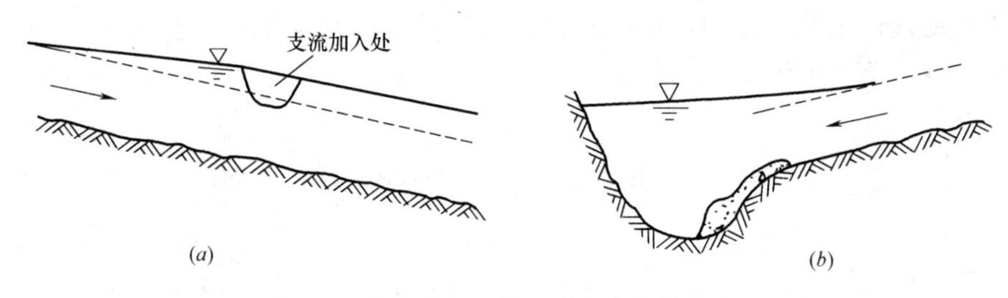

图 9-69 支流入汇处上游壅水曲线示意

(a) 汇口上游干流河段；(b) 汇口上游支流河段

—受汇流影响的水面线；－－－不受汇流影响的水面线

(4) 底坡变缓处的壅水作用：河床坡度变缓的河段，因其正常水深加大，对其上游段产生壅水作用，见图 9-71。若其上游段河底坡大于临界坡，则其壅水曲线近于水平线状，并在壅水末端发生水跃。

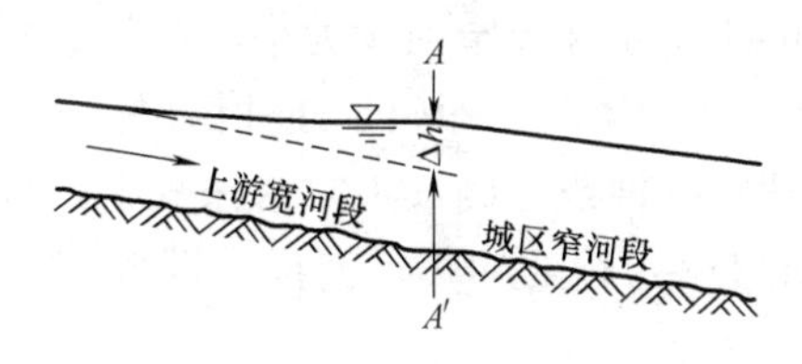

图 9-70 束窄河段上游壅水曲线示意

Δh—束窄河段上端 AA' 处的水位抬高值；

－－－正常水面线；—壅水曲线

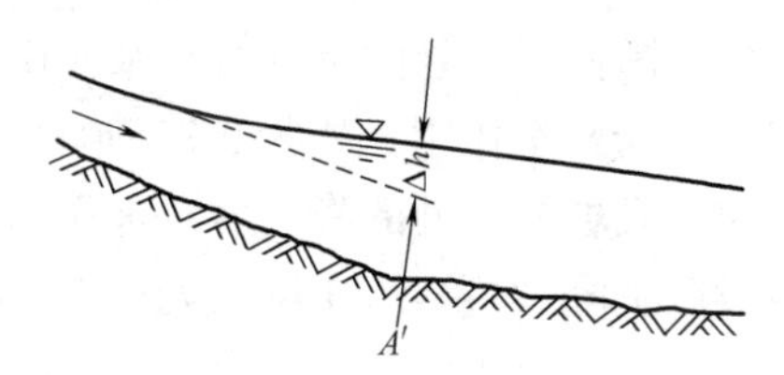

图 9-71 底坡变缓处上游壅水曲线示意

Δh—底坡变缓河段上端 AA' 处的水位抬高值；

－－－正常水面线；—壅水曲线

(5) 河湖联结处的壅水作用：湖泊的水位若高于入湖河流下端的正常水位，则对该河段产生壅水作用，如图 9-72 所示。

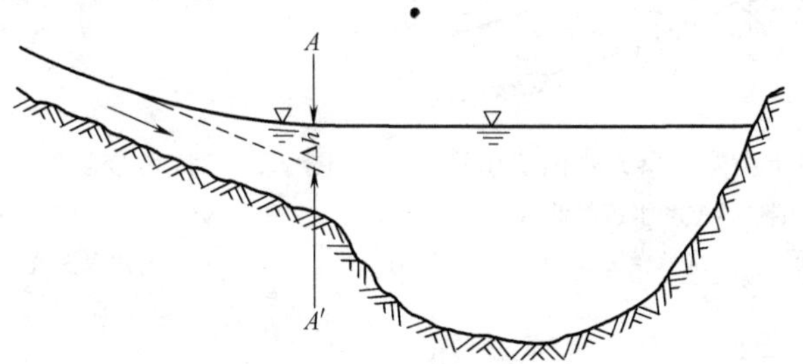

图 9-72 河湖联结处壅水曲线示意

Δh—入湖河流下端 AA' 处的水位抬高值；

－－－正常水面线；—壅水曲线

2. 降（落）水曲线

促使洪水水面线发生降落作用的条件，一般有下列 4 种情况：

(1) 河底突然下降的降（落）水作用：河底突然下降，水流受到明显影响时，对其上游河段产生降水作用，如图 9-73 所示。在支流出口的尾段，当干流水位较低时，亦会发生此种情况。

(2) 分流的降（落）水作用：河流经分流后，分流口下游干流流量减少，水位降低，对上游干流河段产生降水作用，见图9-74。与此类同，河流分叉的上游河段，亦会产生不同程度的降（落）水作用。

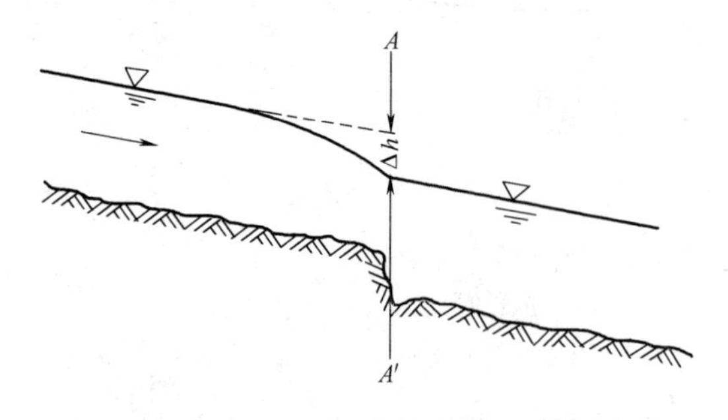

图9-73　河底下降处上游降（落）水曲线示意
Δh—河底下降处 AA′的水位降低值；
－－－正常水面线；—降（落）水曲线

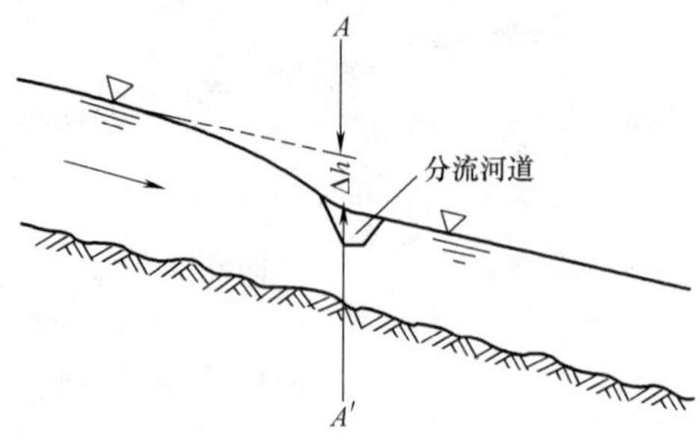

图9-74　分流口上游降（落）水曲线示意
Δh—分流口处 AA′的水位降低值；
－－－正常水面线；—降（落）水曲线

（3）断面开阔处的降（落）水作用：开阔河段的正常水深较窄河段为小，对其上游常产生降（落）水作用，如图9-75所示。例如河流出谷处的尾端，即属于此种情况。

（4）底坡变陡处的降（落）水作用：河底坡度变陡的河段，因其正常水深减小，对其上游段产生降（落）水作用，如图9-76所示。例如河流入谷处的临近河段，即属于此种情况。

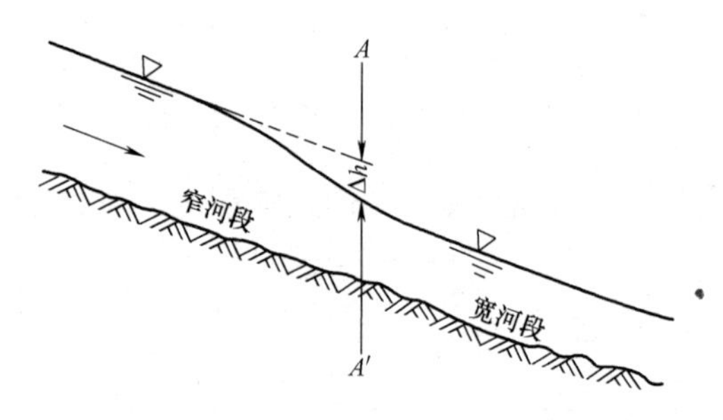

图9-75　开阔河段上游降（落）水曲线示意
Δh—开阔河段上端处 AA′的水位降低值；
－－－正常水面线；—降（落）水曲线

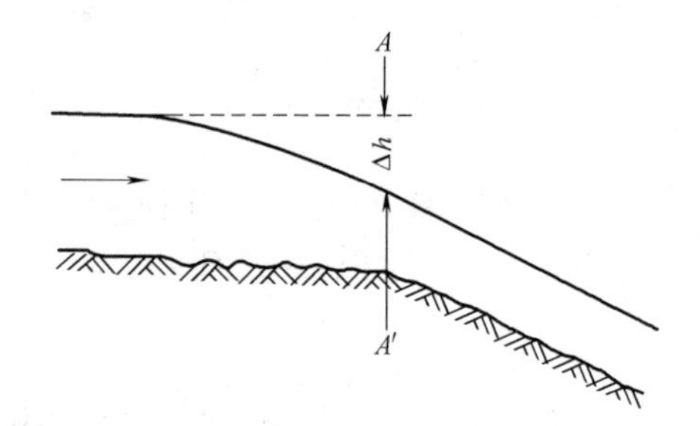

图9-76　底坡变陡处上游降（落）水曲线示意
Δh—底坡变陡处 AA′的水位降低值
－－－正常水面线；—降（落）水曲线

9.2.3　扩宽和疏浚

对于河道两旁的防洪保护区，为满足其防洪要求，有时可筹划采取使河道扩宽或疏浚的方法，也可筹划采取扩宽与疏浚二者兼施的方法。通过扩宽、疏浚，以降低洪水位，满足防洪保护区的要求。

1. 局部扩宽

扩宽可分为堤防退建和河槽扩宽两类。本节主要叙述以河槽扩宽加大过水能力的方法，来相对地降低同流量的洪水位，使其满足防洪保护区的要求，如图9-77所示。扩宽的长度，应包括防洪保护区附近河槽及相当区段的下游河槽。若扩宽的河槽长度太短，由于下游的壅水作用，则防洪保护区附近的水位并不能降低到扩宽河槽的正常水位，如图9-77（*b*）所示。因此，应使扩宽的长度向下游延伸，以使防洪保护区处在壅水范围以外，如图9-77（*c*）所示（*ab*段长于*cb*段）。

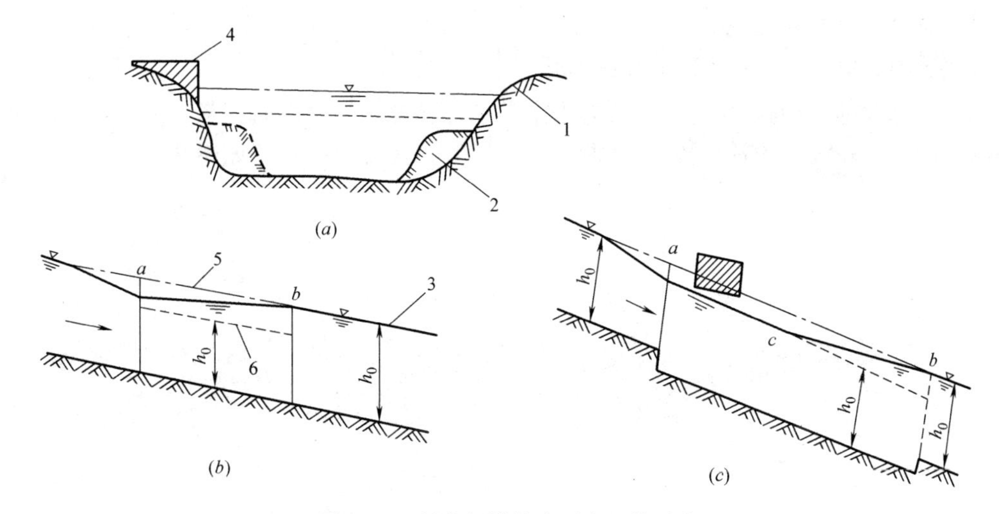

图 9-77　局部河槽扩宽后水面线示意

（a）横剖面；（b）无足够扩宽长度情况下的纵剖面及洪水水面线示意；

（c）有足够扩宽长度情况下的纵剖面及洪水水面线示意

1—河底或河槽；2—河槽扩宽部分；3—水面曲线；4—防洪保护区；

5—扩宽前正常水面线；6—扩宽后正常水面线

ab—扩宽的河段；*c*—壅水终点；h_0—正常水深

2. 局部疏浚

疏浚河槽亦可加大过水能力，相应地降低同流量的洪水位，使其满足防洪保护区的要求，如图 9-78 所示。疏浚的长度，应包括防洪保护区附近河槽及其相当区段的下游河槽。若疏浚的河槽长度太短，由于下游的壅水作用，则防洪保护区附近的水位并不能降低到疏浚河槽的正常水位，如图 9-78（*b*）所示。因此，应使疏浚的长度向下游延伸，以使防洪保护区处在壅水范围以外，如图 9-78（*c*）所示（*ab* 段长于 *cb* 段）。

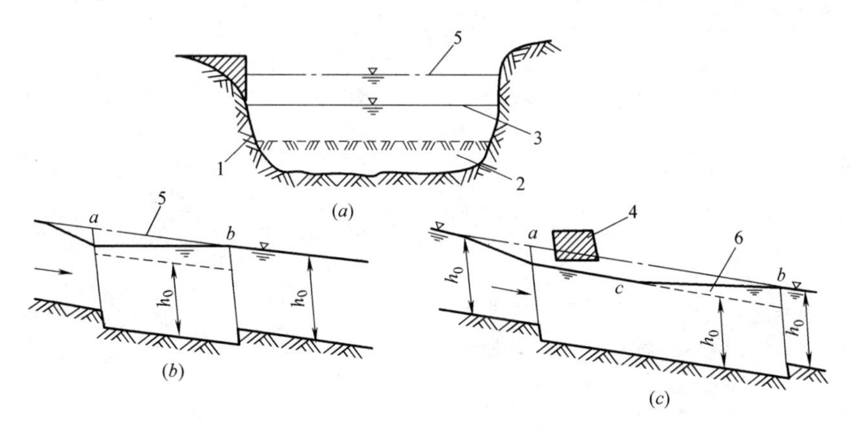

图 9-78　局部河槽疏浚后水面线示意

（a）横剖面；（b）无足够疏浚长度情况下的纵剖面及洪水水面线示意；

（c）有足够疏浚长度情况下的纵剖面及洪水水面线示意

1—河底或河槽；2—河槽疏浚部分；3—水面曲线；4—防洪保护区；

5—疏浚前正常水面线；6—疏浚后正常水面线；

ab—疏浚的河段；*c*—壅水终点；h_0—正常水深

9.2.4　河道人工裁弯取直

1. 裁弯取直改变河道水面线以利防洪

裁弯取直，从防洪讲，主要是使弯道上游水位降低；加大水面比降、冲深河槽，提高泄洪能力；减小河长、缩短堤线、摆脱弯道险工等。裁弯河段示意如图 9-79 所示。

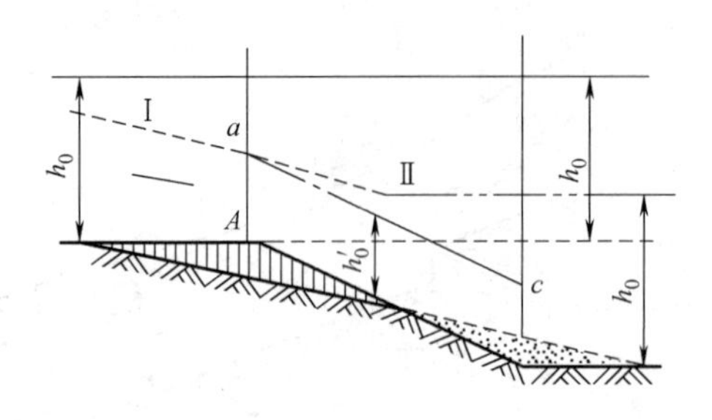

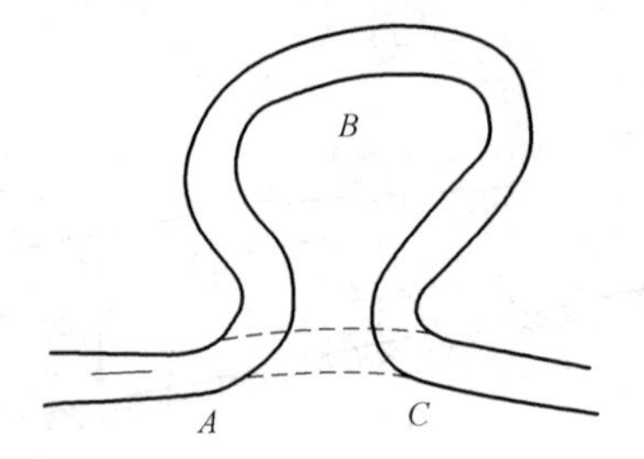

图 9-79　裁弯河段示意

h_0—原河道正常水深；h_0'—新河道正常水深

Ⅰ—降水曲线；Ⅱ—壅水曲线

在城市防洪保护区下游，若有数个连续的河弯将发展成近于闭锁的河环时，如加以裁弯取直，对防洪能有一定效益。例如：我国长江荆江河段中洲子及上车湾两处裁弯，在当地防洪控制流量条件下，中洲子新河进口上游 42.6km 处降低洪水位 0.59m；美国密西西比河 15 处裁弯工程，使阿肯色市的水位在设计洪水情况下降低 3.7m。

裁弯取直所得防洪效益的主要指标，可用裁弯前后防洪控制点的水位-流量关系曲线（见图 9-80）来表示；也可将此关系列成裁弯前后相同流量的水位比较表或相同水位的流量比较表来表示。

研究裁弯取直，当上游水位降低或泄流量增加时，在规划设计中一般以引河断面发育或达到最终断面情况为准，在施工期有时还要考虑引河在发育过程中的预计断面和效益情况。

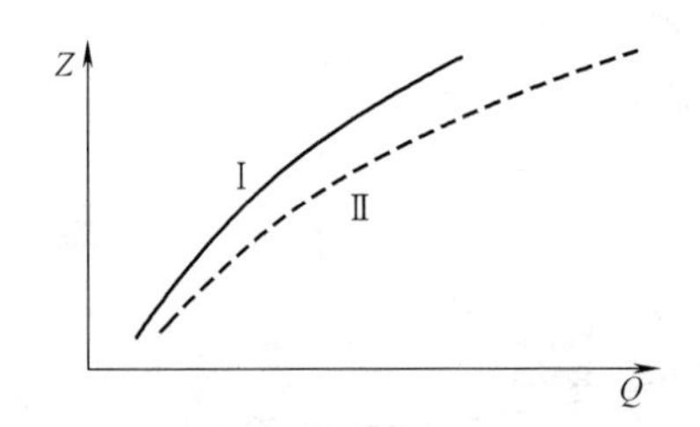

图 9-80　裁弯前后防洪控制点水位-流量曲线

Z—防洪控制点处水位；Q—防洪控制点处泄流量

Ⅰ—裁弯前；Ⅱ—裁弯后

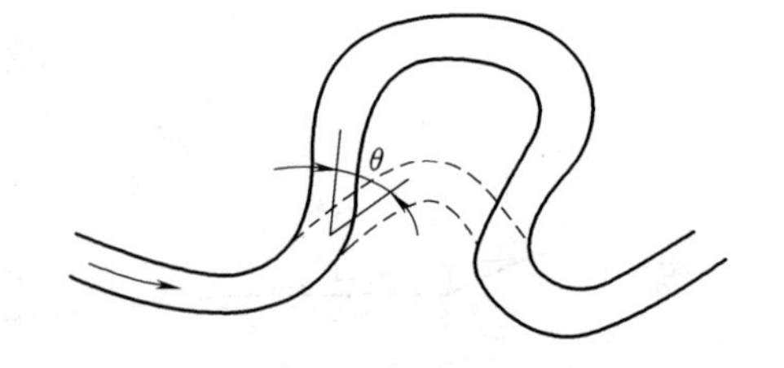

图 9-81　裁弯进口交角示意

2. 河道裁弯取直的引河设计

（1）拟定裁弯线路

1）引河平面形态的曲率应适度，并能使进出口与原河道平顺衔接。若设计成直线或曲率半径过大的曲线，可能会出现犬牙交错状边滩，使引河两岸冲淤变化漫无规律，难于控制总体河势。

2）河线上的土壤条件关系到引河的开挖方式。如所经地带是难于冲刷的土壤，须采取全部开挖方式；如所经地带系较易冲刷的土壤，可采取先开挖小引河方式。由于地质条件对引河能否被冲开，具有决定性意义，所以一般应尽量通过沙土或粉土地区，力求避开壤土或黏土地区。如果表层系壤土或黏土而底层为沙土，也可令引河通过。

3）引河长度应尽量缩短，这样，可以节省开挖量，较多地降低洪水位及缩短航程等。但引河过短，其发展过速，可能在下游引起严重淤积或河势变化过剧。所以，一般将裁弯比（河弯长度与引河长度之比）控制在3～7左右。然而，对于比降较缓的大河，其裁弯比可取较大一些，如长江荆江河段，中洲子新河的裁弯比为8.5（老河长36.7km，引河长4.3km），上车湾新河的裁弯比为9.3（老河长32.7km，引河长3.5km）。

4）引河进出口位置选择要求与上、下游河段平顺衔接。引河的进口段应与上游弯道的下段平顺衔接，引河的出口段应与下游弯道的上段平顺衔接。即引河轴线尽量与原河段轴线相切或所成交角不大，这样有利于将含沙量较小的表面水流导入引河，也有利于将从引河下泄的超饱和挟沙水流直接导入下游弯道的深槽，并避免引河下游河势变化过大。其进口交角θ一般不大于25°～30°。

（2）引河断面设计

1）不易冲刷土壤地区的引河开挖断面设计

此种情况的开挖设计断面即为引河的最终断面，断面形式一般设计为梯形。边坡系数m视土壤性质而定。引河主河道河底高程应根据设计枯水位和满足航运要求来确定。以造床流量（一般用漫滩流量）作为设计引河主河道标准断面的流量，以防洪标准的设计流量作为规划堤距及堤顶高程的流量（详见第8章堤防）。

2）可冲刷土壤地区的引河开挖断面设计

可冲刷土壤地区新河堤距及堤顶高程规划同上，但其引河开挖断面一般比较小，主要借水流冲刷作用达到其最终断面。所以，必须注意以下几个问题：

① 引河中的流速必须保证能冲刷河底泥沙。

② 引河中的流速也不宜过大，以免引河发展过快，导致下游河段河势的急剧变化和发生淤积。

③ 还应考虑航宽、航深和航行的允许流速。根据国内外裁弯工程的经验，引河开挖断面面积为原河道的1/5～1/30。

3）引河达最终断面时（接近原河道断面）裁弯效益计算

当引河被水流冲刷达预定断面时，其宽深系已接近原河道情况。此时，对其迎流顶冲及附近上下游处需加以维护，固定河势，限制河道以避免向不利方向发展，即可认为裁弯引河断面已达相对稳定的最终情况。其裁弯效益可通过水面线计算来确定。若能利用水文资料，获得裁弯前引河进出口处原河道稳定水位流量关系曲线，则可比较简便地概算其裁弯效益。其概算过程如下：

① 引河出口处裁弯后的水位Z'_C可假定与裁弯前设计标准流量下的水位Z_C值相等。其值，可由水位-流量关系曲线（见图9-82）中C线查得。

② 引河入口处裁弯前的水位Z_A。其值，可由水位-流量关系曲线（见图9-82）中A线查得。

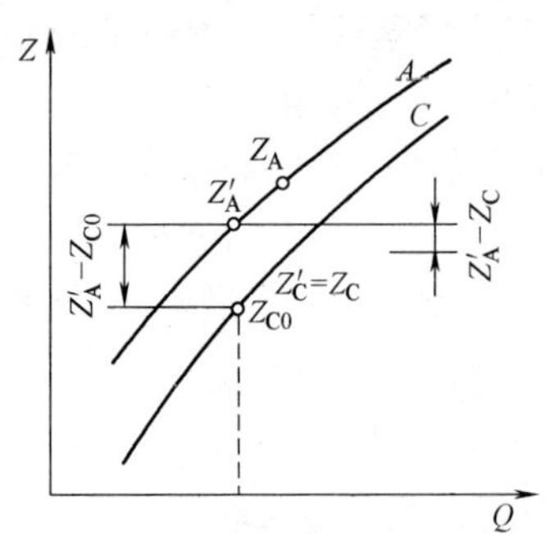

图 9-82　引河进出口原河道裁弯前 $Z\sim Q$ 曲线

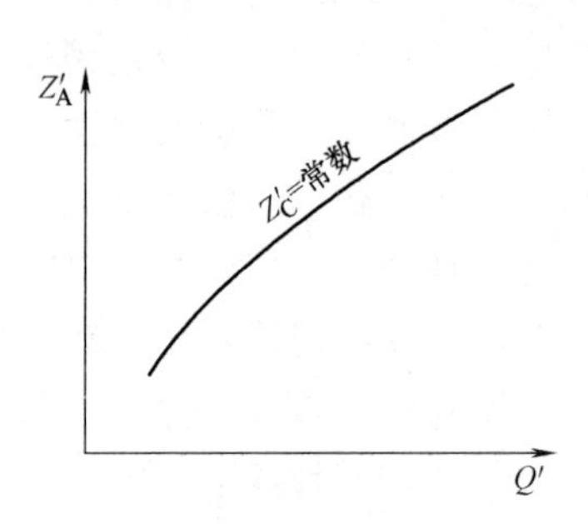

图 9-83　固定 Z'_C 值的引河进口处裁弯后的流态线

③ 假定不同的引河入口处裁弯后的水位 Z'_A 作流态线。Z'_A 应在以下范围内假定：

$$Z'_C < Z'_A < Z_A \tag{9-44}$$

因在 A 处（引河进口干流处）当裁弯前的水位与裁弯后的水位 Z'_A 相同时，其流量不等，应分别为：

$$Q = K\sqrt{i} = K\sqrt{\frac{\Delta Z}{L}} \tag{9-45}$$

$$Q' = K\sqrt{i'} = K\sqrt{\frac{\Delta Z'}{L'}} \tag{9-46}$$

所以

$$Q' = Q\sqrt{\frac{L(Z'_A - Z'_C)}{L'(Z'_A - Z_{C0})}} \tag{9-47}$$

式中　K——输水系数，m^8/s；

L——老河河弯长度，m；

L'——新河河弯长度，m；

ΔZ——与裁弯后进口处水位相同的裁弯前正常落差（$Z'_A - Z_{C0}$），m，如图 9-82 所示；

$\Delta Z'$——裁弯后新河进出口处的落差（$Z'_A - Z'_C$），m；

Z_{C0}——由假定的 Z'_A 值查图 9-82 中 A 线相应 Z'_A 的流量 Q，再以 Q 从 C 曲线上读出的水位值，m；

i——裁弯前水面比降；

i'——裁弯后水面比降；

Z'_A、Z'_C——同前所述。

由假定的 Z'_A 用公式（9-47）算出相应的 Q'，即可绘出如图 9-83 所示的流态线。

④ 由设计流量查图 9-83，得 Z'_A 作为近似值。

⑤ 由所得 Z'_A 及相应的 Q、Z_{C0} 值代入公式（9-47）得 Q'，若 Q' 等于设计流量，即为正确。

⑥ 裁弯后引河进口处相应设计流量的水位降低值为 $Z_A - Z'_A$。

3. 裁弯取直计算举例

【例 9-2】 某蜿蜒性河流，其一河弯如图 9-84 所示，老河河弯长 10km，裁弯取直的新河（引河）长 2km，若引河的最终断面与原河道断面相适应，其糙率值可认为与原河道糙率值相等，根据附近水文站水文资料及有关水面线资料得到引河进、出口处裁弯前原河道的水位-流量曲线如图 9-85 所示。

求裁弯后上游原河道无显著刷深时在防洪安全泄量为 7000m^3/s 的引河进口上游原河道水位的降低值为多少？

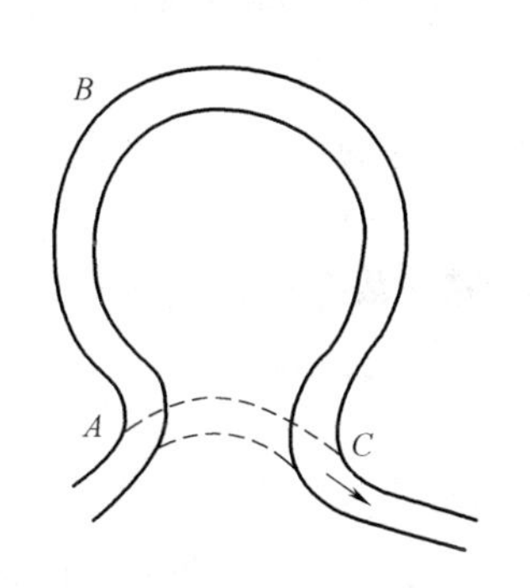

图 9-84 河道裁弯前后平面示意

A—进口处；C—出口处

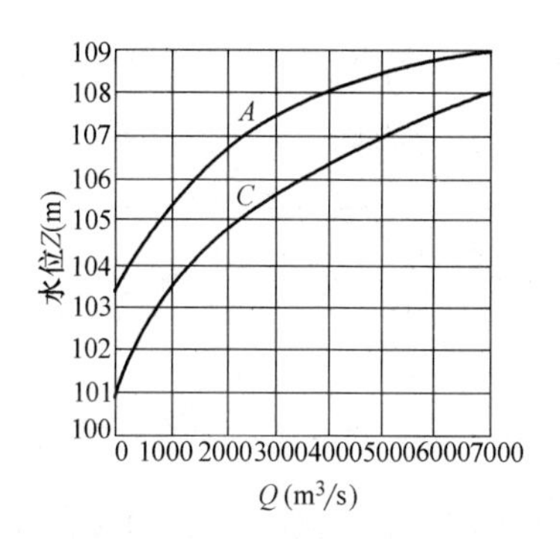

图 9-85 原河道 Z～Q 曲线

【解】 当流量 $Q=7000m^3/s$ 时，从图 9-85 查得进、出口原河道水位 $Z_A=109m$，$Z_C=108m$。裁弯取直后，相应上述流量情况下，A 处之水位 Z'_A 应在如下范围：

$$108m < Z'_A < 109m$$

由公式（9-47）知：

$$Q'=Q\sqrt{\frac{L\Delta Z'}{L'\Delta Z}}=Q\sqrt{\frac{L(Z'_A-Z'_C)}{L'(Z'_A-Z_{C0})}}$$

因：$L=10km$，$L'=2km$，$Z'_C=108m$

则：

$$Q'=2.24Q\sqrt{\frac{Z'_A-108}{Z'_A-Z_{C0}}} \tag{9-48}$$

上列各式中，有撇号者为裁弯后情况，无撇号者为裁弯前情况。公式（9-48）中，Q 及 Z_{C0} 均由假定值 Z'_A 在原河道稳定水位-流量曲线上查出（见图 9-85）。

假定：

$Z'_A=108.23m$；$108.5m$；$108.7m$ 查图 9-85 中 A 线得相应的 Q 值为：

$$Q=4500m^3/s;5200m^3/s;5700m^3/s$$

再以 Q 值查图 9-85 中 C 线得相应的 Z_{C0} 值为：

$$Z_{C0}=106.80m;107.17m;107.41m$$

将 Z'_A 及相应的 Q、Z_{C0} 代入公式（9-48），得相应的 Q' 为

$$Q'=4100m^3/s;7200m^3/s;9420m^3/s$$

以 Z'_A 及 Q' 绘流态线，如图 9-86 所示。

以 7000m^3/s 查图 9-86，得相应的 $Z'_A=108.5m$。此为初算的裁弯后引河进口处上游水位。

现验算如下：

将 $Z'_A=108.5m$，同上法查得相应的 $Q=5100m^3/s$，$Z_{C0}=107.16m$，代入公式

(9-48)得：

$$Q'=2.24\times5100\sqrt{\frac{108.5-108.0}{108.5-107.16}}=7000\text{m}^3/\text{s}$$

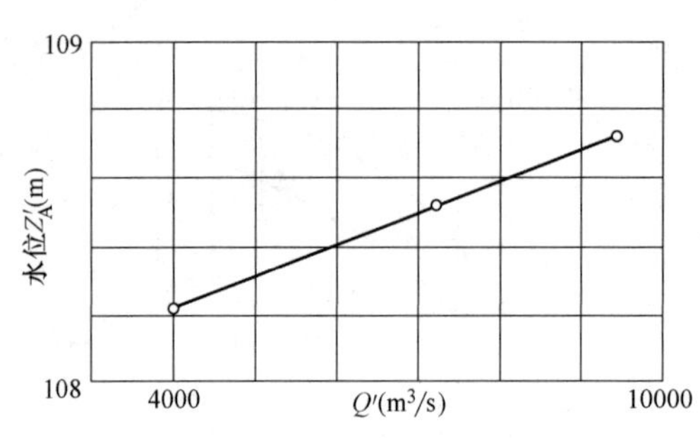

图 9-86　$Z'_A\sim Q'$的流态曲线（$Z'_C=108$m）

故 $Z'_A=108.5$m 是正确的。

因裁弯前原河道在防洪安全泄量 7000m³/s 情况下 $Z_A=109$m，故裁弯后引河进口处上游原河道水位降低值为：

$$Z_A-Z'_A=109-108.5=0.5\text{m}$$

【例 9-3】 裁弯取直情况同例 9-2，若裁弯后引河进口上游冲深 0.5m，估算在防洪安全泄量 7000m³/s 情况下，该处裁弯后较裁弯前水位的降低值。

【解】 冲刷的影响，可采用化算法，即采用与冲刷前等同断面的流态进行化算，而后再利用例 9-2 的比拟法概算。

假定：　　$Z'_A=108.1$m；108.3m；108.5m

化算为与冲刷前等同断面的水位 Z'_{A0}，则 $Z'_{A0}=Z'_A+\Delta h_0$，此处 Δh_0 系冲深值，题意中为 0.5m。

故相应的 $Z'_{A0}=108.6$m；108.8m；109.0m。

以 Z'_{A0}查图 9-85 中 A 线，得相应的 Q 值为：

$Q=5450$m³/s；6100m³/s；7000m³/s

再以 Q 值查图 9-85 中 C 线，得相应的 Z_{C0}值为：

$Z_{C0}=107.3$m；107.62m；108.0m

将上列各相应值 Z'_A、Z'_{A0}、Q、Z 代入与公式（9-47）相仿的公式（9-49）为：

$$Q'=2.24Q\sqrt{\frac{Z'_A-108}{Z'_{A0}-Z_{C0}}}\tag{9-49}$$

得相应的 Q'为：

$Q'=3390$m³/s；6890m³/s；11000m³/s

以 Z'_A及 Q' 绘流态线如图 9-87 所示。以 7000m³/s 查图 9-87，得相应的 $Z'_A=108.31$m。此为初算的裁弯后引河进口处上游冲深 0.5m 时的水位。

现验算如下：

将 $Z'_A=108.31$m，同上法得到相应的 $Z'_{A0}=108.81$m，$Q=6150$m³/s，$Z_{C0}=107.63$m，代入公式（9-49）得：

$$Q'=2.24\times6150\sqrt{\frac{108.31-108.00}{108.81-107.63}}\approx7000\text{m}^3/\text{s}$$

故 $Z'_A=108.31$m 是正确的。

因裁弯前原河道在防洪安全泄量 7000m³/s 情况下 $Z_A=109$m，故考虑所述裁弯后冲深 0.5m 时，引河进口处上游原河道水位降低值为：

$$Z_A-Z'_A=109-108.31=0.69\text{m}$$

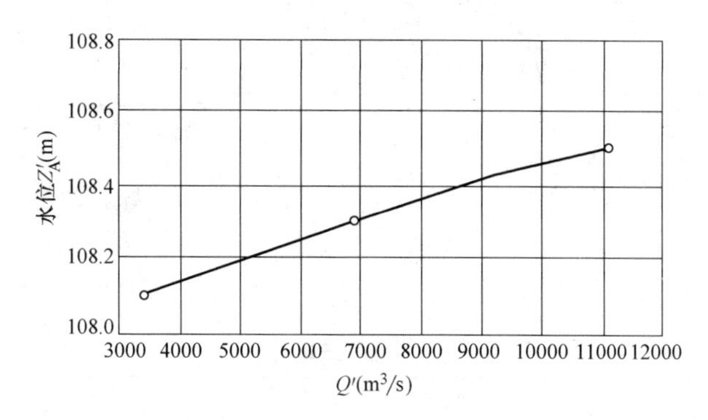

图 9-87　$Z'_A \sim Q'$的流态曲线（Z'_C=108m；冲深 0.5m）

9.3　护岸与河道整治工程水力计算

9.3.1　平行水流冲刷计算

水流平行河道对岸边或河底的冲刷深度，一般采用公式（9-50）计算：

$$h_B = h_P\left[\left(\frac{v_P}{v_H}\right)^n - 1\right] \tag{9-50}$$

式中　h_B——局部冲刷深度，m；

n——平面形状系数，根据防护地段在平面上的形状而定，可按表 9-13 选用；

v_H——河床容许的不冲流速，m/s；

v_P——主河槽计算水位时的平均流速，m/s；

h_P——一般冲刷后水深，m。

平面形状系数　　　　表 9-13

平面形状与水流交角	n	平面形状与水流交角	n
半流线形(交角小于 5°～10°)	1/4	非流线形(交角小于 20°)	1/2
非流线形(交角为零)	1/3	在主流摆动的河槽区内(交角在 20°～45°)	2/3

9.3.2　斜冲水流冲刷计算

由于水流斜冲河岸，水位升高，岸边产生自上而下的水流，其冲深按公式（9-51）计算：

$$\Delta h_P = \frac{23\tan\dfrac{a}{2}v_P^2}{\sqrt{1+m^2}g} - 30d \tag{9-51}$$

式中　Δh_P——从河底算起的局部冲深，m，如图 9-88 所示；

a——水流流向与岸坡交角，°；

m——防护构筑物迎水面边坡系数；

v_P——水流偏斜时，水流的局部冲刷流速，m/s；

d——坡脚处土壤计算粒径，对非黏性土壤取大于 15%（按重量计）的筛孔直径；对黏性土壤取表 9-14 的当量粒径值。

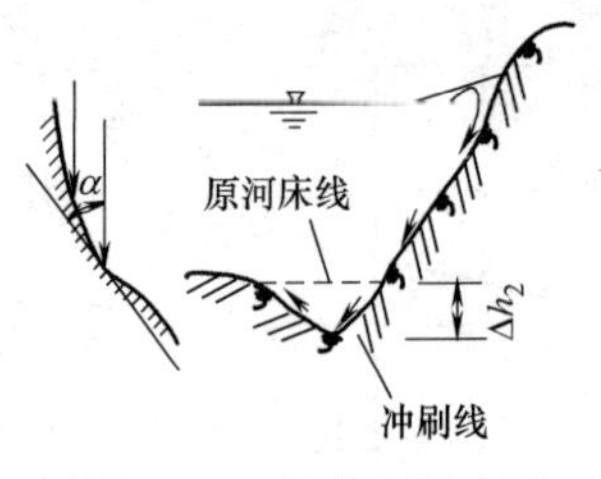

图 9-88　斜冲水流冲刷

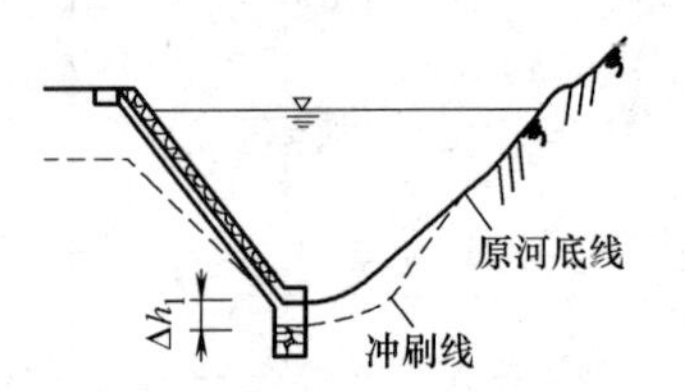

图 9-89　河床断面压缩时的冲刷

当量粒径值　　　　**表 9-14**

土壤性质	孔隙比（空隙体积/土壤体积）	干重力密度（$10kN/m^3$）	非黏性土壤当量粒径(mm)		
			黏土及重黏壤土	轻黏壤土	黄土
不密实	0.9～1.2	1.2	10	5	5
中等密实	0.6～0.9	1.2～1.6	40	20	20
密实	0.3～0.6	1.6～2.0	80	80	30
很密实	0.2～0.3	2.0～2.15	100	100	60

水流偏斜时，局部冲刷流速的计算方法如下：

（1）滩地河床 v_P 的计算：

$$v_P=\frac{Q_1}{B_1H_1}\left(\frac{2\beta}{1+\beta}\right)(m/s) \tag{9-52}$$

式中　B_1——河滩宽度，从河床边缘至坡脚的距离，m；

Q_1——通过河滩部分的设计流量，m^3/s；

H_1——河滩水深，m；

β——水流流速分配不均匀系数，与 a 角有关，可按表 9-15 选用。

β 值　　　　**表 9-15**

α(°)	≤15	20	30	40	50	60	70	80	90
β	1.00	1.25	1.50	1.75	2.00	2.25	2.50	2.75	3.00

（2）无滩地河床 v_P 的计算：

$$v_P=\frac{Q}{\omega-\omega_P}(m/s) \tag{9-53}$$

式中　Q——设计流量，m^3/s；

ω——原河道过水断面面积，m^2；

ω_P——河道缩窄部分的断面面积，m^2。

9.3.3　挤压水流冲刷计算

水流被挤压时，冲刷就开始，如图 9-89 所示。平均冲刷深度按公式（9-54）计算：

$$\Delta h_P=\frac{\Delta\omega}{B} \tag{9-54}$$

式中　Δh_P——由挤压水流断面而引起的河床平均冲刷深度，m；

$\Delta\omega$——未挤压前的水流断面与挤压后的水流断面面积之差，m^2；

B——河底宽（自对岸至堤坝坡脚），m。

9.3.4　丁坝的冲刷计算

由于丁坝束窄河床水流，所以坝头处的河床发生冲刷。丁坝冲刷计算常用公式有下列两种：

1. 按有、无泥沙进入冲刷坑计算

（1）有泥沙进入冲刷坑时：

$$H_{\max}=\left(\frac{1.84h}{0.5b+h}+0.0207\frac{v-v_0}{\omega_0}\right)bK_mK_a \tag{9-55}$$

（2）无泥沙进入冲刷坑时：

$$H_{\max}=\frac{1.84h}{0.5b+h}\left(\frac{v_P-v_B}{v_0-v_B}\right)^{0.75}bK_mK_a \tag{9-56}$$

式中 $H_{\max}$——局部冲刷后的最大水深，m；

h——局部冲刷前的水深，m；

b——丁坝在流向法线上的投影长度，m；

v_P——流向丁坝头的水流的垂线平均流速，m/s；

K_m——与丁坝头部边坡系数 m 有关的系数，查表 9-16；

K_a——与丁坝轴线和流向之间的夹角 α 有关的系数，由下式计算：

$$K_a=\sqrt[3]{\frac{a}{90}}$$

ω_0——土壤颗粒沉速，见表 9-17；

v_0——土壤的冲刷流速，m/s；

对非黏性土壤：$v_0=3.6\sqrt[4]{hd}$

对黏性土壤：$v_0=\frac{0.4}{\varepsilon}(3.34+\lg h)\sqrt{0.151+C}$

d——土壤粒径，m；

ε——系数，当坑中有泥沙进入时用 1.0；

C——土壤黏聚力，由试验资料确定，无资料时可由表 9-18 选用；

v_B——土壤的起冲流速，可按下式计算：

$$v_B=v_0\left(\frac{d}{H}\right)^y$$

y——指数，由表 9-19 确定。

K_m 值 **表 9-16**

m	1.0	1.5	2.0	2.5	3.0	3.5
K_m	0.71	0.55	0.44	0.37	0.32	0.28

ω_0 值 **表 9-17**

d (mm)	ω_0 (mm/s)	d (mm)	ω_0 (mm/s)	d (mm)	ω_0 (mm/s)	d (mm)	ω_0 (mm/s)
0.02	0.20	0.30	28.00	3.0	230.00	30.0	740.00
0.03	0.46	0.40	39.00	4.0	270.00	40.0	760.00
0.04	0.82	0.50	51.00	5.0	300.00	50.0	780.00
0.05	1.20	0.60	62.00	6.0	330.00	60.0	890.00
0.06	1.80	0.70	73.00	7.0	360.00	70.0	910.00
0.07	2.50	0.80	84.00	8.0	380.00	80.0	980.00
0.08	3.30	0.90	96.00	9.0	400.00	90.0	1040.00
0.09	4.10	1.00	107.00	10.0	430.00	100.0	1100.00
0.10	5.10	1.50	160.00	15.0	520.00	150.0	1350.00
0.20	17.00	2.00	190.00	20.0	600.00	200.0	1530.00

土壤黏聚力 C（10kPa）　　表 9-18

塑限含水量（%）	孔隙比（%）					
	0.41～0.50	0.51～0.60	0.61～0.70	0.71～0.80	0.81～0.95	0.96～1.10
9.5～12.4	0.3	0.1	0.1	—	—	—
12.5～15.4	1.4	0.7	0.4	0.2	—	—
15.5～18.4	—	1.9	1.1	0.8	0.4	0.2
18.5～22.4	—	—	2.8	1.9	1.0	0.6
22.5～26.4		—	—	3.6	2.5	1.2
26.5～30.4	—	—	—	—	4.0	2.2

y 值　　表 9-19

h/d	20	40	60	80	100	200	400	600	800	1000	>2000
y	0.198	0.181	0.173	0.167	0.163	0.152	0.143	0.139	0.137	0.134	0.125

2. 按河床土壤粒径计算

（1）非淹没丁坝冲刷深度如图 9-90 所示，一般可按公式（9-57）计算：

$$\Delta H=27K_1K_2\left(\tan\frac{\alpha}{2}\right)\frac{v^2}{g}-30d \quad (9\text{-}57)$$

式中　ΔH——冲刷坑深度，m；

v——丁坝前水流的行进流速，m/s；

K_1——与丁坝在水流法线方向上投影长度 l 有关的系数，可按下式计算：

$$K_1=e^{-5.1\sqrt{\frac{v^2}{gl}}}$$

K_2——与丁坝边坡系数 m 有关的系数，可按下式计算：

$$K_2=e^{-0.2m}$$

α——水流轴线与丁坝轴线交角，°，当上挑丁坝时应取 $\tan(\alpha/2)=1$；

d——河床砂粒粒径，m；

g——重力加速度，m/s^2。

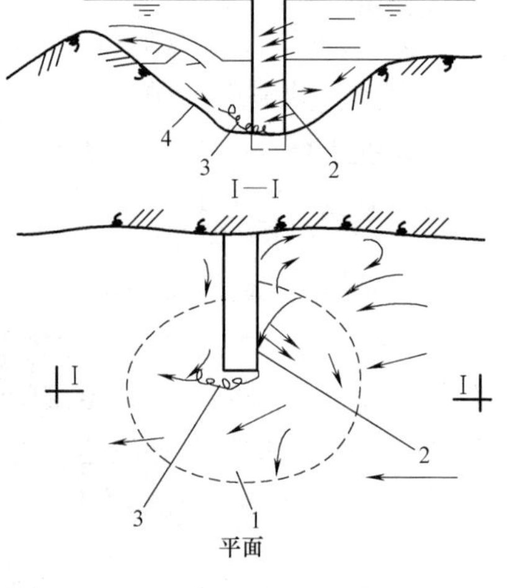

图 9-90　丁坝坝头绕流冲刷

1—冲刷度；2—下行流束；3—坑底涡流；4—泥沙下滑

（2）当河床砂粒粒径较细时，可用公式（9-58）计算：

$$H=h_0+\frac{2.8v^2}{\sqrt{1+m^2}}\sin\alpha^2 \quad (9\text{-}58)$$

式中　H——局部冲刷水深，m；从水面算起；

h_0——考虑行进流速的水深，m；

v——流速，m/s。

9.3.5　锁坝的冲刷计算

整治河道时，为了堵塞支流、串沟而修建的低坝叫做锁坝。水流从锁坝顶漫溢后，下游河床产生局部冲刷。当水流呈淹没泄流时，冲刷深度可用公式（9-59）计算：

$$h_m = \frac{0.332}{\sqrt{d}\left(\frac{h}{d}\right)^{1/6}} q \tag{9-59}$$

式中　h_m——冲刷坑最大深度（从水面算起），m；

q——单宽流量，m^3/s；

d——河床砂粒粒径，m；

h——水深，m。

9.3.6　裁弯取直水力计算

裁弯取直工程设计中水力计算的任务主要是：确定裁弯后引河和老河的流量分配，上游的水面降落，并估计引河冲刷，老河淤积和上、下游河段冲淤变化情况。

1. 流量分配和水面降落计算

裁弯后，由于引河长度较短、比降较大、水流大量地进入引河，引河以上河道的流量分成两股。同时，由于河床总过水能力加大，引河上游水位必然要降低。引河和老河的流量分配决定了引河的发展和老河的衰亡，直接关系到裁弯工程的成败。上游水位的降落，在枯水期可使上游浅滩水深减小，在洪水期则可能降低洪水位，提高河道泄洪能力，因此，在工程设计时需要进行一定的估算。

（1）水面曲线计算

如果要了解裁弯后引河和老河的流量分配和水面曲线变化的详细情况，可以应用推求水面曲线方法进行计算。计算时，应根据裁弯河段地形图和设计引河地形图，全部计算，自下而上分段进行。先根据给定的计算流量和控制断面相应水位，按一般方法推算水面曲线至引河出口断面，得引河出口处水位；再按汊流水面曲线计算的方法分别推算引河和老河的水面曲线至引河进口断面，得引河进口处水位；再按一般方法继续向上推算水面曲线直至与原水面线相交处为止。引河糙率根据引河土壤组成情况查糙率表确定。计算流量根据要求而定，一般只对洪水设计流量和整治流量进行计算。通航河道还要按航运要求进行计算。

（2）流量分配和水位降低值估算

如果不需要了解水面曲线变化的详细情况，而只需近似地确定引河和老河的流量分配和上游水位降落值，而且裁弯河段也不长，水位降落值不大时，也可采用下述近似方法进行估算。

由水流连续公式和均匀流阻力公式可得：

$$Q_0 = Q_y + Q_l$$

$$Q_y = \left(\frac{\Delta z}{\sum_{i=1}^{m} \frac{l_y}{k_{yp}^2}}\right) \tag{9-60}$$

$$Q_l = \left(\frac{\Delta z}{\sum_{i=1}^{n} \frac{l_l}{k_{lp}^2}}\right)$$

式中　Q_0——计算流量，m^3/s；

Q_y——分进引河的流量，m^3/s；

Q_l——分进老河的流量，m^3/s；

Δz——总落差，m；

l_y——引河长度，m；

l_l——老河长度，m；

k_{yp}——引河平均流量模数；

k_{lP}——老河平均流量模数；

m——引河分段数，一般 $m=1$；

n——老河分段数。

令 $\left(\sum_{i=1}^{m}\frac{l_y}{k_{yp}^2}\right)^{\frac{1}{2}}=A_y\left(\sum_{i=1}^{n}\frac{l_l}{k_{lp}^2}\right)^{\frac{1}{2}}=A_l$ ，联解上列公式得：

$$Q_y=\frac{Q_0}{1+\dfrac{A_y}{A_l}}$$

$$Q_l=Q_0-Q_y \tag{9-61}$$

$$\Delta z=Q_y^2A_y^2=Q_l^2A_l^2$$

利用公式（9-61），只要已知总流量 Q_0 以及引河、老河河床形态特征和糙率，就能求得引河、老河的流量分配和上游水位降落值。

式中的 k 可按公式（9-62）求出：

$$K_p=\frac{B_P H_P^{\frac{5}{3}}}{n} \tag{9-62}$$

式中　B_P——河段的平均宽度；

H_P——河段的平均水深。

2. 裁弯后河床冲淤变化计算

裁弯后，引河将产生剧烈的冲刷，断面不断展宽、加深，直至达到稳定的河床断面。而老河则随之淤废，与此同时，邻近的上下游河段也将产生不同程度的冲淤变化。这些冲淤变化过程，决定裁弯工程的成败和效益。因此，在工程设计时，需要进行一定的估算。

（1）床变形计算

1）上游河段冲刷计算：可按一般河床变形计算公式直接求出：

$$\Delta h_0=\frac{\alpha_0(S_{02}-S_{01})Q_0\Delta t}{\gamma' B_0 L_0} \tag{9-63}$$

式中　S_{02}——上游出口断面（即裁弯分流断面）床砂质含砂量，按水流挟砂力公式计算，kg/m^3；

S_{01}——上游进口断面床砂质含砂量，根据实际资料求出，kg/m^3；

α_0——考虑河床组成中冲泻质含量的修正系数，其值为床砂粒配曲线中床砂质含量百分数的倒数；

Q_0——计算流量，m^3/s；

B_0——上游河段平均宽度，m；

L_0——上游河段长度，m；

Δt——计算时距，s；

γ'——淤积泥沙干重力密度，10N/m^3。

2）引河冲刷计算：

① 引河分砂量的确定：

进入引河的砂量决定于一系列的因素，如分流口门处的河床形态和环流结构等，并且是随着河床的冲淤变化而不断改变的，较难确定。目前采用的处理办法是以引河的河底高程为控制线平切分砂。具体做法是：先根据口门附近弯道断面实测含砂量分布资料，绘出相对含砂量与相对河底高程的关系曲线，如图 9-91 所示。然后假定，当引河河底高于老河河底时，取：

$$S_y = \xi S_0 \tag{9-64}$$

当引河河底与老河河底齐平，或者低于老河河底时，则取：

$$S_y = S_0 \tag{9-65}$$

式中　S_0——分流断面平均含砂量，由上游段冲刷计算求出；

S_y——分进引河的含砂量；

ξ——所取断面中阴影部分含砂量 S' 与全断面含砂量 S 的比值，即 $\xi = S'/S$。

图 9-91 所示曲线，不同水位是不一致的，当变形计算需要考虑不同的计算流量时，应对每一种计算流量制定相应的曲线。

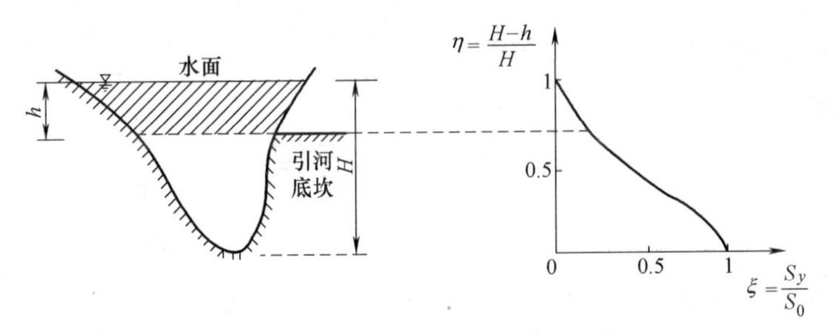

图 9-91　相对含砂量～相对河底高程关系曲线

② 引河的宽深关系：

引河的开挖断面远较上下游过水断面为小，引河的发展过程中，刷深和展宽是同时进行的，其宽深关系与水流条件和地质条件有关。通常引河发展初期的宽深关系，比稳定后的宽深关系要偏于窄深一些，在引河的发展过程中，宽深关系可写成：

$$\frac{B^m}{H} = A \tag{9-66}$$

式中　B——平滩河宽；

H——相应平滩水位的平均水深；

m、A——系数，据长江某裁弯工程实测资料，在引河底未冲刷到原河道平均河底高程以前，$m=0.352$，$A=0.685$。

③ 引河冲刷计算：

按照水流挟砂力公式，在 Δt 时段内引河冲刷体积 Δu_y 为：

$$\Delta u_y = \frac{\alpha_y (S_{y2} - S_{y1}) Q_y \Delta t}{\gamma'} \tag{9-67}$$

式中　S_{y2}——引河出口断面含砂量，按水流挟砂力公式算出；

S_{y1}——引河进口断面含砂量，按上述引河分砂计算结果得到；

α_y——考虑引河河床河岸组成中冲泻质含砂量的修正系数，求法同α_0。

假定引河断面发展过程如图9-92所示。从图可得Δt时段内的引河冲刷体积Δu_y应为：

$$\Delta u_y = [B_t(H_t + \delta) - B_c(H_c + \delta)]l_y \tag{9-68}$$

式中　B_t——Δt时段后的引河断面宽度，m；

H_t——Δt时段后的引河平均水深，m；

B_c——原设计的引河断面宽度，m；

H_c——原设计的引河平均水深，m；

δ——岸距水面高度，m；

l_y——引河长度，m。

3）老河淤积计算：

因为老河的淤积是不均匀的，故将整个河段分为上下两段来计算。计算段的划分根据河道地形并参考已有裁弯资料来选定。

进入老河的含砂量按公式（9-69）算出：

$$l_y = \frac{Q_0 - Q_y S_y}{Q_l} \tag{9-69}$$

式中各符号含义同公式（9-60）。

老河上段淤积厚度Δh_{l1}按公式（9-70）计算：

$$\Delta h_{l1} = \frac{\alpha_{l1}(S_l - S_{l1})Q_l \Delta t}{\gamma' B_{l1} l_{l1}} \tag{9-70}$$

老河下段淤积厚度Δh_{l2}按公式（9-71）计算：

$$\Delta h_{l2} = \frac{\alpha_{l2}(S_{l1} - S_{l2})Q_l \Delta t}{\gamma' B_{l2} l_{l2}} \tag{9-71}$$

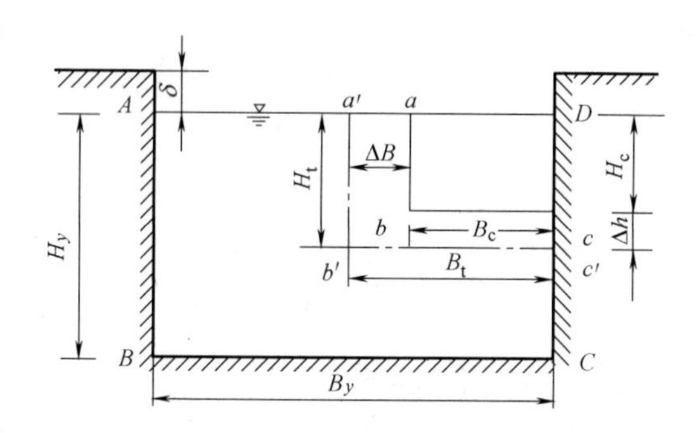

图9-92　引河断面发展过程示意

a、b、c、D——原设计引河断面；

a'、b'、c'、D——Δt时段后引河断面；

A、B、C、D——最终引河断面

式中　S_{l1}——老河上段水流挟砂力，按公式算出；

S_{l2}——老河下段水流挟砂力，按公式算出；

α_{l1}——考虑老河上段淤积物中冲泻质的修正系数；

α_{l2}——考虑老河下段淤积物中冲泻质的修正系数；

B_{l1}——老河上段平均宽度；

B_{l2}——老河下段平均宽度；

l_{l1}——老河上段长度；

l_{l2}——老河下段长度。

4）下游河段冲淤计算：

下游河段进口断面的含砂量S_{01}按公式（9-72）计算：

$$S_{01} = \frac{Q_y S_y + Q_l S_l}{Q_0} \tag{9-72}$$

冲淤厚度按公式（9-73）确定：

$$\Delta h_0' = \frac{\alpha_0'(S_{02}-S_{01})Q_0\Delta t}{\gamma' B_0' l_0'} \tag{9-73}$$

式中　S_y——引河流出含砂量；

S_l——老河流出含砂量；

S_{02}——下游河段出口断面含砂量；

α_0'——考虑下游河段冲淤物质中冲泻质含量的修正系数；

B_0'——下游河段平均宽度，m；

l_0'——下游河段长度，m。

整个计算由水面曲线计算和河床冲淤计算交替进行。即先自下而上的推算水面曲线，然后自上而下的计算冲淤变化，如此循环往复，直到引河发展到最终断面，老河淤废为止。

（2）引河冲淤复核和最终断面尺寸估算

在实际工作中，有时并不需要了解裁弯后河床冲淤变化的详细过程，而只需知道设计的引河断面能否产生冲刷，以及发展到稳定时的河床断面尺寸，此时，也可采用下述近似方法来进行校核和估算。

1）引河冲淤流速复核：

为保证引河能发生冲刷，必须使开挖后的引河流速，大于其床砂的冲刷流速，即：

$$u_y \geqslant u_C$$

为防止下游河段不发生严重淤积，引河流速，需小于其保证引河出口下游河段不发生淤积的最大允许流速 u_t，即：

$$u_y \leqslant u_t$$

引河开挖后的平均流速可按公式（9-74）计算：

$$u_y = \frac{Q_y}{B_y H_y} = \frac{1}{1+\dfrac{A_y}{A_l}} \frac{Q_0}{B_y H_y} \tag{9-74}$$

河床质冲刷流速 u_c 根据引河土壤颗粒直径按公式计算。

保证引河出口下游河段不发生严重淤积的引河中最大允许流速的计算方法如下：

为使引河出口下游河段不发生严重淤积，必须使裁弯初期引河和老河的输砂率之和不大于裁弯前老河的输砂率，即：

$$G_y + G_l \leqslant G_0$$

将 $G=QS_P$，$S_P=K(u^3/gH\omega)^m$ 代入，经简单运算后，得：

$$u_t = \left[\frac{H_v^{m-1}}{B_y}\left(\frac{Q_0^{3m+1}}{B_0^{3m}H_0^{4m}} - \frac{Q_1^{3m+1}}{B_1^{3m}H_1^{4m}}\right)\right]^{\frac{1}{3m+1}} \tag{9-75}$$

2）引河最终断面尺寸估算：

因引河系处在原河段范围内，故引河最终断面必然与原河段断面的平均情况相近，其断面尺寸可联解造床流量下的水流连续公式、均匀流阻力公式和河相关系式求得：

$$QS = G \tag{9-76}$$

$$Q = \frac{1}{n} B_y H_y^{5/3} I^{1/2} \tag{9-77}$$

$$S=K\left(\frac{u^3}{gH_y\omega}\right)^m \tag{9-78}$$

$$\frac{\sqrt{B_y}}{H_y}=A \tag{9-79}$$

联解后得：

$$H_y=\left[\frac{G(g\omega)^m n^{3m+1}}{KA^2 I^{\frac{1+3m}{2}}}\right] \tag{9-80}$$

$$B_y=A^2 H_y^2 \tag{9-81}$$

式中　H_y——引河最终断面的平均水深；

B_y——引河最终断面的水面宽度；

G——造床流量下的总输砂率，由裁弯前实测资料求得；

ω——床砂质水力粗度，由裁弯前实测资料求得；

I——原河床比降；

A——河相系数，由裁弯前本河段资料分析确定；

K、m——系数和指数，由裁弯前实测资料求得。

由公式（9-80）、公式（9-81）算得的水面宽度和平均水深，即为老河完全淤死后，引河断面达到相对平衡时的最终断面尺度。

第10章　治涝工程

10.1　治涝工程布置

治涝工程布置原则如下：

（1）与防洪（潮）工程统一全面考虑，统筹安排，发挥综合效益。我国大部分城市，一般同时受暴雨、洪水的影响，滨海地区的城市还受潮水、风暴潮等影响，既有防洪（潮）问题，又有治涝问题。

（2）与市政工程建设相结合。治涝工程必须与城市环境相协调，与城市建筑风格相融合，做到保护生态环境、美化景观、技术先进、安全可靠，经济合理。治涝工程应重视节约用地，因地制宜地设置雨洪设施。

（3）城市治涝工程可分片治理。城市涝区一般发生在低洼地带，当城市地势高差起伏较大时，可能有多片涝区。应根据涝区的自然条件、地形高程分布、水系特点、承泄条件以及行政区划等情况，结合防洪工程布局和现有治涝工程体系，合理确定治涝分片治理。地形高程变化相对较大的城市，还可采取分级治理方式。

（4）河道等，不仅可以调节城市径流，有效削减排涝峰量，减少内涝，而且有利于维持生态平衡，改善城市环境。

（5）上游河流改道减轻城区洪水压力。对有外水汇入的城市，有条件时可结合防洪工程总体布局，开挖撇洪工程，使原城区段河流成为排涝内河，让原来穿城而过的上游洪水转为绕城而走，减轻城区洪水压力，减少治涝工程规模。

（6）妥善处理好自排与抽排的关系。高水（潮）位时有自排条件的地区，在涝区内设置排涝沟渠、排涝河道以自排为主，局部低洼区域可设置排涝泵站抽排。高水（潮）位时不能自排或有洪（潮）水倒灌情况的地区，在排水出口设置挡洪（潮）水闸，在涝区内设置蓄涝容积，并适当多设排水出口，以利于低水（潮）位时自流抢排，并可根据需要设置排涝泵站抽排。

1）沿河城市。沿河城市的内涝一般由于河道洪水使水位抬高，城区降雨产生的涝水无法排入河道或来不及排除而引起，或者两者兼有。承泄区为行洪河道，水位变化较快。内涝的治理，一般在涝区内设置排涝沟渠、河道，沿河防洪堤上设置排涝涵洞或支河口门自排，低洼地区可设置排涝泵站抽排；有河道洪水倒灌情况的城市，一般应在排涝河道口或排涝涵洞口设置挡洪闸，并可设置排涝泵站抽排。

2）滨海城市。滨海城市的内涝一般由于地势低洼，受高潮位顶托，城区降雨产生的涝水无法排除或来不及排除而引起，或者两者兼有。承泄区为海域或感潮河道，承泄区的水位呈周期性变化。内涝的治理，高潮位时有自排条件的地区，可在海塘（或防汛墙）上设置排涝涵洞或支河口门自排；高潮位时不能自排或有潮水倒灌情况的地区，一般应适当多设排水出口和蓄涝容积，以利于低潮时自流抢排，排水出口宜设置挡潮闸，并可根据需要设置排涝泵站抽排；地势低洼又有较大河流穿越的城市，在河道入海口有建闸条件的，可与防潮工程布局结合经技术经济比较在河口建挡潮闸或泵闸。

3）丘陵城市。丘陵城市一般主城区主要分布在山前平原上，而城郊区为山丘林园或景观古迹等，也有城市是平原、丘陵相间分布的。为了减轻平原区的排涝压力，在山丘区有条件的宜设置水库、塘坝等调蓄水体，沿山丘周围开辟撇洪沟、渠，直接将山丘区雨水高水高排出涝区。

（7）合理确定承泄区的设计水位。承泄区的组合水位是影响治涝工程规模和设计水位的重要因素。当涝区暴雨与承泄区高水位的遭遇可能性较大时，可采用相应于治涝设计标准的治涝期间承泄区高水位；当遭遇可能性不大时，可采用治涝期间承泄区的多年平均高水位。承泄区的水位过程，可采用治涝期间承泄区的典型水位过程进行缩放，峰峰遭遇可以考虑较不利组合以保证排涝安全。当设计治涝暴雨采用典型降雨过程进行治涝计算时，也可直接采用相应典型年的承泄区水位过程。

（8）涝水资源化。在水资源短缺的地区，可因地制宜地采取治涝综合措施，实现涝水资源化，既有利于削减洪峰流量，减少城市洪涝灾害，又增加宝贵的水资源。例如建设地下水库、水窖等。

10.2 涝水计算

按涝水形成地区下垫面情况不同，设计涝水可分为城区（市政排水管网覆盖区域）设计涝水和郊区设计涝水两部分。对城市排涝和排污合用的排水河道，必要时应适当考虑排涝期间的污水汇入量。对利用河、湖、洼蓄水、滞洪的地区，排涝河道的设计排涝流量，应适当考虑河、湖、洼的蓄水、滞洪作用。计算的设计涝水，应与实测调查资料，以及相似地区计算成果进行比较分析，检查其合理性。

10.2.1 城区设计涝水计算

（1）城区设计涝水可用以下方法和公式计算：

根据设计暴雨量计算设计涝水。按下式计算：

$$Q=kq\varphi F \tag{10-1}$$

式中 k——与所用单位有关的系数；

Q——涝水流量，L/s 或 m^3/s；

q——暴雨强度，$L/(s\cdot hm^2)$ 或 mm/h；

φ——径流系数；

F——汇水面积，hm^2 或 km^2。

（2）暴雨强度应采用经分析的城市暴雨强度公式计算。当城市缺少该资料时，可采用地理环境及气候相似的邻近城市的暴雨强度公式。

（3）径流系数可按表10-1确定。

城区径流系数 **表10-1**

城区建筑情况	径流系数
建筑密集区（城市中心区）	0.60～0.85

续表

城区建筑情况	径流系数
建筑较密集区（一般规划区）	0.45～0.60
建筑稀疏区（公园、绿地）	0.20～0.45

10.2.2 郊区设计涝水计算

地势平坦、以农田为主的郊区的设计涝水，应根据当地或自然条件相似的邻近地区的实测涝水资料分析确定。缺少实测资料时，可根据排涝区的自然经济条件和生产发展水平等，分别选用下列公式或其他经过验证的公式计算排涝模数。

1. 经验公式法

按经验公式计算：

$$q=KR^{m}A^{n} \tag{10-2}$$

式中 q——设计排涝模数，$m^3/(s\cdot km^2)$；

R——设计暴雨产生的径流深，mm；

A——设计排涝区面积，km^2；

K——综合系数，反映降雨历时、涝水汇集区形状、排涝沟网密度及沟底比降等因素；

m——峰量指数，反映洪峰与洪量关系；

n——递减指数，反映排涝模数与面积关系。

K、m、n 应根据具体情况，经实地测验确定。

2. 平均排除法

(1) 平原区旱地设计排涝模数按下式计算：

$$q_{d}=\frac{R}{86.4T} \tag{10-3}$$

式中 q_d——旱地设计排涝模数，$m^3/(s\cdot km^2)$；

R——旱地设计涝水深，mm；

T——排涝历时，d。

(2) 平原区水田设计排涝模数按下式计算：

$$q_{w}=\frac{P-h_{1}-ET'-F}{86.4T} \tag{10-4}$$

式中 q_w——水田设计排涝模数，$m^3/(s\cdot km^2)$；

P——历时为 T 的设计暴雨量，mm；

h_1——水田滞蓄水深，mm；

ET'——历时为 T 的水田蒸发量，mm；

F——历时为 T 的水田渗漏量，mm。

(3) 平原区旱地和水田综合设计排涝模数按下式计算：

$$q_{P}=\frac{q_{d}A_{d}+q_{w}A_{w}}{A_{d}+A_{w}} \tag{10-5}$$

式中 q_P——旱地、水田兼有的综合设计排涝模数，$m^3/(s\cdot km^2)$；

A_d——旱地面积，km^2；

A_W——水田面积，km²。

10.3 排涝河道设计

10.3.1 排涝河道布置原则

排涝河道，向上接受市政排水管网的排水，向下应及时将涝水排出，起到传输、调蓄涝水的作用，这个传输、调蓄作用将受到河道本身的容蓄能力大小及下游承泄区水位变动的影响。当河道容蓄能力较小时，河道设计就应尽可能与上游市政排水管网的排水标准相协调，做到能及时排除市政管网下排的雨水，以保证市政管网下口的通畅，维持其排水能力，此时河道设计标准中应使用短历时，设计暴雨的标准与市政管网的排水标准相当，或考虑到遇超标准短历时暴雨市政管网产生压力流时也能及时排水，也可采用略高于市政管网的标准。当河道有一定的容蓄能力、下游承泄区水位变动较大且对河道有顶托作用的条件下，河道排水能力可小于市政管网最大排水量，但应满足排除一定标准某种历时暴雨所形成涝水的要求，并使河道最高水位控制在一定的标高以下，以保证城市经济、社会、环境、交通等正常运行，而这种历时的长短，主要取决于河道调蓄能力、城市环境容许等因素。

各地区的雨洪关系差别较大，在市政排水管网和河道排涝排水设计上，目前尚未建立统一的两种方法的设计值与重现期之间固定的定量关系。但对于每一个地区或城市而言，市政部门都有市政排水管网的计算公式，同时水利部门也有河道洪水的计算关系式。因此，通过计算结果的比较和统计，可以得到两种计算方法的设计值与重现期之间的对应关系，这样就能解决重现期和设计流量的匹配问题。

10.3.2 排涝河道岸线设计

排涝河道利用原有河道的，宜保持原有河道的岸线，并创造改善河道两岸附近地区生态环境的条件，成为城市绿色通道。原有河道不能满足城市排涝要求的，经技术经济比较后，需要开挖、改建、拓浚的，河道岸线布置应平顺，排水通畅，水流流态稳定。

10.3.3 排涝河道护砌

主城区排涝河道的护砌应与城市建设相协调，非主城区的排涝河道无特殊要求时可保持泥质河道，边坡宜采用柔性边坡。城市排涝河道整治应强调生态治河理念，要与改善水环境、美化景观、挖掘历史文化底蕴等有机结合，增强河道的自然风貌及亲水性。

10.3.4 排涝河道设计参数的确定

排涝河道设计参数主要包括河道设计水位、过水断面、纵坡等，应根据排涝要求确定。河道设计水位既要考虑城市排水管网出水的顺畅，又要考虑下游承泄区水位的影响，尽量考虑直接排放。当下游承泄区水位产生顶托，需要设置排涝水闸和排涝泵站时应综合考虑两者的关系，使泵站耗能最少。过水断面的形式应结合地质地形条件、原有河道断面形式等确定。城区的过水断面应考虑城市用地紧张状况，可采用减少河宽的断面形式；当排涝河道是城市景观的重要组成部分时，可适当拓宽采用多种断面形式以达到效果。排涝河道的纵坡应根据河道土质情况、交叉构筑物的过水条件及护砌材料综合考虑，合理确定河道流速，做到不冲刷不淤积。

1. 排涝河道承泄区设计水位

承泄区的设计水位，应根据承泄区的设计水位和涝水遭遇情况、排涝系统和承泄区的连接形式，按以下原则确定：

（1）涝区典型年设计暴雨承泄区相应水位。分析涝区暴雨与承泄区的遭遇水位关系，如涝区暴雨和承泄区高水位遭遇可能性较大，采用排涝期间与治涝同标准承泄区的水位；如遭遇的可能性较小，可采用历年排涝期间的承泄区的多年平均高水位。

（2）承泄区为海洋或感潮河道时，宜采用相应于治涝标准的高潮位或多年平均潮位。

2. 排涝水闸和排涝泵站

当承泄区水位短期顶托排涝河道时，可在下游出口处设排涝水闸；当承泄区水位长时间较高，排涝河道自排困难时，可在下游出口处设排涝泵站。

10.4 排涝泵站

10.4.1 泵站分类

（1）城市排涝泵站按性质不同，可分为雨水泵站、立交排水泵站和合流泵站三类。

（2）城市排涝泵站按高程布置形式和操作方式不同，可分为半地下泵站、全地下式泵站两类。

（3）城市排涝泵站按使用情况不同，可分为临时性泵站和永久性泵站两类。

（4）城市排涝泵站按排水设备类型不同，可分为轴（混）流泵站和潜水泵站两类。

10.4.2 泵站等级

排涝泵站等别应根据装机流量与装机功率等别按下表确定。

排涝泵站等别指标 **表 10-2**

泵站等别	泵站规模	分等指标	
		装机流量(m^3/s)	装机功率(10^4kW)
Ⅰ	大(1)型	≥200	≥30
Ⅱ	大(2)型	200～50	30～10
Ⅲ	中型	50～10	10～1
Ⅳ	小(1)型	10～2	1～0.1
Ⅴ	小(2)型	<2	<0.1

10.4.3 泵站规模

（1）城市排涝泵站设计规模应根据城市防洪标准、近远期规划、排涝方式、设计暴雨强度、排涝面积及有效调蓄容积等因素综合分析计算后确定。

（2）泵站的近期设计流量按上游排水管道系统末端的最大设计流量计算，并考虑远期增加流量的可能，远期设计流量应根据城镇排水规划计算确定。

（3）泵站的建设规模在满足近期的前提下，要考虑远期发展，征地应按远期完成，土建工程根据远期规模考虑采用一次性建成或分期建设，泵站设备应按近期安装，并考虑远期更换水泵或增加水泵。

10.4.4 站址选择

（1）泵站站址选择应根据城市排涝总体规划，考虑地形、地质、排水区域、水文、电源、道路交通、堤防、征地、拆迁、施工、环境、管理、安全等因素，经技术经济综合比较后确定。

（2）排涝泵站站址应选择在排水区地势低洼、能汇集排水区涝水且靠近承泄区的地点，排涝泵站出水口不宜设在迎溜、岸崩或淤积严重的河段。

（3）Ⅳ级以上泵站站址选择应进行专门的地质灾害评价。

（4）立交排水泵站站址选择应与道路桥梁规划设计统一考虑。

10.4.5　泵站总体布置

（1）泵站的总体布置应根据站址的地形、地质、水流、泥沙、供电、环境等条件，结合整个水利枢纽或供水系统布局，综合利用要求，机组形式等，做到布置合理，有利施工，运行安全，管理方便，少占耕地，节省投资和美观协调。

（2）泵站的总体布置应包括调节池（湖），泵房，进、出水建筑物，专用变电所，其他辅助生产建筑物和工程管理用房、职工住房，内外交通、通信以及其他维护管理设施的布置。

（3）站区布置应满足劳动安全与工业卫生、消防、水土保持和环境绿化等要求，泵房周围和职工生活区宜列为绿化重点地段。

（4）泵站室外专用变电站应靠近辅机房布置，宜与安装检修间同一高程，并应满足变电设备的安装检修、运输通道、进线出线、防火防爆等要求。

（5）当泵站进水引渠或出水干渠与铁路、公路干道交叉时，泵站进、出水池与铁路桥、公路桥之间的距离不宜小于100m。

（6）泵站应有围墙，调节池（湖）及进出水池应设置防护和警示标志，并有救生圈等救护器具。

10.4.6　泵站布置形式

（1）泵站布置形式应根据泵房性质、建设规模、选用的泵型与台数、进出水管渠的深度与方向、出水衔接条件、施工方法，以及地形、水文地质、工程地质条件综合确定。

（2）在具有部分自排条件的地点建排水泵站，泵站宜与排水闸合建；当建站地点已建有排水闸时，排涝泵站宜与排水闸分建。排涝泵站宜采用正向进水和正向出水的方式。

（3）在受地形限制或规划条件限制，修建地面泵站不经济或不许可的条件下，可布置全地下式泵站，全地下式泵站应根据地质条件，合理布置泵房、辅机房及交通、防火、通风、排水等设施。

（4）泵站进水侧应有拦污设备和检修闸门，出水侧应设置拍门。

（5）泵站出水口位置选择应避让水中的桥梁、堤坝等构筑物，出水口和护坡结构不得影响航道，水流不允许冲刷河道和影响航运，出口流速宜小于0.5m/s，并取得航运、水利等部门的同意。出水口处应有警示和安全措施。

10.4.7　泵站特征水位

（1）排涝泵站进水池水位应按下列规定采用：

1）最高水位：取排水区建站后重现期10～20a一遇的内涝水位。排水区有防洪要求的，应满足防洪要求。

2）设计水位：取由排水区设计排涝水位推算到站前的水位；对有集中调蓄区或与内排站联合运行的泵站，取由调蓄区设计水位或内排站出水池设计水位推算到站前的水位。

3）最高运行水位：取按排水区允许最高涝水位的要求推算到站前的水位；对有集中调蓄区或与内排站联合运行的泵站，取由调蓄区最高调蓄水位或内排站出水池最高运行水位推算到站前的水位。

4）最低运行水位：取按降低地下水埋深或调蓄区允许最低水位的要求推算到站前的水位。

5）平均水位：取与设计水位相同的水位。

（2）排涝泵站出水池水位应按下列规定采用：

1）防洪水位：按当地的防洪标准分析确定。

2）设计水位：取承泄区重现期5～10a一遇洪水的3～5d平均水位。当承泄区为感潮河段时，取重现期5～10a一遇洪水的3～5d平均潮水位。对特别重要的排水泵站，可适当提高排涝标准。

3）最高运行水位：当承泄区水位变化幅度较小，水泵在设计洪水位能正常运行时，取设计洪水位。当承泄区水位变化幅度较大时，取重现期10～20a一遇洪水的3～5d平均水位。当承泄区为感潮河段时，取重现期10～20a一遇洪水的3～5d平均潮水位。对特别重要的排水泵站，可适当提高排涝标准。

4）最低运行水位：取承泄区历年排水期最低水位或最低潮水位的平均值。

5）平均水位：取承泄区排水期多年日平均水位或多年日平均潮水位。

（3）特征扬程

1）设计扬程：应按泵站进、出水池设计水位差，并计入水力损失确定。在设计扬程下，应满足泵站设计流量要求。

2）最高扬程：应按泵站出水池最高运行水位与进水池最低运行水位之差，并计入水力损失确定。

3）最低扬程：应按泵站进水池最高运行水位与出水池最低运行水位之差，并计入水力损失确定。

10.4.8 泵站调节池（湖）

（1）在城市总体规划的指导下，泵站宜设有调节池（湖），以便调节雨水量，调节池（湖）的容积应根据排水区域、规划条件、地形、环境等因素经技术经济比较后确定。

（2）天然的湖、塘亦可作为排涝泵站的调节设施，但需采取防堵塞、淤积措施。

10.4.9 泵房布置

（1）泵房布置应根据泵站的总体布置要求和站址地质条件，机电设备型号和参数，进、出水流道（或管道），电源进线方向，对外交通以及有利于泵房施工、机组安装与检修和工程管理等因素，经技术经济比较后确定。

（2）泵房形式通常可分为干式泵房和湿式泵房，宜优先采用湿式泵房。

（3）泵房设备可选立式轴流泵、潜水轴流泵、混流泵、潜水泵等形式，但宜优先选择潜水泵形式，以减少土建尺寸，降低工程造价。

（4）主泵房长度应根据主机组台数、布置形式、机组间距，边机组段长度和安装检修间的布置等因素确定，并应满足机组吊运和泵房内部交通的要求。

（5）主泵房宽度应根据主机组及辅助设备、电气设备布置要求，进、出水流道（或管道）的尺寸，工作通道宽度，进、出水侧必需的设备吊运要求等因素综合确定。

(6) 主泵房各层高度应根据主机组及辅助设备、电气设备的布置，机组的安装、运行、检修，设备吊运以及泵房内通风、采暖和采光要求等因素综合确定。

(7) 主泵房水泵层底板高程应根据水泵安装高程和进水流道（含吸水室）布置或管道安装要求等因素确定。水泵安装高程应根据工艺要求，结合泵房处的地形、地质条件综合确定。主泵房电动机层楼板高程应根据水泵安装高程和泵轴、电动机轴的长度等因素确定。

(8) 安装在主泵房机组周围的辅助设备、电气设备及管道、电缆道，其布置应避免交叉干扰。

(9) 泵房应有设备安装、检修所需的各种孔洞及运输通道，并有相应的安全和防火措施。

(10) 地震动峰值加速度大于或等于 0.10g 的地区，主要建筑物应进行抗震设计。地震动峰值加速度等于 0.05g 的地区，可不进行抗震计算，但应对Ⅰ级建筑物采取有效的抗震措施。

(11) 泵站的结构设计应满足相关国家规范的要求。

(12) 主泵选型应满足泵站设计流量、设计扬程的要求。在平均扬程时，水泵应在高效区运行；在最高与最低扬程时，水泵应能安全、稳定运行。排水泵站的主泵，在确保安全运行的前提下，其设计流量宜按最大单位流量计算，台数不宜小于 2 台，不大于 6 台，可不设置备用泵，立交泵站应设备用泵，备用机组数的确定应根据排水的重要性分析确定。

(13) 泵站水泵设备选择应符合下列规定：性能良好，可靠性高，寿命长。小型、轻型化，占地少。维护检修方便，确保运行维护人员的人身安全，便于运输和安装。设备噪声应符合国家有关环境保护的规定。

10.4.10 泵房进出水建筑物

1. 前池及进水池

(1) 泵站前池布置应满足水流顺畅、流速均匀、池内不得产生涡流的要求，宜采用正向进水方式。正向进水的前池，扩散角不应大于 40°，底坡不宜陡于 1∶4。

(2) 进水池设计应使池内流态良好，满足水泵进水要求，且便于清淤和管理维护。侧向进水的前池，宜设分水导流设施，并应通过水工模型试验验证。

(3) 泵站进水池的布置形式应根据地基、流态、含砂量、泵型及机组台数等因素，经技术经济比较确定，可选用开敞式、半隔墩式、全隔墩式矩形池或圆形池。

(4) 进水池的水下容积可按共用该进水池的水泵 30～50 倍设计流量确定。

(5) 进水池应有格栅，格栅及平台可露天设置，也可设在室内，也可以同进水闸门井合建，也可以与进水池合建成整体。

(6) 格栅宜采用机械清污装置，大中型泵站由于格栅数量多，宽度大，可采用带有轨道的移动式格栅清污机，格栅间隙宜在 50～100mm 之间。全地下式泵站宜采用粉碎性格栅，但数量不应小于 2 台。

2. 出水池

(1) 出水池分为封闭式和敞开式两种，敞开式高出地面，池顶可做成全敞开式或半敞开式。出水池的布置应满足水泵出水的工艺要求。

（2）出水池内水流应顺畅、稳定，水力损失小。

（3）出水池底宽若大于渠道底宽，应设渐变段连接，渐变段的收缩角不宜大于40°。

（4）出水池池中流速不应超过2.0m/s，且不允许出现水跃。

10.4.11　地下式立交泵房专门要求

（1）下穿式立交泵站设计标准应高于一般的排涝泵站，应结合当地暴雨强度、汇水面积大小及地区交通量而定。

（2）当地下水高于立交地面时，地下水的降低应一并考虑，需设盲沟收集地下水，通过立交泵站排水，雨水和地下水集水池和所选用的水泵可分开设置，也可以合用一套。

（3）泵站应建于距立交桥最低点尽可能低的地点，使雨水和地下水以最短的时间排入泵站，提高排水安全程度。

（4）立交排水必须采用雨、污分流制，以防影响立交范围内的环境卫生。

（5）在有条件的地区应设溢流井，溢流口高程应不使出口发生雨水倒灌，并应不高于慢车道地面，以便在断电或水泵发生事故时，尚能保证车辆在慢车道上通行。

（6）水泵应采用自灌式，不应采用干式，雨水工作泵一般为2～3台，并应有1台备用泵，地下水工作泵为1台，备用1台。

10.4.12　泵站电气要求

（1）泵站的供电系统设计应以泵站所在地区电力系统现状及发展规划为依据，经技术经济论证，合理确定供电点、供电系统接线方案、供电容量、供电电压、供电回路数及无功补偿方式等。

（2）泵站宜采用专用直配输电线路供电。根据泵站工程的规模和重要性，合理确定负荷等级。

（3）对泵站的专用变电站，宜采用站、变合一的供电管理方式。

（4）泵站供电系统应考虑生活用电，并与站用电分开设置。

（5）立交泵站应备双电源，在无双电源的条件下，可采用柴油发电机作为自备电源，发电机的容量可稍小于泵站最大容量。

（6）电气主接线设计应根据供电系统设计要求以及泵站规模、运行方式、重要性等因素合理确定。应接线简单可靠、操作检修方便、节约投资。当泵站分期建设时，应便于过渡。

（7）泵站电气设备选择应符合下列规定：可靠性高，寿命长。功能合理，经济适用。小型、轻型化，占地少。维护检修方便，确保运行维护人员的人身安全，便于运输和安装。对风沙、冰雪、地震等自然灾害，应有防护措施。

（8）泵站主变压器的容量应根据泵站的总计算负荷以及机组启动、运行方式进行确定，宜选用相同型号和容量的变压器。

10.4.13　泵站监控要求

（1）泵站的自动化程度及远动化范围应根据该地区区域规划和供电系统的要求，以及泵站运行管理具体情况确定。

（2）大中型泵站应按“无人值守（少人值守）”控制模式采用计算机监控系统控制。地下式泵站应按“无人值守”控制模式采用计算机监控系统控制。

（3）泵站主机组及辅助设备按自动控制设计时，应以一个命令脉冲使所有机组按规定的顺序开机或停机，同时发出信号指示。

（4）泵站设置的信号系统，应能发出区别故障和事故的音响和信号，有条件的情况下，优先由计算机完成。

（5）雨水泵和地下水泵均应设置可靠的水位自控开停车系统。

（6）格栅清污机应设置过载保护装置和自动运行装置。

（7）全地下式泵站应有远程监控系统。

（8）泵站进、出水池应设置水位传感器。根据泵站管理的要求可加装水位报警装置。来水污物较多的泵站还应对拦污栅前后的水位落差进行监测。

10.4.14 通信

（1）泵站应设置包括水、电的生产调度通信和行政通信的专用通信设施。泵站的通信方式应根据泵站规模、地方供电系统要求、生产管理体制、生活区位置等因素规划设计。

（2）泵站宜采用有线、无线、电力载波等通信方式。

（3）泵站生产调度通信和行政通信可根据具体情况合并或分开设置。

（4）通信设备的容量应根据泵站规模及自动化和远动化的程度等因素确定。

（5）通信装置必须有可靠的供电电源。

第11章　山洪防治

11.1　一般规定

（1）山洪是指山区通过城市的小河和周期性流水的山洪沟发生的洪水。山洪的特点是：洪水暴涨暴落，历时短暂，水流速度快，冲刷力强，破坏力大。山洪防治的目的是：削减洪峰和拦截泥沙，避免洪灾损失保卫城市安全。防洪对策是：根据地形、地质条件，植被及沟壑发育情况，因地制宜，采用各种工程措施和生物措施，实行综合治理。实践证明，工程措施和生物措施相辅相成，缺一不可，生物措施应与工程措施同步进行。

（2）山洪大小不仅和降雨有关，而且和各山洪沟的地形、地质、植被、汇水面积大小等因素有关，每条山洪沟自成系统。所以，山洪防治应以各山洪沟汇流区为治理单元，实行集中治理和连续治理相结合，以达到与提高预期的防治效果。如果山洪沟较多，由于受人力、财力的限制，不能一次全面治理时，可以分批实施。

（3）山洪特性是峰高、量小、历时短。山洪防治应尽量利用山前水塘、洼地滞蓄洪水，这样可以大大削减洪峰，减小下游排洪渠道断面，从而节约工程投资。

（4）排洪渠道和截洪沟的护坡形式，常用的有浆砌块石、干砌块石、混凝土（包括预制混凝土）、草皮护坡等。护坡形式的选择，主要根据流速、土质、施工条件、当地材料等综合确定。

（5）植树造林、退耕还林等生物措施，修建梯田、开水平沟等治坡措施，按有关规程规范的规定执行。

11.2　山坡水土保持

坡面的植被、地形、地质等因素对山洪的形成和大小影响极大，因此做好山坡的水土保持工作对防治山洪有着非常重要的作用。山坡坡角大于45°时，常采用植树种草措施；山坡坡角在25°～45°之间时，可以采用挖鱼鳞坑和水平截水沟措施；山坡下部坡角在25°以下时常为坡耕地。山坡水土保持根据山坡具体情况可同时采用两种措施，如结合挖鱼鳞坑或水平截水沟在沟边植树以防止山坡水土流失。

11.2.1　植树种草

山坡植被遭到破坏，是山洪灾害产生和加剧的主要根源，因此山洪治理应首先从改善山坡植被着手，除保护原有植被不遭破坏外，还要植树种草，以加速改善山坡被覆状况。

树木具有浓密的枝叶和庞大的树冠，当雨水落在树冠上以后，绝大部分经过植物密集的叶、枝、树干流到林地上，使雨滴失去了冲击力。同时由于林区和草地的土壤被植物根系所固结，增加了土壤的抗冲能力。另一方面，植树种草后增加了山坡的粗糙度和含水性，从而能防止山坡水土流失。

山坡种植的树木和草类应具备以下特性：

(1) 根部发达，密生须根；种子繁多；生长迅速，根及枝叶易于发育。

(2) 枝叶茂盛，覆盖面积较大；生有地下茎和匍匐茎，能长成丛密的草皮。

(3) 生存能力强，能适应各种环境而生长；具有耐牧性，放牧后极易恢复。

(4) 具有持久性，长成后能历久不衰。

山坡土壤、气候等条件较好时，可全部造林；在土层较薄的山坡，一般应首先采用封坡育草、封山育林，使山坡先生长杂草和灌木，待改良了土壤、水分等条件后，再栽植乔灌木。我国目前各地栽培的固坡树木和草类有橡树、栎树、洋槐、臭椿、油松、砂柳、葛藤、紫花苜蓿、草木樨、紫穗槐、醛柳、柠条、偏穗鹅、冠草、无芒草等。林带宽度一般为20～40m，视山坡坡度而定，山坡较陡，林带宽度应取大值。

在比较干旱和土层较薄的地区可结合挖鱼鳞坑和水平截水沟，在沟边和坑内植树。

在山坡上种草固坡，可采用品字形穴播法，穴距为0.2m×0.2m，然后利用草类的蔓生和匍生根等易于繁殖的特性，逐年连成一片，形成密厚的草层。

11.2.2 鱼鳞坑和水平截水沟

鱼鳞坑和水平截水沟的作用，主要是拦截山坡径流，减缓水势，以达到保持水土的目的。为了保护鱼鳞坑和水平截水沟的土壤免遭冲刷，宜在坑内和沟边植树，同时，由于它们的保水作用使树木更宜成活和生长。

鱼鳞坑一般长0.8～1.2m，宽0.4～0.6m，深0.30～0.50m，埂高0.20～0.40m，坑距为1.5～2.5m，按交叉排列，如图11-1所示。如要栽果树则鱼鳞坑的尺寸可大些，长1.5m，宽0.8～1.0m，深0.5～0.7m，行距和坑距5～7m。

栽果树的鱼鳞坑，为了拦蓄更多的坡水，除培埂外，还应在坑的左右角上各开一条拦水小沟。

在挖坑时应首先将表土留在一边，用坑心土培埂，并稍超挖深一点，再填回表土，树就种在已经刨松的表土上，其位置应在坑中下部，接近土埂处。

水平截水沟一般沟长4～6m，沟上口宽0.8m，底沟宽0.3m，沟深0.3～0.4m，沟下侧土埂顶宽0.2～0.3m，沟间斜距（L）为3.0～3.5m，两沟沟头距离（b）为0.5～1.0m，按交叉排列。树植于沟内斜坡上，如图11-2所示。

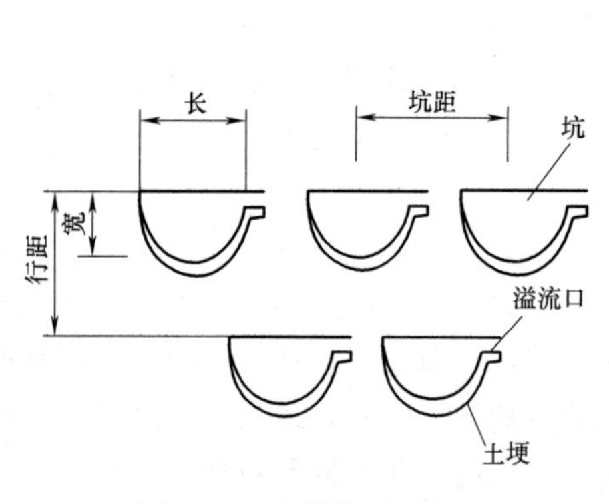

图11-1 鱼鳞坑平面布置

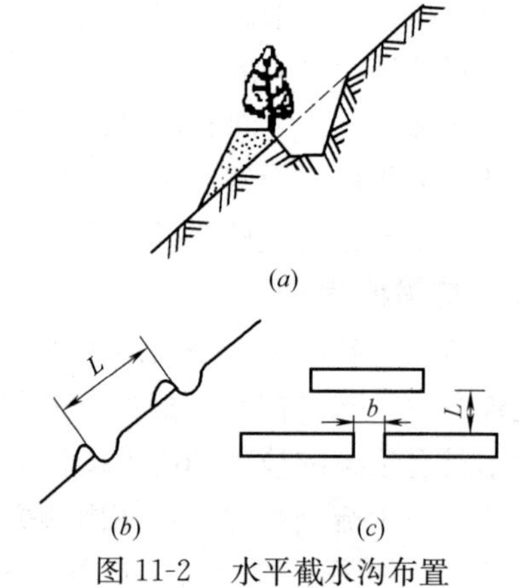

图11-2 水平截水沟布置

（a）沟内侧植树；（b）纵向布置；（c）平面布置

水平截水沟适用于坡面较大、较规则的山坡；鱼鳞坑适用于冲沟较发育、坡面较破碎的山坡。水平截水沟和鱼鳞坑也可同时参差布置。总之，应根据山坡坡度和土质情况，因地制宜地进行布置，最大限度地拦截山坡径流，达到保持水土的目的。

11.2.3 坡地的合理耕种

坡地的合理耕种，既是一项农业措施，也是一项山洪沟的治理措施。坡地合理耕种后水土流失减少，保肥能力增强，为农业的稳产高产创造了条件；同时改变了山坡的径流系数，削减了洪峰流量，减少了冲刷和淤积，对防治山洪起到了积极的作用。

坡地的合理耕种方法很多，适用于城市上游小面积坡耕地的有水平打垄和梯田两种方法。

1. 水平打垄

水平打垄也就是沿等高线打垄，垄沟可以大量拦截坡水，使降雨在坡耕地上很少产生径流，较顺坡打垄水土流失大为减少。水平打垄后，土壤冲刷量和径流系数仅为顺坡打垄的1/3～1/8。水平打垄，省工、投资少、水土保持效果好，因此目前被广泛采用。但在改水平垄时，应注意下列事项：

(1) 改垄以前，应先根据地形确定改垄后排水沟和道路的位置，以免坡水乱流。排水沟内应种植多年生的草类和灌木加以防护。对于坡面上小水沟可以分段截死，以便慢慢淤平，以后再改打长垄。

(2) 改垄时间最好在秋翻时，将整个坡面全部翻起来，统一进行改垄，并尽量消灭或减少犁沟，以免改垄后雨水将犁沟扩大，造成新的冲刷。

(3) 新改垄的坡地在2～3a内要种植密生、早播的作物，如小麦等，以减少改垄后头几年的冲刷。

在地形坡度不规则的地方，进行水平打垄可能会产生短垄，这就需要在第二年的生产中逐步加以消灭。如这种坡地数量不多，又不影响大片土地耕作，也可采用其他措施，如鱼鳞坑和水平截水沟或植树种草的方法加以补救。

2. 梯田

梯田应按照水土保持条件进行修建，对不符合水土保持条件的梯田应当退耕还坡，以便采取有效措施，防止水土流失。梯田根据其断面形状的不同，可分为波式梯田和阶式梯田。

(1) 波式梯田

在山坡较缓（角度不超过10°，坡度不超过17%）的坡耕地上，可修成波式梯田。同时，根据梯埂和水槽在沿等高线方向上是水平还是倾斜，把波式梯田分成水平波式梯田和倾斜波式梯田两种。

1) 水平波式梯田：适用于土壤吸水性良好的坡地上，梯埂较低，侧坡平缓而坚固，不致为水所冲溃，并可全部种作物，不影响农业机具的作业。因将两梯埂间的雨水全部截蓄于埂后蓄水槽内，所以蓄水槽的容量必须足够容纳两梯埂间的径流量，以防止引起径流漫顶，冲毁梯埂。

2) 倾斜波式梯田：适用于土壤吸水性差的坡地上，由于径流系数大，降雨时梯埂间的径流量大，如仍用水平波式梯田，则需要很高的梯埂，不利于耕作，而且地面径流停留时间过长还会影响作物生长，甚至沼泽化。因此，必须让径流沿梯埂流入沟渠或小溪，排至下游水体。由于水沟具有一定的坡度，所以梯埂水沟与等高线成一很小的角度，故称倾斜波式梯田。倾斜波式梯田根据沿梯埂水沟断面的大小和坡度，须使水面低于埂顶0.10～0.15m，同时沿梯埂的水流不应冲刷沟槽。

（2）阶式梯田

在山坡地面坡度大于10°时，修筑波式梯田，则田面的宽度将变得很小，同时水土流失还可能发生于梯田内部，使梯田上面的一部分土壤干燥而对农作物不利，采用农业机械也因田面狭窄而感困难，所以在大于10°的坡面上除修筑梯埂外，还须在梯田内部减少高差，即将梯田上面的一部分土壤移至下侧，而把梯田修筑成阶梯式。每一阶台，系由田面和梯埂构成。梯埂可以垂直或有一定的侧坡，至于采用哪种形式，需视具体情况而定。梯埂可用石块垒成，也可用泥土筑成；也有基脚用石块垒砌，上面则用泥土培成的混合式梯埂。为了保持耐久，也可在土埂的顶部与侧坡上种植草皮或灌木。但需注意：若在梯埂侧坡上种植灌木，为防止与耕地争水分，梯埂顶端1m内不能栽灌木；最下层灌木带则需离开田面2m远。在实施灌溉的梯田，因为长期受水浸泡，梯埂的基脚易于受损，应采用石埂。若当地缺乏石料，则可采用土石混合式梯埂。梯埂的高度，视地形坡度和土壤性质而定，其变化范围一般在1～4m之间。梯埂高度愈小，愈易修筑，但梯埂的数目就愈多，田面也愈窄，致使耕作不方便，尤其在地形坡度较陡的情况下，更是如此。反之，梯埂过高，则修筑费工、费时，工程质量要求也高。阶式梯田的田面在沿地形坡度方向，可以是水平的，亦可具有一定的坡度。沿地形坡度方向倾斜的田面坡度一般为8%～10%。梯埂的侧坡，即高与横的比值，因土壤性质而异，一般为4∶1～2∶1。这类梯田也可作为水平梯田的过渡阶段，逐年把田面上边的土壤运至下边，最后建成水平梯田。

11.3 小型水库

（1）由于山洪沟汇水面积小、坡度陡、洪水峰高、量小、历时短，修建小型水库可大大削减洪峰流量，显著减小下游排洪渠道断面，从而节省工程投资和建筑用地，减免洪灾损失。由于小型水库库容较小，首先应充分发挥蓄洪削峰作用，在满足防洪要求的前提下，兼顾城市供水、养鱼和发展旅游事业的要求，发挥综合效益。

（2）小型水库的等级划分和设计标准，应符合《水利水电工程等级划分及洪水标准》SL 252—2000的规定。对城市防洪有影响的小型水库，可适当提高一级防洪标准。工程设计尚应符合有关规范的规定。

11.4 山洪沟治理

山洪沟治理的主要目的是控制水土流失，使山洪沟不再发育，以避免或减轻山洪对下游城市的威胁。多年实践证明，以植物措施和工程措施相结合的综合治理措施收效显著。

11.4.1 植物措施

植物措施可以保护沟头、沟坡，防止冲刷，增加摩擦阻力，减小流速，而且效果逐年增长。然而，在沟道中建立植被有一定困难，因为沟床一般都是无有机物质、无植物有效养分的瘠薄土，地下水位埋藏很深，因此需要因地制宜选择适宜的植物种类。最好在当地冲沟或冲沟附近寻找生长良好的灌木和草类进行培养、种植。

沟头和沟坡一般都比较陡，土坡不稳定，种植物有困难，可首先削土缓坡，然后进行植物移栽。当在沟坡上就地播种或移栽比较幼小的植物时，为防止被坡面径流冲走，可在上面加覆盖物进行保护。覆盖物可根据当地材料情况选用。

有时为了保护植物措施的实施，也可采用一些廉价的临时性工程措施，如在树木较多地区，用树枝编成木梢坝或打木桩构成一道墙；在产石地区也可用铁丝笼装块石堆成坝，以拦截泥沙，防止流失。过 3～5a 后这些临时措施失效后，沟坡植被已经形成，发挥作用，从此取而代之。

11.4.2　沟头防护

沟头防护，是为了防止山坡径流集中流入山洪沟，而引起沟头上爬（即“沟头溯源”）。

沟头防护形式有蓄水式和排水式两种。如沟头附近有农田，一般应采用以蓄为主的形式，把坡水尽可能地拦蓄起来加以利用；如沟头附近无农田，一般应采用以排为主的形式。有时为了增加山坡土壤的含水量，以便植树种草，也可修建以蓄为主的沟头防护。

1. 蓄水式沟头防护

(1) 沟埂式沟头防护：一般适用于沟头周围为荒山坡的情况。沟埂与沟边的距离，应根据当地土质情况而定，以蓄水后不致造成沟岸崩塌、滑坡为原则。一般第一道沟埂距沟边等于沟深，第一、二道沟埂的距离约为 20～30m。上一道沟埂在适当位置应设溢流口，以便满水时溢入下一道沟埂。要使总蓄水量和总的径流量相等。

沟埂可根据沟头坡地情况分为连续式和断续式，如图 11-3 所示。前者适用于坡地较完整的情况，后者适用于坡地较破碎的情况。

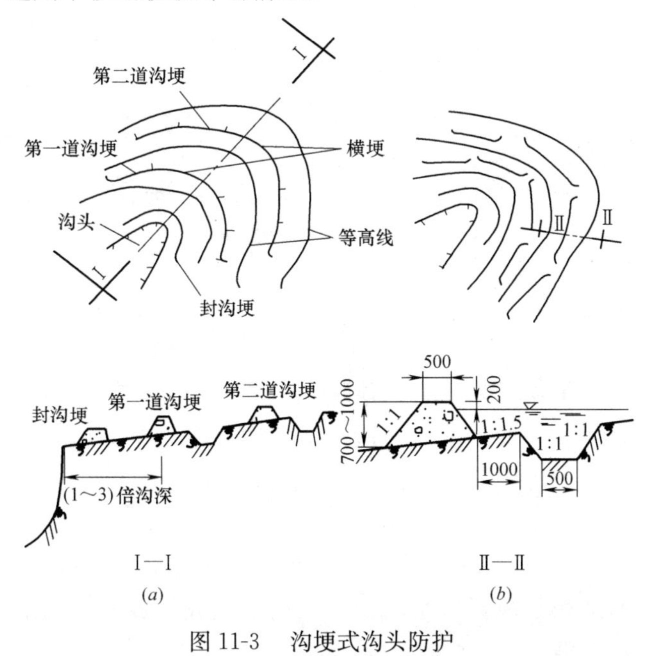

图 11-3　沟埂式沟头防护

(*a*) 连续式沟埂平面；(*b*) 断续式沟埂平面

当采用连续式沟埂时，为防止沟埂不平、径流集中造成漫决，往往在沟埂内每隔一定距离设一道横埂。横埂高一般为 0.4～0.7m，顶宽为 0.3m，边坡为 1∶1，并分层夯实。

各种坡度、不同埂高、每米埂长蓄水量，见表11-1。

各种坡度、不同埂高、每米埂长蓄水量 **表11-1**

地面平均坡度角(°)		埂高(m)	安全超高(m)	埂顶宽(m)	内坡	外坡	每米埂长蓄水量(m^3)
高原沟壑区	2	0.6 0.8 0.9 1.2	0.2	0.5	1∶1	1∶1	2.35 5.68 8.65 16.10
	4	0.6 0.8 0.9 1.2	0.2	0.5	1∶1	1∶1	1.47 3.08 4.63 8.00
	6	0.6 0.8 0.9 1.2	0.2	0.5	1∶1	1∶1	1.09 2.30 3.34 4.75
丘陵	15	0.6 0.9 1.0	0.2	0.5	1∶1	1∶1	0.64 1.52 2.12
沟壑区	25	0.6 0.9	0.2	0.5	1∶1	1∶1	0.58 1.30

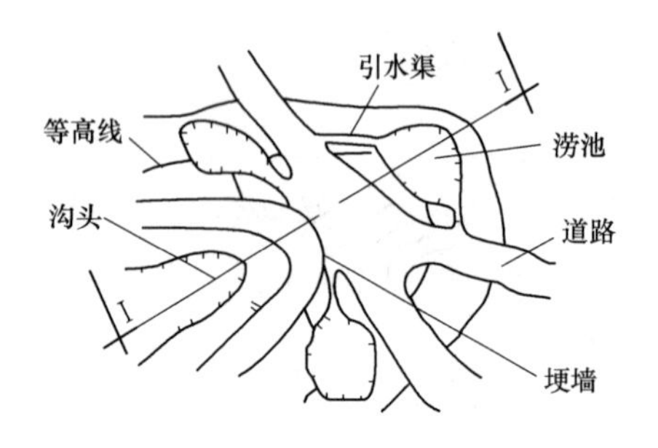

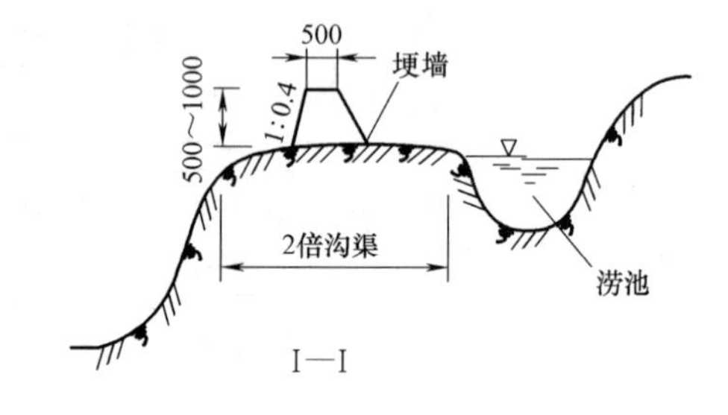

图11-4 涝池式沟头防护

(2) 涝池式沟头防护：一般适用于沟头有坡耕地的情况。在确定涝池位置时，应根据山坡的土质和高程而定。一般涝池离开沟头的距离，应等于沟深的两倍左右，如图11-4所示，涝池的总容量可按沟头上游的设计暴雨径流量确定。

2. 排水式沟头防护

沟头采用人工护面、护底，或将入沟水流挑离沟头，集中消能，防止冲刷。

(1) 悬臂式跌水适用于流量较小的情况，用木板或石板等作成流槽，将水流引离沟头，直接下注到沟底的消力池，然后下泄。

(2) 台阶式跌水适用于流量较大的情况，根据跌水高度的大小可分为单级跌水和多级跌水，水流从跌水墙跌入消力池，然后下泄。

台阶式跌水的有关水力计算和布置，详见跌水部分。

11.4.3 谷坊

1. 谷坊的作用和分类

谷坊横截山洪沟后，由于抬高了水位，减缓了水力坡降与流速，使洪水中挟带的泥沙在谷坊前沉积下来，水流从溢流口溢出后进行集中消能；由于降低了流速和冲刷能力，从而防止了沟底下切和沟壁坍塌，有效地减小了山洪的破坏力和含砂量，久而久之，可从根本上改变各段山洪沟的纵坡，再配合其他措施，就可减轻或免除山洪对下游城市的威胁。

常采用的谷坊有土石混合谷坊和砌石谷坊，也有采用铅丝石笼谷坊和混凝土谷坊等。一般应根据当地建筑材料情况选用。

2. 谷坊高度和断面选择

(1) 谷坊高度选择：山洪沟各段的谷坊高度应分别确定。一般情况下宜建造低型谷坊，高度为0.5～4.0m。

选择谷坊高度时，可先根据流量和沟床的断面拟定谷坊高度，再经水力计算求得谷坊溢流口堰顶上的临界水深和临界流速。计算方法如下：

1）矩形溢流口：

$$h_c=\sqrt[3]{\frac{aq^2}{g}} \tag{11-1}$$

式中 h_c——堰上临界水深，m；

g——重力加速度，9.81m/s^2；

a——流速分布不均匀系数，一般 $a=1.0\sim1.1$；

q——溢流口单宽流量，$q=\frac{Q}{b}$，m^3/(s·m)；

Q——设计流量，m^3/s；

b——溢流口的宽度，m。

$$v_c=\frac{q}{h_c} \tag{11-2}$$

式中 v_c——堰上临界流速，m/s。

2）梯形溢流口：

$$h_c=\sqrt[3]{\frac{aQ^2}{(b+h_cm)^2g}} \tag{11-3}$$

$$v_c=\frac{Q}{(b+mh_c)h_c} \tag{11-4}$$

式中 b——溢流口底宽，m；

m——梯形堰口边坡系数。

亦可查阅“梯形、矩形、圆形断面临界水深求解图”或“梯形、矩形断面临界水深求解表”求 h_c。

谷坊溢流口堰顶流速不应超过材料最大容许不冲流速，各种材料谷坊最大容许不冲流速，可参照表11-2选用。

当沟道特别窄深时，谷坊溢流口应选择容许流速较大的材料修建。

(2) 谷坊横断面选择：谷坊的横断面一般为梯形，其尺寸可按表11-3采用。

各种材料谷坊最大容许不冲流速 **表 11-2**

谷坊类别	水流平均深度(m)			
	0.4	1.0	2.0	3.0
堆石谷坊(d>200)	3.8	4.2	4.7	5.1
干砌石谷坊(d>300)	4.0	5.0	6.0	6.0
浆砌石谷坊	5.0	6.0	7.5	8.5
混凝土谷坊(d>150)	6.0	7.0	8.5	9.0

注：1. 表中的流速值不应内插，按较接近的水深查用；
2. 水深大于3.0m时，按3.0m查用；
3. 水深小于0.4m时，按水深为1.0m时的流速乘以0.7；
4. d为石块粒径，mm。

谷坊断面 **表 11-3**

谷坊类别	断　面			
	高(m)	顶宽(m)	迎水坡	背水坡
干砌石谷坊	1.0～2.5	1.0～1.2	1∶0.5～1∶1	1∶0.5
浆砌石谷坊	2.0～4.0	1.0～1.5	1∶0.5～1∶1	1∶0.3

谷坊下游的消能措施，应根据谷坊高度、单宽流量和地质情况而定。当谷坊高度不大、单宽流量较小时，可在谷坊下游修筑砌石护坦。护砌长度为谷坊高度的3～5倍，护砌厚度为0.3～0.8m；当谷坊高度和单宽流量较大时，或当地质条件较差时，可参照本节跌水的消能措施计算确定。

3. 谷坊位置和间距选择

（1）谷坊位置选择：谷坊应选在沟道窄而上游平缓宽敞，以及土质坚硬的地方；同时要考虑上、下游谷坊间的相互关系，即两谷坊间坡度为零，亦即上一个谷坊的底高程为下一个谷坊的溢流口高程，或两者间保持1%左右的坡度。

（2）谷坊间距选择

1）$i_2=0$，如图11-5所示。

$$L=\frac{h}{i_1} \tag{11-5}$$

式中 L——谷坊间距，m；

h——谷坊有效高度，m；

i_1——山洪沟沟底比降。

2）$i_2\neq0$，如图11-6所示。

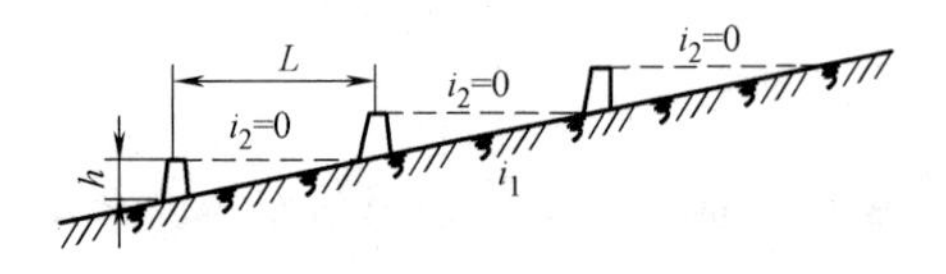

图11-5　谷坊间距布置（$i_2=0$）

图11-6　谷坊间距布置（$i_2\neq0$）

$$L=\frac{h}{i_1-i_2} \tag{11-6}$$

式中 i_2——上一个谷坊底和下一个谷坊溢流口之间的坡度，一般为1%左右，视土质情况而定。

4. 几种主要类型的谷坊

(1) 干砌石谷坊

适合于石料丰富地方。干砌石谷坊，如图 11-7 所示。

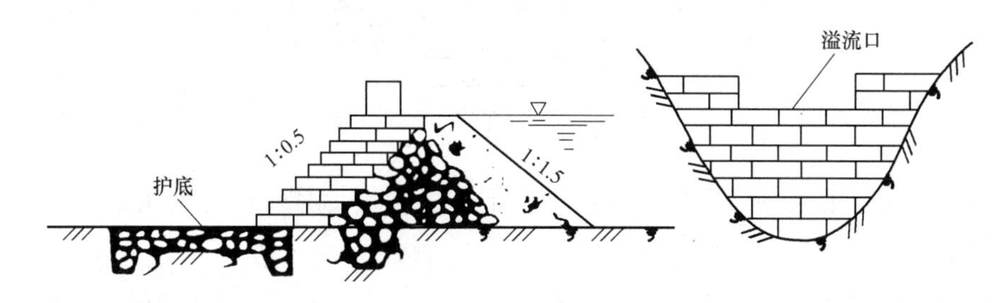

图 11-7　干砌石谷坊

1) 清基要求：沟床为土质时，应清至坚实土层；如为砂砾沟床，应清至硬底盘上；如为石质沟床，须清除表面风化层。

2) 砌筑要求：谷坊表面可用粗料石砌筑，内部可用块石堆砌，但要尽量使缝隙最小。沟床为土质或砂砾层时，谷坊下游需设消能措施，以防冲刷。同时，在沟两侧亦须加设齿槽，插入沟岸 0.5m。溢流口设在谷坊上时，一般在中间，视沟床土质可左右移动。溢流口可用浆砌石，以提高其整体性和最大容许不冲流速。

(2) 浆砌石谷坊

多用于长流水的沟道内和要求较高的场合，基础要求同干砌石谷坊。用不低于 M10 水泥砂浆砌筑。

浆砌石谷坊如遇沟床两岸为岩石时，往往将谷坊的平面形状做成弯向上游的拱形，以改善其受力条件，如图 11-8 所示。

11.4.4　跌水

山洪沟、截洪沟、排洪渠道通过地形高差较大的地段时，在纵坡较陡（大于 1∶4）、流速较大、纵坡突然变化的陡坎处、台阶式沟头防护以及支沟入干沟的入口处，采用跌水为宜，设置跌水消能，可以避免深挖高填。

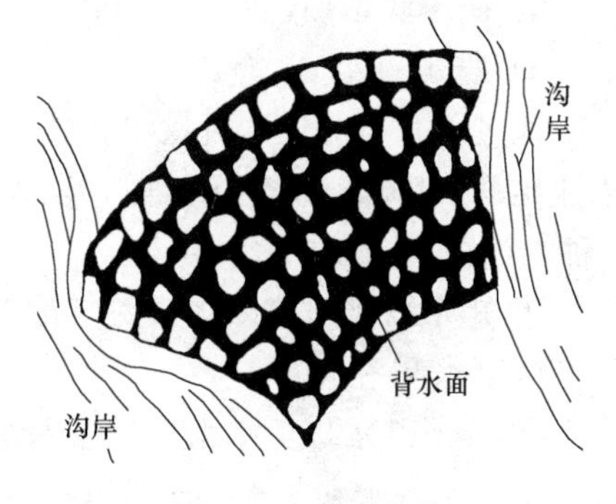

图 11-8　拱形谷坊

1. 跌水布置

跌水下游水流速度很大，脉动剧烈，有很大的冲刷能力，常用砌石或混凝土做护面。一般跌水高度在 3.0m 以内可采用单级跌水，超过 3.0m 时宜采用多级跌水，高差较大时应通过技术经济比较后确定。

跌水由进口段、跌水段和出口段组成，如图 11-9 所示。

(1) 进口段

1) 进口翼墙：

① 进口翼墙主要起导流作用，促成水流的良好收缩，保证水流均匀进入跌水口，并防止跌水口前发生危害性的冲刷。

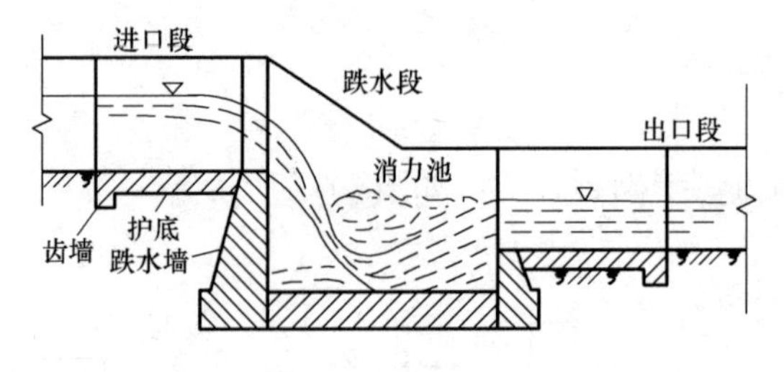

图 11-9　跌水布置

② 在平面布置上最好采用弧形扭曲面，但施工麻烦。另外还可采用变坡式、角墙式和八字直墙式等。

③ 翼墙在平面上的扩散角度一般为 30°～45°。

④ 翼墙高度一般高出设计水位 0.3～0.5m。

⑤ 翼墙长度 L 与沟底宽 b、水深 H 有关：

当 $b/H \leqslant 2$ 时，$L=2.5H$；

当 $b/H=2.1 \sim 3.5$ 时，$L=3.0H$；

当 $b/H>3.5$ 时，$L=3.5H$。

⑥ 进口始端，应设刺墙伸入沟岸内，以减少两侧边坡的渗流和防止进口处沟岸发生冲刷。刺墙深度一般为水深的 1～0.5 倍。

2）护底：

① 护底能防止进口沟底冲刷和减少跌水墙、侧墙及消力池的渗透压力。

② 一般多采用砌石和混凝土结构，其长度可取等于进口翼墙的长度，厚度应视沟中水流速和护砌材料而定。一般砌石护底厚度取 0.3～0.6m，混凝土护底厚度取 0.15～0.4m。在寒冷地区应考虑土壤冻胀问题。

③ 在护底始端，要设防冲齿墙，伸入沟底的深度，一般取 0.5～1.0m。

3）跌水口：

通过跌水口的任一流量，在跌水口前不应产生壅水和落水，保持沟道中水流均匀性；水流出跌水口后，应均匀扩散，以利下游消能防冲。跌水口的形式有矩形、梯形和抬堰式3种，如图 11-10 所示。

① 矩形跌水口：跌水口底与沟渠底齐平，并利用两侧边墙收缩，使通过设计流量时不产生壅水和落水。

② 梯形跌水口：跌水口是按两个特征流量设计的，以便更近似地适应各种流量，不致产生大的壅水和落水，同时可减少单宽流量。梯形跌水口平面布置有以下两种形式：

a. 圆弧侧墙：跌水口底与沟渠底齐平，侧墙为光滑的圆弧面，跌水口底缘亦作成圆弧面，如图 11-11（*a*）所示。此种宽顶堰布置形式采用最广泛，泄流效果较好。跌水口侧墙圆弧面的半径 R_1 值，以能使跌水口圆弧面正切于下游侧墙为原则。上游渐变段愈长，水流愈顺畅。过短则水流收缩很快，影响泄流和扩散。跌水口底部圆弧面半径 R_2 值，以能正切于沟渠底和斜坡上端为原则。

b. 直线侧墙：跌水口底与沟渠底齐平，跌水口底缘作成平直的，侧墙作成一定长度的直线段，如图 11-11（*b*）所示。直线段侧墙长度 L_2 以小于 1m 为宜；若 L_2 大于 1m，

则跌水口上游易产生壅水、下游扩散不均匀，影响泄流和消能效果。

③ 抬堰式跌水口：过水断面为矩形，但底部设底槛，较沟渠底为高，如图 11-10（*c*）所示。利用两边侧墙及底槛共同来缩小过水断面，通常取底槛的宽度等于上游沟渠的平均水面宽度。其缺点与矩形跌水口相同。上游水位也将产生不同程度的壅水或落水。但抬堰式跌水口的单宽流量较小，对下游消能有利。

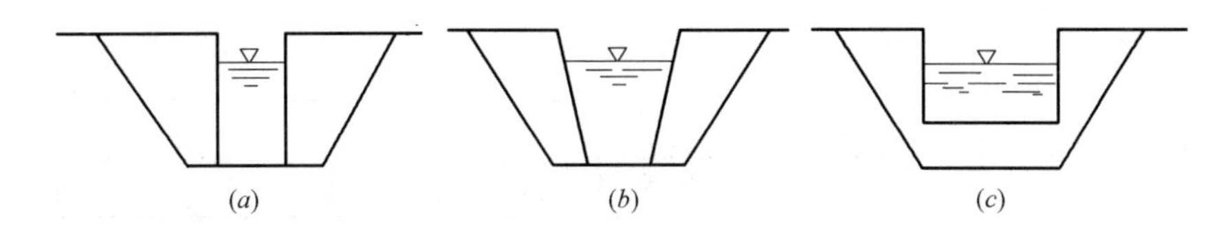

图 11-10 跌水口形式

（*a*）矩形跌水口；（*b*）梯形跌水口；（*c*）抬堰式跌水口

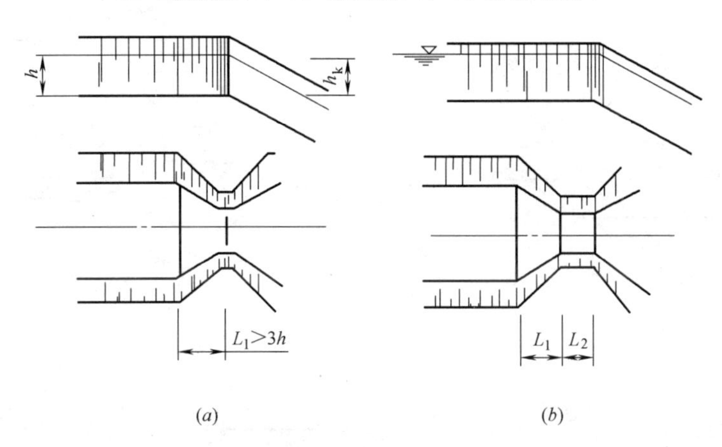

图 11-11 梯形跌水口平面布置

（*a*）圆弧侧墙；（*b*）直线侧墙

（2）跌水段

1）跌水墙：有三种形式。

① 直墙式：水流出跌水口后，自由跌落至消力池中，如图 11-12 所示。这种形式的跌水墙，下游消能情况较其他几种常见的跌水墙为好。但当落差较大时，跌水墙工程较大，造价较高。

② 斜坡式：水流出跌水口后，沿斜坡下泄至消力池，斜坡有直线和曲线两种，如图 11-13 所示。斜坡坡度一般小于 1∶3，当单宽流量和跌差都较大时，采用曲线式。这种形式的跌水墙，其下游消能情况一般不如直墙式，但斜坡段为一护砌段，较直墙式节约材料，减少挖方量，目前广泛采用。

③ 悬臂式：当地形非常陡峻时，由于地面的纵坡过大，不可能在其上敷设沟渠，因为高速水流有可能脱离沟渠而变成瀑布，在这种情况下最好修建悬臂式跌水墙，如图 11-14所示。悬臂式跌水墙在易冲刷土壤地区不宜修建，但当地质条件较好时，一般比修建斜坡式经济。

2）消力池：消力池的作用是促成淹没式水跃，消除能量，使水流平顺地过渡到下游而不产生危害的冲刷。当跌水下游沟渠尾水深度不能满足淹没水跃要求时，可采用消力池加深尾水深度，造成淹没式水跃，如图 11-15 所示。

消力池通常采用砌石、混凝土和钢筋混凝土结构。消力池底板厚度取决于水工计算，初估时可参照表 11-4 所列经验数据选用。

消力池底板厚度　　　　**表 11-4**

单宽流量 q(m³/s)	跌差(m)	底板厚度(m)
<2	<2	0.35～0.40
>2	<2	0.50
	2	0.60～0.70
>5	3.5	0.80～1.00

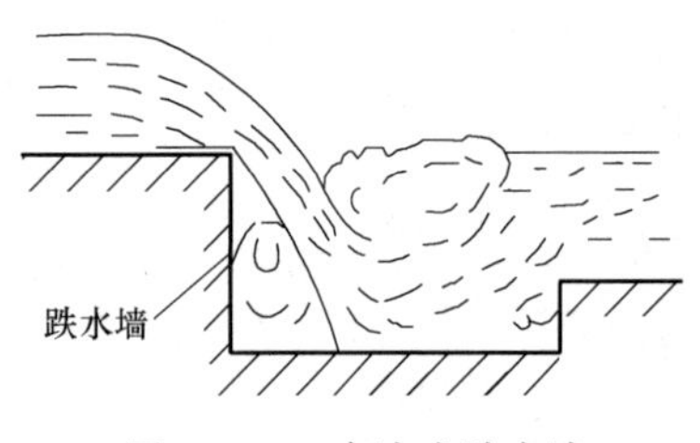

图 11-12　直墙式跌水墙

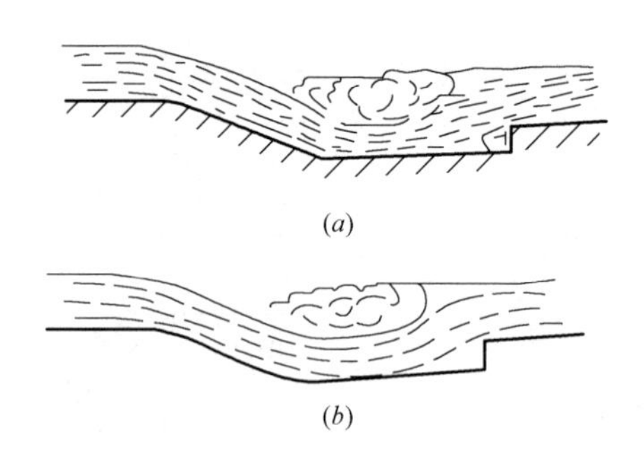

图 11-13　斜坡式跌水墙

(a) 直线斜坡式；(b) 曲线斜坡式

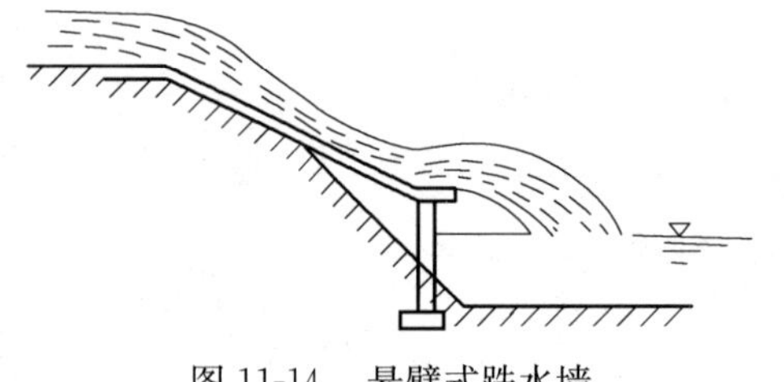

图 11-14　悬臂式跌水墙

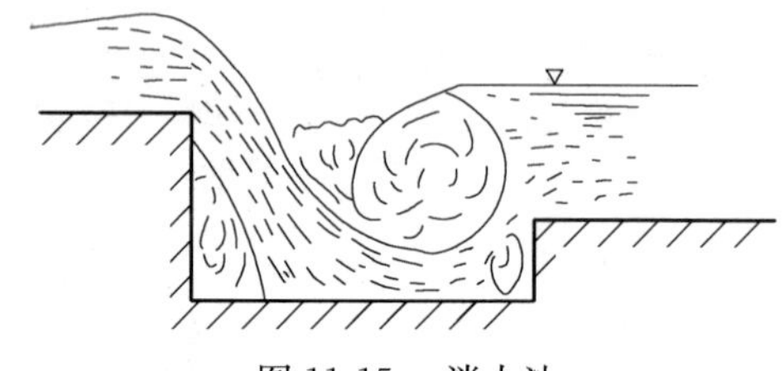

图 11-15　消力池

如果跌水下游水深已足够产生淹没式水跃，可不设消力池，而作成平底护坦，如图 11-16 所示。当水深相差不多时，可在护坦末端设消力槛或消力池，如图 11-17 和图 11-15 所示。护坦的护砌厚度，可参照消力池底板厚度。其长度由水力计算决定，初估时可取沟渠设计水深的 2～3 倍。消力槛高度由水力计算决定。

如果消力池的深度根据计算需要很深，或根据计算在一个高的消力槛后面还需要设置一个或几个较低的消力槛时，最好设置综合式消力池。即在消力池末端加消力槛，如图 11-18 所示。实践证明综合式消力池不仅消能效果较好，而且造价比较低。

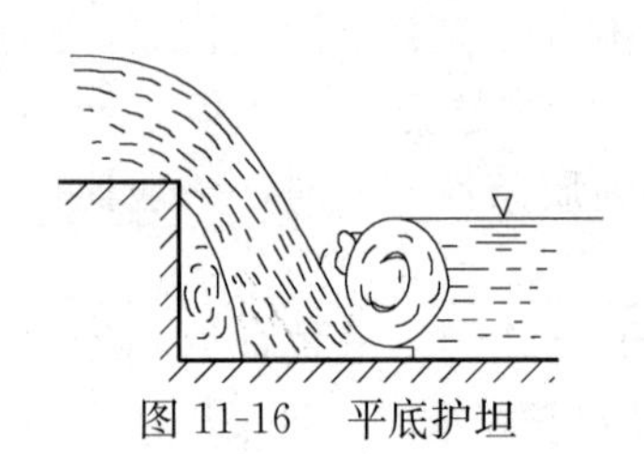

图 11-16　平底护坦

图 11-17　消力槛

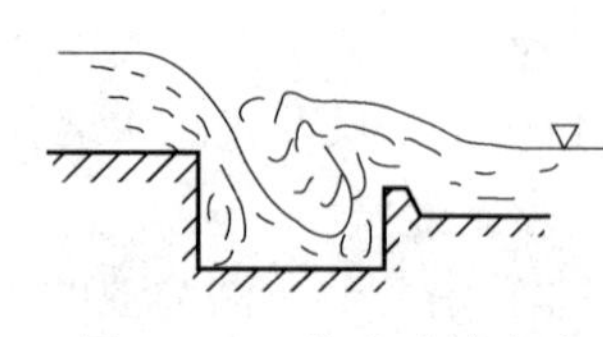

图 11-18　综合式消力池

消力池形式有很多种，常用的形式如下：

① 消力池底部为矩形，上部为梯形，如图 11-19 所示。

② 消力池底部及上部均为梯形，如图 11-20 所示。

③ 消力池底部及上部均为矩形，如图 11-21 所示。

④ 消力池底部及上部为矩形，出口段为扭曲面与沟渠相接，如图 11-22 所示。

实践证明，前两种形式消能效果较好，后两种形式消能效果较差。

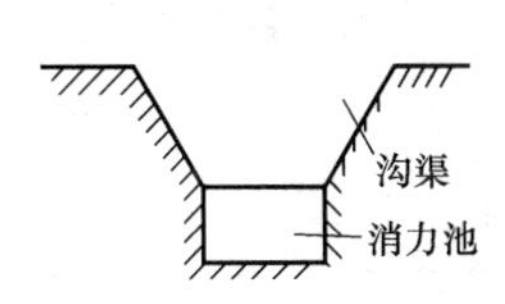

图 11-19　底部为矩形上部为梯形的消力池

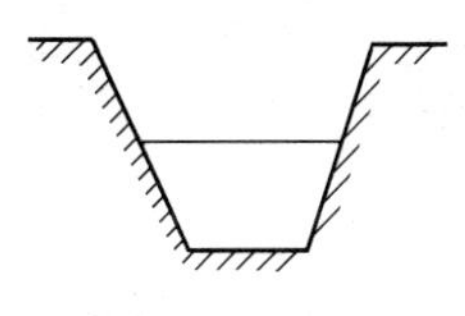

图 11-20　底部及上部均为梯形的消力池

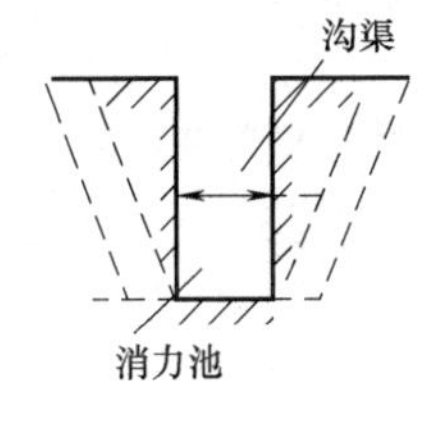

图 11-21　底部及上部均为矩形的消力池

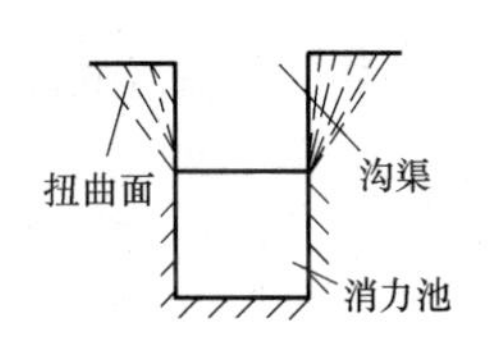

图 11-22　出口为扭曲面的消力池

（3）出口段

出口段是指消力池或护坦以下的海漫段，起继续消除水流剩余动能的作用，但在海漫上决不容许产生水跃。出口布置应注意以下事项：

1）扩散角度一般为 30°～40°，当消力池宽度与沟渠底宽相差较大时，平面上的扩散度可取 1∶4～1∶5；若消力池断面大于沟渠断面的梯形时，池后衔接段收缩以不小于 3∶1为宜。

2）海漫的材料应根据流速选择，平均流速在 2.5m/s 以内时，可以用干砌块石，为了排渗及减薄厚度，可应用透水海漫，下面设反滤层，海漫与护坦相接处应加厚。

3）海漫长度取决于引导水流从护坦到达渠道时，使水流速度减至沟渠容许的要求，初估时可取沟渠设计水深的 2～6 倍。

2. 跌水水力计算

（1）跌水口水力计算

1）矩形跌水口：按无底槛宽顶堰计算，如图 11-23 所示。

$$Q=\varepsilon MbH_0^{\frac{3}{2}} \tag{11-7}$$

式中　Q—设计流量，m^3/s；

ε——侧收缩系数，一般采用 0.85～0.95；

M——无底槛宽顶堰的第二流量系数，一般可取 M=1.62；

b——跌水口的宽度，m；

H_0——计行进流速的堰顶水头，m；

$$H_0=\frac{av_0^2}{2g}+H$$

H——堰顶水深（即上游沟道中的水深），m；

v_0——行进流速，m/s；

a——流速系数，一般采用 $a=1.05$。

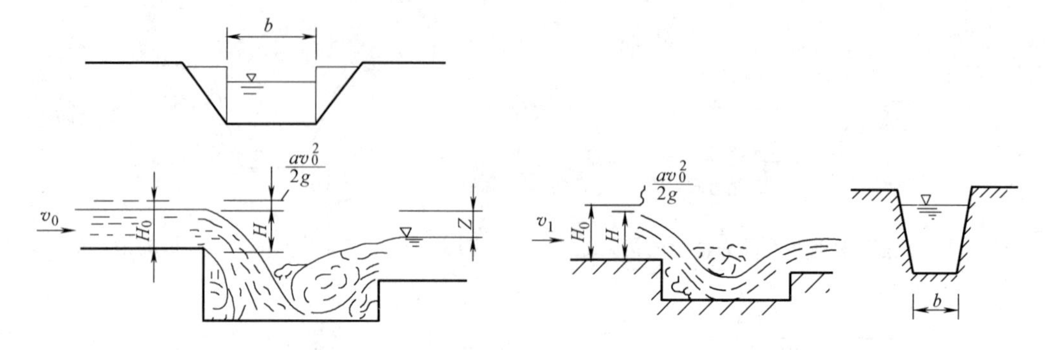

图 11-23 无底槛矩形跌水口

图 11-24 梯形跌水口

2）梯形跌水口：如图 11-24 所示。

$$Q=\varepsilon M(b+0.8nH)H_0^{\frac{3}{2}} \tag{11-8}$$

式中 n——梯形跌水口的边坡系数；

M——梯形堰的第二流量系数，$M=m\sqrt{2g}$，见表 11-5。

第二流量系数 **表 11-5**

H/b	0.5	1.0	1.5	2.0	>2.0
m	0.37	0.415	0.43	0.435	0.45
M	1.68	1.84	1.91	1.93	2.00

在公式（11-8）中，b 与 n 值均为未知数，故欲求解公式（11-8），必须代入两个流量 Q_1 和 Q_2 及其相应的水深 H_1 和 H_2，并按公式（11-9）列出方程式联立求解，即：

$$\left.\begin{aligned} b&=\frac{Q_1}{\varepsilon M_1 H_{01}^{\frac{3}{2}}}-0.8nH_1 \\ b&=\frac{Q_2}{\varepsilon M_2 H_{02}^{\frac{3}{2}}}-0.8nH_2 \end{aligned}\right\} \tag{11-9}$$

$$n=1.25\frac{\dfrac{Q_1}{M_1 H_{01}^{\frac{3}{2}}}-\dfrac{Q_2}{M_2 H_{02}^{\frac{3}{2}}}}{H_1-H_2} \tag{11-10}$$

式中 $H_{01}=H_1+\frac{v_1^2}{2g}$，m；

$H_{02}=H_2+\frac{v_2^2}{2g}$，m；

v_1、v_2——流量为 Q_1 和 Q_2 时，渠中的流速，m/s；

ε——侧收缩系数，可取为 1.00。

上式中的流量 Q_1 及 Q_2 应具有代表性，即根据公式（11-9）、式（11-10）计算所得的 b 和 n 值，能满足任何流量的要求，不产生水面下降，或水面下降值极微。要满足这一条件，$H1$ 及 $H2$ 值应按公式（11-11）计算：

$$\left.\begin{aligned}H_1&=H_{\max}-0.25(H_{\max}-H_{\min})\\H_2&=H_{\min}+0.25(H_{\max}-H_{\min})\end{aligned}\right\}\tag{11-11}$$

当 $H_{\min}$ 未知时，可采用（0.33～0.50）$H_{\max}$ 为最小水深。

按公式（11-11）确定水深 H_1 和 H_2 以后，即可按渠道水位～流量关系曲线或明渠计算公式，求出相应于 H_1 和 H_2 的流量 Q_1 和 Q_2。

3）抬堰式跌水口：

① 当底槛较低时（$a\leqslant H$），按隆起的宽顶堰计算：

$$Q=\varepsilon MbH_0^{\frac{3}{2}}$$

第二流量系数采用 $M=(1.50\sim1.70)$，$\frac{\alpha}{H}$ 值接近于 1 取小值；$\frac{\alpha}{H}$ 值接近于 0 取大值。

式中　α——底槛高，m。

② 当底槛较高时（$a>H$），按薄壁堰计算：

$$Q=\varepsilon MbH_0^{\frac{3}{2}}$$

式中　M——第二流量系数，采用 $M=1.86$。

以上跌水口计算均未考虑淹没条件，当下游水深较大，以致影响跌水口泄流时，必须考虑淹没影响。但这种情况较少。

（2）消力池水力计算

消力池的水力计算包括共轭水深、消力池深度和长度计算。

在计算消力池尺寸之前，首先要计算共轭水深 h_1 和 h_2 值，以判定是否需要设置消力池。

1）共轭水深计算：

① 梯形消力池：平底沟渠上的水跃基本方程式为：

$$\frac{\alpha_0Q^2}{g\omega_1}+y_1\omega_1=\frac{\alpha_0Q^2}{g\omega_2}+y_2\omega_2\tag{11-12}$$

式中　Q——设计流量，m^3/s；

ω_1——水流断面Ⅰ-Ⅰ的面积，m^2，如图 11-25 所示；

ω_2——水流断面Ⅱ-Ⅱ的面积，m^2；

y_1——水流断面Ⅰ-Ⅰ的重心离水面的深度，m；

α_0——动力系数，平均等于 1～1.1；

y_2——水流断面Ⅱ-Ⅱ的重心离水面的深度，m，水流断面重心离水面的深度 y，可用下式计算：

$$y=\frac{h}{6}\frac{3b+2mh}{b+mh}$$

h——水深，m；

b——沟渠底宽，m。

公式（11-12）中 Q 是已知的，y_1、ω_1 和 y_2、ω_2 分别为水深 h_1 和 h_2 的函数，公式

两边具有相同的形式，当流量 Q 及沟渠断面形状已知时，它仅是水深 h 的函数，称为水跃函数，以 f（h）表示。

则：

$$f(h_1)=\frac{a_0Q_2}{g\omega_1}+y_1\omega_1 \tag{11-13}$$

$$f(h_2)=\frac{a_0Q_2}{g\omega_2}+y_2\omega_2 \tag{11-14}$$

$$f(h_1)=f(h_2) \tag{11-15}$$

当已知共轭水深之一时，即若已知 h_1，则等式的一边为已知，另一边则是 h_2 的函数。用试算法可求出 h_2，即假定 h_2 值，求出 f（h_2）的数值，然后和已知的 f（h_1）值比较，如两者相等，则假定的 h_1 即为所求值，反之重新假定 h_2，直到算得两者相等为止。

收缩水深 h_1 可按公式（11-16）计算，如图 11-26 所示。

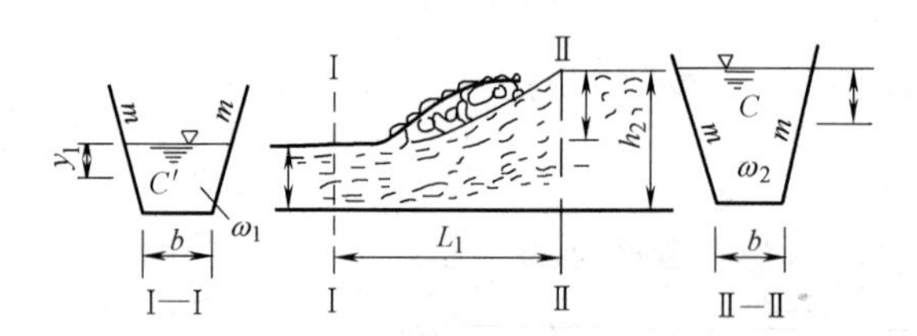

图 11-25　在水平底面梯形沟渠中的水跃

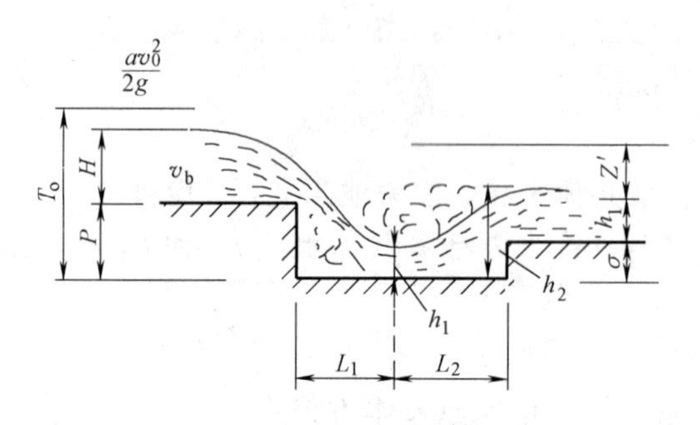

图 11-26　消力池

$$T_0=h_1+\frac{Q_2}{2g\varphi^2\omega_1^2}=h_1+\frac{q^2}{2g\varphi^2h_1^2} \tag{11-16}$$

公式（11-16）通过试算法求 h_1 值。T_0、Q 及 ω_1 为已知，在选定 ϕ 值后，可假设一个 h_1 值，求得 ω_1，若公式右边算得的数值等于已知的 T_0 值，则所假设的 h_1 即为所求。如不相等，再重新假设 h_1 值，重复上述计算，直至相等为止。计算中应注意公式（11-16）为三次方程，可以有三个根，所需要的只是小于临界水深 h_0 的那个 h 值，所以试算时可只在小于 h_0 的数值中取假设值。

② 矩形消力池：按公式（11-17）和公式（11-18）进行试算，可求得 h_1 及 h_2 值：

$$h_1=\frac{h_2}{2}\left(\sqrt{1+\frac{8aq^2}{gh_2{}^3}}-1\right) \tag{11-17}$$

$$h_2=\frac{h_1}{2}\left(\sqrt{1+\frac{8aq^2}{gh_1{}^3}}-1\right) \tag{11-18}$$

2）消力池深度计算：

消力池深度应保证下游水深足以使水跃淹没，即满足下列条件：

$$d=\sigma h_2-(h_t+\Delta Z) \tag{11-19}$$

式中 d——消力池深度，m；

h_2——水跃第二共轭水深，m；

h_t——下游沟渠中尾水深，m；

σ——保证水跃淹没的安全系数，一般采用 $\sigma=1.05\sim1.10$；

ΔZ——水流从消力池流出时形成的落差，m，$\Delta Z=\dfrac{q^2}{2g\varphi^2 h_1^2}$。

梯形断面消力池深度计算，一般 ΔZ 值可忽略不计，则消力池深度为：

$$d=\sigma h2-h_t \tag{11-20}$$

矩形消力池深度计算还可采用图解法，具体方法如下：

在图 11-27 中，由 $\dfrac{T_0}{h_1}$ 作纵坐标的平行线交于 ϕ 曲线上，然后以交点作横坐标的平行线，再由 $\dfrac{h_t}{h_2}$ 作纵坐标的平行线与之相交，根据该点的 M 值，即可求得消力池深 $d=Mh_1$。

3）消力槛高度计算：若水跃下游不产生淹没水跃，但水深相差不大时，一般采取在护坦末端设置消力槛。消力槛对消能起良好作用，增加护坦上水深，促成水跃淹没，缩短水跃长度，同时能将水流挑向水面，减小底部流速，在槛后形成涡流，免除槛下的冲刷。还可以起扩散水流的作用，削减下游侧边回流，尽早恢复沟渠的正常流速分布，节省海漫长度，如图 11-28 所示。

① 消力槛高度可按公式（11-21）计算：

$$C=\sigma h_2-H_1 \tag{11-21}$$

式中 C——消力槛高度，m；

σ——淹没安全系数，$\sigma=1.05\sim1.10$；

h_2——第二共轭水深，m；

H_1——消力槛上的水头，不包括槛前的行进流速水头在内，m。

② 先假定消力槛是非淹没堰，则消力槛上的总水头 H_{01} 为：

$$H_{01}=\left(\frac{q}{m\sqrt{2g}}\right)^{\frac{2}{3}} \tag{11-22}$$

式中 m——槛顶的流量系数，$m=0.36\sim0.48$，对于矩形断面的消力槛，取 $m=0.48$。

③ 消力槛上的水头 H_1 为：

$$H_1=H_{01}-\frac{\alpha v_{01}^2}{2g}(\mathrm{m}) \tag{11-23}$$

式中 v_{01}——消力槛前的行进流速，$v_{01}=\dfrac{q}{h_2}$。

④ 将 H_1 和 h_2 代入公式（11-21）求得 C 值，如 $\dfrac{h_s}{H_{01}}\leqslant0.45$，则消力槛为非淹没堰，与上述假定相同。若 $\dfrac{h_s}{H_{02}}>0.45$，则消力槛为淹没堰，与上述假定不符，在计算 H_{01} 时要考虑淹没系数，加以修正。

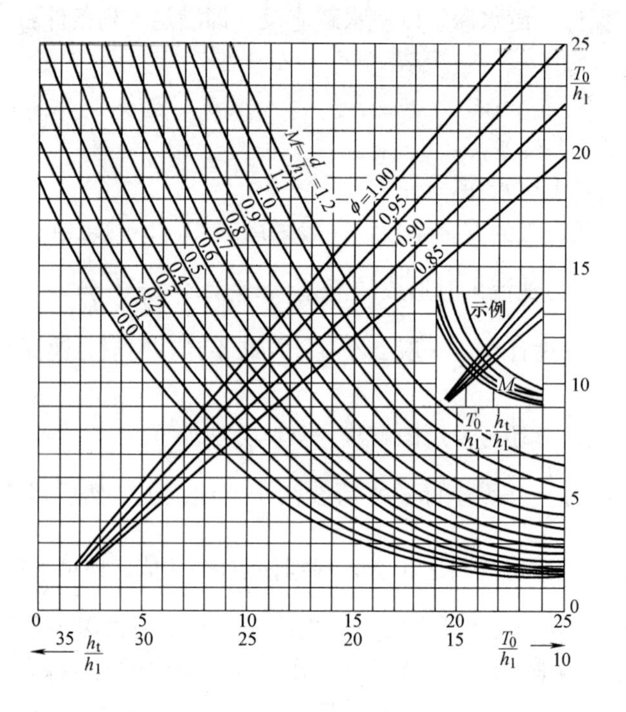

图 11-27 消力池深度图解法计算

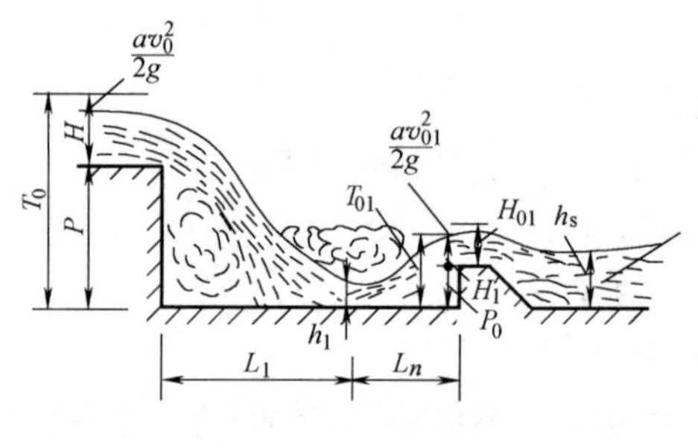

图 11-28 消力槛

σ_s 为淹没系数，由表 11-6 查得。

淹没系数 σ_s 值 **表 11-6**

H_s/H_{01}	≤0.45	0.50	0.55	0.60	0.65	0.70	0.72	0.74	0.76	0.78
σ_s	1.000	0.990	0.985	0.975	0.960	0.940	0.930	0.915	0.900	0.885
H_s/H_{01}	0.80	0.82	0.84	0.86	0.88	0.90	0.92	0.95	1.00	
σ_s	0.865	0.845	0.815	0.785	0.750	0.710	0.650	0.535	0.000	

⑤ 最后绘制函数 $q=f(C)$ 曲线，由此求出相应流量 q 的消力槛高度。

4）综合式消力池计算：

① 确定消力槛高：使槛下游形成临界水跃，即 $h_2=h_t$，如图 11-29 所示，则收缩水深为：

$$h_1=\frac{h_l}{2}\left(\sqrt{1+8\frac{q^2}{gh_1^2}}-1\right)$$

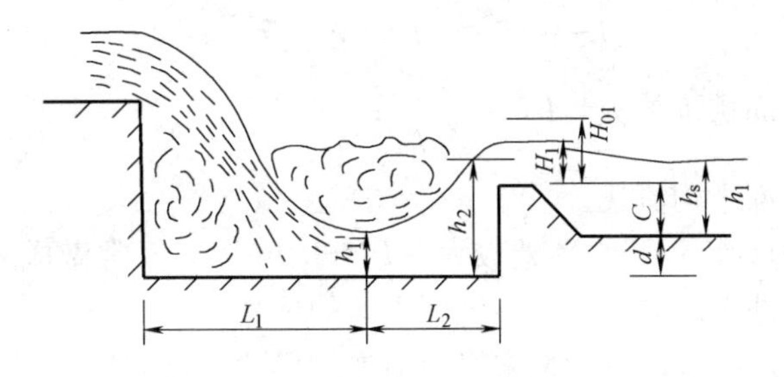

图 11-29　综合式消力池

消力槛高度为：$C=T_{01}-H_{01}=h_1+\dfrac{q^2}{2g\varphi^2 h_1^2}-\left(\dfrac{q}{m\sqrt{2g}}\right)^{\frac{2}{3}}$

求出槛高 C 之后，为安全起见，设计取值可降低一些，以使槛后形成稍有淹没的水跃。

② 消力池深度计算：使池内形成稍有淹没的水跃，则：

$$d=\sigma h_2-H_1-C$$

h_2 可用上述试算法或查表法求得。

5）消力池长度计算：为了保证消力池的消能作用，消力池要有适宜的长度，消力池长度按公式（11-24）计算：

$$L=L_1+0.8L_2 \tag{11-24}$$

式中　L——消力池长度，m；

L_1——水舌射流长度，m；

L_2——水跃长度，m；

① 水舌射流长度：对于有垂直跌水的水舌射流长度：

a. 宽顶堰时：

$$L_1=1.64\sqrt{H_0(P+0.24H_0)}$$

式中　H_0——堰上总水头，m；

P——跌水高度，算至消力池底，m。

b. 实用断面堰时：

如堰顶宽度很小，即：$\delta<0.7H_0$，且 $S\leqslant0.5$，或 $\delta<0.5H_0$，且 $2\geqslant S\geqslant0.5$，δ 为堰顶宽；S 为堰受压面与水平面间倾角的余切，则溢流水舌将飞越堰顶，故射程计算与薄壁堰的情况相同，起算断面取堰顶起端，按下式计算：

$$L_1=0.3H_0+1.25\sqrt{H_0(P+0.45H_0)}$$

如堰顶宽度较大，即：$\delta>0.7H_0$，则水舌不发生飞越现象，起算断面可取堰顶末端的边缘，射程按下式计算：

$$L_1=1.33\sqrt{H_0(P+0.3H_0)}$$

② 水跃长度计算：

当 $1.7<Fr\leqslant9.0$ 时：

$$L_2=9.5h_1(Fr-1) \tag{11-25}$$

当 $9.0<Fr<16$ 时：

$$L_2=[8.40(Fr-9)+76]h_1$$

式中 Fr——跃前断面佛汝德数，$Fr=\frac{v_2}{\sqrt{gh_1}}$；

v_2——跃前断面平均流速。

6）多级跌水水力计算：当总落差较大（$P>3.0$m）时，常做成多级跌水。多级跌水的水力计算包括确定进出口的尺寸及各级消力池的尺寸。

多级跌水的进口及出口，以及最末级消力池的尺寸计算方法均同单级跌水，唯中间各级（常用消力槛）消能计算略有不同。计算此类问题有两种方法：第一种使各级水面落差 Z_1 相等；第二种使各级跌水渠底差 S 相等。后者计算比较简便，如图 11-30 所示，$S_1=S_2=S_3=\cdots\cdots$，其计算步骤如下：

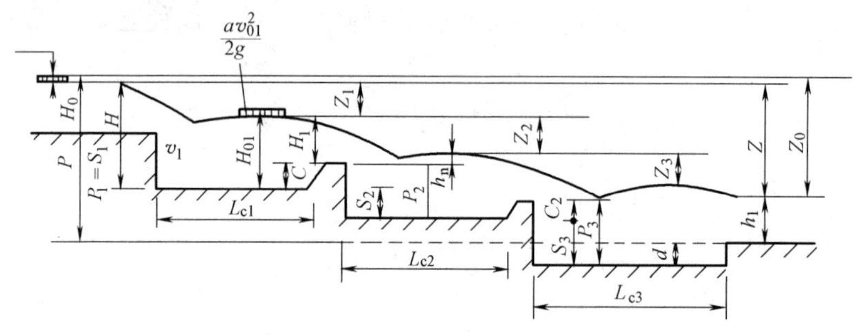

图 11-30 多级跌水

① 先计算第一级跌水，已知 $T_{01}=P_1+H_0$，根据$\frac{q^{\frac{2}{3}}}{T_{01}}$和流速系数 ϕ 值，从附录 26 查得$\frac{h_2}{q^{\frac{2}{3}}}$。

② 按下式计算第一级消力槛上的水头（假定为非淹没实用堰）：

$$H_{01}=\left(\frac{q}{M}\right)^{\frac{2}{3}} \tag{11-26}$$

③ 计算消力槛前的行进流速：

$$v_{01}=\frac{q}{h_2} \tag{11-27}$$

④ 求第一级消力槛上的水深 H_1：

$$H_1=H_{01}-\frac{av_{01}^2}{2g}$$

⑤ 初步确定消力槛高度 C_1：

$$C_1=\sigma h_2-H_1$$

⑥ 验算第一级消力槛高度 C_1：在初步确定了 C_1 之后，还要验算由于跌落高度 S_1 增加为 S_1+C_1，相应总水头增加后的 C_1 是否能满足初步确定的 C_1 值，其验算步骤如下：

a. 计算 T_0'，并查出$\frac{h_{02}}{q^{\frac{2}{3}}}$，$T'_{01}=T_{01}+C_1$，求出$\frac{q^{\frac{2}{3}}}{T'_{01}}$，然后根据 ϕ 值从附录 26 查出$\frac{h'_1}{q^{\frac{2}{3}}}$，求得 h'_1。

b. 计算消力池中收缩断面处的流速 v_1'：

$$v_1' = \frac{q}{h_1'}$$

c. 计算消力槛顶的流速 v_2：

$$v_2 = \sqrt[3]{M^2 q}$$

式中　M——堰的第二流量系数，一般采用 $M=1.86$；

q——堰顶的单宽流量，$m^3/(s \cdot m)$。

d. 求出在壅高水跃条件下的第二共轭水深 h_2'：

$$h_2' = \sqrt{(h_1')^2 + 0.205q(v_1' - v_2)}$$

e. 计算消力槛前的行进流速 v_{01}'：

$$v_{01}' = \frac{q}{h_2'}$$

f. 求出消力槛上的水深 H_1'：

$$H_1' = H_{01}' - \frac{\alpha (v_{01}')^2}{2q}$$

g. 计算消力槛高度 C_1'：

$$C_1' = \sigma h_2' - H_1'$$

h. 比较 C_1 与 C_1'，若二者相差较小，即可采用 C_1 作为消力槛的高度；若二者相差较大，则按 C_1' 修正 C_1，并重复上述计算，直至相差在5%之内时为止。

⑦ 第一级消力池长度计算：

$$L_{01} = L_1 + 0.8L_2$$

式中　L_1——水舌射流长度，m；

L_2——水跃长度，m。

⑧ 第二级消力池深度及长度的计算与第一级的计算步骤相同，但第二级的比能为：

$$T_0 = P_2 + H_{01} \tag{11-28}$$

⑨ 第三级及其他各级的尺寸（除最后一级外），可采用与第二级完全相同的尺寸。

⑩ 最后一级消力池的计算：

a. 首先判别跌落在最后一级消力池上的射流与下游的连接性质。若 $h_2 > h_t$，则下游产生远驱式水跃，仍须建消力设备。

b. 初步确定消力池深 d：

$$d = \sigma h_2 - h_t$$

c. 对初定的 d 进行验算。

d. 计算消力池的长度。

⑪将以上各项计算结果列入下表，以作为设计时的依据。

级数	跌水高度 P(m)	消力池深度(m)	消力池长度(m)
1			
2			
3			
4			
·			
·			
·			
N			

【例 11-1】 在截洪沟和排洪渠道衔接处，总落差为 7.50m，截洪沟设计流量为 5.40m³/s，水深 $H=1.25$m，排洪渠道为矩形断面，宽度 $b=3.0$m，水深 $h_t=1.30$m，试设计多级跌水。

【解】

(1) 根据总落差和常用每级跌差（<3.0m）采用有消力池的三级等落差跌水。

每级跌水的跌差：

$$P_n=P/n=7.50/3=2.50\text{m}$$

(2) 跌水口计算。采用无底槛矩形跌水口，宽度和排洪渠道相同，$b=3.0$m。堰上水头：

$$H_0=\left(\frac{Q}{\varepsilon Mb}\right)^{\frac{2}{3}}=\left(\frac{5.40}{0.9\times1.62\times3.0}\right)^{\frac{2}{3}}=1.15\text{m}$$

(3) 计算第一级跌水：

$$T_{01}=P_1+H_0=2.50+1.15=3.65\text{ m}$$

$$q=Q/b=5.40/3.0=1.80\text{ m}^3/(\text{s}\cdot\text{m})$$

$$\frac{q^{\frac{2}{3}}}{T_{01}}=\frac{1.80^{\frac{2}{3}}}{3.65}=0.405$$

当 $\phi=0.90$，$\frac{q^{\frac{2}{3}}}{T_{01}}=0.405$ 时，查附录 26 得：

$$\frac{h_1}{q^{\frac{2}{3}}}=0.165,\frac{h_2}{q^{\frac{2}{3}}}=1.031$$

$$h_1=0.165\times1.80^{\frac{2}{3}}=0.24\text{m}$$

$$h_2=1.031\times1.80^{\frac{2}{3}}=1.53\text{m}$$

采用降低渠底形成消力池。

第一级消力槛上的水头 H_{01}：

$$H_{01}=\left(\frac{q}{M}\right)^{\frac{2}{3}}=\left(\frac{1.80}{1.86}\right)^{\frac{2}{3}}=0.98\text{m}$$

消力槛前的行进流速 v_{01}：

$$v_{01}=q/h_2=1.80/1.53=1.18\text{m/s}$$

消力槛上的水深 H_1：

$$H_1=H_{01}-\frac{\alpha v_{01}^2}{2g}=0.98-\frac{1.05\times1.18^2}{2\times9.81}=0.90\text{m}$$

初步确定第一级消力槛高度 C_1：

$$C_1=\sigma h_2-H_1=1.05\times1.53-0.90=0.71\text{m}$$

采用 $C_1=0.70$m。

验算第一级消力槛高度：

$$T'_{01}=T_{01}+C_1=3.65+0.70=4.35\text{m}$$

$$\frac{q^{\frac{2}{3}}}{T'_{01}}=\frac{1.80^{\frac{2}{3}}}{4.35}=0.34$$

根据 $\phi=0.90$ 查附录 26 得：

$$h'_{01}=0.151\times1.80^{\frac{2}{3}}=0.22\text{m}$$

消力池中收缩断面处的流速 v'_1：

$$v'_1=\frac{q}{h'_{01}}=\frac{1.80}{0.22}=8.18\text{m/s}$$

消力槛顶的流速 v_2：

$$v_2=\sqrt[3]{M^2q}=\sqrt[3]{1.86^2\times1.80}=1.84\text{m/s}$$

壅高水跃的第二共轭水深 h'_{02}：

$$h'_{0.2}=\sqrt{(h'_{01})^2+0.205q(v'_1-v'_2)}=\sqrt{0.22^2+0.205\times1.80(8.18-1.84)}=1.55\text{m}$$

$$v'_{01}=\frac{q}{h'_{02}}=\frac{1.80}{1.55}=1.16\text{m/s}$$

$$H'_1=H_{01}-\frac{\alpha v'_{01}}{2g}=0.98-\frac{1.05\times1.16^2}{2\times9.81}=0.91$$

$$C'_1=\sigma h'_{02}-H'_1=1.05\times1.55-0.91=0.72$$

$$C'_1\approx C_1\text{采用 }C_1=0.70\text{m。}$$

第一级消力池长度：

$$L_{01}=L_1+0.8L_2$$

$$L_1=1.64\sqrt{H_0(P+d+0.24H_0)}=1.64\sqrt{1.15(2.50+0.70+0.24\times1.15)}=3.28\text{m}$$

$$Fr=\frac{v'_1}{\sqrt{gh_1}}=\frac{8.18}{\sqrt{9.81\times0.22}}=5.57$$

$Fr<9.0$ 时，

$$L_2=9.5h_1(Fr-1)=9.5\times0.22(5.57-1)=9.55\text{m}$$

$$L_{01}=3.28+0.8\times9.55=10.92\text{m}$$

采用 $L_{01}=11.00$ m。

（4）计算第二级跌水：

$$T_{02}=P_2+H_{01}=2.50+0.98=3.48\text{m}$$

$$\frac{q^{\frac{2}{3}}}{T_{02}}=\frac{1.80^{\frac{2}{3}}}{3.48}=0.425$$

当 $\phi=0.90$，$\frac{q^{\frac{2}{3}}}{T_{02}}=0.425$ 时，查“矩形河槽中水跃共轭水深计算”表得：

$$\frac{h_1}{q^{\frac{2}{3}}}=0.170,\frac{h_2}{q^{\frac{2}{3}}}=1.015$$

$$h_1=0.17\times1.80^{\frac{2}{3}}=0.25\text{m}$$

$$h_2=1.015\times1.80^{\frac{2}{3}}=1.50\text{m}$$

采用降低渠底形成消力池。

第二级消力槛上的水头 H_{02}：

$$H_{02}=\left(\frac{q}{M}\right)^{\frac{2}{3}}=\left(\frac{1.80}{1.86}\right)^{\frac{2}{3}}=0.98\text{m}$$

消力槛前的行进流速 v_{02}：

$$v_{02}=q/h_2=1.80/1.50=1.20\text{m/s}$$

消力槛上的水深 H_2：

$$H_2=H_{02}-\frac{\alpha v_{02}^2}{2g}=0.98-\frac{1.05\times1.20^2}{19.62}=0.90\text{m}$$

初步确定第二级消力槛高度 C_2：

$$C_2=\sigma h_2-H_2=1.05\times1.50-0.90=0.675\text{m}$$

采用 $C_2=0.70$m。

验算第二级消力槛高度：

$$T'_{02}=T_{02}+C_2=3.48+0.70=4.18\text{m}$$

$\frac{q^{\frac{2}{3}}}{T'_{02}}=\frac{1.80^{\frac{2}{3}}}{4.18}=0.354$，根据 $\phi=0.90$，查“矩形河槽中水跃共轭水深计算”表得 $\frac{h'_{01}}{q^{\frac{2}{3}}}=0.154$

$$h'_{01}=0.154\times1.80^{\frac{2}{3}}=0.23\text{m}$$

消力池中收缩断面处的流速 v'_1：

$$v'_1=\frac{q}{h'_{01}}=\frac{1.80}{0.23}=7.83\text{m/s}$$

消力槛顶的流速 v_2：

$$v_2=\sqrt[3]{M^2q}=\sqrt[3]{1.86^2\times1.80}=1.84\text{m/s}$$

壅高水跃的第二共轭水深 h'_{02}：

$$h'_{02}=\sqrt{(h'_{01})^2+0.205q(v'_1-v_2)}=\sqrt{0.23^2+0.205\times1.80(7.83-1.84)}=1.50\text{m}$$

$$v'_{02}=\frac{q}{h'_{02}}=\frac{1.80}{1.50}=1.20\text{m/s}$$

$$H'_2=H_{02}-\frac{\alpha v_{02}'^2}{2g}=0.98-\frac{1.05\times1.20^2}{19.62}=0.90$$

$$C'_2=\sigma h'_{02}-H'_2=1.05\times1.50-0.90=0.675$$

$C'_2\approx C_2$，采用 $C_2=0.70$m。

第二级消力池长度：

$$L_{02}=L_1+0.8L_2$$

$$L_1=1.64\sqrt{H_{01}(P+d+0.24H_{01})}$$

$$=1.64\sqrt{0.98(2.50+0.70+0.24\times0.98)}=3.00\text{m}$$

$$Fr=\frac{v'_1}{\sqrt{gh_1}}=\frac{7.83}{\sqrt{9.81\times0.23}}=5.21$$

$Fr<9.0$ 时，

$$L_2=9.5h_1(Fr-1)=9.5\times0.23\times(5.21-1)=9.20\text{m}$$

$$L_{02}=L_1+0.8L_2=3.00+0.8\times9.20=10.36\text{m}$$

采用 $L_{02}=11.00$m。

（5）计算第三级跌水（即最后一级跌水）：

$$T_{03}=P_3+H_{02}=2.50+0.98=3.48\text{m}$$

$$\frac{q^{\frac{2}{3}}}{T_{03}}=\frac{1.80^{\frac{2}{3}}}{3.48}=0.425$$

当 $\Phi=0.90$，$\frac{q^{\frac{2}{3}}}{T_{03}}=0.425$ 时，查附录 26，得 $\frac{h_{01}}{q^{\frac{2}{3}}}=0.170$，$\frac{h_{02}}{q^{\frac{2}{3}}}=1.015$

$$h_{01}=0.17\times1.80^{\frac{2}{3}}=0.25\text{m}$$

$$h_{02}=1.015\times1.80^{\frac{2}{3}}=1.50\text{m}$$

$h_{02}>h_t$ 需设消力池。

初步确定消力池深 d_3：$d_3=\sigma h_2-h_t=1.05\times1.50-1.30=0.28\text{m}$

采用 $d_3=0.30\text{m}$，

验算第三级消力池的深度：$T'_{03}=P_3+H_{02}+d_3=2.50+0.98+0.30=3.78\text{m}$

$$\frac{q^{\frac{2}{3}}}{T'_{03}}=\frac{1.80^{\frac{2}{3}}}{3.78}=0.391$$

当 $\Phi=0.90$，$\frac{q^{\frac{2}{3}}}{T'_{03}}=0.391$ 时，查附录 26 得：$\frac{h'_1}{q^{\frac{2}{3}}}=0.163$，$\frac{h'_2}{q^{\frac{2}{3}}}=1.042$

$$h'_1=0.163\times1.80^{\frac{2}{3}}=0.24\text{m}$$

$$h'_2=1.042\times1.80^{\frac{2}{3}}=1.54\text{m}$$

消力池中收缩断面的流速 υ'_1：$\upsilon'_1=\frac{q}{h'_{01}}=\frac{1.80}{0.24}=7.50\text{m/s}$

消力槛顶的流速 υ_2：$\upsilon_2=\sqrt[3]{M^2q}=\sqrt[3]{1.86^2\times1.80}=1.84\text{m/s}$

壅高水跃的第二共轭水深 h'_{02}：

$$h'_{02}=\sqrt{(h'_{01})^2+0.205q(\upsilon_1-\upsilon_2)}$$

$$=\sqrt{0.24^2+0.205\times1.80(7.50-1.84)}=1.46\text{m}$$

$$d'_3=\sigma h'_{02}-h_t=1.05\times1.46-1.30=0.23\text{m}$$

采用 $d_3=0.30\text{m}$。

第三级消力池长度：$L_{03}=L_1+0.8L_2$

$$L_1=1.64\sqrt{H_{02}(P+d+0.24H_{02})}$$

$$=1.64\sqrt{0.98(2.50+0.30+0.24\times0.98)}=2.83\text{m}$$

$$Fr=\frac{\upsilon'_1}{\sqrt{gh_1}}=\frac{7.50}{\sqrt{9.81\times0.24}}=4.89$$

$Fr<9.0$ 时，

$$L_2=9.5h_1(Fr-1)=9.5\times0.24\times(4.89-1)=8.87\text{m}$$

$$L_{03}=2.83+0.8\times8.87=9.93\text{m}$$

采用 $L_{03}=10.00\text{m}$。

级数	跌水高度 P(m)	消力池深度 d(m)	消力池长度 L_0(m)
1	2.50	0.70	11.00
2	2.50	0.70	11.00
3	2.50	0.30	10.00

11.4.5 陡坡

山洪沟、截洪沟、排洪渠道通过地形高差较大的地段时，如果坡降在 1∶4～1∶20 范围内，则在地形变化均匀的坡面上，修建陡坡比跌水连接上下游沟渠更经济，特别是在地下水位较高的地段施工也更方便。

1. 陡坡布置和构造要求

陡坡由进口段、陡坡段和出口段组成，如图11-31所示。

(1) 进口段：进口段主要是控制上游沟渠中水流不要因修建陡坡而改变水力要素，特别是防止上游沟渠水深发生下降，同时又要使水流平顺地导入陡坡段。

陡坡进口形式与跌水进口形式相同，通常设计成扭曲面与上游沟渠相接。直墙式进口水流受两侧直墙的压缩，陡坡段水流扩散不均匀，主流集中下泄，往往造成下游冲刷。

陡坡进口段的构造要求与跌水进口段相同。

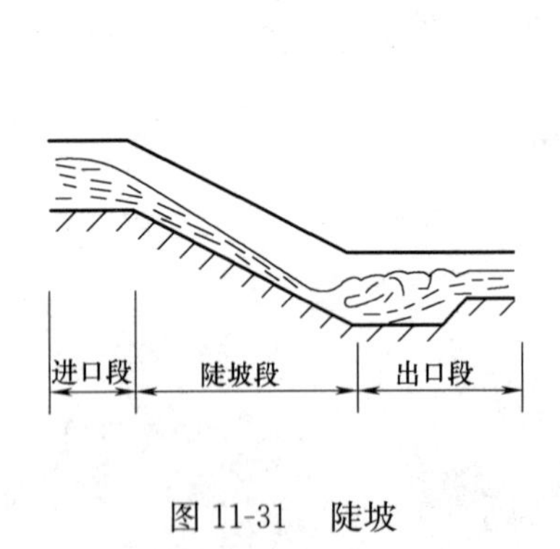

图11-31　陡坡

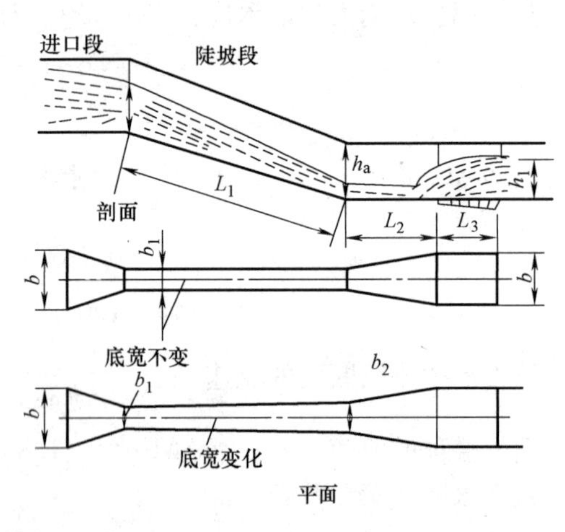

图11-32　陡坡平面布置

(2) 陡坡段：陡坡段实际上是一个急流槽，底的纵坡通常为1∶4～1∶20。横断面多采用矩形或梯形，在平面布置上，作为底宽不变或扩散两种形式，如图11-32所示。底宽逐渐扩散可以减小陡坡出口的单宽流量，给下游消能创造有利条件。但陡坡内水深较浅时，底宽则不宜扩散。由于山洪迅猛异常，带有较大的破坏力，因而陡坡段的坡度不宜过大，以避免造成下游消能的困难。

陡坡首先应根据地形条件选定坡底的纵坡 i 及横断面尺寸，然后验算纵坡 i 是否大于临界坡度 ic，以便判定是否属于陡坡。其坡底的大小，往往受护砌材料的容许流速控制，当陡坡水流流速很大时，要注意选择相应的护砌材料。

当陡坡段平面布置为扩散形式时，其扩散度常为1∶4。护底应在伸缩缝处加齿坎，如图11-33所示，以利于防渗和抗滑。

陡坡侧墙顶部安全超高，一般应比沟渠的超高要大一些，一般采用20%～30%。为了减小渗透水流对侧墙和底板的压力，常在侧墙上设置排水孔。在寒冷地区护砌应考虑土壤冻胀影响。

陡坡底宽和水深比值，一般限制在10∶1～12∶1之间，过大易产生冲击波。

(3) 出口段：陡坡出口段包括消力池和下游扩散部分。消力池与跌水出口消力池要求一样，消力池末端的扩散段翼墙，在平面上的扩散度，最好是在1/5～1/6之间，以防止水流脱离墙体。为了缩短扩散段的长度，槽底可设底槛。

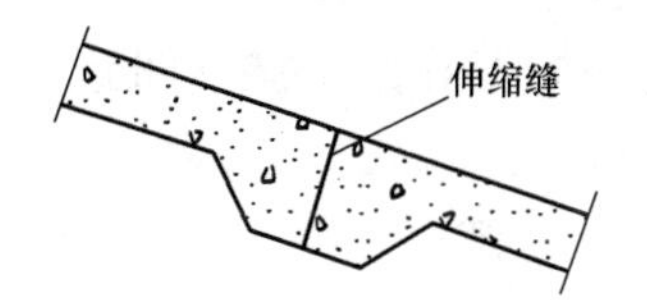

图 11-33 伸缩缝处加齿坎

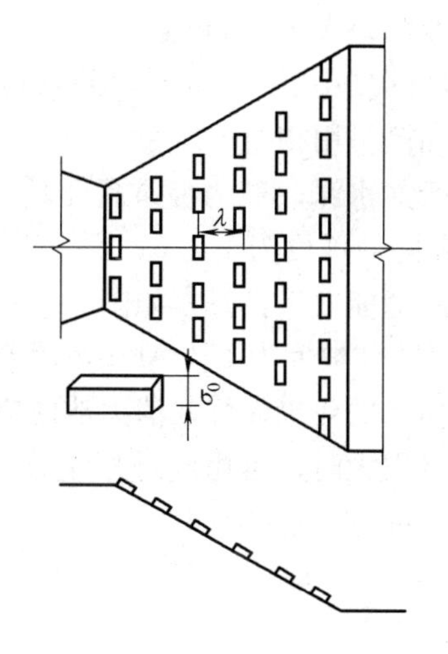

图 11-34 交错式糙条布置

$\sigma_0=(1/1.5\sim1/2)h_1$，$\lambda=(8\sim10)\sigma_0$

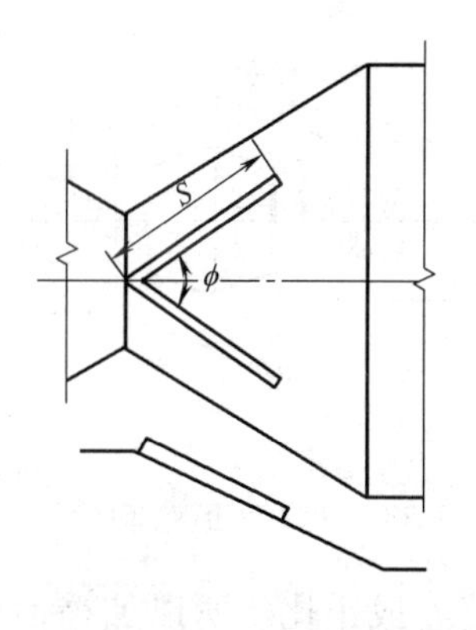

图 11-35 陡坡加设分流墙

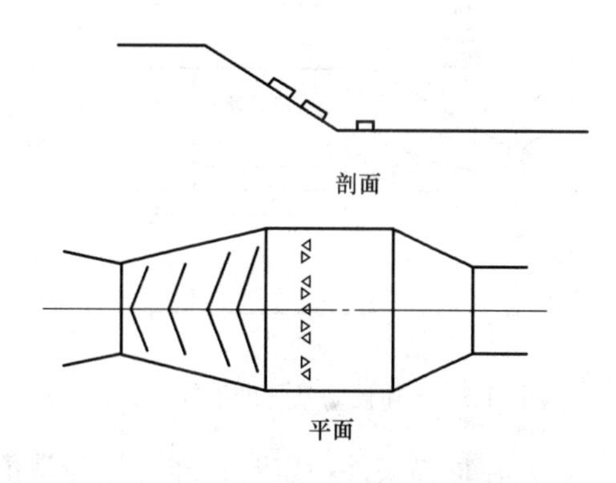

图 11-36 单人字形糙条及三角形齿坎

2. 陡坡人工糙面

人工糙面不但可以降低流速，而且由于水流的扩散，有利于下游消能。在设计陡坡人工加糙时，最好是通过水工模型试验来验证人工加糙平面布置和糙条尺寸，以选择合适的方案。

(1) 当陡坡坡度在 1/4～1/3 之间，跌差大于等于 10m 时，陡坡段加设交错式矩形糙条消能效果良好，如图 11-34 所示。

(2) 糙条在陡坡上加设的位置，在跌差大于 10m 时，可由陡坡段上端（1/4～1/3）陡坡长度处向下开始；当跌差小于 5m 时，可以全陡坡加设糙坎。

(3) 当陡坡坡度在 1/1.5～1/2.5 之间，落差为 1.0～3.0m，而平面扩散度在 1/1.2～1/3之间时，必须采用陡坡加糙与消力池前端加设辅助消能的联合措施。当落差较小，而扩散角度很大时，采用在陡坡段加设分流墙（见图 11-35）、交错式糙条及单人字形糙条，并在消力池前加设三角形或梯形消力齿坎（见图 11-36）等布置形式，其中以单人字形糙条布置形式对下游消能效果最好。单人字形糙条布置的夹角 ϕ 值与落差成正比，ϕ 值的确定方法如下：

当陡坡落差大于1.5m且小于3.0m时，$\phi=160°$；

当陡坡落差小于1.5m时，$\phi=130°\sim150°$。

(4) 加糙可用相对糙度$\xi=h_1/\sigma_0=1/1.5$，及糙条间距$\lambda=(8\sim10)\sigma_0$来表示，$h_1$为陡坡末端跃前水深；$\sigma_0$为糙条高度。

(5) 在陡坡坡度为1/1.5，而平面扩散度为1/5～1/6时，陡坡段加设导流肋条辅助消能，对下游消能效果良好，如图11-37所示，这种形式适用于小型陡坡工程。

(6) 当陡坡坡度为1/4～1/5，落差为3.0～5.0m，而平面扩散度很小或为零时，加设双人字形糙条的效果较好，消力池内应设适当的消力齿坎，如图11-38所示。

当跌差很大时，可由陡坡段上端（1/4～1/5）长度处向下开始。糙条间距$\lambda=(8\sim10)\sigma_0$，相对糙度$\xi=5\sim6$。

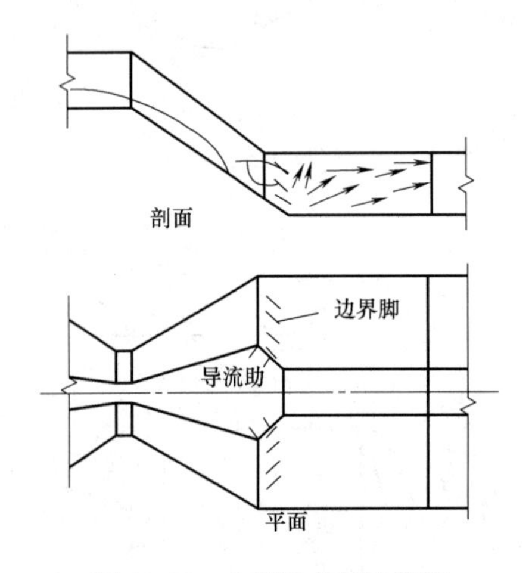

图11-37　加设肋条辅助消能

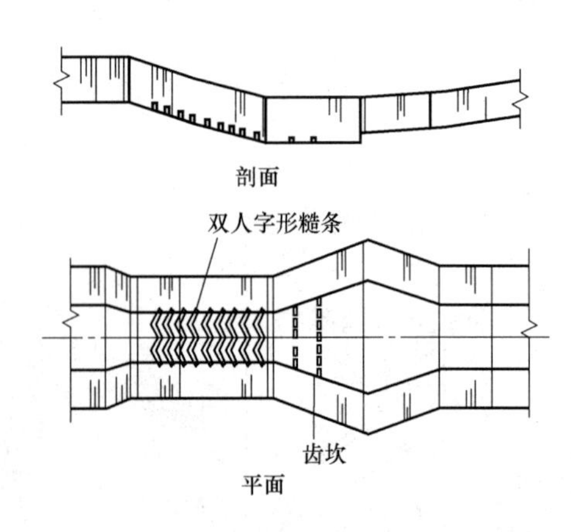

图11-38　双人字形糙条

(7) 在加糙条件一定时，陡坡加糙消能作用的大小与落差成正比，所以加糙消能作用，只有在落差很大的情况下才显著。在落差不大，特别是坡度小于1/2的情况下，陡坡段加糙只能起到扩散均流的作用。

3. 陡坡水力计算

(1) 进口段：进口段水力计算可按堰流公式进行，计算方法与跌水进口段水力计算相同。

(2) 陡坡段：

1) 陡坡起点水深计算：陡坡起点水深h等于临界水深h_c。临界水深h_c可按公式（11-1）或公式（11-3）求得。

2) 陡坡临界坡度按公式（11-29）计算：

$$i_c=\frac{g}{\alpha C_c^2}\frac{\chi_c}{B_c}=\frac{Q^2}{K_c^2} \tag{11-29}$$

式中　i_c——临界坡度；

g——重力加速度，m/s^2；

α——流速不均匀系数，一般采用$\alpha=1.1$；

C_c——临界水深断面的谢才系数；

B_c——临界水深断面的水面宽度，m；$B_c=b+2mh_c$；

Q——设计流量，m^3/s；

χ_c——临界水深断面的湿周，m，对于梯形断面其值为：$\chi_c=b+2h_c\sqrt{1+m^2}$；

b——陡坡底宽，m；

h_c——临界水深，m；

m——断面边坡系数；

K_c——临界水深断面的流量率，$K_c=\omega_c C_c\sqrt{R_c}$；

ω_c——临界水深断面的过水面积，m^2；

R_c——临界水深断面的水力半径，m。

按上述公式计算，对所得临界坡度和设计陡坡的坡度进行比较，只有当陡坡的坡度大于临界坡度时，才能按陡坡的方法进行计算。

（3）陡坡段的长度计算：

$$L_a=\sqrt{P^2+\left(\frac{P}{i}\right)^2} \tag{11-30}$$

式中　L_a——陡坡段的长度，m；

P——陡坡段的总落差，m；

i——陡坡段的坡度。

（4）陡坡水面曲线计算：陡坡起点水深等于临界水深，即 $h=h_c$，并沿陡坡逐渐减小，产生降水曲线，在陡坡有足够长度的时候，末端水深逐渐接近于正常水深 h_0，即有 $h_a=1.005h_0$。

山洪流量变化较大，在设计流量很大时，为了减小陡坡末端的单宽流量，以利下游消能，而将陡坡底宽设计成逐渐扩散的形式。当设计流量较小时，陡坡起点水深较小，为了使陡坡末端保持一定水深，而将陡坡底宽设计成逐渐缩小的形式。但在一般情况下陡坡底宽不变。

陡坡水面曲线计算，通常有两种类型。第一种类型是已知底坡 i、糙率 n、上下游两断面形式和尺寸、水深 h_{I}、h_{II}、流量 Q，求两断面间降水的陡坡长度 $l_{\text{I-II}}$。第二种类型是已知底坡 i、糙率 n、上下游两断面形式和尺寸、水深 h_{I}、流量 Q 及两断面之间的陡坡长度 $l_{\text{I-II}}$，求断面Ⅱ-Ⅱ处的水深 h_{II}。

上述两种类型的水面曲线计算，可采用分段直接求和法及水力指数积分法。

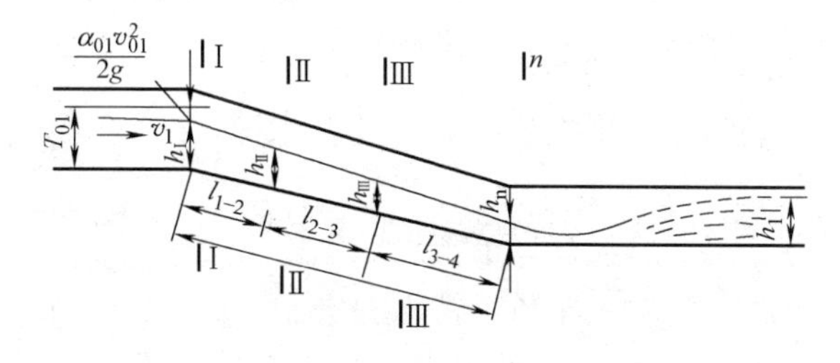

图 11-39　陡坡分段计算

1）分段直接求和法：将陡坡分成若干段，段的多少视要求精度而定。如果陡坡落差较小，亦可不分段，一次求出陡坡长度或断面水深。

① 第一种类型，计算步骤如下：

a. 将陡坡分成几段，如图 11-39 所示。

b. 根据已知条件求出各断面处的总水头 T_0。

$$T_{01}=\frac{\alpha_{01}v_{01}^2}{2g}+h_{\mathrm{I}}$$

$$T_{02}=\frac{\alpha_{02}v_{02}^2}{2g}+h_{\mathrm{II}}$$

……

$$T_{0n}=\frac{\alpha_{0n}v_{0n}^2}{2g}+h_n$$

c. 求各断面间的距离 l：

$$l_{1-2}=\frac{T_{02}-T_{01}}{i-\overline{J}}$$

$$l_{2-3}=\frac{T_{03}-T_{02}}{i-\overline{J}}$$

……

$$l_{(n-1)-n}=\frac{T_{0n}-T_{0(n-1)}}{i-\overline{J}}$$

d. 求陡坡总长度 L：

$$L=l_{1\text{-}2}+l_{2\text{-}3}+\cdots\cdots+l_{(n-1)-n}(\mathrm{m}) \tag{11-31}$$

② 第二种类型用试算法，其计算步骤如下：

先假定Ⅱ-Ⅱ断面水深 h'_{II}，并计算总水头 $T'_{0.2}$：

$$T'_{02}=\frac{\alpha_{02}(v'_{02})^2}{2g}+h'_{\mathrm{II}}=\frac{\alpha_{01}v_{01}^2}{2g}+h_{\mathrm{I}}$$

或
$$T'_{02}+\overline{J}l_{1-2}=T_{01}+il_{1-2}$$

上式右边为已知，如果计算结果显示等式两边相等，则假定的 h'_{II} 即为所求的 h_{II}。如果不相等，则重新假定 h'_{II} 值，重复上述计算，直至相等为止。

逐次假定 h'_{III}、h'_{IV}……h'_n，经验算求得 h_{III}、h_{IV}……h_n。

2）水力指数积分法：是对指数积分，经过一系列数学推导得出公式（11-31）所示降水曲线方程式。

$$L=\frac{h_0}{i}\{\eta_2-\eta_1-(1-\overline{J})[\varphi(\eta_2)-\varphi(\eta_1)]\} \tag{11-32}$$

式中 L——两断面之间的距离，m；

h_0——均匀流情况下的水深，即正常水深，m；

i——陡坡段的纵坡；

η_2——断面 2-2 的水深与正常水深之比，$\eta_2=h_2/h_0$；

η_1——断面 1-1 的水深与正常水深之比，$\eta_1=h_1/h_0$；

φ（η_2）、φ（η_1）——与水深比 η_2、η_1 及水力指数 χ 有关的函数，详见“函数 $\phi(\eta)$ 的数值”表；

j——两断面间的动能变化值：$\overline{J}=\frac{\alpha i\overline{C}^2}{g}\frac{\overline{B}}{\overline{\chi}}$；

α——流速分布不均匀系数，常用 $\alpha=1.1$；

$\overline{B}$——相应于两断面间平均水深 h 时的水面宽，m；

$\overline{\chi}$——相应于平均水深 h 时的湿周，m；

$\overline{C}$——相应于平均水深 h 时的谢才系数。

水力指数 χ，按下式推求：

$$\chi=2\frac{\lg\overline{K}-\lg K_0}{\lg\overline{h}-\lg h_0} \tag{11-33}$$

式中 $\overline{K}=(K_1+K_2)/2$；

$\overline{h}=(h_1+h_2)/2$；

K_0、$\overline{K}$——相应于正常水深 h_0 和平均水深 $\overline{h}$ 的过水断面的流量率（$K=\omega C\sqrt{R}$）。

如果算出的降水曲线长度小于陡坡长度（即 $l<L_0$），则表示降水曲线在陡坡中已经终止（$h_a=h_0$）。如果 $l>L_0$，则说明降水曲线在陡坡中未终止，这时按降水曲线公式及流速 $v_a=Q/\omega_a$（ω_a 表示陡槽终点处的水流断面面积，$\omega_a=h_a b$）进行计算，计算得到的 v_a 值不应超过陡坡护砌材料的最大容许流速 v_{max}，如果 $v_a>v_{max}$，则需变换护砌材料或采用人工加糙的陡坡，但需注意，当改变护砌材料或人工加糙后，应按新的糙率 n 值复核上述计算。

（5）陡坡末端消力池的水力计算

陡坡末端消力池，根据其结构形式分为有陡坎的消力池和无陡坎的消力池两种，如图 11-40 所示。在山洪治理中一般陡坡长度较小，而纵坡较大，故常采用不带陡坎的消力池。

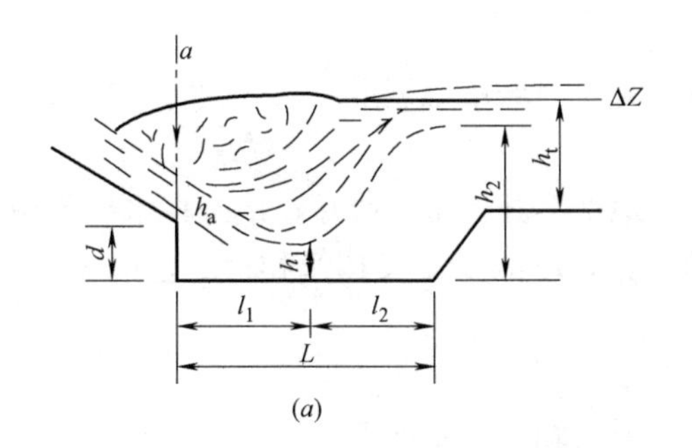

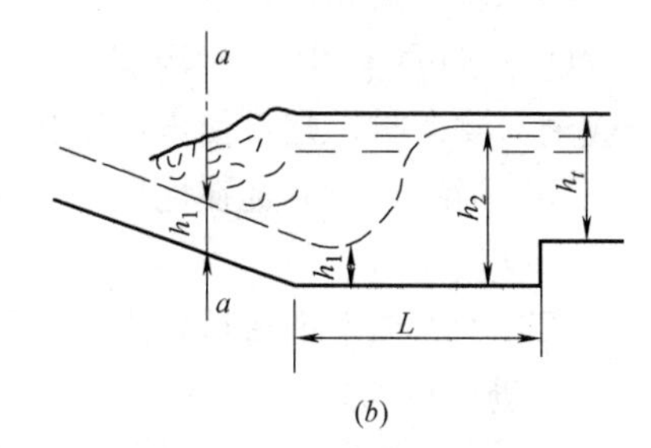

图 11-40 陡坡末端消力池

（a）有陡坎消力池；（b）无陡坎消力池

1）有陡坎消力池的计算步骤如下：

① 先假定池深 d，求算陡坡终点断面 a-a 的比能 T'_0。如图 11-40（a）所示。

$$T'_0=h_a+\frac{\alpha v_a^2}{2g}+d$$

式中 h_a——陡坡终点处的水深，m；

v_a——陡坡终点处的流速，m/s；

d——消力池深度，m；

α——流速不均匀系数，$\alpha=1.0\sim1.1$；

g——重力加速度，m/s^2。

② 根据比值$\frac{q^{\frac{2}{3}}}{T_0}$及$\phi$值查附录26（梯形断面查附录25），求得共轭水深$h_1$及$h_2$。

③验算假定的d值是否能满足淹没安全系数的要求：

$$\sigma=\frac{d+(h_1+\Delta Z)}{h_2}\geqslant 1.05\sim 1.1$$

如果σ值大于1.1，则说明假定的d值大了；如果σ值小于1.05，则说明假定的d值小了，均须重新假定d值，使σ值在1.05～1.1之间。

2）无陡坎消力池，陡坡终点的水深h_a就是消力池底收缩水深h_1，即$h_a=h_1$。第二共轭水深h_2，即陡坡终点水深h_1的共轭水深，如图11-40（b）所示。消力池深度按公式(11-34)计算：

$$d=\sigma h_2-(h_2+\Delta Z) \tag{11-34}$$

公式中第二共轭水深h_2可用试算法或查表法求得。消力池长度与跌水消力池长度计算相同。

11.5　排洪明渠

11.5.1　布置

1. 渠线走向

（1）在设计流量确定后，渠线走向是工程的关键，要多做些方案比较。

（2）与城市总体规划密切结合。

（3）从排洪安全角度，应选择分散排放渠线。

（4）尽可能利用天然沟道，如天然沟道不顺直或因城市规划要求，必须将天然沟道部分或全部改道时，则要使水流顺畅。

（5）渠线走向应选在地形较平缓，地质稳定地带，并要求渠线短；最好将水导至城市下游，以减少河水顶托；尽量避免穿越铁路和公路，以减少交叉构筑物；尽量减少弯道；要注意应少占或不占耕地，少拆或不拆房屋。

2. 进出口布置

（1）选择进出口位置时，充分研究该地带的地形和地质条件。

（2）进口布置要创造良好的导流条件，一般布置成喇叭口形，如图11-41所示。

（3）出口布置要使水流均匀平缓扩散，防止冲刷。

（4）当排洪明渠不穿越防洪堤，直接排入河道时，出口宜逐渐加宽成喇叭口形，喇叭口可做成弧形或八字形，如图11-42所示。

（5）当排洪明渠穿越防洪堤时，应在出口设置涵闸。

（6）出口高差大于1m时，应设置跌水。

3. 构造要求

（1）排洪明渠设计水位以上安全超高，一般采用0.3～0.5m，如果保护对象有特殊要求，安全超高可以适当加大。

（2）排洪明渠沿线截取几条山洪沟或几条截洪沟的水流时，其交汇处应尽可能斜向下

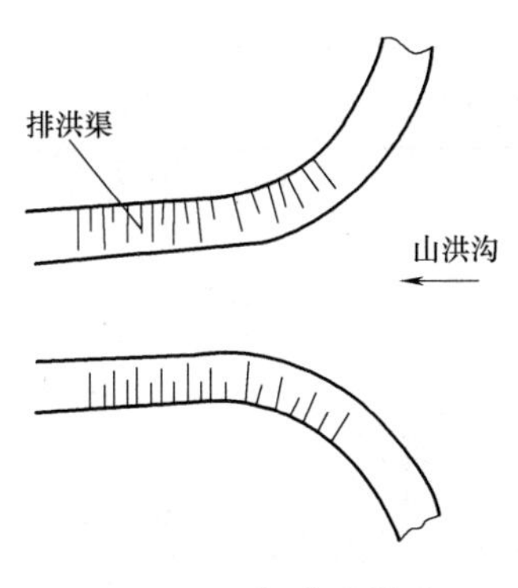

图 11-41 排洪明渠进口

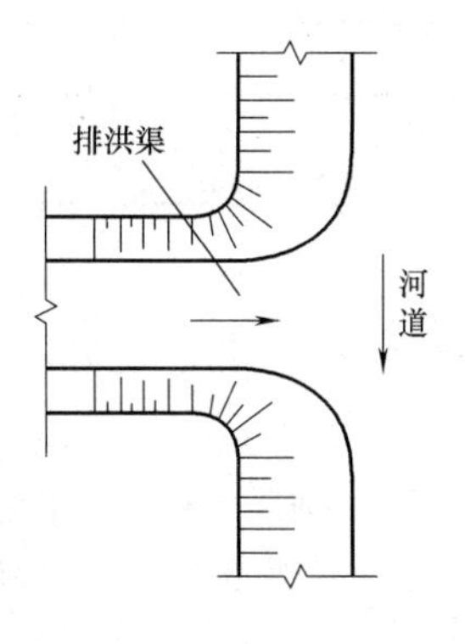

图 11-42 排洪明渠出口

游，并成弧线连接，以便水流均匀平缓地流入渠道内。

(3) 渠底宽度变化时，设置渐变段衔接，为避免水流速度突变，而引起冲刷和涡流现象，渐变段长度可取底宽差的 5～20 倍，流速大者取大值。

(4) 由于设计流量较大，为了在小流量时减少淤积，明渠宜采用复式过水断面，使排泄小流量时，主槽过水仍保持最小容许流速。

(5) 进口段长度可取渠中水深的 5～10 倍，最小不得小于 3m。

(6) 由于出口经常受两股水流冲刷，因此应设置于地质、地形条件良好的地段，并采取护砌措施。

(7) 在纵坡过陡或突变地段，宜设置陡坡或跌水来调整纵坡。

(8) 流速大于明渠土壤最大容许流速时，应采取护砌措施防止冲刷。

11.5.2 水力计算

1. 流速计算公式

排洪明渠按均匀流计算，其流速计算公式为：

$$v=C\sqrt{Ri} \tag{11-35}$$

式中 v——平均流速，m/s；

R——水力半径，m；

i——渠底纵坡；

C——流速系数，可查根据公式 $C=\frac{1}{n}R^{\frac{1}{6}}$ 编制的“流速系数 C 值”表，或根据公式 $C=\frac{1}{n}R^{y}$ 编制的“流速系数 C 值”表；

n——糙率，可查“各种壁面材料明渠的糙率 n 值”表；

y——指数，可按下式计算，$y=2.5\sqrt{n}-0.13-0.75\sqrt{R}(\sqrt{n}-0.1)$。

指数 y 可近似地按下面所列数值选用：

当 $R<1.0$m 时，$y\approx1.5\sqrt{n}$；

当 $R>1.0$m 时，$y\approx1.3\sqrt{n}$。

也可根据 n 值按表 11-7 所列数值选用。

y值　　　　**表11-7**

n	y	n	y
$0.01<n<0.015$ $0.015<n<0.025$	1/6 1/5	$0.025<n<0.04$	1/4

2. 排洪能力计算

排洪明渠的排洪能力，系指在正常水深下明渠通过的流量。其计算公式为：

$$Q=\omega\nu=\omega C\sqrt{Ri}=K\sqrt{i} \tag{11-36}$$

式中　Q——排洪明渠在正常水深下通过的流量，m^3/s；

ω——排洪明渠过水断面面积，m^2；

K——流量模数，m^3/s；$K=\omega C\sqrt{R}$。

3. 水力要素计算

排洪明渠的水力要素有过水断面面积ω、湿周χ、水力半径R。排洪明渠断面形状常采用梯形和复式断面。

(1) 过水断面面积ω：

1) 梯形断面：如图11-43所示。

$$\omega=(b+mh)h \tag{11-37}$$

式中　b——排洪明渠底宽，m；

h——排洪明渠水深，m；

m——边坡系数，$m=a/H$，参考表11-8选用。

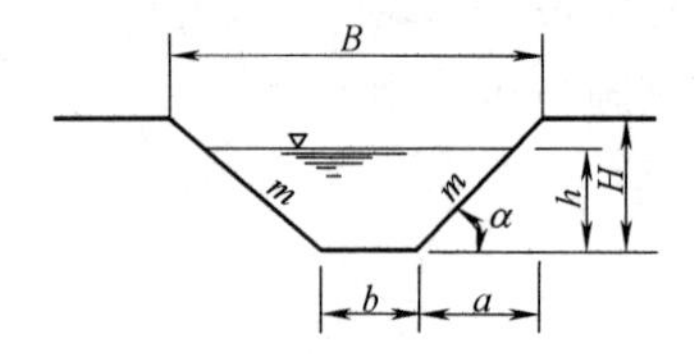

图11-43　梯形断面排洪明渠

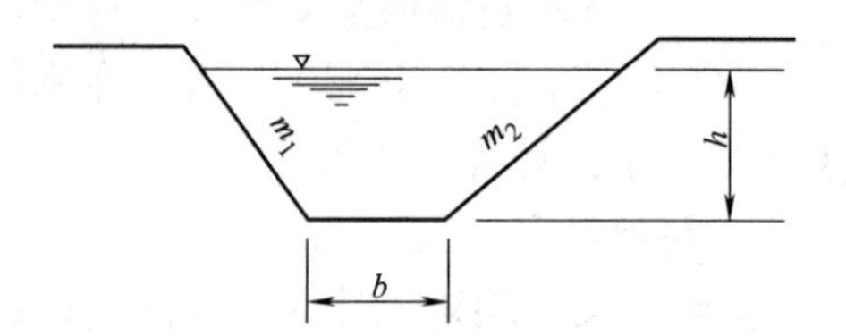

图11-44　两侧边坡系数不同梯形断面排洪明渠

边坡系数m值　　　　**表11-8**

土壤或铺砌名称	边坡1∶m	土壤或铺砌名称	边坡1∶m
粉砂	1∶3.0～1∶3.5	半岩性土	1∶0.5～1∶1.0
细砂、中砂、粗砂		风化岩石	1∶0.25～1∶0.5
(一)松散的	1∶2.0～1∶2.5	未风化的岩石	1∶0.1～1∶0.5
(二)密实的	1∶1.5～1∶2.0	平铺草皮、迭铺草皮	与土边坡相同
亚砂土	1∶1.5～1∶2.0	砖、石、混凝土铺砌	
亚黏土、黏土	1∶1.25～1∶1.5	(一)水深<2.5m	1∶1
砾石土、卵石土	1∶1.25～1∶1.5	(二)水深>2.5m	与土边坡相同

注：1. 水上的边坡可采用较陡的坡度：

用混凝土衬砌时，$m\geqslant1.25$；

用砾石堆筑或堆石形成的护面时，$m\geqslant1.50$；

用黏土、黏壤土护面时，$m\geqslant2.5$；

2. 当坡高≥5m时，边坡的稳定要专门计算，并进行校核。

明渠两侧边坡系数不同时，如图11-44所示，可取平均后的边坡系数值。

$$m=(m_1+m_2)/2 \tag{11-38}$$

$$\omega=(b+mh)h$$

2）复式断面：

将复式断面划分为左、中、右三部分，如图 11-45（a）所示，左部面积为 ω_1，中部面积为 ω_2，右部面积为 ω_3。

左部面积 ω_1 为：

$$\omega_1=(b_1+m_1h_1/2)h_1$$

右部面积 ω_3 为：

$$\omega_3=(b_3+m_3h_3/2)h_3$$

中部面积 ω_2 有两种情况：

① 当 $h'>h''$时，将 ω_2 分成三部分，即 ω'_2、ω''_2、ω'''_2，如图 11-45（b）所示。

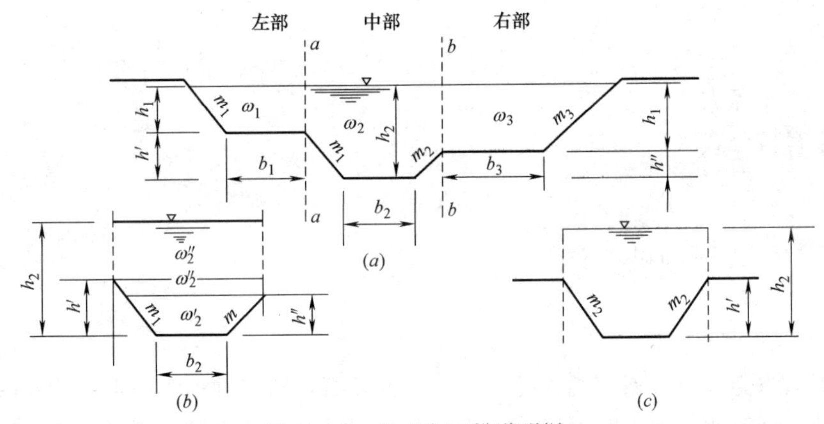

图 11-45　复式断面排洪明渠

（a）、（b）、（c）为三种复式断面排洪明渠

$$\omega_2=\omega'_2+\omega''_2+\omega'''_2 \tag{11-39}$$

$$\omega'_2=(b_2+m_2h'')h''$$

$$\omega''_2=(h_1-h'')\left[\mathrm{b}_2+2m_2h''+\frac{m_2}{2}(h'-h'')\right]$$

$$\omega'''=(h_2-h')[b_2+m_2(h_1+h'')]$$

② 当 $h'=h''$时，将 ω_2 分成两个断面计算，如图 11-45（c）所示。

$$\omega_2=\omega'_2+\omega''_2$$

$$\omega'_2=(b'+m_2h')h'$$

$$\omega''_2=(h_2-h')(b_2+2m_2h')$$

则总过水断面面积 ω 为：

$$\omega=\omega_1+\omega_2+\omega_3 \tag{11-40}$$

（2）湿周 χ：

1）梯形断面 χ：

$$\chi=b+2h\sqrt{1+m^2}\,(\mathrm{m})$$

或

$$\chi=b+m'h\,(\mathrm{m}) \tag{11-41}$$

$$m'=2\sqrt{1+m^2} \tag{11-42}$$

式中 b——渠底宽度，m；

h——渠内水深，m；

m——边坡系数；

m'——第二边坡系数。

为了简化计算过程，将第二边坡系数制成表11-9，可由 m 值直接查得 m' 值。

第二边坡系数 m' 值 **表 11-9**

m	0.00	0.10	0.20	0.25	0.50	0.75	1.00	1.25	1.50	2.00	2.50	3.00	4.00	5.00
m'	2.00	2.01	2.04	2.06	2.24	2.50	2.83	3.20	3.61	4.47	5.39	6.33	8.25	10.20

对于两侧边坡系数不同的梯形断面的湿周，按公式（11-43）计算：

$$\chi=b+h\left(\sqrt{1+m_1^2}+\sqrt{1+m_2^2}\right) \tag{11-43}$$

2）复式断面湿周 χ：

$$\chi=b_1+h_1\sqrt{1+m_1^2}+b_2+(h'+h'')\sqrt{1+m_2^2}+b_3+1(\mathrm{m}) \tag{11-44}$$

（3）水力半径 R：

水力半径按公式（11-44）计算：

$$R=\frac{\omega}{\chi} \tag{11-45}$$

式中 ω——过水断面面积，m^2；

χ——湿周，m。

4. 排洪明渠水力计算

排洪明渠水力计算常遇到两种类型，第一种类型是新建排洪明渠水力计算，即已知设计洪峰流量，计算明渠过水断面尺寸；第二种类型是复核已建排洪明渠的排洪能力，即已知排洪明渠的断面尺寸，复核能通过的流量。

（1）新建排洪明渠水力计算：

设计流量为已知，从流量公式 $Q=\omega C\sqrt{Ri}$ 中可以看出 ω、C、R 三项均与底宽 b 和水深 h 有关，即该两个未知变量都包含在一个 Q 式之中。因此，直接求解 b 和 h 是困难的。可根据以下几种情况来计算。

1）根据地质、地形、护砌类型等条件确定渠底宽 b、纵坡 i、边坡系数 m、糙率 n，求算渠内水深 h。

① 试算法：试算法可以得到精确度较高的计算成果，在工程设计中广泛应用，但计算工作量繁锁。其计算步骤如下：

a. 假定水深 h_1 值，计算相应的过水断面面积 ω_1、湿周 χ_1、水力半径 R_1。

b. 根据水力半径 R_1 和糙率 n，由根据公式 $C=\frac{1}{n}R^{\frac{1}{6}}$ 编制的“流速系数 C 值”表，或根据公式 $C=\frac{1}{n}R^{y}$ 编制的“流速系数 C 值”表查得 C 值，计算相应的流速 v_1。

c. 根据 ω_1 和 v_1 计算相应的流量 Q_1。

d. 将计算的流量 Q_1 与设计流量 Q 相比较，若 Q_1 与 Q 误差大于5%，则重新假定 h_1 值，重复上述计算，直到求得两者的误差小于5%为止。

为了减少试算的次数，可采用绘制 $Q\sim h$ 关系曲线的方法，假定三个以上的 h 值，按上述方法计算出相应的 Q 值，根据 Q 和 h 值绘制 $Q\sim h$ 关系曲线，如图 11-46 所示。根据流量 Q 值，在纵坐标上查得 h 值。

② 查图法：此法计算比较简单方便，计算成果又能达到一定精度。其计算步骤如下：

a. 计算流量模数 K 值：

$$K=\frac{Q}{\sqrt{i}} \tag{11-46}$$

b. 计算 $\frac{1}{K''}$ 值：

$$\frac{1}{K''}=\frac{b^{2.67}}{nK} \tag{11-47}$$

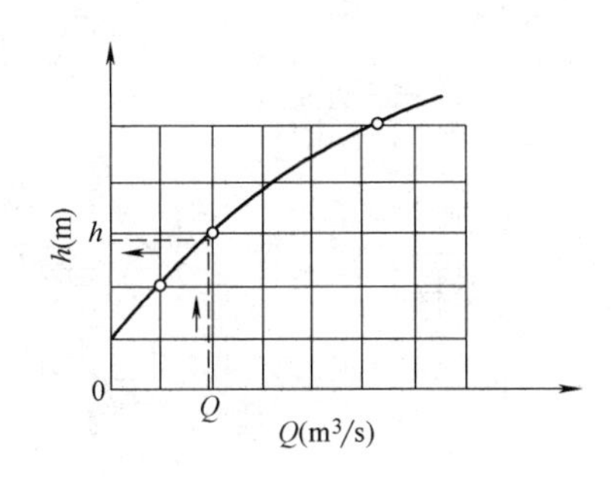

图 11-46　$Q\sim h$ 关系曲线

c. 在图 11-47 计算图横坐标轴上量取 $\frac{b^{2.67}}{nK}$ 点，作垂线与 m 的曲线相交，再由此点作水平线与纵坐标相交于一点得（h/b）值，则 $h=(h/b)b$。

2）为了与上游段渠道水面相衔接，确定了渠道内水深 h、纵坡 i、边坡系数 m，求算渠底宽 b。

计算方法与前述求 h 的方法相同，只是把未知数 h 换成 b。

采用图解法，查图 11-48。

（2）复核已建排洪明渠的排洪能力：

渠道的断面形状和尺寸已定，故 m、n、h、b、i 为已知，求算通过的流量 Q 可直接用公式（11-35）计算。

水深 h 按渠道深减去安全超高，则流量为 $Q=hbC\sqrt{Ri}$。

为了管理运转的方便，可计算出 $Q\sim h$ 关系曲线。

设三个以上的 h 值，计算相应的流量 Q，以 h 为纵坐标，Q 为横坐标，即可绘出 $Q\sim h$ 关系曲线，如图 11-46 所示。

5. 排洪明渠弯曲段水力计算

水流在流经弯道时，由于离心力的作用，使水流轴线偏向弯曲段外侧，造成弯曲段外侧水面升高，内侧水面降低，如图 11-49 所示。为了保证渠内水流的平缓衔接，必须使弯曲段渠底具有横向坡度，以避免出现横向环流，或使弯曲段半径大于容许半径。

（1）弯曲段横向差计算：

$$Z=\frac{v^2}{g}\ln\frac{R_2}{R_1} \tag{11-48}$$

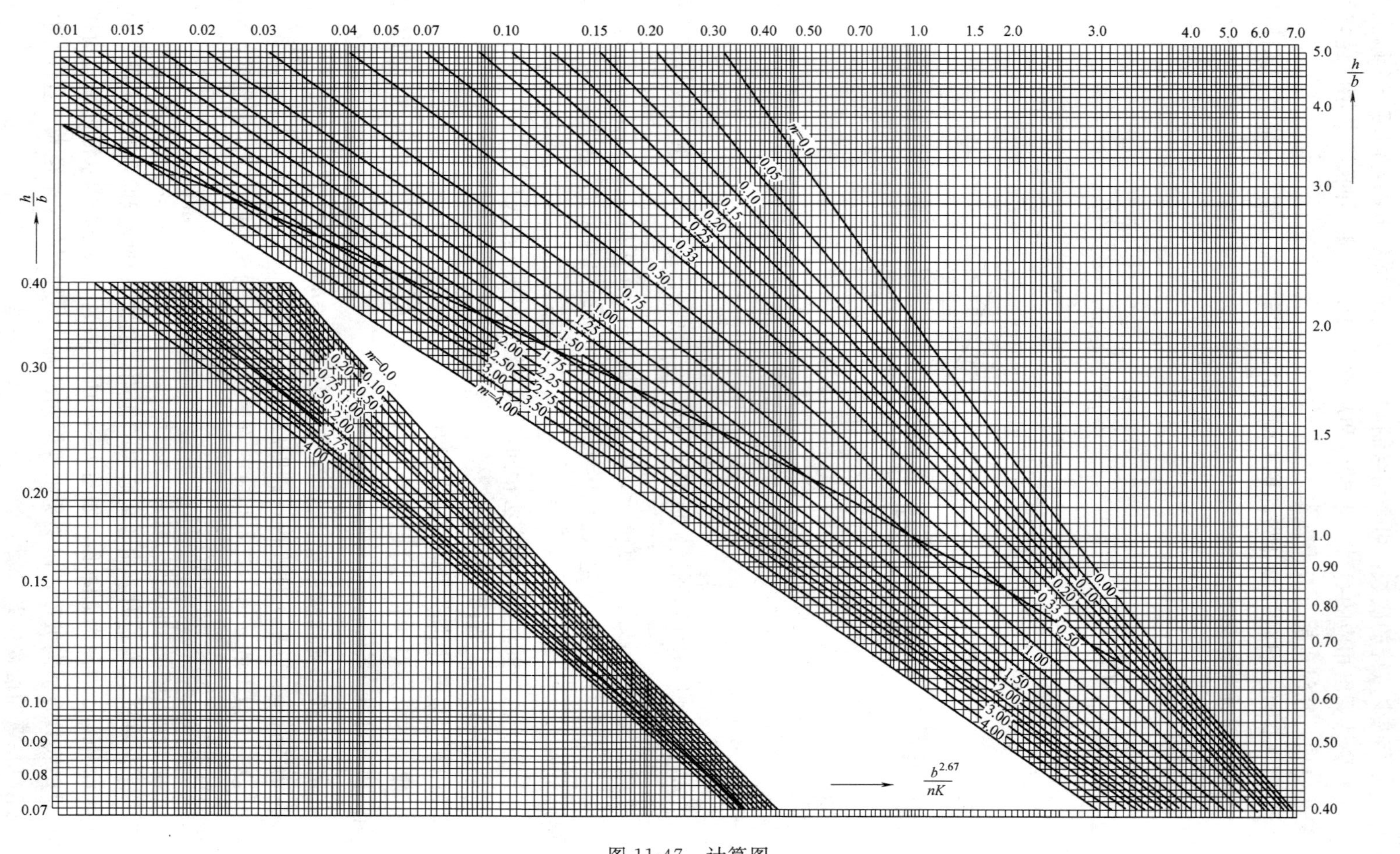

图 11-47　计算图

注：图中与基本曲线相交的那条曲线，是关于水力最佳断面之（h_0/b）最佳

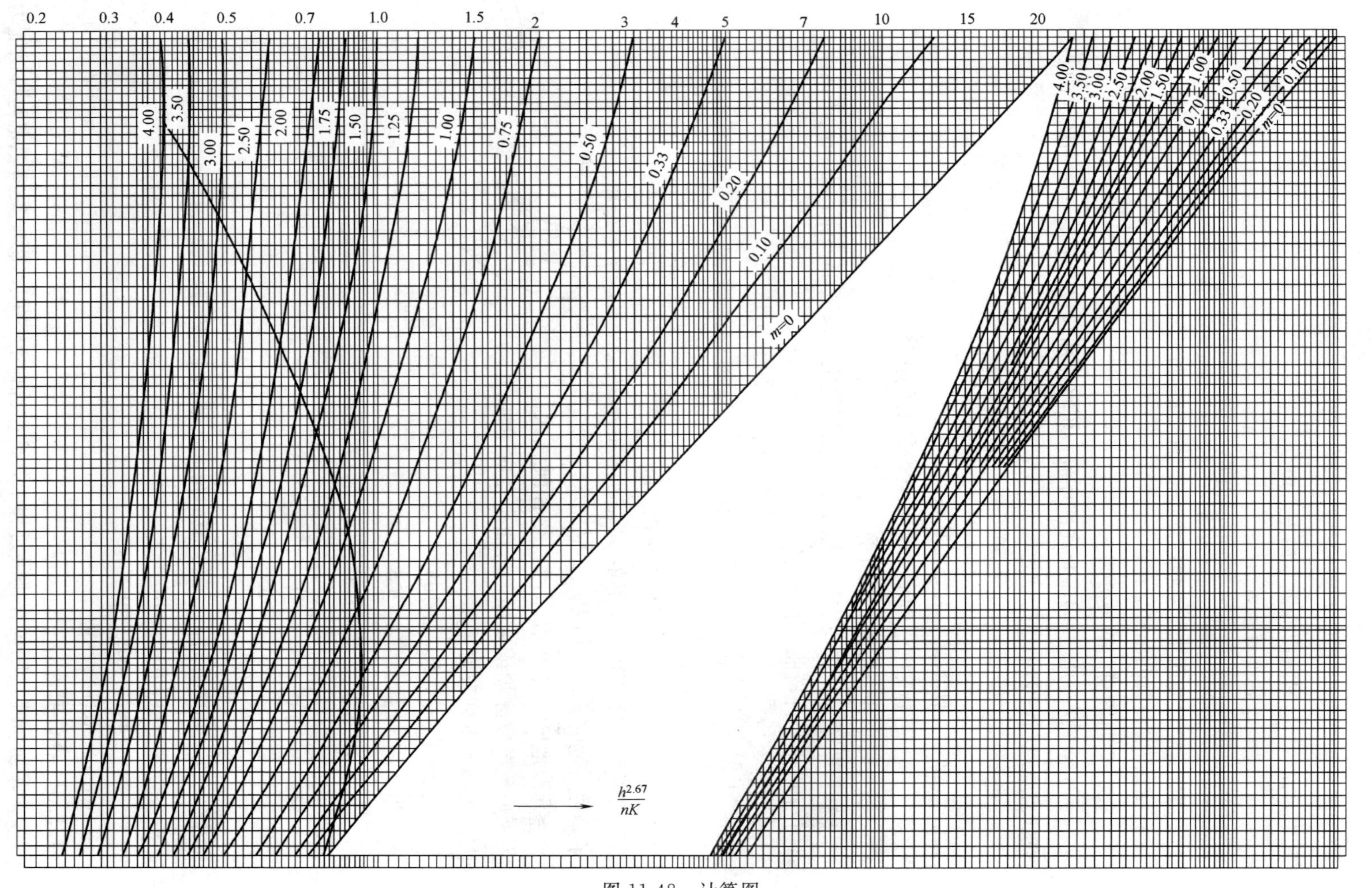

图 11-48 计算图

注：图中与基本曲线相交的那条曲线，是关于水力最佳断面之（h_0/b）最佳

或
$$Z=2.3\frac{v^2}{g}\lg\frac{R_2}{R_1} \tag{11-49}$$

式中　Z——弯曲段内外侧水面差，m；

v——弯曲段流速，m/s；

g——重力加速度，$g=9.81\text{m/s}^2$；

R_1——内弯曲半径，m；

R_2——外弯曲半径，m。

（2）弯曲段横向底坡计算：

为了消除弯曲段的偏流及底部环流，可将弯曲段设计成具有横向底坡的断面，横向底坡任意一点与内侧渠底高差为：

$$\Delta Z=\frac{v^2}{g}\ln\frac{x}{R_1} \tag{11-50}$$

式中　ΔZ——计算点与内侧渠底高差，m；

x——流轴径，即计算点至转弯圆心的距离，m。

（3）最小容许弯曲半径计算：

在弯曲段上，为使水流平缓衔接，不产生偏流及底部环流，必须使弯曲段的弯曲半径不小于最小容许弯曲半径 $R_{\min}$。

$$R_{\min}=1.1v^2\sqrt{w}+12 \tag{11-51}$$

式中　$R_{\min}$——最小容许弯曲半径，m；

v——渠中水流平均流速，m/s；

ω——渠道过水断面面积，m^2。

用公式（11-50）求得的 $R_{\min}$，不得小于渠道底宽的5倍，即 $R_{\min}>5b$。

寒冷地区，如在春汛时，须宣泄流冰，为了避免形成冰坝或冰塞，弯曲半径应予加大，可参考下列数值采用：

当 $\theta<45°$时，$R_{\min}>10b$；

当 $\theta>45°$时，$R_{\min}>20b$。

$$\tan\theta=\frac{0.3\text{ch}a}{R(1-a)\left(1-\frac{a}{3}\right)} \tag{11-52}$$

$$a=\frac{v_1-v'}{v'}$$

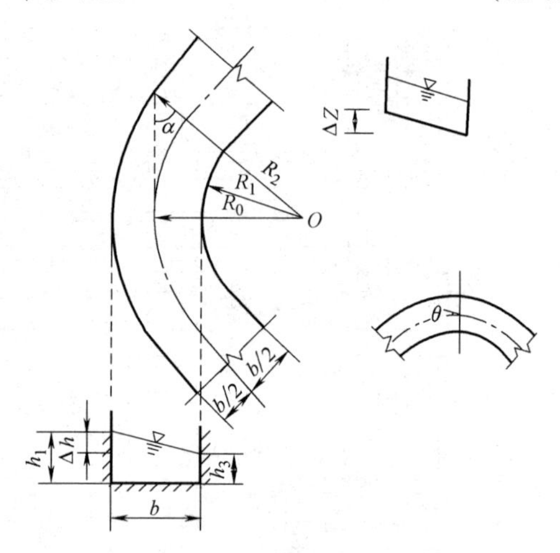

图 11-49　排洪明渠弯曲段

式中　θ——环向流时，底部的流向角度，如图11-49所示；

v_1——表面流速，m/s；

v'——底部流速，m/s；

ch——双曲线函数。

11.5.3　容许流速

为了防止排洪明渠在排洪过程中，产生冲刷和淤积，影响渠道稳定与排洪能力，以致达不到设计要求，因此在设计渠道断面时，要将流速控制在既不产生冲刷，又不产生淤积的容许范围之内。

1. 最大容许不冲流速

最大容许不冲流速 v_{max}决定于沟床的土壤或衬砌材料。

(1) 无黏性土壤:

① 当 $50 \leqslant R/d \leqslant 5000$ 时,

$$v_{max}=B\sqrt{\bar{d}}\ln\frac{R}{7\bar{d}} \tag{11-53}$$

式中 v_{max}——最大容许不冲流速, m/s;

B——系数, 对于紧密土壤约等于 4.4, 对于疏松土壤约等于 3.75;

d——土壤颗粒的平均直径, m, 即土壤基本部分的各种颗粒的直径之算术平均值;

R——水力半径, m。

② 当 $R/d<50$ 时, 可按公式 (11-54) 计算:

$$v_{max}=3.13\sqrt{\bar{d}}f\left(\frac{R}{\bar{d}}\right) \tag{11-54}$$

式中 $f(R/\bar{d})$ 是 $R/\bar{d}$的函数, 其值可按表 11-10 采用。

f ($R/\bar{d}$) 值 **表 11-10**

$R/\bar{d}$	50	40	30	20	15	10	5	2	1
$f(R/\bar{d})$	2.70	2.50	2.30	2.10	2.00	1.95	1.90	1.90	1.85

(2) 黏性土壤:

当排洪明渠水力半径 $R=1.0\sim3.0$m 时, 最大容许不冲流速 v_{max}可参照表 11-11 选用。

黏性土壤不冲流速 **表 11-11**

土壤种类	v_{max}(m/s)	土壤种类	v_{max}(m/s)
松砂壤土	0.7~0.8	黏土:软	0.7
紧密砂壤土	1.0	正常	1.20~1.40
砂壤土:轻	0.7~0.8	密实	1.50~1.80
中等	1.10	淤泥质土壤	0.50~0.60
密实	1.10~1.20		

注: 1. 当渠道的水力半径 $R>3.0$m 时, 上述的不冲流速可予加大; $R\approx4.0$m 的渠道, 加大约 5%; $R\approx5.0$m 的渠道, 加大约 6%;

2. 对于用圆石铺面衬砌的渠道, 或用沥青深浸方式衬砌的渠道, 可采用 $v_{max}\approx2.0$m/s。

各类土质或铺砌渠道的最大不冲流速还可按“非黏性土壤容许(不冲刷)流速”表、“黏性土壤容许(不冲刷)流速”表、“岩石容许(不冲刷)流速”表、“铺砌及防护渠道容许(不冲刷)流速”表选用。

2. 最小容许不淤流速

最小容许不淤流速可按经验公式 (11-55) 计算:

$$v_{min}=0.01\frac{\omega}{\sqrt{\bar{d}}}\sqrt[4]{\frac{p}{0.01}\frac{0.0225}{n}}\sqrt{R} \tag{11-55}$$

式中 v_{min}——最小容许不淤流速, m/s;

ω——直径为 d 的颗粒的水力粗度，即沉降速度，m/s；

d——悬移质泥沙主要部分颗粒的平均直径，mm；

p——粒度≥0.25mm的悬移质泥沙重量百分比；

n——糙率系数；

R——水力半径，m。

悬移质泥沙主要部分颗粒的平均直径 d 等于0.25mm时，其最小不淤流速可按公式（11-56）计算：

$$v_{\min}=0.5\sqrt{R} \tag{11-56}$$

当水流中所含 $d>0.25$mm的泥沙量不超过1%（重量比）时，水力半径 $R=1$m的渠道的最小不淤流速可以用表11-12按 d 值近似予以确定。

最小不淤流速值　　**表11-12**

d(mm)	$v_{\min}$(m/s)	d(mm)	$v_{\min}$(m/s)	d(mm)	$v_{\min}$(m/s)
0.1	0.22	1.0	0.95	2.0	1.10
0.2	0.45	1.2	1.00	2.2	1.10
0.4	0.67	1.4	1.02	2.4	1.11
0.6	0.82	1.6	1.05	2.6	1.11
0.8	0.90	1.8	1.07	3.0	1.11

注：对于 $R\neq1.0$m的渠道，则表中所列的 $v_{\min}$ 值，必须相应地乘以 $\sqrt{R}$，如 $d=1.0$mm，$R=2.0$m，则最小不淤流速 $v_{\min}=0.95\sqrt{2}\approx1.35$m/s。

11.6　排洪暗渠

我国不少城市地处半山区或丘陵区，山洪天然冲沟往往通过市区，给市容、环境卫生和交通运输带来了一系列问题，使道路的立面规划和横断设计也受到限制，因此要采用部分暗渠或全部暗渠。

11.6.1　分类

（1）按断面形状分类：暗渠断面形状较多，一般常用的有以下3种：

1）圆形暗渠，如图11-50（*a*）所示。

2）拱形暗渠，如图11-50（*b*）所示。

3）矩形暗渠，如图11-50（*d*）所示。

（2）按建筑材料分类：

1）钢筋混凝土结构暗渠，如图11-50（*a*）、（*b*）所示。

2）混凝土结构暗渠，如图11-50（*e*）所示。

3）砖砌混凝土预制块结构，如图11-50（*c*）所示。

4）砌石混合结构暗渠，如图11-50（*f*）所示。

（3）按孔数分类：

1）单孔暗渠，如图11-50（*a*）所示。

2）多孔暗渠，如图11-50（*g*）所示。

11.6.2　布置

1. 布置要求

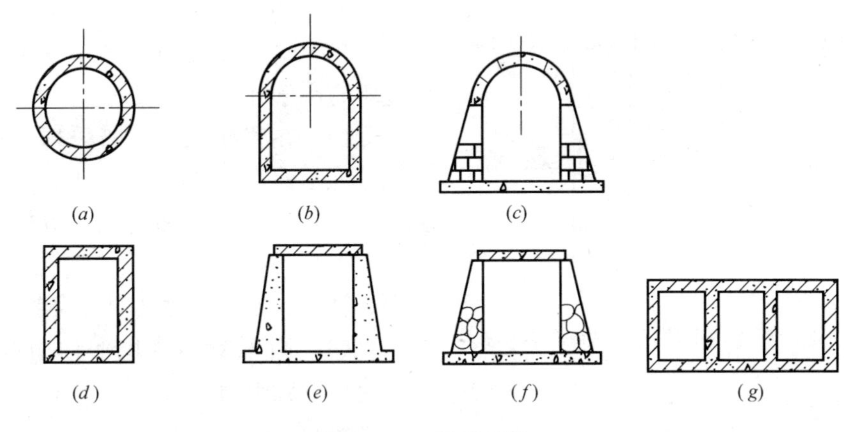

图 11-50 排洪暗渠

除满足排洪明渠布置要求外，还要注意以下事项：

(1) 要特别注意与城市道路规划相结合。

(2) 在水土流失严重地区，在进口前可设置沉砂池，以减少渠内淤积。

(3) 对地形高差较大的城市，可根据山洪排入水体的情况，分高低区排泄。高区可采用压力暗渠。

(4) 暗渠内流速不得小于0.7m/s。

(5) 在进口处要设置安全防护设施，以免泄洪时发生人身事故。但不宜设置格栅，以免杂物堵塞格栅造成洪水漫溢。

(6) 进口与山洪沟相接时，应设置喇叭口形或八字形导流墙，如图 11-51 所示；如与明渠相接，进口导流墙可为一字墙式、扭曲面、喇叭口形、八字形等，如图 11-52 所示。

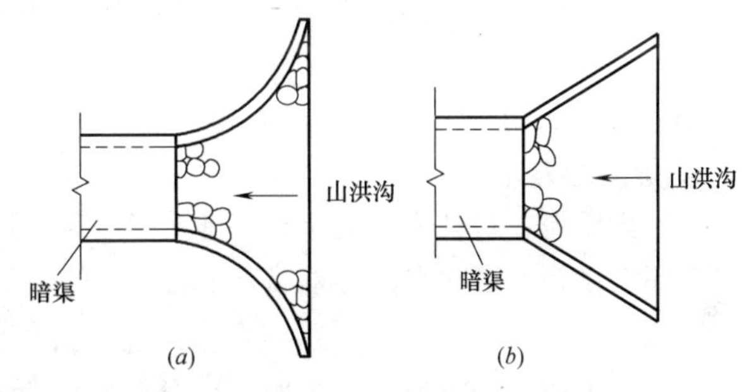

图 11-51 进口与山洪沟相接
(*a*) 喇叭口形；(*b*) 八字形

(7) 当出口不受洪水顶托时，布置形式如图 11-53 所示；受洪水顶托时，布置形式如图 11-54 所示。

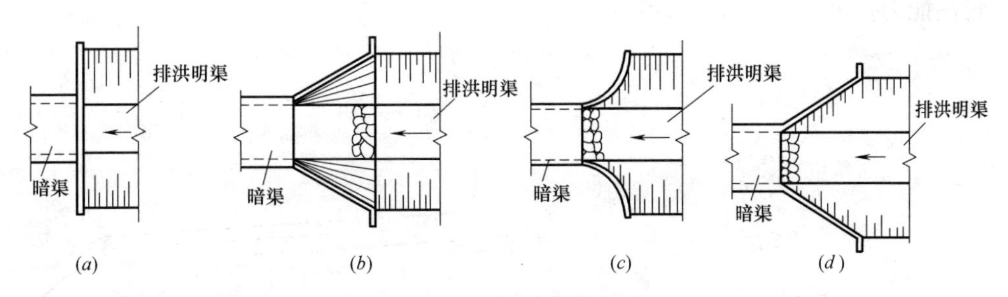

图 11-52 进口与明渠相接
(*a*) 一字墙式；(*b*) 扭曲面；(*c*) 喇叭口形；(*d*) 八字形

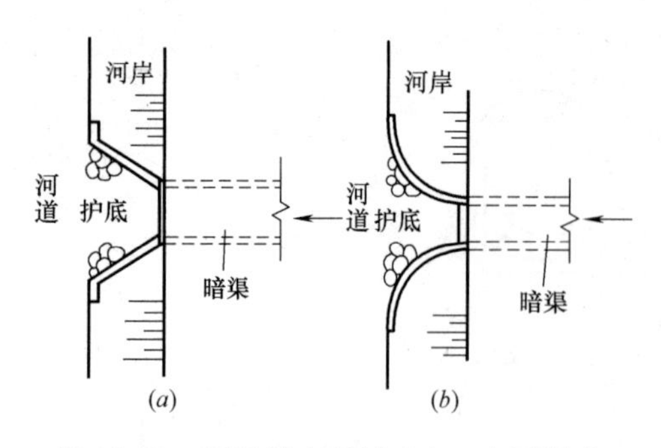

图 11-53　不受洪水顶托时出口布置形式

(a) 八字形；(b) 喇叭口形

2. 构造要求

(1) 暗渠设在车行道下面时，覆土厚度不宜小于 0.7m。

(2) 在寒冷地区，暗渠埋深应不小于土壤冻结深度。

(3) 为了检修和清淤，应根据具体情况，每隔 100～300m 设一座检查井。在断面、高程、方向变化处增设检查井。

(4) 暗渠受河水倒灌而引起灾害时，在出口设置闸门。

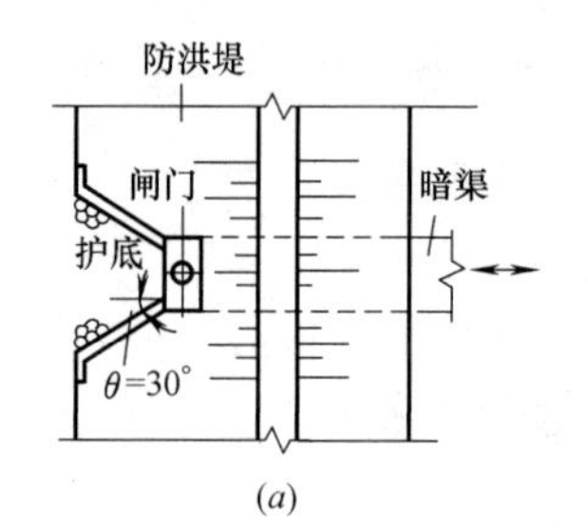

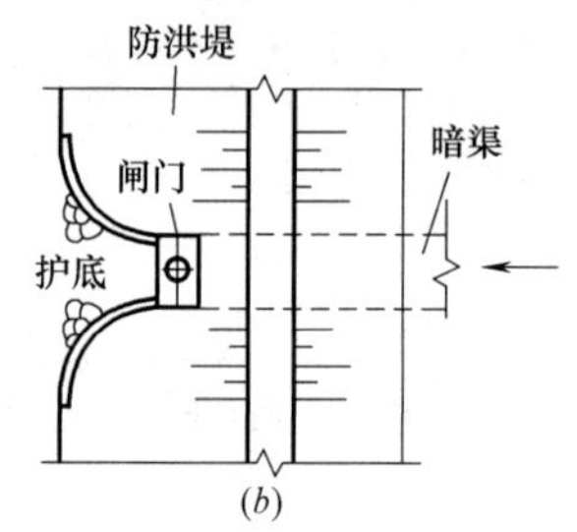

图 11-54　受洪水顶托时出口布置形式

(a) 八字形；(b) 喇叭口形

11.6.3　水力计算

1. 排洪能力计算

(1) 无压流：暗渠为无压流时，排洪能力对矩形和圆形暗渠系指满流时通过的流量，对拱形暗渠系指渠道内水位与直墙齐平时通过的流量，可按公式 (11-35) 计算，即：

$$Q=\omega C\sqrt{Ri}$$

(2) 压力流：暗渠为压力流时，可分为短暗渠与长暗渠两种情况。根据工程技术条件，需要详细考虑流速水头和所有阻力（沿程阻力和局部阻力）计算的情况，称为短暗渠；而沿程阻力起决定性作用，局部阻力和流速水头小于沿程阻力的 5%，可以忽略不计的情况，称为长暗渠。

1) 短暗渠：

① 自由出流，如图 11-55 所示。

排洪能力按公式 (11-57) 计算：

$$Q=\mu_0\omega\sqrt{2gH_0} \tag{11-57}$$

$$H_0=H+\frac{v_0^2}{2g}=\frac{v^2}{2g}+h_f+\sum h_j$$

$$h_f=\lambda\frac{lv^2}{8Rg}$$

$$\sum h_j=\sum\xi\frac{v^2}{2g}$$

$$\mu_0=\frac{1}{\sqrt{1+\lambda\frac{l}{4R}+\sum\xi}}$$

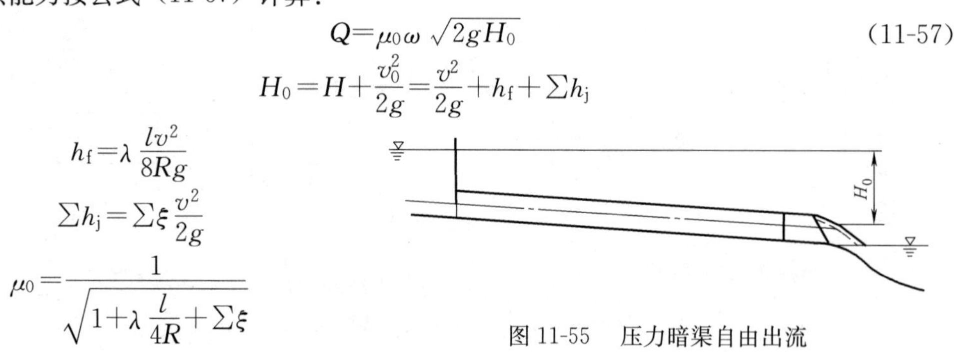

图 11-55　压力暗渠自由出流

式中 g——重力加速度，m/s^2；

ω——暗渠横断面面积，m^2；

H_0——总水头，m；

h_f——沿程损失，m；

$\sum h_j$——各局部损失总和，m；

$\sum\xi$——各局部阻力系数之和，ξ 见表 11-13；

λ——沿程阻力系数，$\lambda=8g/C^2$；

v_0——暗渠进口前流速，m/s；

v——暗渠流速，m/s；

R——水力半径，圆管暗渠 $R=d/4$，d 为直径，m；

l——暗渠长度，m；

H——上游水位与暗渠出口中心高程之差，m；

μ_0——流量系数。

局部阻力系数 ξ 值 **表 11-13**

<table>
<tr><th colspan="6">名　称</th><th colspan="5">ξ</th></tr>
<tr><td rowspan="3">进口</td><td colspan="5">边缘未作成圆弧形</td><td colspan="5">0.50</td></tr>
<tr><td colspan="5">边缘微带圆弧形</td><td colspan="5">0.20～0.25</td></tr>
<tr><td colspan="5">边缘轮廓很圆滑</td><td colspan="5">0.05～0.10</td></tr>
<tr><td colspan="6">平板式闸门及门槽</td><td colspan="5">0.20～0.40</td></tr>
<tr><td colspan="6">弧形闸门</td><td colspan="5">0.20</td></tr>
<tr><td rowspan="5">折角</td><td colspan="5">$\theta=15°$</td><td colspan="5">0.025</td></tr>
<tr><td colspan="5">$\theta=30°$</td><td colspan="5">0.110</td></tr>
<tr><td colspan="5">$\theta=45°$</td><td colspan="5">0.260</td></tr>
<tr><td colspan="5">$\theta=60°$</td><td colspan="5">0.490</td></tr>
<tr><td colspan="5">$\theta=90°$</td><td colspan="5">1.200</td></tr>
<tr><td rowspan="3">转弯</td><td colspan="5">$\xi=K\theta/90°$</td><td colspan="5">式中：
θ—转角
R—转角半径(m)
b—渠宽(m)
K—系数，见下</td></tr>
<tr><td>$b/2R$</td><td>0.1</td><td>0.2</td><td>0.3</td><td>0.4</td><td>0.5</td><td>0.6</td><td>0.7</td><td>0.8</td><td>0.9</td><td>1.0</td></tr>
<tr><td>K</td><td>0.12</td><td>0.14</td><td>0.18</td><td>0.25</td><td>0.40</td><td>0.64</td><td>1.02</td><td>1.55</td><td>2.27</td><td>3.23</td></tr>
<tr><td colspan="6">斜分岔汇入</td><td colspan="5">0.5</td></tr>
<tr><td colspan="6">直角分岔汇入</td><td colspan="5">1.5</td></tr>
<tr><td colspan="6">出口</td><td colspan="5">$\xi=(1-\omega_1/\omega_2)$ ω_1—暗渠断面面积(m^2)
ω_2—出口断面面积(m^2)</td></tr>
</table>

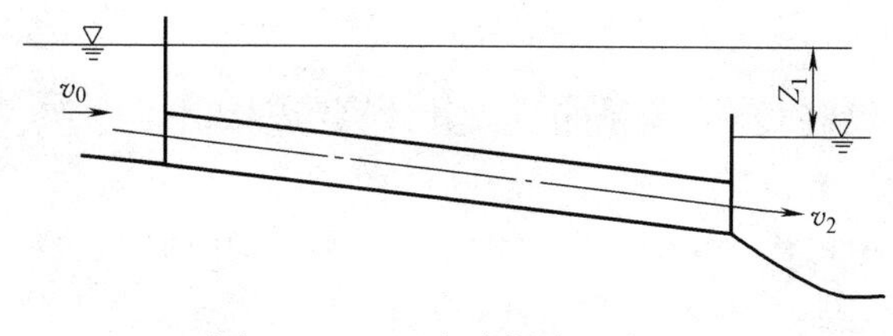

图 11-56　压力暗渠淹没出流

当行进流速 v_0 很小时，行进流速水头$\frac{v_0^2}{2g}$可以忽略不计，则流量按公式（11-58）计算：

$$Q=\mu_0\omega\sqrt{2gH} \tag{11-58}$$

② 淹没出流，如图 11-56 所示。

排洪能力按公式（11-59）计算：

$$Q=\mu_0\omega\sqrt{2gZ_0} \tag{11-59}$$

式中 Z_0——包括行进流速水头在内的作用水头，m。

$$Z_0=Z+\frac{v_0^2}{2g}=\frac{v_2}{2g}+h_f+\sum h_j \qquad Z_0=Z+\frac{v_0^2}{2g}=\frac{N_2}{2g}+h_f+\sum h_j$$

式中 v_2——暗渠出口流速，m/s。

当 v_0 和 v_2 较小，$\frac{v_0^2}{2g}$及$\frac{v_2^2}{2g}$可以忽略不计时，则上式可写成：

$$Z=h_f+\sum h_j=\frac{v_2^2}{2g}\left(\lambda\frac{l}{4R}+\sum\xi\right) \tag{11-60}$$

2）长暗渠：

① 自由出流：在不考虑行进流速水头、局部损失和流速水头情况下，则：

$$Q=K\sqrt{\frac{H}{l}}=\omega C\sqrt{RJ} \tag{11-61}$$

② 淹没出流：

$$Q=K\sqrt{\frac{Z}{l}}=\omega C\sqrt{RJ} \tag{11-62}$$

2. 计算步骤

暗渠水力计算常遇到的有新建暗渠和已建暗渠两种情况。

（1）无压暗渠：无压暗渠两种情况水力计算与明渠水力计算相同。

（2）有压暗渠：

1）新建暗渠：新建暗渠水力计算条件是已知设计流量 Q、总水头 H_0、暗渠长度 l，求算横断面尺寸。

① 短暗渠：

自由出流：暗渠为矩形断面时，将公式（11-57）化为公式（11-63）：

$$Q=bh\sqrt{\frac{2gH_0}{1+\lambda\frac{l}{4R}+\sum\xi}} \tag{11-63}$$

式中 b——矩形暗渠底宽，m；

h——矩形暗渠高度，m。

由公式（11-63）绘制 $Q\sim h$ 关系曲线，其计算步骤如下：

a. 先确定底宽 b。

b. 假设不同的 h 值，代入公式（11-63）中，求出相应的 Q 值。

c. 根据 h 和 Q 值绘制 $Q\sim h$ 关系曲线，如图 11-46 所示，在横坐标上截取设计流量 Q，则在纵坐标上可以得到相应的 h 值。

暗渠为圆管时，可用公式（11-64）绘制 $d\sim Q$ 关系曲线。

$$Q=\frac{\pi d^{2}}{4}\sqrt{\frac{2gH_{0}}{1+\lambda\frac{l}{4R}+\sum\xi}} \tag{11-64}$$

淹没出流：将公式（11-63）中的 H_0 改换为 Z_0，其计算方法与自由出流相同。

② 长暗渠：自由出流用公式（11-61）绘制 $Q\sim h$ 关系曲线，淹没出流用公式(11-62) 绘制 $Q\sim h$ 关系曲线，其计算方法同短暗渠，若暗渠为圆管，则绘制 $d\sim Q$ 关系曲线。

2）已建暗渠：已建暗渠水力计算条件是已知暗渠横断面面积为 ω、总水头为 H_0、暗渠长度为 l，通过的流量 Q 计算如下：

① 短暗渠：自由出流可由公式（11-58）直接求出流量 Q，淹没出流可由公式(11-59) 直接求出流量 Q。

② 长暗渠：自由出流可由公式（11-61）直接求出流量 Q，淹没出流可由公式（11-62）直接求出流量 Q。

11.7 截洪沟

截洪沟是拦截山坡上的径流，使之排入山洪沟或排洪渠内，以防止山坡径流到处漫流，冲蚀山坡，造成危害，如图 11-57 所示。

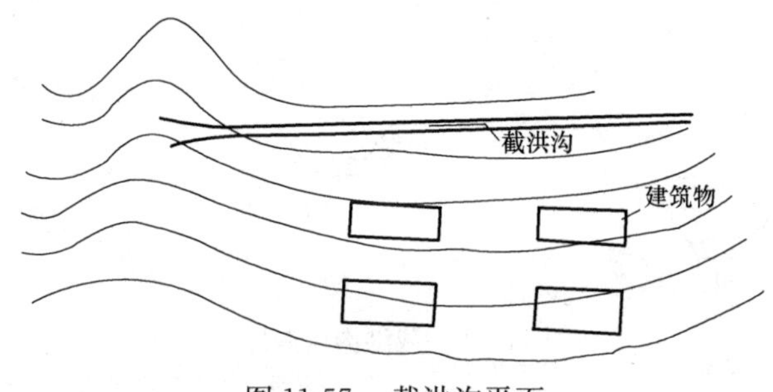

图 11-57 截洪沟平面

11.7.1 布置

（1）设置截洪沟的条件：

1）根据实地调查山坡土质、坡度、植被情况及径流计算，综合分析可能产生冲蚀的危害，设置截洪沟。

2）建筑物后面山坡长度小于 100m 时，可作为市区或厂区雨水排出。

3）建筑物位于切坡下时，切坡顶部应设置截洪沟，以防止雨水长期冲蚀而发生坍塌或滑坡，如图 11-58 所示。

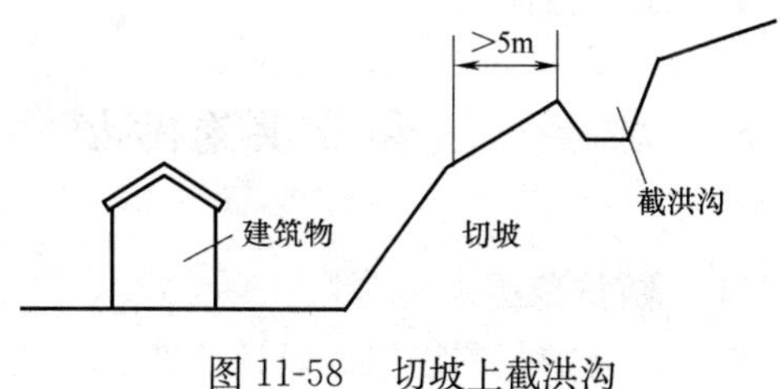

图 11-58 切坡上截洪沟

（2）截洪沟布置基本原则：

1）必须密切结合城市规划或厂区规划。

2）应根据山坡径流、坡度、土质及排出口位置等因素综合考虑。

3）因地制宜，因势利导，就近排放。

4）截洪沟走向宜沿等高线布置，选择山坡缓、土质较好的坡段。

5）截洪沟以分散排放为宜，线路过长、负荷过大，易发生事故。

（3）构造要求：

1）截洪沟起点沟深应满足构造要求，不宜小于0.3m；沟底宽应满足施工要求，不宜小于0.4m。

2）为保证截洪沟排水安全，应在设计水位以上加安全超高，一般不小于0.2m。

3）截洪沟弯曲段，当有护砌时，中心线半径一般不小于沟内水面宽度的2.5倍；当无护砌时，用5倍。

4）截洪沟沟边距切坡顶边的距离应不小于5m，如图11-58所示。

5）截洪沟外边坡为填土时，边坡顶部宽度不宜小于0.5m。

6）截洪沟内水流流速超过土质容许流速时，应采取护砌措施。

7）截洪沟排出口应设计成喇叭口形，使水流顺畅流出。

（4）截洪沟构造形式：截洪沟的构造形式主要决定于山坡的坡度和流速。主要构造形式如图11-59所示。

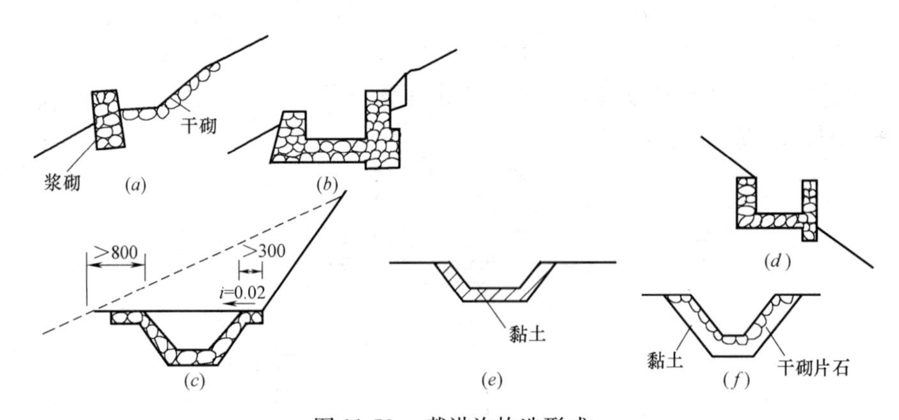

图11-59　截洪沟构造形式

(a)、(b)、(c)、(d)、(e)、(f) 为截洪沟构造的各种形式

11.7.2　水力计算

截洪沟水力计算按明渠均匀流公式计算，其计算方法和步骤与排洪明渠相同。

截洪沟沿途都有水流加入，流量逐渐增大，为了使设计的断面经济合理，当截洪沟较长时，最好分段计算，一般以100～300m分为一段。在截洪沟断面变化处，用渐变段衔接，以保证水流顺畅。

11.8　排洪渠道和截洪沟防护

11.8.1　防护范围

沟渠的防护范围需根据设计流速、地质及与建筑物的距离等因素来确定。

（1）全部防护：渠道内水流速度大于渠道边坡和渠底土质的最大容许不冲流速时，渠道要全部防护。对重要保护对象，也要采取全部防护，以保安全。全部防护的形式如图11-60所示。

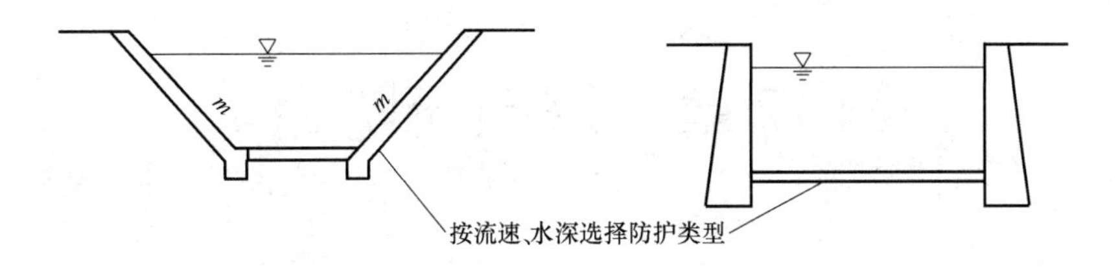

图 11-60　渠道全部防护

（2）边坡防护：渠道内水流速度小于渠底土质的最大容许不冲流速，但大于边坡（一侧或两侧）土质的最大容许不冲流速时，可只进行边坡防护。边坡防护的形式如图 11-61 所示。

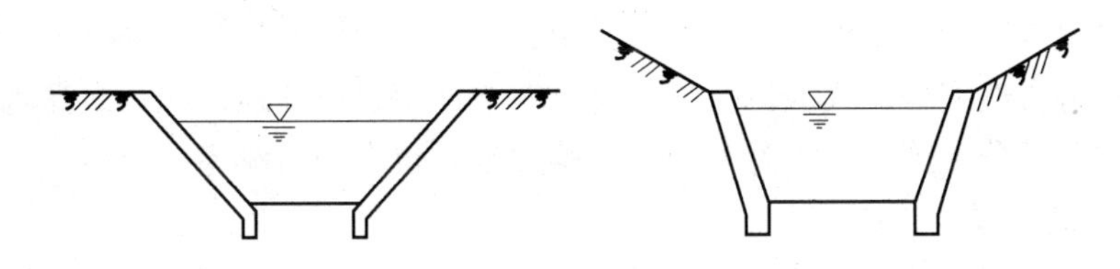

图 11-61　边坡防护

11.8.2　防护类型

为防止沟渠冲刷，根据设计流速、沟渠土质、当地护砌材料等因素选择护砌类型，常用的有以下两种：

（1）砌石：

1）砌石粒径不宜小于 0.3m，砌筑时应大面与坡面垂直，彼此嵌紧，自下向上砌筑。

2）护坡坡脚埋深不小于 0.5m，在寒冷地区埋深应考虑土壤冻结深度的要求，否则应敷设适当厚度的非黏性土垫层。

3）砌石层下应设碎石垫层或反滤层，以防止土粒流失破坏护砌。

4）浆砌石护坡在边坡下部设置排水孔。

5）浆砌石护砌应设变形缝，间距为 10～15m。缝宽约 10～30mm，缝内填塞沥青油麻或沥青木条。

6）浆砌石比干砌石抗冲能力强，但在寒冷地区易受冻害，往往导致护砌破坏，干砌石冻害影响小，易于修复。

（2）混凝土预制板防护：

1）混凝土预制板护砌比砌石护砌抗冲能力强，整体稳定性好，施工方便。

2）预制板厚度一般为 0.1～0.2m，混凝土等级不低于 C20。

3）预制板平面尺寸可根据施工条件确定。

4）预制板下设置碎石垫层或反滤层。

截洪沟和排洪渠道护砌，可详见土堤防护中护坡部分。

（3）反滤层设计：反滤层设计，可参见“边坡防护中的反滤层设计”部分。

第12章　泥石流防治

12.1　泥石流的形成特征及分类

12.1.1　泥石流及其在我国的分布

泥石流是指在山区小型流域内，突然暴发的饱含泥沙、石块的特殊洪流，它在顷刻间将大量泥沙从流域内带出沟外，给沟外的城镇、农田、交通和环境带来巨大的危害，是要重点防治的一种自然灾害。我国泥石流主要分布在西南、西北地区，其次是东北、华北地区。华东、中南部分地区及台湾省、湖南省等山地，也有泥石流零星分布。

12.1.2　泥石流形成及特征

泥石流的形成需要三个条件，包括岩屑供给、水源供给和能使大量的岩屑和水体迅速集聚、混合和流动的有利地形条件。泥石流特征主要受泥石流的组成（其固相的数量和成分影响泥石流的物理力学特征）、黏度（黏度越大越可以携带体积更大的漂砾）、静切应力（表示泥石流运动时的内摩擦力大小）、波状运动等因素的影响。

（1）划分运动介质与被搬运物质的粒径界限：

$$d=\frac{6\alpha\gamma_0}{\gamma_H-\gamma_c} \tag{12-1}$$

式中　d——被搬运石块的最小粒径，m；

α——石块的形状系数，球形为1，正方体为1.2；

γ_0——泥石流浆体的静切应力，kN/m^2；

γ_H——石块的颗粒重力密度，kN/m^3；

γ_c——泥石流重力密度，kN/m^3。

（2）黏性泥石流静切应力计算：

$$\tau_0=\frac{h_0}{\gamma_c\sin\alpha} \tag{12-2}$$

式中　τ_0——泥石流静切应力，kPa；

γ_c——泥石流重力密度，kN/m^3；

h_0——泥石流残留层厚度，m；

α——沟道倾角，°。

（3）泥石流波高计算：

$$h_b=2.8h_0^{0.92} \tag{12-3}$$

式中　h_b——从槽底算起的坡高，m；

h_0——泥石流残留层厚度，m。

12.2 泥石流的设计参数计算

12.2.1 泥石流重力密度计算

$$r_c = 16.9i + 14.4 \tag{12-4}$$

式中 r_c——泥石流重力密度，kN/m^3；

i——沟口附近沟床或冲积扇的平均坡度（小数计）。

12.2.2 泥石流流速计算

（1）薛齐—曼宁流速计算公式：

$$v_c = m_c H_c^{2/3} i_c^{1/2} \tag{12-5}$$

式中 v_c——泥石流平均流速，m/s；

H_c——平均泥深或水力半径，m；

i_c——沟床坡度或水面坡度（以小数计）；

m_c——$1/n$，泥石流沟道的糙率系数。

（2）黏性泥石流东川流速改进公式：

$$v_c = \frac{m_c}{\alpha} R_c^{2/3} i_c^{1/2} \tag{12-6}$$

式中 m_c——黏性泥石流沟的沟床糙率系数；

α——泥石流阻力系数；

R_c——泥石流水力半径，m。

（3）稀性泥石流东川流速改进公式：

$$v_c = \frac{1}{\alpha}\frac{1}{n} R_c^{2/3} i_c^{1/2} \tag{12-7}$$

式中 $\frac{1}{n}$——清水河槽糙率；

R_c——泥石流水力半径，m；

i_c——泥石流沟底坡度，‰；

α——泥石流阻力系数。

（4）启动石块经验公式：

$$v_c = 6.5 d^{1/3} h^{1/5} \tag{12-8}$$

式中 d——平均最大粒径，m；

h——流深，m。

12.2.3 泥石流流量计算

（1）泥石流流量计算（在调查了泥石流泥位及进行断面测量后）：

$$Q_c = W_c v_c \tag{12-9}$$

式中 Q_c——调查的泥石流流量，m^3/s；

W_c——形态断面的有效过流面积，m^2；

v_c——形态断面的断面平均流速，m/s。

（2）设计泥石流流量：

$$Q_p=\frac{K_p}{K_c}Q_c \tag{12-10}$$

式中　Q_p——设计频率流量，m^3/s；

Q_c——调查流量，m^3/s；

K_p——设计流量频率的模比系数；

K_c——调查流量频率的模比系数。

（3）最大砾径法：

$$Q_c=8.35Bd^{1.5} \tag{12-11}$$

式中　B——沟床宽度，m；

d——泥石流流体内最大砾石的平均直径，m。

12.2.4　泥石流冲击力计算

（1）泥石流的整体冲压力公式：

$$F=\lambda\frac{\gamma_c v_c}{g}\sin^2\alpha \tag{12-12}$$

式中　F——泥石流整体冲压力，tf/m^2；

v_c——泥石流流速，m/s；

α——受力面与泥石流冲压力方向所夹的角，°；

λ——受力体形状系数。

（2）均质浆体的动压力：

$$f=\frac{\gamma}{g}v^2 \tag{12-13}$$

式中　γ——泥石流重力密度，kN/m^3；

v——泥石流流速，m/s；

g——重力加速度，m/s^2。

（3）大石块的撞击力：

$$P_d=\gamma v_d\sin\alpha\sqrt{Q/(C_1+C_2)} \tag{12-14}$$

式中　γ——动能折减系数；

α——被撞击物的长轴与泥石流冲击力方向所夹的角，°；

C_1，C_2——巨砾及桥墩圬工的弹性变形系数。

（4）公路船筏撞击力公式：

$$P=\frac{Wv_c}{gT} \tag{12-15}$$

式中　W——大石块重力，kN；

v_c——泥石流流速，m/s；

T——撞击时间，s；

g——重力加速度，m/s^2。

（5）悬臂梁式冲击力公式：

$$P_d=\sqrt{\frac{3EJv_c^2Q}{gl^3}} \tag{12-16}$$

（6）简支梁式冲击力公式：

$$P_{\mathrm{d}}=\sqrt{\frac{48EJv_{\mathrm{c}}^{2}Q}{\mathrm{g}l^{3}}} \tag{12-17}$$

（7）弹性碰撞法：

$$F_{\mathrm{c}}=K_{\mathrm{c}}N\mathrm{a}^{3/2} \tag{12-18}$$

（8）整体冲击力：

$$P=K'\left(\frac{1}{30}\zeta D\gamma_{\mathrm{s}}\mu_{\mathrm{s}}^{2}+(1-\zeta)\gamma_{\mathrm{c}}\mu_{\mathrm{f}}^{2}\right)\sin^{2}\theta \tag{12-19}$$

式中 γ_{s}——固相颗粒重力密度，$\mathrm{kN/m^3}$；

γ_{c}——液相浆体重力密度，$\mathrm{kN/m^3}$；

μ_{s}——固相流速，m/s；

μ_{f}——液相流速，m/s；

D——固相颗粒平均粒径，m；

ζ——固相颗粒的体积分数；

θ——泥石流流速与汇流槽之间的夹角，°；

K'——冲击力实验系数。

12.2.5 泥石流冲起高度和弯道超高

1. 泥石流冲起高度和弯道超度计算的注意事项

弯道顺畅，沟底平坦，沟壁平滑情况下，如人工沟道中的超高值，利用普通超高公式计算所得数值与实测数值相差不多。但在天然沟道中，由于泥石流沟的弯道较急又不平顺，两岸糙度很大，加上泥石流流速较高，实测数值常超过计算值很多。因此在弯道上常用 2 倍超高计算，或用弯道超高加冲起高度计算。

2. 主要计算公式

（1）冲起高度：

$$h=\frac{v^{2}}{2g} \tag{12-20}$$

式中 h——冲起高度，m；

v——泥石流流速，m/s；

g——重力加速度，$\mathrm{m/s^2}$。

（2）弯道超高：

$$\Delta H=2\Delta h=\frac{Bv^{2}}{Rg} \tag{12-21}$$

$$\Delta H=\frac{Bv^{2}}{2Rg}+\frac{v^{2}}{2g} \tag{12-22}$$

式中 Δh——与正常水位相比的超高值；

B——泥面宽度，m；

R——弯道中线半径，m。

12.2.6 泥石流年平均冲出总量计算

（1）年总径流量折算法：

$$W_{\mathrm{H}}=1000KH\alpha F\psi \tag{12-23}$$

式中　W_H——泥石流年平均发生量，m^3；

H——引起泥石流的雨季期间平均降雨总量，mm；

α——径流系数；

F——流域面积，km^2；

K——泥石流形成系数；

ψ——泥石流流量增加系数。

（2）黄土地区的径流模数法：

$$W_H = 0.285M^{1.15}IJSF \qquad (12\text{-}24)$$

式中　W_H——冲出的黄土总量，m^3；

M——洪量模数，m^3/km^2；

I——流域平均坡度；

J——土壤可蚀性因子；

S——与流域植被度有关的系数。

（3）固体径流模数法：

$$W_H = M_1 M_2 F \qquad (12\text{-}25)$$

式中　W_H——泥石流年平均冲出流量，$10^4 m^3$；

M_1——降水系数；

M_2——侵蚀系数；

F——流域面积，km^2。

（4）五角形计算法：

$$W_c = KTQ_c \qquad (12\text{-}26)$$

12.3　泥石流的防治

12.3.1　泥石流的危害及治理途径

为防治泥石流的危害，减轻灾害损失，不仅要采取各种坡面和沟道的工程手段，还要利用植树造林、种植草皮及合理耕种等方法，使流域内形成一种多结构的地表保护层，以减轻泥石流危害，最后还要采用行政、法律等管理手段及预警预报措施。

12.3.2　泥石流拦挡坝

1. 拦挡坝的作用、构造形式、基础设置

拦挡坝的作用主要是拦截泥沙、控制或提高基准面、改变流动条件、调节泥沙和拦截大石块。拦挡坝宜设置在上游地形开阔、容积较大的卡口处，易于满足应用期的拦蓄要求。

拦挡坝一般由坝身、护坦及截水墙组成，为防止冲刷，有时在截水墙前再建一段临时性护坦。应用于一般水工建筑物上的各种坝体都可以被应用在泥石流防治上，例如重力式圬工坝、拱形坝、土坝等。

拦挡坝的基础设置是个很重要的问题，如处理不好，为保护基础的造价会等于或超过坝体的造价，基础的主要问题是冲刷。泥石流拦挡坝与一般坝体一样，受到自重、泥沙压力、冲击力、渗水压力及地震力等作用。

2. 主要计算公式

（1）坝高与间距的关系式：

$$H=L(i_c-i_0) \tag{12-27}$$

式中　H——坝高，m；

L——坝与坝的距离，m；

i_c——修建拦坝处沟底纵坡；

i_0——预期淤积后的坡度。

（2）当拦挡坝为停留大石块时，修建全长计算：

$$L_1=fL_0 \tag{12-28}$$

式中　L_1——拦截段全长，m；

f——系数，严重的泥石流沟 2.5，一般的泥石流沟 2.0，轻微的泥石流沟 1.5；

L_0——粒径为 d 的石块降低到规定速度时所需平均长度，m。

（3）拦挡坝的高度：

$$h=H+H_1+L(i-i_0) \tag{12-29}$$

式中　H——按公式（9-37）计算值，m；

H_1——滑坡临空面距沟底高度的平均值，m；

L——拦挡坝距滑坡的平均距离，m；

i——沟道坡度；

i_0——预期淤积后的坡度。

（4）池的深度计算：

$$T=0.1H+0.5 \tag{12-30}$$

式中　T——前墙高出护坦的高度，m；

H——拦挡坝高度，m。

（5）拦挡坝的受力情况：

$$P_c=\frac{1}{2}\gamma_c H^2\left(1-\frac{h}{H}\right)\tan^2\left(45°-\frac{\psi}{2}\right) \tag{12-31}$$

式中　P_c——坝前单位宽度泥沙压力，kN/m；

γ_c——泥石流重力密度，kN/m^3；

H——坝高，m；

h——坝上泥石流流动深，m；

ψ——泥石流内摩擦角，°。

12.3.3　泥石流排导沟

泥石流排导沟横断面计算如下：

（1）当排导沟断面为梯形时：

$$b=0.25+0.03H \tag{12-32}$$

（2）当排导沟断面为矩形时：

$$B=1.7i^{-0.4}F^{0.28} \tag{12-33}$$

式中　B——排导沟底宽，m；

i——排导沟纵坡；

F——流域面积，km^2。

（3）排导沟深度计算：

$$H=H_C+H_N+\Delta H \tag{12-34}$$

式中　H——排导沟设计深度，m；

H_C——设计泥石流流动深度，m；

H_N——泥石流淤积高度，m；

ΔH——安全值，m。

（4）沟口淤积估算：

$$L=\frac{-1}{\gamma_c i^2}\left[\gamma_c(h-h_p)+n\tau_0\ln\left(\frac{n\gamma_0-\gamma_c hi}{nT_0-\gamma_c h_p i}\right)\right] \tag{12-35}$$

式中　L——计算断面距沟口的距离，m；

i——排导沟纵坡（以小数计）；

γ_c——泥石流重力密度，kN/m^3；

T_0——泥石流静切应力，kN/m^2。

12.3.4　泥石流停淤场

1. 泥石流停淤场的设计

停淤场的设计，主要计算停淤场需要的最小长度，以使黏性泥石流中40%～60%的泥石或稀性泥石流中某种粒径的石块能够停积下来，并计算可能停积数量。

2. 主要计算公式

（1）稀性泥石流停淤场：

$$L=1.5Q_c i0.7d_u^{-0.85} \tag{12-36}$$

式中　L——泥石流流动长度，m；

Q_c——设计流量，m^3/s；

i——冲积扇平均坡度（以小数计）；

d_u——在经过L长度后，可能停留下来的石块直径，m。

（2）黏性泥石流停淤场：

$$B=K\sqrt{\frac{\tau_0}{\gamma_c i_c}L} \tag{12-37}$$

式中　B——泥石流流动L长度后，一侧的扩散宽度，m；

τ_0——泥石流静切应力，kPa；

γ_c——泥石流重力密度，kN/m^3；

i_c——冲积扇坡度（以小数计）；

K——系数，在斜面状冲积扇上$K=4$；在圆锥状冲积扇上$K=6$。

12.3.5　泥石流的预报预警

从泥石流预报的方式来讲，主要有空间预报和时间预报两类，方法主要有分析法与传感法。预警预报的准备工作不仅是安排好观测和报警，同时还要做好避难的各项准备。

第13章　防　洪　闸

13.1　基本规定

13.1.1　闸址选择

（1）闸址选择应根据其功能和运用要求，综合考虑地形、地质、水流、泥沙、航运、交通、施工和管理等因素，本着技术上可行，经济上合理的原则，进行研究比较，从中优选建闸地址。选择在河道水流平顺、河槽稳定、河岸坚实、土质密实、均匀、压缩性小、承载力大、渗透性小、抗渗稳定性好的地基上建闸。闸址应有足够的施工场地、运输、供电、供水等条件，以保证施工的顺利进行。

（2）分洪闸闸址宜选择在河岸基本稳定的顺直段或弯曲河道的凹岸顶点稍偏下游处，但不宜选在险工段和被保护重要城镇的下游堤段及急弯河段。河道弯曲半径一般不小于3倍水面宽度。

（3）挡洪闸与排（泄）洪闸的闸址宜选择在河道顺直，河槽和岸边稳定的河段，排水出口段与外河交角宜小于60°。

（4）挡潮闸应建在入海河口或支流河口附近的顺直河段上，河槽和岸边稳定，应研究所在河口的水文和水流的性质及特点，综合有无航运要求，并尽量避免强风、强潮的影响。

13.1.2　闸室布置

1. 闸室结构形式

分洪闸、挡洪闸与排（泄）洪闸及挡潮闸宜采用开敞式。闸槛高程较低、挡水高度较大的防洪闸可采用胸墙式或涵洞式；挡水水位高于泄水运用水位或闸上水位变幅较大，且有限制过闸单宽流量要求的防洪闸，也可采用胸墙式或涵洞式。整个闸室结构的重心应尽可能与闸室底板中心相接近，且偏高水位一侧。

开敞式闸室结构可根据地基条件及受力情况等选用整体式或分离式，涵洞式和双层式闸室结构不宜采用分离式。

防洪闸顶高程不得低于防洪、挡潮堤堤顶高程。闸顶高程的确定应考虑软弱地基上闸基沉降的影响及防洪闸两侧堤顶可能加高的影响。

闸槛高程宜等于或略高于河底高程。

闸孔总净宽应根据泄流特点、下游河床地质条件和安全泄流的要求，结合闸孔孔径和孔数来选用。

闸孔孔径应根据闸的地基条件，运用要求闸门结构形式启闭机容量，以及闸门的制作、运输、安装等因素进行综合分析确定。

选用的闸孔孔径应符合国家现行的《水利水电工程钢闸门设计规范》所规定的闸门孔

口尺寸系列标准。闸孔孔数少于8孔时宜采用单数孔。

闸室底板宜采用平底板，在松软地基上且荷载较大时，也可采用箱式平底板。

闸室底板顺水流向长度应根据闸室地基条件和结构布置要求，以满足闸室整体稳定和地基允许承载力为原则，进行综合分析确定。

闸室结构垂直水流向分段长度，对坚实地基上或采用桩基的防洪闸，可在闸室底板上或闸墩中间设缝分段；对软弱地基上或地震区的防洪闸，宜在闸墩中间设缝分段。岩基上的分段长度不宜超过20m，土基上的分段长度不宜超过35m。永久缝的构造形式可采用铅直贯通缝、斜搭接缝或齿形搭接缝，缝宽可采用2～3cm。

闸墩结构形式宜采用实体式，闸墩的外形轮廓设计应能满足过闸水流平顺、侧向收缩小、过流能力大的要求，上游墩头可采用半圆形，下游墩头宜采用流线型。

平面闸门、闸墩门槽处最小厚度不宜小于0.4m。

工作闸门槽应设在闸墩水流较平顺部位。其宽深比宜取1.6～1.8。

根据管理维修需要设置的检修闸门槽，其与工作闸门槽之间的净距不宜小于1.5m。

当设有两道检修闸门槽时，闸墩和底板必须满足检修期的结构强度要求。

边闸墩兼作岸墙时应考虑承受侧向土压力的作用，其厚度应根据结构抗滑稳定性和结构强度的需要计算确定。

2. 闸门

挡水高度和闸孔孔径均较大，需由闸门控制泄水的水闸宜采用弧形闸门。

当永久缝设置在闸室底板上时，宜采用平面闸门，如采用弧形闸门时，必须考虑闸墩间可能产生的不均匀沉降对闸门强度止水和启闭的影响。

受涌浪或风浪冲击力较大的挡潮闸，宜采用平面闸门，且闸门面板宜布置在迎潮侧。

检修闸门应采用平面闸门或叠梁式闸门。

露顶式闸门顶部应在可能出现的最高挡水位以上有0.3～0.5m的超高。

启闭机形式可根据门型、尺寸及其运用条件等因素选定选用，启闭机的启闭力应等于或大于计算启闭力，同时应符合规定的启闭机系列标准。

当多孔闸门启闭频繁或要求短时间内全部均匀开启时，每孔应设一台固定式启闭机。

3. 上部结构

闸室上部工作桥、检修便桥、交通桥可根据闸孔孔径、闸门启闭机形式及容量、设计荷载标准等分别选用板式、梁板式或板拱式，其与闸墩的连接形式应与底板分缝位置及胸墙支承形式统一考虑。

工作桥、检修便桥和交通桥的梁板底高程均应高出最高洪水位0.5m以上。

4. 与地基相适应

（1）松软地基上的水闸结构选型布置应符合下列要求：

1）闸室结构布置匀称、重量轻、整体性强、刚度大；

2）相邻分部工程的基底压力差小；

3）选用耐久、能适应较大不均匀沉降的止水形式和材料；

4）适当增加底板长度和埋置深度。

（2）冻胀性地基上的水闸结构选型布置应符合下列要求：

1）闸室结构整体性强、刚度大；

2）冻胀性地基上的防洪闸基础埋深不小于基础设计冻深，在满足地基承载力要求的情况下，减小闸室底部与冻胀土的接触面积；

3）在满足防渗、防冲和水流衔接条件的情况下，缩短进出口长度；

4）适当减小冬季暴露的铺盖消力池底板等底部结构的分块尺寸。

（3）地震区水闸结构选型布置应符合下列要求：

1）闸室结构布置匀称、重量轻、整体性强、刚度大；

2）降低工作桥排架高度，减轻其顶部重量，并加强排架柱与闸墩和桥面结构的抗剪连接；

3）在闸墩上分缝，并选用耐久、能适应较大变形的止水形式和材料；

4）加强地基与闸室底板的连接，并采取有效的防渗措施；

5）适当降低边墩、岸墙后的填土高度以减少附加荷载。

5. 防洪闸闸顶高程确定

防洪闸的闸顶高程不应低于岸（堤）顶高程；泄洪时不应低于设计洪水位（或校核洪水位）与安全超高之和；挡水时应不低于正常蓄水位（或最高挡水位）加波浪计算高度与相应安全超高之和。还应考虑以下因素，留有适当裕度。

（1）多泥沙河流上因上、下游河道冲淤变化引起水位升高或降低的影响；

（2）软弱地基上地基沉降的影响；

（3）防洪闸两侧防洪堤堤顶可能加高的影响。

防潮闸通常具有防洪和挡潮双重功能。闸顶高程应满足泄洪、蓄水和挡潮工况的要求。

13.1.3 防渗排水布置

1. 防渗布置

在各种土质地基上都可以设置水平铺盖防渗，铺盖与垂直防渗设施相结合防渗效果更佳。铺盖材料可采用黏性土或钢筋混凝土，一般要求铺盖的渗透系数要比地基渗透系数小100倍。

（1）当闸基为中壤土、轻壤土或重砂壤土时，闸室上游宜设置钢筋混凝土或黏土铺盖或土工膜防渗铺盖，闸室下游护坦底部应设滤层。当闸基为较薄的壤土层，其下卧层为深厚的相对透水层时，除应设置铺盖外，尚应验算覆盖土层抗渗抗浮的稳定性，必要时可在闸室下游设置深入相对透水层的排水井或排水沟，并采取防止被淤堵的措施。

（2）当闸基为粉土、粉细砂、轻砂壤土或轻粉质砂壤土时，闸室上游宜采用铺盖和垂直防渗体相结合的布置形式，垂直防渗体宜布置在闸室底板的上游端。在地震区粉细砂地基上，闸室底板下布置的垂直防渗体宜构成四周封闭的形式。粉土、粉细砂轻砂壤土或轻粉质砂壤土地基除应保证渗流平均坡降和出逸坡降小于允许值外，在渗流出口处（包括两岸侧向渗流的出口处）必须设置级配良好的滤层。

（3）当闸基为较薄的砂性土层或砂砾石层，其下卧层为深厚的相对不透水层时，闸室底板上游端宜设置截水槽或防渗墙，闸室下游渗流出口处应设滤层，截水槽或防渗墙嵌入相对不透水层深度不应小于1.0m。当闸基砂砾石层较厚时，闸室上游可采用铺盖和悬挂式防渗墙相结合的布置形式，闸室下游渗流出口处应设滤层。

（4）当闸基为粒径较大的砂砾石层或粗砾夹卵石层时，闸室底板上游端宜设置深齿墙或深防渗墙，闸室下游渗流出口处应设滤层。

（5）当闸基为薄层黏性土和砂性土互层时，除应符合上述的规定外，铺盖前端宜加设一道垂直防渗体，闸室下游宜设排水沟或排水浅井，并采取防止被淤堵的措施。

（6）若地基为岩石，应根据地质勘察结论的防渗需要，可在闸底板上游端设灌浆帷幕。

（7）具有蓄水功能的挡潮闸和挡洪闸承受双向水头作用，其防渗排水应合理选择双向布置，并以水位差较大的一侧为主。

（8）侧向防渗排水布置应根据上下游水位差、墙后填土土质以及地下水位变化等情况综合考虑，并与闸基的防渗排水布置相适应。

（9）当地基下卧层为相对透水层时，应验算覆盖层抗渗、抗浮的稳定性。

（10）由于渗流出口附近的土体，在渗流作用下能导致冲刷、发生管涌或流土的渗透破坏，为防止渗流破坏的发生，凡是有渗流逸出的地方均应设置滤层排水。

（11）闸室底板的上、下游端均宜设置齿墙，齿墙深度可采用0.5～1.5m。

13.1.4　消能防冲布置

1. 消能形式

防洪闸下宜采用底流式消能。其消能设施的布置形式可按下列情况经技术经济比较后确定：

（1）当闸下尾水深度小于跃后水深时可采用下挖式消力池消能，消力池可采用斜坡面与闸底板相连接，斜坡面的坡度不宜陡于1∶4。

（2）当闸下尾水深度略小于跃后水深时，可采用突槛式消力池消能。

（3）当闸下尾水深度远小于跃后水深且计算消力池深度又较深时，可采用下挖式消力池与突槛式消力池相结合的综合式消力池消能。

（4）当闸上、下游水位差较大且尾水深度较浅时，宜采用二级或多级消力池消能。消力池内可设置消力墩、消力梁等辅助消能工。

（5）当闸下尾水深度较深且变化较小、河床及岸坡抗冲能力较强时，可采用面流式消能。

（6）当闸承受水头较高，且闸下河床及岸坡为坚硬岩体时，采用挑流式消能。

（7）在夹有较大砾石的多泥沙河流上，不宜设消力池，可采用抗冲耐磨的斜坡护坦与下游河道连接，末端应设防冲墙，在高速水流部位，尚应采取抗冲磨与抗空蚀的措施。

2. 海漫

（1）海漫宜做成等于或缓于1∶10的斜坡。应具有柔韧的性能，当下游河床受冲刷变形时，要求海漫能适应变形，继续起护面防冲的作用。

（2）具有透水的性能：使渗透水流自海漫底部自由逸出，以消除渗透压力。海漫采用混凝土板或浆砌石护面时，必须设置排水孔。为防止渗透水流将土颗粒带出，应在海漫护面下设置垫层，一般设两层垫层，各层厚度为0.1～0.2m，在渗透压力较大的情况，应考虑设置反滤层。

（3）具有粗糙的性能：海漫护面应具有粗糙性能，以利于消除水流能量，故海漫常用砌石、抛石或混凝土预制块作为护面。

（4）海漫末端应设防冲槽，防冲槽内的堆石将自动地铺护冲刷坑的边坡，使其保持稳定，从而保护海漫不遭破坏。

13.1.5 两岸连接布置

防洪闸两岸连接应能保证岸坡稳定、改善水闸进出水流条件、提高泄流能力和消能防冲效果，满足侧向防渗需要，减轻闸室底板边荷载影响，且有利于环境绿化等。

(1) 两岸连接布置应与闸室布置相适应，水闸两岸连接宜采用直墙式结构；当水闸上、下游水位差不大时，也可采用斜坡式结构。

(2) 在坚实或中等坚实的地基上，岸墙和翼墙可采用重力式或扶壁式结构；在松软地基上，宜采用空箱式结构。

(3) 当闸室两侧需设置岸墙时，若闸室在闸墩中间设缝分段，岸墙宜与边墩分开；若闸室在闸底板上设缝分段，岸墙可兼作边闸墩，并可做成空箱式。对于闸孔孔数较少、不设永久缝的非开敞式闸室结构，也可以边闸墩代替岸墙。

(4) 上 、下游翼墙宜与闸室及两岸岸坡平顺连接。上游翼墙的平面布置宜采用圆弧式或椭圆弧式，下游翼墙的平面布置宜采用圆弧（或椭圆弧）与直线组合式或折线式，在坚硬的黏性土和岩石地基上，上、下游翼墙可采用扭曲面与岸坡连接的形式。

(5) 上游翼墙顺水流向的投影长度应大于或等于铺盖长度。下游翼墙的平均扩散角每侧宜采用 70°～120°，其顺水流向的投影长度应大于或等于消力池长度。在有侧向防渗要求的条件下，上、下游翼墙的墙顶高程应分别高于上、下游最不利的运用水位。

(6) 翼墙分段长度应根据结构和地基条件确定，建筑在坚实或中等坚实地基上的翼墙分段长度可采用 15～20m，建筑在松软地基或回填土上的翼墙分段长度可适当减短。

13.2 设计要点

13.2.1 过闸流量设计计算

过闸流量，对于砂质黏土地基，一般单宽流量取 15～25m^3/s；对于尾水较浅、河床土质抗冲能力较差的地基，单宽流量可取 5～15m^3/s。

实用堰式闸孔设计计算如下：

(1) 实用堰孔流：当实用堰顶上设置控制闸门，在闸门部分开启或有胸墙阻水，且出流不受下游水位影响时，闸下出流呈自由式孔流。

过闸流量按下式计算：

$$Q=\mu ab\sqrt{2gH_0} \tag{13-1}$$

$$H_0=H+\frac{\alpha v_0{}^2}{2g} \tag{13-2}$$

式中 Q——过闸流量，m^3/s；

μ——流量系数，$\mu=\acute{\varepsilon}\varphi$；

$\acute{\varepsilon}$——垂直收缩系数；

φ——流速系数，$\varphi=0.95$；

a——闸门开启高度，m；

b——闸孔宽度，m；

H_0——包括行进流速在内的堰上水深，m；

H——堰上水头，m；

α——流速分配不均匀系数，取1.0～1.1；

v_0——行进流速，m/s。

（2）实用堰淹没式孔流：当下游水位高于堰顶时，闸下出流呈淹没式孔流，过闸流量按下式计算：

$$Q=\mu ab\sqrt{2g(H_0-h_n)} \tag{13-3}$$

式中　h_n——下游堰上水深，m。

（3）实用堰堰流：当实用堰顶闸门全部开启，且出流不受下游水位影响时，出流呈自由式堰流，过闸流量按下式计算：

$$Q=\varepsilon mb\sqrt{2g}H_0{}^{3/2} \tag{13-4}$$

式中　Q——过闸流量，m^3/s；

ε——侧收缩系数；一般取0.85～0.95；

m——流量系数，一般取0.45～0.49；

b——闸孔宽度，m；

H_0——包括行进流速在内的堰上水深，m。

（4）实用堰淹没式堰流：当下游水位高于堰顶时，出流呈淹没式堰流，过闸流量按下式计算：

$$Q=\sigma_n\varepsilon mb\sqrt{2g}H_0{}^{3/2} \tag{13-5}$$

式中　Q——过闸流量，m^3/s；

σ_n——淹没系数。

2. 宽顶堰式闸孔

（1）宽顶堰孔流：当宽顶堰顶上闸门部分开启或有胸墙阻水，且闸下出流不受下游水位影响时，闸下出流呈自由式孔流。过闸流量按下式计算：

$$Q=\mu ab\sqrt{2g(H_0-h_1)} \tag{13-6}$$

式中　h_1——收缩断面水深，m；$h_1=\acute{\varepsilon}a$；

$\acute{\varepsilon}$——垂直收缩系数。

（2）宽顶堰淹没式孔流：当宽顶堰顶上闸门部分开启时，如果闸下游水流发生淹没水跃或下游水位高于闸门下缘，则闸下水流呈淹没式孔流，过闸流量按下计算：

$$Q=\mu ab\sqrt{2g(H_0-h_t)} \tag{13-7}$$

式中　h_t——闸下游尾水深，m。

（3）宽顶堰堰流：当宽顶堰顶上闸门全部开启，且闸下出流不受下游水位影响时，闸下出流呈自由式出流，过闸流量按下式计算：

$$Q=\varepsilon mb\sqrt{2g}H_0{}^{3/2} \tag{13-8}$$

式中　m——流量系数，视进口翼墙形状而定；

ε——侧收缩系数。

（4）宽顶堰淹没式堰流：当$h_n>0.8H_0$时，按淹没式堰流计算，过闸流量按下式计算：

$$Q=\varphi_0 bh_n\sqrt{2g(H_0-h_n)} \tag{13-9}$$

式中 h_n——堰顶以上的下游水深，m；

φ_0——流速系数，随流量系数 m 而定。

3. 防潮闸过闸流量计算

挡潮闸流量计算应以可能出现的最不利潮型作为设计潮型，并考虑上游河道调蓄能力，潮汐河口回淤对挡潮闸泄流的影响等因素按水库调节计算确定。

13.2.2 消能防冲设计计算

水闸闸下消能防冲设施必须在各种可能出现的水力条件下都能满足消散动能与均匀扩散水流的要求，且应与下游河道有良好的衔接。

1. 底流式消能采用消力池

(1) 消力池深度可按以下公式计算：

$$d=\sigma_0 h_c''-h_s'-\Delta Z \tag{13-10}$$

$$h_c''=\frac{h_c}{2}\left(\sqrt{1+\frac{8aq^2}{gh_c{}^3}}-1\right)\left(\frac{b_1}{b_2}\right)^{0.25} \tag{13-11}$$

$$h_c{}^3-T_0h_c{}^2+\frac{aq^2}{2g\varphi^2}=0 \tag{13-12}$$

$$\Delta Z=\frac{aq^2}{2g\varphi^2 h_s'^2}-\frac{aq^2}{2gh_c''^2} \tag{13-13}$$

式中 d——消力池深度，m；

σ_0——水跃淹没系数，可采用 1.05～1.10；

h_c''——跃后水深，m；

h_c——收缩水深，m；

a——水流动能校正系数，可采用 1.0～1.05；

q——过闸单宽流量，m^3/s；

b_1——消力池首端宽度，m；

b_2——消力池末端宽度，m；

T_0——由消力池底板顶面算起的总势能，m；

ΔZ——出池落差，m；

h_s'——出池河床水深，m。

(2) 消力池长度可按下列公式计算：

$$L_{sj}=L_s+\beta L_j \tag{13-14}$$

$$L_j=6.9(h_c''-h_c) \tag{13-15}$$

式中 L_{sj}——消力池长度，m；

L_s——消力池斜坡段水平投影长度，m；

β——水跃长度校正系数，可采用 0.7～0.8；

L_j——水跃长度，m。

(3) 消力池底板厚度可根据抗冲和抗浮要求分别按下列公式计算，并取其大值。

抗冲
$$t=k_1\sqrt{q\sqrt{\Delta H'}} \tag{13-16}$$

抗浮
$$t=k_2\frac{U-W\pm P_m}{r_b} \tag{13-17}$$

式中 t——消力池底板始端厚度，m；

$\Delta H'$——闸孔泄水时的上、下游水位差，m；

k_1——消力池底板计算系数，可采用0.15～0.20；

k_2——消力池底板安全系数，可采用1.1～1.3；

U——作用在消力池底板底面的扬压力，kPa；

W——作用在消力池底板顶面的水重，kPa；

P_m——作用在消力池底板上的脉动压力，其值可取跃前收缩断面流速水头值的5%；通常计算消力池底板前半部的脉动压力时取“+”号，计算消力池底板后半部的脉动压力时取“－”号；

r_b——消力池底板的饱和重力密度，kN/m³。

2. 面流式消能跌坎

跌坎高度应符合下列公式的要求：

$$P \geqslant 0.186\frac{h_k^{2.75}}{h_{dc}^{1.75}} \tag{13-18}$$

$$P < \frac{2.24h_k - h_{dc}}{1.48\dfrac{h_k}{P_d} - 0.84} \tag{13-19}$$

$$P > \frac{2.38h_k - h_{dc}}{1.18\dfrac{h_k}{P_d} - 1.16} \tag{13-20}$$

式中 P——跌坎高度，m；

h_k——跌坎上的临界水深，m；

h_{dc}——跌坎上的收缩水深，m；

P_d——闸坎顶面与下游河底的高差，m。

选定的跌坎坎顶仰角θ宜在0°～10°范围内。

选定的跌坎反弧半径R不宜小于跌坎上收缩水深的2.5倍。

选定的跌坎长度L_m宜小于跌坎上收缩水深的1.5倍。

3. 海漫

当$(q\sqrt{\Delta H})^{\frac{1}{2}}=1\sim9$时海漫长度可按下式计算：

$$L = K(q\sqrt{\Delta H})^{\frac{1}{2}} \tag{13-21}$$

式中 L——海漫长度，m；

q——海漫始端的单宽流量，m³/(s·m)；

ΔH——上下游水位差，m；

K——系数，可按表13-1采用。

系数 K **表13-1**

土壤名称	K	土壤名称	K
粉砂、细砂	13～14	粉质黏土	9～10
中砂、粗砂、粉质壤土	11～12	坚硬黏土	7～8

4. 防冲槽

防冲槽深度按下式近似计算：

$$\Delta h=1.1\frac{q}{[v]}-h_t \tag{13-22}$$

式中 Δh——海漫末端冲刷深度，m；

q——海漫末端的单宽流量，$m^3/(s\cdot m)$；

$[v]$——河床土质的不冲流速，m/s；

h_t——海漫末端冲刷前的水深，m。

13.2.3 防渗排水设计计算

（1）均质土地基上的防洪闸闸基轮廓线应根据选用的防渗排水设施，经合理布置确定。初步拟定的闸基防渗长度应满足下列公式要求：

$$L=C\Delta h \tag{13-23}$$

式中 L——闸基防渗长度，闸基轮廓线防渗部分水平段和垂直段长度的总和，m；

C——允许渗径系数值，见表 13-2，当闸基设板桩时，用表中所列规定值的小值；

Δh——上下游水位差，m。

允许渗径系数值 C **表 13-2**

地基类别 / 排水条件	粉砂	细砂	中砂	粗砂	中砾细砾	粗砾夹卵石	轻粉质砂壤土	轻砂壤土	壤土	黏土
有滤层	13～9	9～7	7～5	5～4	4～3	3～2.5	11～7	9～5	5～3	3～2
无滤层	—	—	—	—	—	—	—	—	7～4	4～3

（2）渗透压力计算

岩基上防洪闸基底渗透压力计算可采用全截面直线分布法，但应考虑设置防渗帷幕和排水孔时对降低渗透压力的作用和效果。土基上防洪闸基底渗透压力计算可采用改进阻力系数法或流网法。复杂土质地基上的重要防洪闸应采用数值计算法进行计算。

当岸墙 、翼墙墙后土层的渗透系数小于或等于地基土的渗透系数时，侧向渗透压力可近似地采用相对应部位的防洪闸闸底正向渗透压力计算值，但应考虑墙前水位变化情况和墙后地下水补给的影响；当岸墙、翼墙墙后土层的渗透系数大于地基土的渗透系数时，可按闸底有压渗流计算方法进行侧向绕流计算。复杂土质地基上的重要防洪闸应采用数值计算法进行计算。

当翼墙墙后地下水位高于墙前水位时，应验算翼墙墙基的抗渗稳定性。必要时可采取有效的防渗排水措施。

1）全截面直线分布法

① 当岩基上防洪闸闸基设有水泥灌浆帷幕和排水孔时，闸底板底面上游端的渗透压力作用水头为 $H-h_s$，排水孔中心线处为 α（$H-h_s$），下游端为零，其间各段依次以直线连接。

作用于闸底板底面上的渗透压力可按公式（13-24）计算：

$$U=\frac{1}{2}r(H-h_s)(L_1+\alpha L) \tag{13-24}$$

式中 U——作用于闸底板底面上的渗透压力，kN/m；

L_1——排水孔中心线与闸底板底面上游端的水平距离，m；

L——闸底板底面的水平投影长度，m；

α——渗透压力强度系数，可采用0.25。

② 当岩基上防洪闸闸基未设水泥灌浆帷幕和排水孔时，闸底板底面上游端的渗透压力作用水头为 $H-h_s$，下游端为零，其间各段依次以直线连接。

作用于闸底板底面上的渗透压力可按公式（13-25）计算：

$$U=\frac{1}{2}r(H-h_s)L \tag{13-25}$$

2）改进阻力系数法

3）流网法

（3）闸基抗渗稳定性验算

1）验算闸基抗渗稳定性时要求水平段和出口段的渗流坡降必须分别小于表13-3规定的水平段和出口段允许渗流坡降值。

水平段和出口段允许渗流坡降值　　表13-3

地基类别	允许渗流坡降值	
	水平段	出口段
粉砂	0.05～0.07	0.25～0.30
细砂	0.07～0.10	0.30～0.35
中砂	0.10～0.13	0.35～0.40
粗砂	0.13～0.17	0.40～0.45
中砾细砾	0.17～0.22	0.45～0.50
粗砾夹卵石	0.22～0.28	0.50～0.55
砂壤土	0.15～0.25	0.40～0.50
壤土	0.25～0.35	0.50～0.60
软黏土	0.30～0.40	0.60～0.70
坚硬黏土	0.40～0.50	0.70～0.80
极坚硬黏土	0.50～0.60	0.80～0.90

注：当渗流出口处设滤层时表列数值可加大30%。

2）当闸基土为砂砾石，验算闸基出口段抗渗稳定性时，应首先判别可能发生的渗流破坏形式，当 $4P_f(1-n)>1.0$ 时，为流土破坏；当 $4P_f(1-n)<1.0$ 时，为S管涌破坏。

砂砾石闸基出口段防止流土破坏的允许渗流坡降值即表13-3所列的出口段允许渗流坡降值。

砂砾石闸基出口段防止管涌破坏的允许渗流坡降值可按公式（13-26）和公式(13-27)计算：

$$[J]=\frac{7d_5}{Kd_f}[4P_f(1-n)]^2 \tag{13-26}$$

$$d_f=1.3\sqrt{d_{15}d_{85}} \tag{13-27}$$

式中　$[J]$——防止管涌破坏的允许渗流坡降值；

d_f——闸基土的粗细颗粒分界粒径，mm；

P_f——小于 d_f 的土粒百分数含量，%；

n——闸基土的孔隙率；

d_5、d_{15}、d_{85}——闸基土颗粒级配曲线上小于含量5%、15%、85%的粒径，mm；

K——防止管涌破坏的安全系数，可采用1.5～2.0。

（4）滤层设计

1）滤层的要求：滤层的级配应能满足被保护土的稳定性和滤料的透水性要求，且滤料颗粒级配曲线应大致与被保护土颗粒级配曲线平行。一般水平滤层厚度可采用0.2～0.3m，垂直或倾斜滤层的最小厚度可采用0.5m。

2）滤层设计：选择滤层滤料级配时，应保证渗流自由流出，对于被保护的第一层滤层滤料，可按下列方法确定。

$$D_{15}/d_{15} \geqslant 5 \sim 40$$

$$D_{50}/d_{50} \leqslant 25 \tag{13-28}$$

式中 D_{15}、D_{50}——滤层滤料颗粒级配曲线上小于含量15%、50%的粒径，mm；

d_{15}、d_{50}——被保护土颗粒级配曲线上小于含量15%、50%的粒径，mm。

当选择第二层、第三层滤层滤料时，可同样按以上方法确定。但选择第二层滤层滤料时，以第一层滤层滤料为保护土；选择第三层滤层滤料时，以第二层滤层滤料为保护土。

3）采用土工织物代替传统砂石料作为滤层时，选用的土工织物应有足够的强度和耐久性，且应能满足保土性、透水性和防堵性要求。

（5）防渗帷幕及排水孔设计

岩基上防洪闸基底帷幕灌浆孔宜设单排，孔距宜取1.5～3.0m，孔深宜取闸上最大水深的0.3～0.7倍。帷幕灌浆应在有一定厚度混凝土盖重及固结灌浆后进行，灌浆压力应以不掀动基础岩体为原则，通过灌浆试验确定。防渗帷幕体透水率的控制标准不宜大于5Lu。

帷幕灌浆孔后排水孔宜设单排，其与帷幕灌浆孔的间距不宜小于2.0m。排水孔孔距宜取2.0～3.0m，孔深宜取帷幕灌浆孔孔深的0.4～0.6倍，且不宜小于固结灌浆孔孔深。

（6）永久缝止水设计

位于防渗范围内的永久缝应设一道止水。大型防洪闸的永久缝应设两道止水。止水的形式应能适应不均匀沉降和温度变化的要求。止水材料应耐久。垂直止水与水平止水相交处必须构成密封系统。

13.2.4 闸室、岸墙稳定计算

1. 荷载计算及组合

在计算闸室作用荷载时，首先应确定计算单元，单孔闸按一个单元分析计算，多孔闸一般沿水流方向的沉降缝将闸室分为若干个单元，并取其中最不利的一个单元分析。作用在防洪闸上的荷载可分为基本荷载和特殊荷载两类。

（1）基本荷载主要包括以下各项：

1）防洪闸结构及其上部填料和永久设备的自重；

2）相应于正常蓄水位或设计洪水位情况下防洪闸底板上的水重；

3）相应于正常蓄水位或设计洪水位情况下的静水压力；

4）相应于正常蓄水位或设计洪水位情况下的扬压力，即浮托力与渗透压力之和；

5）土压力；

6）淤沙压力；

7）风压力；

8）相应于正常蓄水位或设计洪水位情况下的浪压力；

9）冰压力；

10）土的冻胀力；

11）其他出现机会较多的荷载等。

（2）特殊荷载主要包括以下各项：

1）相应于校核洪水位情况下防洪闸底板上的水重；

2）相应于校核洪水位情况下的静水压力；

3）相应于校核洪水位情况下的扬压力；

4）相应于校核洪水位情况下的浪压力；

5）地震荷载；

6）其他出现机会较少的荷载等。

（3）荷载组合

设计防洪闸时，应将可能同时作用其上的各种荷载进行组合。可分为基本组合和特殊组合两类。基本组合由基本荷载组成，特殊组合由基本荷载和一种或几种特殊荷载组成，但地震荷载只应与正常蓄水位情况下的相应荷载组合。计算闸室稳定和应力时的荷载组合可按表13-4的规定采用，必要时还可考虑其他可能的不利组合。

荷载组合　　**表13-4**

荷载组合	计算情况	荷载												说明
		自重	水重	静水压力	扬压力	土压力	淤沙压力	风压力	浪压力	冰压力	土冻胀力	地震力	其他	
基本组合	完建情况	√	—	—	—	√	—	—	—	—	—	—	√	必要时可考虑地下水产生的扬压力
	正常蓄水位情况	√	√	√	√	√	√	√	√	—	—	—	√	按正常蓄水位组合计算水重、静水压力、扬压力及浪压力
	设计洪水位情况	√	√	√	√	√	√	√	√	—	—	—	—	按设计洪水位组合计算水重、静水压力、扬压力及浪压力
	冰冻情况	√	√	√	√	√	√	√	—	√	√	—	√	按正常蓄水位组合计算水重、静水压力、扬压力及浪压力
特殊组合	施工情况	√	—	—	—	√	—	—	—	—	—	—	√	考虑施工过程中各阶段的临时荷载
	检修情况	√	—	√	√	√	√	√	√	—	—	—	√	按正常蓄水位组合（必要时可按设计洪水位组合或冬季低水位条件）计算静水压力、扬压力及浪压力
	校核洪水位情况	√	√	√	√	√	√	√	√	—	—	—	—	按校核水位组合计算水重、静水压力、扬压力及浪压力
	地震情况	√	√	√	√	√	√	√	√	—	—	√	—	按正常蓄水位组合计算水重、静水压力、扬压力及浪压力

计算岸墙、翼墙稳定和应力时的荷载组合可按表13-4的规定采用，并应验算施工期、完建期和检修期（墙前无水和墙后有地下水）等情况。

2. 闸室稳定计算

闸室稳定计算宜取两相邻顺水流向永久缝之间的闸段作为计算单元。

（1）土基上的闸室稳定计算应满足下列要求：

1）在各种计算情况下，闸室平均基底应力不大于地基允许承载力，最大基底应力不大于地基允许承载力的1.2倍。

2）闸室基底应力的最大值与最小值之比不大于表13-5规定的允许值。

土基上闸室基底应力的最大值与最小值之比的允许值　　表13-5

地基土质	荷载组合	
	基本组合	特殊组合
松软	1.50	2.00
中等坚实	2.00	2.50
坚实	2.50	3.00

注：1. 对特别重要的大型防洪闸，闸室基底应力的最大值与最小值之比的允许值可按表列数值适当减小；
2. 对地震区的防洪闸，闸室基底应力的最大值与最小值之比的允许值可按表列数值适当增大；
3. 对地基特别坚实或可压缩土层甚薄的防洪闸，可不受本表限制，但要求闸室基底不出现拉应力。

3）沿闸室基底面的抗滑稳定安全系数不小于表13-6规定的允许值。

土基上沿闸室基底面的抗滑稳定安全系数的允许值　　表13-6

荷载组合		防洪闸级别			
		1	2	3	4、5
基本组合		1.35	1.30	1.25	1.20
特殊组合	Ⅰ	1.20	1.15	1.10	1.05
	Ⅱ	1.10	1.05	1.05	1.00

注：1. 特殊组合Ⅰ适用于施工情况、检修情况及校核水位情况；
2. 特殊组合Ⅱ适用于地震情况。

（2）岩基上的闸室稳定计算应满足下列要求：

1）在各种计算情况下，闸室最大基底应力不大于地基允许承载力。

2）在非地震情况下，闸室基底不出现拉应力；在地震情况下，闸室基底拉应力不大于100kPa。

3）沿闸室基底面的抗滑稳定安全系数不小于表13-7规定的允许值。

岩基上沿闸室基底面的抗滑稳定安全系数的允许值　　表13-7

荷载组合		不考虑闸室底面与岩石地基之间的抗剪断粘结力 c 时			考虑抗剪断粘结力 c 时
		防洪闸级别			
		1	2、3	4、5	
基本组合		1.10	1.08	1.05	3.00
特殊组合	Ⅰ	1.05	—	1.03	2.50
	Ⅱ	1.00			2.30

注：1. 特殊组合Ⅰ适用于施工情况、检修情况及校核水位情况；
2. 特殊组合Ⅱ适用于地震情况。

（3）当闸室承受双向水平向荷载作用时，应验算其合力方向的抗滑稳定性，其抗滑稳定安全系数应按土基或岩基分别不小于表13-16、表13-7规定的允许值 。

3. 岸墙、翼墙稳定计算

岸墙、翼墙稳定计算宜取单位长度或分段长度的墙体作为计算单元。

（1）土基上的岸墙、翼墙稳定计算应满足下列要求：

1）在各种计算情况下，岸墙、翼墙平均基底应力不大于地基允许承载力，最大基底应力不大于地基允许承载力的1.2倍。

2）岸墙、翼墙基底应力的最大值与最小值之比的允许值同土基上闸室基底规定的最大值与最小值之比的允许值。

3）沿岸墙、翼墙基底面的抗滑稳定安全系数的允许值同土基上闸室基底面的抗滑稳定安全系数的允许值。

（2）岩基上的岸墙、翼墙稳定计算应满足下列要求：

1）在各种计算情况下，岸墙、翼墙最大基底应力不大于地基允许承载力。

2）翼墙抗倾覆稳定安全系数，在基本荷载组合条件下，不应小于1.50；在特殊荷载组合条件下，不应小于1.30。

3）沿岸墙、翼墙基底面的抗滑稳定安全系数的允许值同岩基上沿闸室基底面的抗滑稳定安全系数的允许值。

4. 闸室、岸墙稳定措施

（1）当沿闸室基底面的抗滑稳定安全系数计算值小于允许值时，可在原有结构布置的基础上，结合工程的具体情况采用下列一种或几种抗滑措施：

1）将闸门位置移向低水位一侧，或将防洪闸底板向高水位一侧加长；

2）适当增大闸室结构尺寸；

3）增加闸室底板的齿墙深度；

4）增加铺盖长度或帷幕灌浆深度，或在不影响防渗安全的条件下将排水设施向防洪闸底板靠近；

5）利用钢筋混凝土铺盖作为阻滑板，但闸室自身的抗滑稳定安全系数不应小于1.0（计算由阻滑板增加的抗滑力时，阻滑板效果的折减系数可采用0.80），阻滑板应满足抗裂要求；

6）增设钢筋混凝土抗滑桩或预应力锚固结构。

（2）当沿岸墙、翼墙基底面的抗滑稳定安全系数计算值小于允许值时，可采用下列一种或几种抗滑措施：

1）适当增加底板宽度；

2）在基底增设凸榫；

3）在墙后增设阻滑板或锚杆；

4）在墙后改填摩擦角较大的填料，并增设排水；

5）在不影响防洪闸正常使用的条件下，适当限制墙后的填土高度或在墙后采用其他减载措施。

13.2.5　结构设计

1. 结构应力分析

防洪闸结构应力分析应根据各分部结构布置形式、尺寸及受力条件等进行。

开敞式防洪闸闸室底板的应力分析可按下列方法选用：

(1) 土基上防洪闸闸室底板的应力分析可采用反力直线分布法或弹性地基梁法。相对密度小于或等于0.50的砂土地基，可采用反力直线分布法；黏性土地基或相对密度大于0.50的砂土地基可采用弹性地基梁法。当采用弹性地基梁法分析防洪闸闸室底板应力时，应考虑可压缩土层厚度与弹性地基梁半长之比值的影响。当比值小于0.25时，可按基床系数法（文克尔假定）计算；当比值大于2.0时，可按半无限深的弹性地基梁法计算；当比值为0.25～2.0时，可按有限深的弹性地基梁法计算。岩基上防洪闸闸室底板的应力分析可按基床系数法计算。

(2) 开敞式防洪闸闸室底板的应力可按闸门门槛的上、下游段分别进行计算，并计入闸门门槛切口处分配于闸墩和底板的不平衡剪力。

(3) 当采用弹性地基梁法时，可不计闸室底板自重；但当作用在基底面上的均布荷载为负值时，则仍应计及底板自重的影响，计及的百分数则以使作用在基底面上的均布荷载值等于零为限度确定。

(4) 当采用弹性地基梁法时，可按表13-8的规定计及边荷载计算百分数。

边荷载计算百分数 **表13-8**

地基类别	边荷载使计算闸段底板内力减少	边荷载使计算闸段底板内力增加
砂性土	50%	100%
黏性土	0	100%

注：1. 对于黏性土地基上的老闸加固边荷载的影响可按本表规定适当减小；
2. 计算采用的边荷载作用范围可根据基坑开挖及墙后土料回填的实际情况研究确定，通常可采用弹性地基梁长度的1倍或可压缩层厚度的1.2倍。

(5) 开敞式或胸墙与闸墩简支连接的胸墙式防洪闸，其闸墩应力分析方法应根据闸门形式确定，平面闸门闸墩的应力分析可采用材料力学方法，弧形闸门闸墩的应力分析宜采用弹性力学方法。

(6) 涵洞式、双层式或胸墙与闸墩固支连接的胸墙式防洪闸，其闸室结构应力可按弹性地基上的整体框架结构进行计算。

(7) 受力条件复杂的大型防洪闸闸室结构，宜视为整体结构采用空间有限单元法进行应力分析，必要时应经结构模型试验验证。

(8) 防洪闸底板和闸墩的应力分析，应根据工程所在地区的气候特点、防洪闸地基类别、运行条件和施工情况等因素考虑温度应力的影响。为减少防洪闸底板或闸墩的温度应力宜采用下列一种或几种防裂措施：

1) 适当减小底板分块尺寸及闸墩长高比；

2) 在可能产生温度裂缝的部位预留宽缝，两侧增设插筋或构造加强筋，结合工程具体情况，采取控制和降低混凝土浇筑温度的施工措施，并加强混凝土养护；

3) 对于严寒、寒冷地区防洪闸底板和闸墩，其冬季施工期和冬季运用期均应采取适当的保温防冻措施。

(9) 闸室上部工作桥、检修便桥、交通桥以及两岸岸墙、翼墙等结构应力，可根据各自的结构布置形式及支承情况采用结构力学方法进行计算。

2. 变形缝与止水设施

（1）变形缝：为了适应地基的不均匀沉降和温度应力变化，各构件之间按结构要求设置变形缝，使每个构件能独立自由的变位。凡是不允许透水的变形缝，均应设置止水设施。各种变形缝应尽可能做成平面形状，其缝宽一般为10～30mm，缝距应按规范规定设置。

（2）止水设施：

止水材料：要既能抗水的腐蚀和老化，又能适应变形。常用的止水材料有金属（紫铜片、铝片、不锈钢片、镀锌铁片）、橡胶、塑料、沥青掺合料及沥青加工制成品等。

止水类型包括垂直止水和水平止水。

13.2.6　地基设计

1. 一般规定

（1）防洪闸地基计算应根据地基情况、结构特点及施工条件进行，其内容应包括：

1）地基渗流稳定性验算；

2）地基整体稳定计算；

3）地基沉降计算。在各种运用情况下，防洪闸地基应能满足承载力、稳定和变形的要求。

（2）凡属下列情况之一者，可不进行地基沉降计算：

1）岩石地基；

2）砾石、卵石地基；

3）中砂、粗砂地基；

4）大型防洪闸标准贯入击数大于15击的粉砂、细砂、砂壤土、壤土及黏土地基；

5）中、小型防洪闸标准贯入击数大于10击的壤土及黏土地基。

（3）当防洪闸天然地基不能满足承载力、稳定或变形的要求时，应根据工程具体情况，因地制宜地作出地基处理设计。地基处理设计方案应针对地基承载力或稳定安全系数的不足，或对沉降变形不适应等根据地基情况（尤其要注意考虑地基中渗流作用的影响）、结构特点、施工条件和运用要求，并综合考虑地基、基础及其上部结构的相互协调，经技术经济比较后确定。采用的地基处理设计方案尚应符合环境保护的要求，避免因地基处理污染地面水和地下水或损坏周围已有建筑物，防止振动噪声对周围环境产生不良影响。

（4）防洪闸不宜建造在半岩半土或半硬半软的地基上；否则须采取严格的工程措施。

（5）地基渗流稳定性验算应按13.2.4中的有关内容计算。

2. 地基整体稳定计算

地基整体稳定计算方法如下：

（1）在竖向对称荷载作用下，可按限制塑性区开展深度的方法计算土质地基的允许承载力；在竖向荷载和水平向荷载共同作用下，可按Ck法验算土质地基的整体稳定，也可按汉森公式计算土质地基的允许承载力。当土质地基持力层内夹有软弱土层时，还应采用折线滑动法（复合圆弧滑动法）对软弱土层进行整体抗滑稳定验算。

（2）岸墙、翼墙地基的整体抗滑稳定及上、下游护坡工程的边坡稳定可采用瑞典圆弧滑动法或简化毕肖普圆弧滑动法计算。

（3）按瑞典圆弧滑动法或折线滑动法计算的整体抗滑稳定安全系数或边坡稳定安全系

数均不应小于表13-9规定的允许值；按简化毕肖普圆弧滑动法计算的整体抗滑稳定安全系数或边坡稳定安全系数均不应小于表13-9规定允许值的1.1倍。

整体抗滑或边坡稳定安全系数的允许值 **表13-9**

荷载组合		水闸级别			
		1	2	3	4、5
基本组合		1.30	1.25	1.20	1.15
特殊组合	Ⅰ	1.20	1.15	1.10	1.05
	Ⅱ	1.10	1.05	1.05	1.00

注：1. 特殊组合Ⅰ适用于施工情况、检修情况及校核洪水位情况；
2. 特殊组合Ⅱ适用于地震情况。

（4）当岩石地基持力层范围内存在软弱结构面时必须对软弱结构面进行整体抗滑稳定验算。对于地质条件复杂的大型防洪闸，其地基整体抗滑稳定计算应作专门研究。

3. 地基沉降计算

（1）计算公式：防洪闸土质地基沉降可只计算最终沉降量，并应选择有代表性的计算点进行计算，计算时应考虑结构刚性的影响。

土质地基最终沉降量可按公式（13-29）计算：

$$S_{\infty}=m\sum_{i=1}^{n}\frac{e_{1i}-e_{2i}}{1+e_{1i}}h_i \tag{13-29}$$

式中 S_{∞}——土质地基最终沉降量，m；

n——土质地基压缩层计算深度范围内的土层数；

e_{1i}——基础底面以下第 i 层土在平均自重应力作用下，由压缩曲线查得的相应孔隙比；

e_{2i}——基础底面以下第 i 层土在平均自重应力加平均附加应力作用下，由压缩曲线查得的相应孔隙比；

h_i——基础底面以下第i层土的厚度，m；

m——地基沉降量修正系数，可采用1.0～1.6（坚实地基取较小值，软土地基取较大值）。

（2）压缩曲线选用：对于一般土质地基当基底压力小于或接近于防洪闸闸基未开挖前作用于该基底面上土的自重压力时，土的压缩曲线宜采用 $e—p$ 回弹再压缩曲线；但对于软土地基，土的压缩曲线宜采用 $e—p$ 压缩曲线；对于重要的大型防洪闸工程，有条件时土的压缩曲线也可采用 $e—\lg p$ 压缩曲线。

（3）土质地基压缩层计算深度：可按计算层面处土的附加应力与自重应力之比为0.10～0.20（软土地基取小值，坚实地基取大值）的条件确定。高饱和度软土地基的沉降量计算，有条件时可采用考虑土体侧向变形影响的简化计算方法。

（4）土质地基允许最大沉降量和最大沉降差：应以保证防洪闸安全和正常使用为原则，根据具体情况研究确定。天然土质地基上防洪闸地基最大沉降量不宜超过15cm，相邻部位的最大沉降差不宜超过5cm。

（5）对于软土地基上的防洪闸当计算地基最大沉降量或相邻部位的最大沉降差超过上

述的允许值时，宜采用下列一种或几种措施：

1）变更结构形式（采用轻型结构或静定结构等）或加强结构刚度；

2）采用沉降缝隔开；

3）改变基础形式或刚度；

4）调整基础尺寸与埋置深度；

5）必要时对地基进行人工加固；

6）安排合适的施工程序，严格控制施工速率。

13.2.7　闸门启闭设备

1. 闸门形式

闸门分为平面闸门和弧形闸门。闸门门体材料一般为钢材。

（1）平面闸门：其特点是构造较简单，制造方便，对闸墩的长度要求较小，但平面闸门在水深较大时，要求启闭力较大，孔径高度较大时，工作桥高度随之增加，因此在地震地区显得尤为不利。

（2）弧形闸门：适用于较大孔径的防洪闸，工作桥高度较低。但弧形闸门设计、施工和安装均较平面闸门复杂，而且需要较长的闸墩。

检修闸门一般设置在水位高的一侧。宜采用平面闸门。

2. 闸门启闭力计算

（1）平面闸门启闭力计算：在动水中启闭平面闸门，其启闭力应包括以下几个力：

1）闭门力，按公式（13-30）计算：

$$F_W = n_T(T_{zd} + T_{zs}) - n_G G + P_t \tag{13-30}$$

计算结果为“正”值时，需要加重，加重方式有加重块、水柱或机械下压等；计算结果为“负”值时，依靠闸门自重即可关闭。

2）持住力，按公式（13-31）计算：

$$F_T = n_{G'} G + G_j + W_s + P_x - P_t - (T_{zd} + T_{zs}) \tag{13-31}$$

3）启门力，按公式（13-32）计算：

$$F_Q = n_T(T_{zd} + T_{zs}) + P_x + n_{G'} G + G_j + W_s \tag{13-32}$$

式中　n_T——摩擦阻力的安全系数，一般采用1.2；

n_G——计算闭门力时所采用的闸门自重修正系数，一般采用0.9～1.0；

$n_{G'}$——计算持住力和启门力时所采用的闸门自重修正系数，一般采用1.0～1.1；

G——闸门自重，当有拉杆时，应计入拉杆重量，计算闭门力时采用浮重，kN；

G_j——加重块重量，kN；

W_s——作用在闸门上的水柱重量，kN；

P_t——上托力，包括底缘托力及止水托力，kN；

P_x——下吸力，kN；

T_{zd}——支撑摩阻力，kN；

T_{zs}——止水摩阻力，kN；$T_{zs} = f_3 P_{zs}$；

P_{zs}——作用在止水上的压力，kN。

滑动轴承的滚轮摩阻力按公式（13-33）计算，滚动轴承的滚轮摩阻力按公式(13-34）计算，滑动支撑摩阻力按公式（13-35）计算：

$$T_{zd}=\frac{P}{R}(f_1r+f) \tag{13-33}$$

$$T_{zd}=\frac{Pf}{R}\left(\frac{R_1}{d}+1\right) \tag{13-34}$$

$$T_{zd}=f_2P \tag{13-35}$$

式中 P——作用在闸门上的总水压力，kN；

r——滚轮轴半径，mm；

R——滚轮轴承的平均半径，mm；

R_1——滚轮半径，mm；

d——滚轮轴承滚柱直径，mm；

f_1、f_2、f——滑动摩擦系数，计算持住力时应取小值；计算启门力、闭门力时应取大值。

托力系数，当计算闭门力时，按闸门接近完全关闭时的条件考虑，取为1.0；当计算持住力时，按闸门的不同开度考虑。

对于高水头、大型防洪闸的平面闸门，启门力应按不同开度进行详细计算后确定；对于一般中、小型平面闸门，可采用开度$n=0.1\sim0.2$等小开度计算启门力；用开度$n=0.2$左右计算持住力。

对于静水中开启的闸门，在计算启闭力时除计入闸门自重外，尚应考虑一定的水位差引起的摩阻力。露顶式平面闸门可采用不大于1m的水位差；潜孔式闸门可采用1～5m的水位差。对于有可能发生淤积的情况，尚应酌情增加。

（2）弧形闸门启闭力计算：

1）闭门力按公式（13-36）计算：

$$F_W=\frac{1}{R_1}[n_T(T_{zd}r_0+T_{zs}r_1)+P_tr_3-n_GGr_2] \tag{13-36}$$

计算结果为“正”值时，需要加重；计算结果为“负”值时，依靠闸门自重即可关闭。

2）启门力按公式（13-37）计算：

$$F_Q=\frac{1}{R_2}[n_T(T_{zd}r_0+T_{zs}r_1)+P_tr_3-n_GGr_2] \tag{13-37}$$

式中 r_0、r_1、r_2、r_3、r_4——转动支铰摩阻力、止水摩阻力、闸门自重、上托力和下吸力对弧形闸门转动中心的力臂，m；

R_1、R_2——加重（或下压力）和启门力对弧形闸门转动中心的力臂，m；

T_{zs}——止水摩阻力，当侧止水橡皮预留压缩量时，尚需计入因压缩橡皮而引起的摩阻力，kN。

3. 防洪闸闸门启闭设备的选择

主要根据闸门形式、启闭方式、启闭力大小和启闭行程的大小等因素确定。防洪闸闸门启闭设备常用的有螺杆式启闭机、卷扬式启闭机和油压式启闭机等。

（1）螺杆式启闭机：它的体积较小且封闭，构造简单，使用安全可靠，管理维护较为方便，价格亦较低廉。在螺杆细长比的许可范围内，能对闸门施加闭门力。螺杆和螺母有自锁作用，即闸门能够停留在任何位置而不会自行滑落，比较安全。但螺杆式启闭机由于机体没有减速或者减速程序少，速比小，因此启闭能力较小。同时由于采用螺杆连接，启闭行程受到一定限制，一般不大于5m。

（2）卷扬式启闭机：由于卷扬式启闭机通过减速箱和减速齿轮来减速，其减速程序多，比速大。有时则又通过滑轮钮作倍率放大，因此可以获得较大的启门力，适用于较大闸孔和较高水头的闸门。另外钢丝绳缠绕在绳鼓上，可以绕单层，也可以绕多层，这样就可以大大地增加启闭行程，因此它适用于行程较大的闸门。当采用电动式时，启闭速度较快，适用于迅速关闭和经常启闭的闸门。

卷扬式启闭机有下列缺点：钢丝绳只能用于开启闸门，而不能对闸门的关闭提供任何帮助。卷扬式启闭机没有自锁作用，不论采用手动或电动，都必须附有可靠的制动装置，否则不安全。另外，钢丝绳及滑轮组如长期在水中工作易锈蚀，维护困难。在钢丝绳松弛情况下启动时，有时会在滑轮处产生掉槽卡住等现象。

（3）油压式启闭机：它是利用液体油压作为动力的，由油缸等零件组成。

油压式启闭机所用钢材较少，利用较小的动力便能获得较大的起闭能，操作简便，造价较低，启闭速度也较快，还便于集中控制和自动化操作。因此油压式启闭机适用于启闭力大或闸孔数较多的闸门。但油压式启闭机零件的加工要求比较高；在长期工作状态下，容易产生漏油现象，且使闸门逐渐自行下落；另外它的零件易受磨损，维护和更换较麻烦，这些是油压式启闭机存在的不足。

13.2.8　观测设计

（1）防洪闸的观测设计内容应包括：设置观测项目，布置观测设施，拟定观测方法，提出整理分析观测资料的技术要求。

（2）防洪闸应根据其工程规模、等级、地基条件、工程施工和运用条件等因素设置一般性观测项目，并根据需要有针对性地设置专门性观测项目。防洪闸的一般性观测项目应包括：水位、流量、沉降、水平位移、扬压力、闸下流态冲刷、淤积等。防洪闸的专门性观测项目主要有永久缝、结构应力、地基反力、墙后土压力、冰凌等。当发现防洪闸产生裂缝后，应及时进行裂缝检查，对沿海地区或附近有污染源的防洪闸，还应经常检查混凝土碳化和钢结构锈蚀情况。

（3）防洪闸观测设施的布置应符合下列要求：全面反映防洪闸工程的工作状况，观测方便、直观，有良好的交通和照明条件，有必要的保护设施。

（4）观测方法

1）防洪闸的上、下游水位可通过设置自动水位计或水位标尺进行观测。测点应设在防洪闸上、下游水流平顺、水面平稳、受风浪和泄流影响较小处 。

2）防洪闸的过闸流量可通过水位观测，根据闸址处经过定期律定的水位流量关系曲线推求。对于大程型防洪闸，必要时可在适当地点设置测流断面进行观测。

3）防洪闸的沉降可通过埋设沉降标点进行观测，测点可布置在闸墩、岸墙、翼墙顶部的端点和中点。工程施工期可先埋设在底板面层，待工程竣工后，放水前再引接到上述结构的顶部。第一次的沉降观测应在标点埋设后及时进行，然后根据施工期不同荷载阶段按时进行观测。在工程竣工放水前、后应立即对沉降分别观测一次，以后再根据工程运用情况定期进行观测，直至沉降稳定时为止。

4）防洪闸的水平位移可通过沉降标点进行观测，水平位移测点宜设在已设置的视准线上，且宜与沉降测点共用同一标点。水平位移应在工程竣工前、后立即分别观测一次，以后再根据工程运行情况不定期进行观测。

5）防洪闸闸底的扬压力可通过埋设测压管或渗压计进行观测。对于水位变化频繁或透水性甚小的黏土地基上的防洪闸，其闸底扬压力观测应尽量采用渗压计。测点的数量及位置应根据闸的结构形式、闸基轮廓线形状和地质条件等因素确定，并应以能测出闸底扬压力的分布及其变化为原则。测点可布置在地下轮廓线有代表性的转折处，测压断面不应少于2个，每个断面上的测点不应少于3个。对于侧向绕流的观测，可在岸墙和翼墙填土侧布置测点。扬压力观测的时间和次数应根据闸的上、下游水位变化情况确定。

6）防洪闸闸下流态及冲刷、淤积情况可通过在闸的上、下游设置固定断面进行观测。有条件时，应定期进行水下地形测量。

7）防洪闸的专门性观测的测点布置及观测要求应根据工程具体情况确定。

8）在防洪闸运行期间，如发现异常情况，应有针对性的对某些观测项目加强观测。

9）对于重要的大型防洪闸，可采用自动化观测手段。

10）防洪闸的观测设计应对观测资料的整理分析提出技术要求。

第 14 章 交叉构筑物

在城市防洪工程中，由于水系、建筑物互相交叉而需要设置跨越或穿越的构筑物，称为交叉构筑物，如桥梁、涵闸、交通闸、渡槽等。

关于各种交叉构筑物的结构设计计算，在各种相关的构筑物设计手册、规范、专业书籍中均有详细的阐述，这里就不再赘述。

14.1 桥梁

桥梁系指在城市防洪工程中，由于河流、沟渠与堤防、道路、铁路等交叉而设置的跨越构筑物。在城市防洪交叉构筑物中，特大桥、大桥较少，中桥、小桥居多。这里着重阐述常用的中、小桥梁。

14.1.1 总体布置和构造要求

(1) 桥梁的等级应根据交叉的道路、河流、沟渠或防洪堤堤顶使用功能等，按《城市道路工程设计规范》CJJ 37—2012、《城市桥梁设计规范》CJJ 11—2011 及《公路桥涵设计通用规范》JTG D60—2004 确定。

(2) 桥梁的防洪标准除满足自身的防洪标准外，还应不低于其跨越的排洪河流、沟渠的防洪标准，并考虑桥梁不受壅水、浪高的影响。

(3) 桥型选择应根据其等级、使用功能、位置及防洪要求等因素确定。

(4) 桥下净空是指桥梁梁体底部高出设计洪水位（包括壅水高和浪高）或最高流冰水位的高度。桥下净空应根据设计洪水位（包括壅水高和浪高）或最高流冰水位加上安全高度确定。

当河流、沟渠有形成流冰阻塞的危险或有漂浮物通过时，应按实际调查的数据，在计算水位的基础上，结合当地具体情况留一定的富余量，作为确定桥下净空的依据。对于有淤积的河流、沟渠，桥下净空应适当增加。

在不通航和无流放木筏（及漂浮物）的河流与沟渠上，桥下净空应不小于表 14-1 所列数值。

非通航沟渠桥下最小净空 **表 14-1**

桥梁的部位		高出计算水位(m)	高出最高流冰面(m)
梁底	洪水期无大漂流物	0.50	0.75
	洪水期有大漂流物	1.50	—
	有泥石流	1.00	—
支承垫石顶面		0.25	0.50
拱脚		0.25	0.25

无铰拱桥的拱脚允许被设计洪水淹没，但不宜超过拱圈矢高的2/3，拱顶底面至设计水位的净高不得小于1.0m。

（5）桥上纵坡不宜超过4%，桥头引道纵坡不宜大于5%，位于城市混合交通繁忙处时，桥上纵坡和桥头引道纵坡均不宜大于3%。桥头两端引道线形应与桥上线形相配合。

（6）桥梁引道与堤防交叉处也是堤防的一部分，担负着拦挡洪水的作用，因此应与堤防顶高齐平。若低于堤顶，则堤防会在该处形成缺口，为满足平时交通和汛期防洪的要求，必须设计交通闸。

（7）桥梁引道的路肩标高，宜高于桥梁壅水水位（不计浪高）至少0.5m。

（8）桥面铺装的结构形式宜与所在位置的道路路面相协调。桥面铺装应有完善的桥面防水、排水系统。

（9）为了便于桥面排水，桥面应根据不同类型的桥面铺装设置1.5%～3.0%的横坡，并在行车道两侧适当长度内设置排水管，人行道设置向行车道倾斜1%～2%的横坡。

（10）桥面宽度应根据道路的等级确定。

14.1.2　桥梁孔径计算

1. 出流状态

（1）自由出流状态：桥下游水深 h_t 等于或小于1.3倍的桥下临界水深 h_c，即 $h_t \leqslant 1.3h_c$。此时，在桥的下游出口处渠道水面不会影响桥下的水面标高，如图14-1所示。这种状态也称为临界状态。

（2）非自由出流状态：桥下游水深 h_t 大于1.3倍的桥下临界水深 h_c，即 $h_t > 1.3h_c$。此时，桥下水面将被淹没，桥下水深等于下游河道或排洪沟渠的水深 h_t，如图14-2所示。桥下流速明显降低，过桥流量比自由出流状态减少。这种状态也称为淹没出流状态。

桥梁一般以自由出流状态居多。

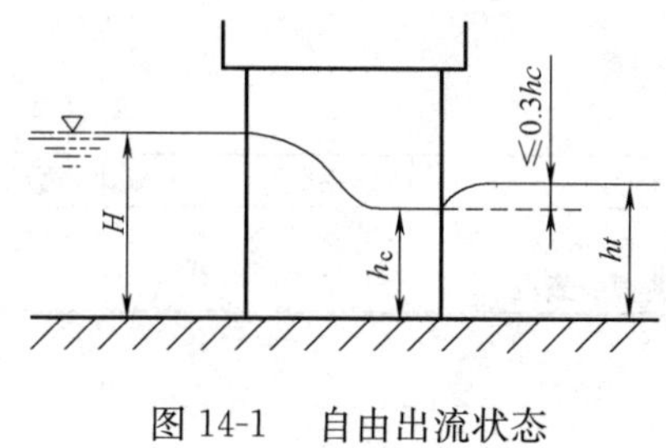

图14-1　自由出流状态

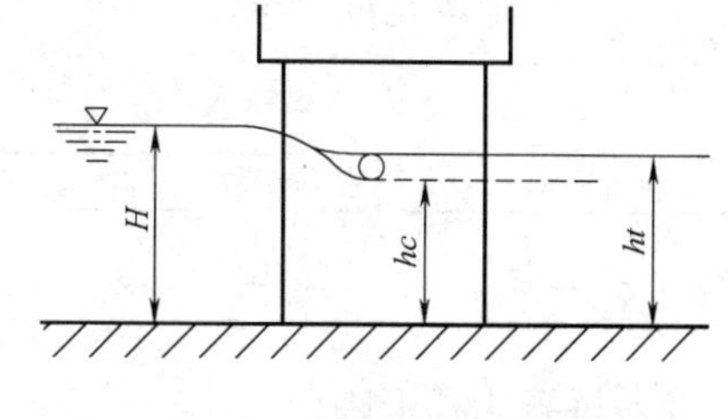

图14-2　非自由出流状态

2. 判别出流状态

（1）桥下游水深 h_t 和流速 v_t 的确定

设在河道或排洪沟渠上的桥梁，其下游水深 h_t 和流速 v_t，一般是已知的，若 h_t 和 v_t 为未知时，可根据已知设计流量，河道或排洪沟渠的断面、糙率、纵坡用试算法求出 h_t 和 v_t。即先假定 h_t，则 $v_t = C\sqrt{h_t}$，由 $Q = \omega v_t$ 求出流量。若所得流量与设计流量相符或误差不大于5%时，则 h_t、v_t 即为所求，否则重新假定 h_t，重复上述计算，直到符合要求为止。

（2）桥下临界水深计算：在计算桥梁孔径时，必须使桥下临界流速 v_c 不大于容许不冲流速 v_m。对于矩形桥孔断面，平均临界水深 h_c 与最大临界水深相等；对于宽的梯形桥孔断面，两者相差不大，亦可视为相等。如临界流速 v_c 等于容许不冲流速 v_m，则桥下的平均临界水深为：

$$h_c=\frac{\alpha v_c^2}{g}=\frac{\alpha v_m^2}{g} \tag{14-1}$$

流速不均匀系数 α，一般可采用 1.0。容许不冲流速 v_m 可根据河道或排洪沟渠的土质或护砌类型按非黏性土壤容许（不冲刷）流速表；黏性土壤容许（不冲刷）流速表；岩石容许（不冲刷）流速表；铺砌及防护渠道容许（不冲刷）流速表选用。

（3）判别出流状态：在确定了桥下临界水深 h_c 后，即可判别出流状态。

当 $h_t \leqslant 1.3h_c$ 时，桥下水流为自由出流状态。

当 $h_t > 1.3h_c$ 时，桥下水流为非自由出流状态，一般桥下过流最好不要出现非自由出流状态。

3. 桥孔径 b 的计算

（1）自由出流状态：

1）桥孔为矩形断面：

单孔
$$b=\frac{Qg}{\varepsilon v_m^3} \tag{14-2}$$

多孔
$$B=b+Nd \tag{14-3}$$

式中　b——桥孔净宽，m；

B——桥孔总宽，m；

Q——设计流量，m^3/s；

g——重力加速度，m/s^2；

ε——挤压系数，按表 14-2 选用；

N——中墩个数；

d——中墩宽度，m。

桥梁 ε、φ 值　　**表 14-2**

桥台形式	挤压系数 ε	流速系数 φ	桥台形式	挤压系数 ε	流速系数 φ
单孔桥锥坡填土	0.90	0.90	多孔桥无锥坡	0.80	0.85
单孔桥八字翼墙	0.85	0.90	拱桥之拱脚被淹没	0.75	0.80

2）桥孔为梯形断面：

单孔
$$b=\frac{\sqrt{Q^2g^2-4\varepsilon n v_m^5 Q}}{\varepsilon v_m^3} \tag{14-4}$$

多孔
$$B=b+Nd \tag{14-5}$$

式中　n——梯形断面的边坡系数。

（2）非自由出流状态：

1）桥孔为矩形断面：

单孔
$$b=\frac{Q}{\varepsilon v_m h_t} \tag{14-6}$$

多孔
$$B=b+Nd \tag{14-7}$$

2）桥孔为梯形断面：

单孔
$$b=\frac{\sqrt{Q^2g^2-4n\varepsilon v_t^5Q}}{\varepsilon v_t^3} \tag{14-8}$$

多孔
$$B=b+Nd \tag{14-9}$$

式中　v_t——桥下水深为 h_t 时的流速，m/s。

4. 桥前壅水高度 H 计算

（1）自由出流状态：

$$H=h_c+\frac{v_c^2}{2g\phi^2}-\frac{v_0^2}{2g} \tag{14-10}$$

式中　v_0——桥前行进流速，m/s；

　　ϕ——流速系数，按表 14-2 选用；

其他符号意义同前。

（2）非自由出流状态：

$$H=h_t+\frac{v_t^2}{2g\phi^2}-\frac{v_0^2}{2g} \tag{14-11}$$

如选用标准孔径，应先计算与孔径 b 相近的标准孔径，然后再按标准孔径复核桥下设计流速，看是否满足自由出流。

$$v_c=\sqrt{\frac{Qg}{\varepsilon b_1}} \tag{14-12}$$

$$h_c=\frac{v_c^2}{g} \tag{14-13}$$

式中　b_1——标准孔径，m。

5. 桥孔净高

$$H_1=H+\Delta h \tag{14-14}$$

式中　Δh——桥下净空值，m；可按表 14-1 选用。

【例 14-1】 某排洪沟渠设计洪峰流量为 $250m^3/s$，沟渠断面为矩形，宽 50m，水深 2.05m，纵坡 $i=0.0036$，干砌石护坡，$n=0.04$，容许不冲流速为 4.0m/s，该沟渠与公路相交叉，需设置跨越沟渠的桥梁，试求桥孔净宽、桥下流速、桥前壅水高度。

【解】

（1）验算排洪沟渠的流速：

$$v=Q/W=250/(50\times2.05)=2.44\text{m/s}$$

（2）确定桥下临界水深 h_c：

取临界流速 v_c 等于容许不冲流速 v_m，则：

$$h_c=\frac{av_m^2}{g}=\frac{1.0\times4^2}{9.81}=1.63\text{m}$$

（3）判断桥下出流状态：

$$1.3h_c=1.3\times1.63\text{m}=2.12\text{m}>2.05\text{m}$$

桥下为自由出流。

（4）桥孔净宽 b：

$$b=\frac{Qg}{\varepsilon v_m^3}=\frac{250\times9.81}{0.8\times4^3}=47.9\text{m}$$

采用标准跨径 $b=10\text{m}$ 五孔，则桥孔净宽为 50m。

（5）验证桥下实际流速：

$$v=\sqrt[3]{\frac{Qg}{\varepsilon b}}=\sqrt[3]{\frac{250\times9.81}{0.8\times50}}=3.94\text{m/s}<4\text{m/s}$$

（6）确定桥前壅水高度：

$$H=h_c+\frac{v_c^2}{2g\phi^2}-\frac{v_0^2}{2g}=1.63+\frac{3.94^2}{2\times9.81\times0.85^2}-\frac{2.44^2}{2\times9.81}=2.42\text{m}$$

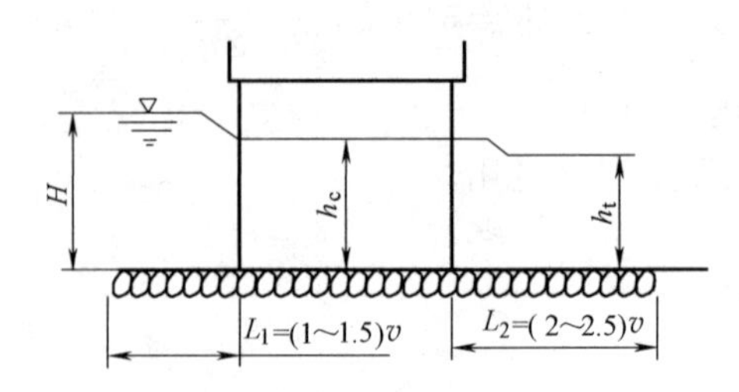

图 14-3　小桥自由出流图式

14.1.3　作用及组合

1. 作用

桥梁设计的各种作用，对公路桥梁，按中华人民共和国行业标准《公路桥涵设计通用规范》JTG D60—2004 的有关规定采用。对城市桥梁采用的作用中，除可变作用中的设计汽车荷载与人行荷载按《城市桥梁设计规范》CJJ 11—2011 执行外，其他的作用与作用效应均按现行行业标准《公路桥涵设计通用规范》JTG D60—2004 的有关规定执行。对铁路桥梁，按中华人民共和国行业标准《铁路桥涵设计基本规范》TB 10002.1—2005 采用。

以下介绍城市桥梁上的作用。

（1）作用分类、代表值

1）桥涵设计采用的作用分为永久作用、可变作用和偶然作用三类，规定见表 14-3。

作用分类　　表 14-3

编号	作用分类	作用名称
1	永久作用	结构重力（包括结构附加重力）
2		预加力
3		土的重力
4		土侧压力
5		混凝土收缩及徐变作用
6		水的浮力
7		基础变位作用
8	可变作用	汽车荷载
9		汽车冲击力
10		汽车离心力
11		汽车引起的土侧压力
12		人群荷载
13		汽车制动力
14		风荷载
15		流水压力
16		冰压力
17		温度（均匀温度和梯度温度）作用
18		支座摩阻力

续表

编号	作用分类	作用名称
19	偶然作用	地震作用
20		船舶或漂流物的撞击作用
21		汽车撞击作用

2）桥涵设计时，对不同的作用应采用不同的代表值。

① 永久作用应采用标准值作为代表值。

② 可变作用应根据不同的极限状态分别采用标准值、频遇值或准永久值作为其代表值。承载能力极限状态设计及按弹性阶段计算结构强度时应采用标准值作为可变作用的代表值。正常使用极限状态按短期效应（频遇）组合设计时，应采用频遇值作为可变作用的代表值；按长期效应（准永久）组合设计时，应采用准永久值作为可变作用的代表值。

③ 偶然作用取其标准值作为代表值。

3）作用的代表值按下列规定取用：

① 永久作用的标准值，对结构重力（包括结构附加重力），可按结构构件的设计尺寸与材料的重力密度计算确定。

② 可变作用的标准值应按下面的规定采用。

可变作用频遇值为可变作用标准值乘以频遇值系数 Ψ_1。可变作用准永久值为可变作用标准值乘以准永久值系数 Ψ_2。

③ 偶然作用应根据调查、试验资料，结合工程经验确定其标准值。

4）作用的设计值规定为作用的标准值乘以相应的作用分项系数。

（2）永久作用

1）结构自重及桥面铺装、附属设备等附加重力均属结构重力，结构重力标准值可按表 14-4 所列常用材料的重力密度计算。

常用材料的重力密度 **表 14-4**

材料种类	重力密度(kN/m³)	材料种类	重力密度(kN/m³)
钢、铸钢	78.5	浆砌片石	23.0
铸铁	72.5	干砌块石或片石	21.0
锌	70.5	沥青混凝土	23.0～24.0
铅	114.0	沥青碎石	22.0
黄铜	81.1	碎(砾)石	21.0
青铜	87.4	填土	17.0～18.0
钢筋混凝土或预应力混凝土	25.0～26.0	填石	19.0～20.0
混凝土或片石混凝土	24.0	石灰二合土、石灰土	17.5
浆砌块石或料石	24.0～25.0		

2）预加力在结构进行正常使用极限状态设计和使用阶段构件应力计算时，应作为永久作用计算其主效应和次效应，并计入相应阶段的预应力损失，但不计由于预加力偏心距增大引起的附加效应。在结构进行承载能力极限状态设计时，预加力不作为作用，而将预应力钢筋作为结构抗力的一部分，但在连续梁等超静定结构中，仍需考虑预加力引起的次

效应。

3）土的重力及土侧压力按下列规定计算：

① 静土压力的标准值可按公式（14-15）～公式（14-17）计算：

$$e_j = \xi \gamma h \tag{14-15}$$

$$\xi = 1 - \sin\phi \tag{14-16}$$

$$E_j = \frac{1}{2}\xi \gamma H^2 \tag{14-17}$$

式中　e_j——任一高度 h 处的静土压力强度，kN/m²；

ξ——压实土的静土压力系数；

γ——土的重力密度，kN/m³；

ϕ——土的内摩擦角，°；

h——填土顶面至任一点的高度，m；

H——填土顶面至基底高度，m；

E_j——高度 H 范围内单位宽度的静土压力标准值，kN/m。

在计算倾覆和滑动稳定时，墩、台、挡土墙前侧地面以下不受冲刷部分土的侧压力可按静土压力计算。

② 主动土压力的标准值可按下列公式计算（见图 14-4）：

a. 当土层特性无变化且无汽车荷载时，作用在桥台、挡土墙前后的主动土压力标准值可按公式（14-18）和公式（14-19）计算：

$$E = \frac{1}{2}B\mu\gamma H^2 \tag{14-18}$$

$$\mu = \frac{\cos^2(\phi - \alpha)}{\cos^2\alpha \cdot \cos(\alpha + \delta)\left[1 + \sqrt{\dfrac{\sin(\varphi + \delta)\sin(\varphi - \beta)}{\cos(\alpha + \delta)\cos(\alpha - \beta)}}\right]} \tag{14-19}$$

式中　E——主动土压力标准值，kN；

γ——土的重力密度，kN/m³；

B——桥台的计算宽度或挡土墙的计算长度，m；

H——计算土层高度，m；

β——填土表面与水平面的夹角，当计算台后或墙后的主动土压力时，β 按图 14-4（*a*）取正值；当计算台前或墙前的主动土压力时，β 按图 14-4（*b*）取负值；

α——桥台或挡土墙背与竖直面的夹角，俯墙背（见图 14-4）时为正值，反之为负值；

δ——台背或墙背与填土间的摩擦角，可取 $\delta = \phi/2$。

主动土压力的着力点自计算土层底面算起，$C = H/3$。

b. 当土层特性无变化但有汽车荷载作用时，作用在桥台、挡土墙后的主动土压力标准值在 $\beta = 0°$ 时可按公式（14-20）计算：

$$E = \frac{1}{2}B\mu\gamma H(H + 2h) \tag{14-20}$$

式中　h——汽车荷载的等代均布土层厚度，m。

主动土压力的着力点自计算土层底面算起，$C = \frac{H}{3} \times \frac{H + 3h}{H + 2h}$。

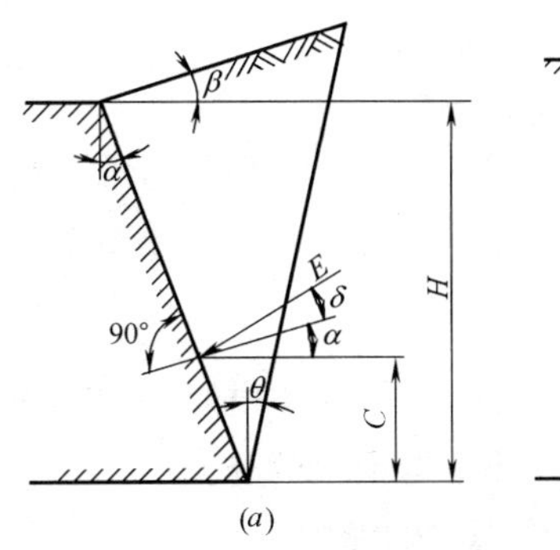

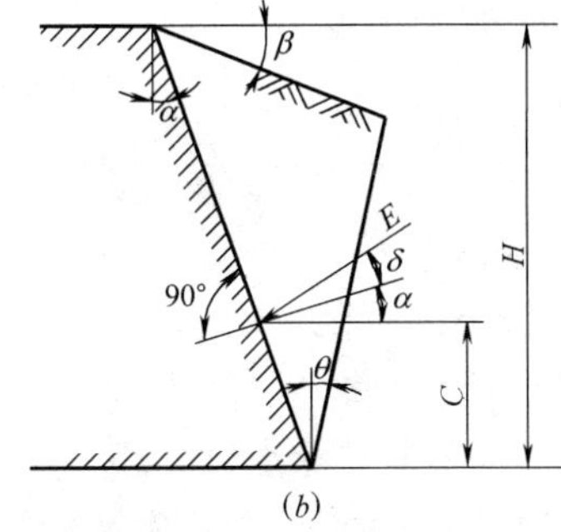

图 14-4　主动土压力

c. 当 $\beta=0°$ 时，破坏棱体破裂面与竖直线间夹角 θ 的正切值可按公式（14-21）计算：

$$\tan\theta=-\tan\omega+\sqrt{(\cot\varphi+\tan\omega)(\tan\omega-\tan\alpha)} \tag{14-21}$$

式中　$\omega=\alpha+\delta+\phi$。

③ 当土层特性有变化或受水位影响时，宜分层计算土的侧压力。

④ 土的重力密度和内摩擦角应根据调查或试验确定，当无实际资料时，可按表 14-4 和现行的《公路桥涵地基与基础设计规范》JTG D63—2007 采用。

⑤ 承受土侧压力的柱式墩台，作用在柱上的土侧压力计算宽度，按下列规定采用（见图 14-5）：

a. 当 $l_i \leqslant D$ 时，作用在每根柱上的土侧压力计算宽度按公式（14-22）计算：

$$b=\frac{\left(nD+\sum_{i=1}^{n-1} l_i\right)}{n} \tag{14-22}$$

式中　b——土侧压力计算宽度，m；

D——柱的直径或宽度，m；

l_i——柱间净距，m；

n——柱数。

b. 当 $l_i > D$ 时，应根据柱的直径或宽度来考虑柱间空隙的折减。

当 $D \leqslant 1.0$m 时，作用在每根柱上的土侧压力计算宽度可按公式（14-23）计算：

$$b=\frac{D(2n-1)}{n} \tag{14-23}$$

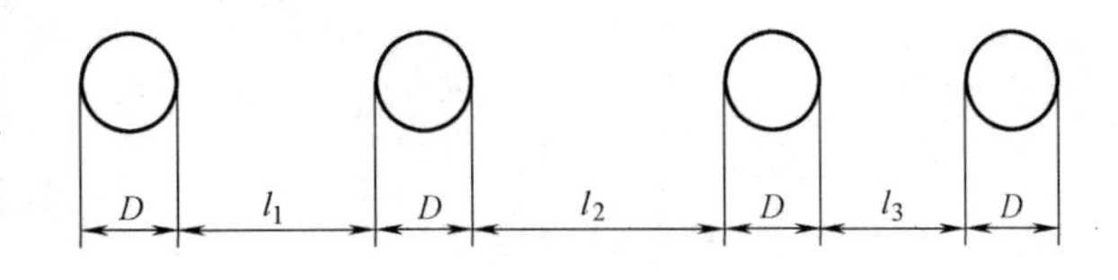

图 14-5　柱的土侧压力计算宽度

当 $D>1.0$m 时，作用在每根柱上的土侧压力计算宽度可按公式（14-24）计算：

$$b=\frac{n(D+1)-1}{n} \tag{14-24}$$

⑥ 压实填土重力的竖向和水平压力强度标准值，可按公式（14-25）～公式（14-27）计算：

竖向压力强度

$$q_{\mathrm{v}}=\gamma h \tag{14-25}$$

水平压力强度

$$q_H = \lambda \gamma h \tag{14-26}$$

$$\lambda = \tan^2(45° - \varphi) \tag{14-27}$$

式中　γ——土的重力密度，kN/m^3；

h——计算截面至路面顶的高度，m；

λ——侧压系数。

4）水的浮力可按下列规定采用：

① 基础底面位于透水性地基上的桥梁墩台，当验算稳定时，应考虑设计水位的浮力；当验算地基应力时，可仅考虑低水位的浮力，或不考虑水的浮力。

② 基础嵌入不透水性地基的桥梁墩台不考虑水的浮力。

③ 作用在桩基承台底面的浮力，应考虑全部底面积。对桩嵌入不透水地基并灌注混凝土封闭者，不应考虑桩的浮力，在计算承台底面浮力时应扣除桩的截面面积。

④ 当不能确定地基是否透水时，应以透水或不透水两种情况与其他作用组合，取其最不利者。

5）混凝土收缩及徐变作用可按下述规定取用：

① 外部超静定的混凝土结构、钢和混凝土的组合结构等应考虑混凝土收缩及徐变的作用。

② 混凝土的收缩应变和徐变系数可按《公路钢筋混凝土及预应力混凝土桥涵设计规范》JTG D62—2004 的规定计算。

③ 混凝土徐变的计算，可假定徐变与混凝土应力呈线性关系。

④ 计算圬工拱圈的收缩作用效应时，如考虑徐变影响，作用效应可乘以 0.45 折减系数。

6）超静定结构当考虑由于地基压密等引起的长期变形影响时，应根据最终位移量计算构件的效应。

（3）可变作用

1）桥涵设计时的汽车荷载：

① 汽车荷载分为：城-A 级和城-B 级两个等级。

② 汽车荷载由车道荷载和车辆荷载组成。车道荷载由均布荷载和集中荷载组成。桥梁结构的整体计算采用车道荷载；桥梁结构的局部加载、桥台和挡土墙土压力等的计算采用车辆荷载。车道荷载与车辆荷载的作用不得叠加。

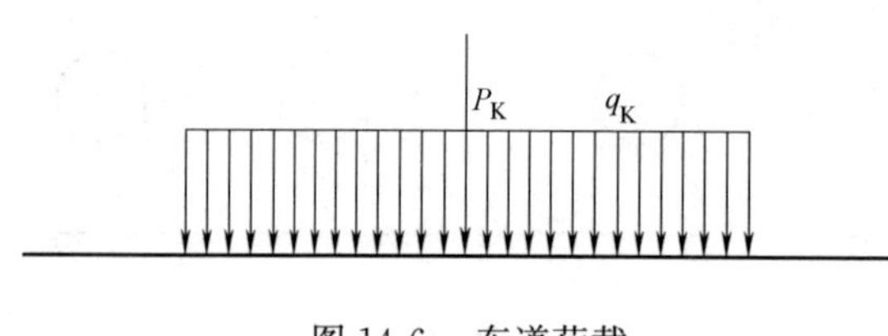

图 14-6　车道荷载

③ 车道荷载的计算图式见图 14-6。

城-A 级车道荷载的均布荷载标准值为 $q_K = 10.5kN/m$；集中荷载标准值按以下规定选取：

当桥梁计算跨径小于或等于 5m 时，$P_K = 180kN$；

当桥梁计算跨径等于或大于 50m 时，$P_K = 360kN$；

当桥梁计算跨径在 5～50m 之间时，P_K 值采用直线内插求得。

当计算剪力效应时，上述集中荷载标准值 P_K 应乘以 1.2 的系数。

城-B 级车道荷载的均布荷载标准值 q_K 和集中荷载标准值 P_K，按城-A 级车道荷载的 0.75 倍采用。

车道荷载的均布荷载标准值应满布于使结构产生最不利效应的同号影响线上；集中荷载标准值只作用于相应影响线中一个最大影响线峰值处。

④ 车辆荷载的立面、平面布置及标准值应符合下列规定：

a. 城-A 级车辆荷载的立面、平面、横桥向布置，按图 14-7 的规定采用，标准值应符合表 14-5 的规定。

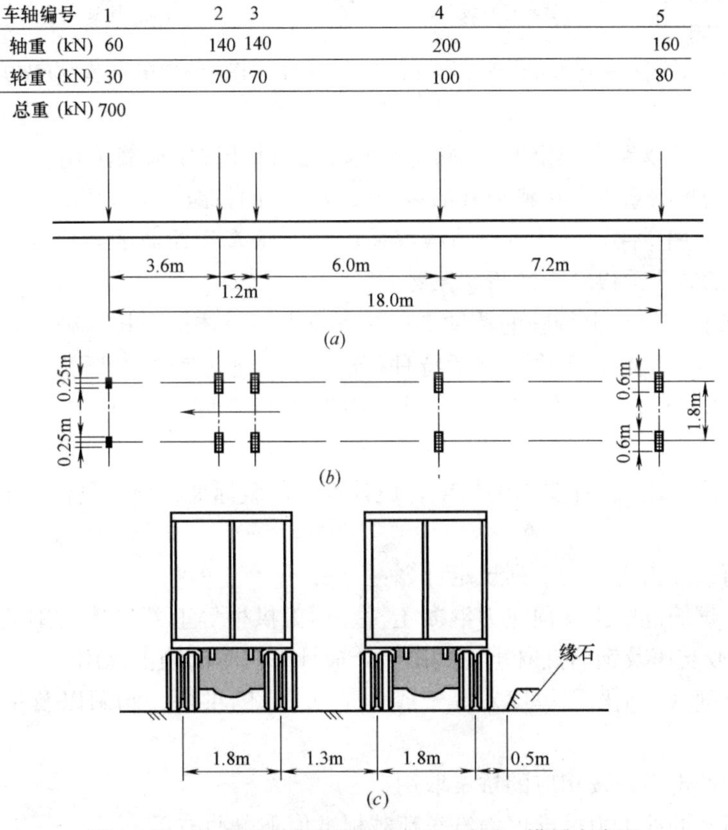

图 14-7　城-A 级车辆荷载的立面、平面、横桥向布置

(*a*) 立面布置；(*b*) 平面布置；(*c*) 横桥向布置

城-A 级车辆荷载的标准值　　**表 14-5**

车轴编号	单位	1	2	3	4	5
轴重	kN	60	140	140	200	160
轮重	kN	30	70	70	100	80
纵向轴距	m		3.6	1.2	6.0	7.2
每组车轮的横向中距	m	1.8	1.8	1.8	1.8	1.8
车轮着地的宽度×长度	m	0.25×0.25	0.60×0.25	0.60×0.25	0.60×0.25	0.60×0.25

b. 城-B 级车辆荷载的立面、平面布置及标准值应采用现行行业标准《公路桥涵设计通用规范》JTG D60—2004 中车辆荷载的规定值。

⑤ 车道荷载横向分布系数、多车道的横向折减系数、大跨径桥梁的纵向折减系数、汽车荷载的冲击力、离心力、制动力及车辆荷载在桥台或挡土墙后填土的破坏棱体上引起的土侧压力等均应按现行行业标准《公路桥涵设计通用规范》JTG D60—2004 的规定计算。

2）应根据道路的功能、等级和发展要求等具体情况选用设计汽车荷载。桥梁的设计汽车荷载应根据表 14-6 选用，并应符合下列规定：

桥梁设计汽车荷载等级　　表 14-6

城市道路等级	快速路	主干路	次干路	支路
设计汽车荷载等级	城—A 级 或城—B 级	城—A 级	城—A 级 或城—B 级	城—B 级

① 快速路、次干路上如重型车辆行驶频繁时，设计汽车荷载应选用城-A 级汽车荷载；

② 小城市中的支路上如重型车辆行驶较少时，设计汽车荷载采用城-B 级车道荷载的效应乘以 0.8 的折减系数，车辆荷载的效应乘以 0.7 的折减系数；

③ 小型车专用道路，设计汽车荷载可采用城-B 级车道荷载的效应乘以 0.6 的折减系数，车辆荷载的效应乘以 0.5 的折减系数。

3）在城市指定路线上行驶的特种平板挂车应根据具体情况按《公路桥涵设计通用规范 JTG D60—2004》附录 A 中所列的特种荷载进行验算。对既有桥梁，可根据过桥特种车辆的主要技术指标，按《公路桥涵设计通用规范 JTG D60—2004》附录 A 的要求进行验算。

对设计汽车荷载有特殊要求的桥梁，设计汽车荷载标准应根据具体交通特征进行专题论证。

4）汽车荷载冲击力应按下列规定计算：

① 钢桥、钢筋混凝土及预应力混凝土桥、圬工拱桥等上部构造和钢支座、板式橡胶支座、盆式橡胶支座及钢筋混凝土柱式墩台，应计算汽车的冲击作用。

② 填料厚度（包括路面厚度）等于或大于 0.5m 的拱桥、涵洞以及重力式墩台不计冲击力。

③ 支座的冲击力，按相应的桥梁取用。

④ 汽车荷载的冲击力标准值为汽车荷载标准值乘以冲击系数 μ。

⑤ 冲击系数 μ 可按公式（14-28）计算：

当 $f<1.5\text{Hz}$ 时，$\mu=0.05$

当 $1.5\text{Hz}\leqslant f\leqslant 14\text{Hz}$ 时，　$\mu=0.17671nf-0.0157$　　(14-28)

当 $f>14\text{Hz}$ 时，$\mu=0.45$

式中　f——结构基频，Hz。

⑥ 汽车荷载的局部加载及在 T 梁、箱梁悬臂板上的冲击系数采用 0.3。

5）汽车荷载离心力可按下列规定计算：

① 当弯道桥的曲线半径等于或小于 250m 时，应计算汽车荷载引起的离心力。汽车荷载离心力标准值按车辆荷载（不计冲出力）标准值乘以离心力系数 C 计算。离心力系数按公式（14-29）计算：

$$C=\frac{V^2}{127R} \tag{14-29}$$

式中 V——设计速度，km/h；应按桥梁所在路线设计速度采用；

R——曲线半径，m。

② 计算多车道桥梁的汽车荷载离心力时，车辆荷载标准值应乘以横向折减系数。

③ 离心力的着力点在桥面以上 1.2m 处（为计算简便也可移至桥面上，不计由此引起的作用效应）。

6）汽车荷载引起的土压力采用车辆荷载加载，并可按下列规定计算：

① 车辆荷载在桥台或挡土墙后填土的破坏棱体上引起的土侧压力，可按公式(14-30)换算成等代均布土层厚度 h(m) 计算：

$$h=\frac{\sum G}{Bl_0\gamma} \tag{14-30}$$

式中 γ——土的重力密度，kN/m³；

$\sum G$——布置在 $B\times10$ 面积内的车轮的总重力，kN，计算挡土墙的土压力时，车辆荷载应作横向布置，车辆外侧车轮中线距路面边缘 0.5m，计算中当涉及多车道加载时，车轮总重力应进行折减；

l_0——桥台或挡土墙后填土的破坏棱体长度，m；对于墙顶以上有填土的路堤式挡土墙，l_0 为破坏棱体范围内的路基宽度部分；

B——桥台横向全宽或挡土墙的计算长度，m。

挡土墙的计算长度可按公式（14-31）计算，但不应超过挡土墙分段长度：

$$B=13+H\tan30^\circ \tag{14-31}$$

式中 H——挡土墙高度，m，对墙顶以上有填土的挡土墙，为两倍墙顶填土厚度加墙高。

当挡土墙分段长度小于 13m 时，B 取分段长度，并在该长度内按不利情况布置轮重。

② 计算涵洞顶上车辆荷载引起的竖向土压力时，车轮按其着地面积的边缘向下作 30°角分布。当几个车轮的压力扩散线相重叠时，扩散面积以最外边的扩散线为准。

7）桥梁设计时，人群荷载应符合下列规定：

① 人行道板的人群荷载按 5kPa 或 1.5kN 的竖向集中力作用在一块构件上，分别计算，取其不利者。

② 梁、桁架、拱及其他大跨结构的人群荷载（W）可采用下列公式计算，且 W 值在任何情况下不得小于 2.4kPa。

当加载长度 $L<20$m 时：

$$W=4.5\times\frac{20-\omega_P}{20} \tag{14-32}$$

当加载长度 $L\geqslant20$m 时：

$$W=\left(4.5-2\times\frac{L-20}{80}\right)\left(\frac{20-\omega_P}{20}\right) \tag{14-33}$$

式中 W——单位面积的人群荷载，kPa；

L——加载长度，m；

ω_P——单边人行道宽度，m；在专用非机动车桥上为 1/2 桥宽，大于 4m 时仍按 4m 计。

③ 检修道上设计人群荷载应按 2kPa 或 1.2kN 的竖向集中荷载，作用在短跨小构件上，分别计算，取其不利者。计算与检修道相连构件，当计入车辆荷载或人群荷载时，可不计检修道上的人群荷载。

④ 专用人行桥和人行地道的人群荷载应按现行行业标准《城市人行天桥与人行地道技术规范》CJJ 69—1995 的有关规定执行。

8）桥梁的非机动车道和专用非机动车桥的设计荷载，应符合下列规定：

① 当桥面上非机动车与机动车道间未设置永久性分隔带时，除非机动车道上按规定的人群荷载作为设计荷载外，尚应将非机动车道与机动车道合并后的总宽作为机动车道，采用机动车布载，分别计算，取其不利者；

② 桥面上机动车道与非机动车道间设置永久性分隔带的非机动车道和非机动车专用桥，当桥面宽度大于 3.50m 时，除按规定的人群荷载作为设计荷载外，尚应采用规定的小型车专用道路设计汽车荷载（不计冲击）作为设计荷载，分别计算，取其不利者；

③ 当桥面宽度小于 3.50m 时，除按规定的人群荷载作为设计荷载外，再以一辆人力劳动车（见图 14-8）作为设计荷载，分别计算，取其不利者。

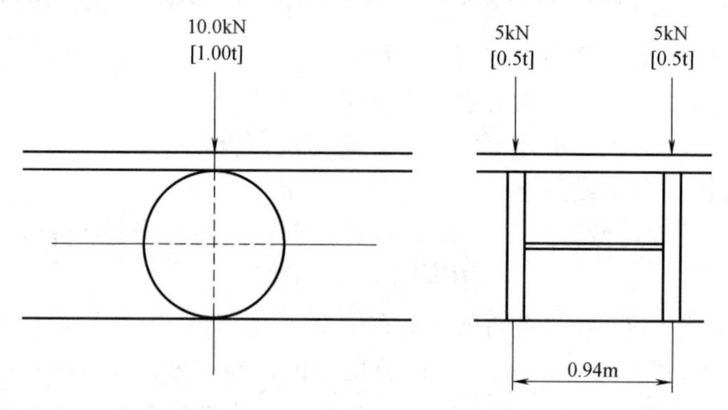

图 14-8　一辆人力劳动车荷载

9）作用在桥上人行道栏杆扶手上的竖向荷载应为 1.2kN/m；水平向外荷载应为 2.5kN/m。两者应分别计算。

10）防撞护栏的防撞等级，可按表 14-7 选用。与防撞等级相应的作用于桥梁护栏上的碰撞荷载大小，可按现行行业标准《公路交通安全设施设计规范》JTG D81—2006 的规定确定。

护栏防撞等级　　**表 14-7**

道路等级	设计车速（km/h）	车辆驶出桥外有可能造成的交通事故等级	
		重大事故或特大事故	二次重大事故或二次特大事故
快速路	100、80、60	SB、SBm	SS
主干路	60		SA、SAm
	50、40	A、Am	SB、SBm
次干路	50、40、30	A	SB
支路	40、30、20	B	A

注：1. 表中 A、Am、B、SA、SB、SAm、SBm、SS 均为防撞等级代号；
2. 因桥梁线形、运行速度、桥梁高度、交通量、车辆构成和桥下环境等因素造成更严重碰撞后果的区段，应在表 14-7 基础上提高护栏的防撞等级。

11）汽车荷载制动力可按下列规定计算和分配：

① 一个设计车道上由汽车荷载产生的制动力标准值，按规定的车道荷载标准值在加载长度上计算的总重力的 10% 计算，但城-A 级汽车荷载的制动力标准值不得小于 165kN；城-B 级汽车荷载的制动力标准值不得小于 90kN。同向行驶双车道的汽车荷载制动力标准值为一个设计车道制动力标准值的两倍；同向行驶三车道为一个设计车道的 2.34 倍；同向行驶四车道为一个设计车道的 2.68 倍。

② 制动力的着力点在桥面以上 1.2m 处，计算墩台时，可移至支座铰中心或支座底座面上。计算刚构桥、拱桥时，制动力的着力点可移至桥面上，但不计因此而产生的竖向力和力矩。

③ 设有板式橡胶支座的简支梁、连续桥面简支梁或连续梁排架式柔性墩台，应根据支座与墩台的抗推刚度的刚度集成情况分配和传递制动力。

设有板式橡胶支座的简支梁刚性墩台，按单跨两端的板式橡胶支座的抗推刚度分配制动力。

④ 设有固定支座、活动支座（滚动或摆动支座、聚四氟乙烯板支座）的刚性墩台传递的制动力，按表 14-8 的规定采用。每个活动支座传递的制动力，其值不应大于其摩阻力，当大于摩阻力时，按摩阻力计算。

刚性墩台各种支座传递的制动力　　**表 14-8**

桥梁墩台及支座类型		应计的制动力	符号说明
简支梁桥台	固定支座 聚四氟乙烯板支座 滚动(或摆动)支座	T_1 $0.30T_1$ $0.25T_1$	T_1—加载长度为计算跨径时的制动力
简支梁桥墩	两个固定支座 一个固定支座，一个活动支座 两个聚四氟乙烯板支座 两个滚动(或摆动)支座	T_2 注 $0.30T_2$ $0.25T_2$	T_2—加载长度为相邻两跨计算跨径之和时的制动力
连续梁桥墩	固定支座 聚四氟乙烯板支座 滚动(或摆动)支座	T_3 $0.30T_3$ $0.25T_3$	T_3—加载长度为一联长度的制动力

注：固定支座按 T_4 计算，活动支座按 $0.30T_5$（聚四氟乙烯板支座）或 $0.25T_5$（滚动或摆动支座）计算，T_4 和 T_5 分别为与固定支座或活动支座相应的单跨跨径的制动力，桥墩承受的制动力为上述固定支座与活动支座传递的制动力之和。

12）风荷载标准值可按下列规定计算：

① 横桥向风荷载假定水平地垂直作用于桥梁各部分迎风面积的形心上，其标准值可按公式（14-34）计算：

$$F_{wh}=k_0k_1k_3W_dA_{wh} \tag{14-34}$$

$$W_d=\frac{\gamma V_d^2}{2g} \tag{14-35}$$

$$W_0=\frac{\gamma V_{10}^2}{2g} \tag{14-36}$$

$$V_d=k_2k_5V_{10} \tag{14-37}$$

$$\gamma=0.012017e^{-0.0001Z} \tag{14-38}$$

式中 F_{wh}——横桥向风荷载标准值，kN；

W_0——基本风压，kN/m^2；全国各主要气象台站 10a、50a、100a 一遇的基本风压可按"全国基本风速图及全国各气象台站基本风速和基本风压值"的有关数据经实地核实后采用；

W_d——设计基准风压，kN/m^2；

A_{wh}——横向迎风面积，m^2；按桥跨结构各部分的实际尺寸计算；

V_{10}——桥梁所在地区的设计基本风速，m/s；系按平坦空旷地面，离地面 10m 高，重现期为 100a，10min 平均最大风速计算确定；当桥梁所在地区缺乏风速观测资料时，V_{10} 可按"全国基本风速图及全国各气象台站基本风速和基本风压值"的有关数据并经实地调查核实后采用；

V_d——高度 Z 处的设计基准风速，m/s；

Z——距地面或水面的高度，m；

γ——空气重力密度，kN/m^3；

k_0——设计风速重现期换算系数，对于单孔跨径指标为特大桥和大桥的桥梁，$k_0=1.0$；对于其他桥梁，$k_0=0.90$；对于施工架设期桥梁，$k_0=0.75$；当桥梁位于台风多发地区时，可根据实际情况适度提高 k_0 值；

k_3——地形、地理条件系数，按表 14-9 取用；

k_5——阵风风速系数，对 A、B 类地表 $k_5=1.38$，对 C、D 类地表 $k_5=1.70$；A、B、C、D 地表类别对应的地表状况见表 14-10；

k_2——考虑地面粗糙度类别和梯度风的风速高度变化修正系数，可按表 14-11 取用；位于山间盆地、谷地或峡谷、山口等特殊场合的桥梁上、下部结构的风速高度变化修正系数 k_2 按 B 类地表取值；

k_1——风载阻力系数，见表 14-12～表 14-14；

g——重力加速度，$g=9.81m/s^2$。

地形、地理条件系数 k_3　　　**表 14-9**

地形、地理条件	地形、地理条件系数 $k3$
一般地区	1.00
山间盆地、谷地	0.75～0.85
峡谷口、山口	1.20～1.40

地表分类　　　**表 14-10**

地表粗糙度类别	地 表 状 况
A	海面、海岸、开阔水面
B	田野、乡村、丛林及低层建筑物稀少地区
C	树木及低层建筑物密集地区、 中高层建筑物稀少地区、平缓的丘陵地
D	中高层建筑物密集地区、起伏较大的丘陵地

风速高度变化修正系数 k_2 **表 14-11**

离地面或水面高度(m)	地表类别			
	A	B	C	D
5	1.08	1.00	0.86	0.79
10	1.17	1.00	0.86	0.79
15	1.23	1.07	0.86	0.79
20	1.28	1.12	0.92	0.79
30	1.34	1.19	1.00	0.85
40	1.39	1.25	1.06	0.85
50	1.42	1.29	1.12	0.91
60	1.46	1.33	1.16	0.96
70	1.48	1.36	1.20	1.01
80	1.51	1.40	1.24	1.05
90	1.53	1.42	1.27	1.09
100	1.55	1.45	1.30	1.13
150	1.62	1.54	1.42	1.27
200	1.73	1.62	1.52	1.39
250	1.75	1.67	1.59	1.48
300	1.77	1.72	1.66	1.57
350	1.77	1.77	1.71	1.64
400	1.77	1.77	1.77	1.71
≥450	1.77	1.77	1.77	1.77

② 风载阻力系数应按下列规定确定：

a. 普通实腹桥梁上部结构的风载阻力系数可按公式（14-39）计算：

$$k_1\begin{cases}2.1-0.1\left(\dfrac{B}{H}\right) & 1\leqslant\dfrac{B}{H}<8\\ 1.3 & 8\leqslant\dfrac{B}{H}\end{cases}\tag{14-39}$$

式中 B——桥梁宽度，m；

H——梁高，m。

b. 桁架桥上部结构的风载阻力系数 k_1 规定见表 14-12。上部结构为两片或两片以上桁架时，所有迎风桁架的风载阻力系数均取 ηk_1，η 为遮挡系数，按表 14-13 采用；桥面系构造的风载阻力系数取 $k_1=1.3$。

桁架的风载阻力系数 **表 14-12**

实面积比	矩形与 H 形截面构件	圆柱形构件（D 为圆柱直径）	
		$D\sqrt{W_0}<5.8$	$D\sqrt{W_0}\geqslant5.8$
0.1	1.9	1.2	0.7
0.2	1.8	1.2	0.8
0.3	1.7	1.2	0.8
0.4	1.7	1.1	0.8
0.5	1.6	1.1	0.8

注：1. 实面积比＝桁架净面积/桁架轮廓面积；

2. 表中圆柱直径 D 以 m 计，基本风压以 kN/m^2 计。

桁架遮挡系数 η　　　　**表 14-13**

间距比	实面积比				
	0.1	0.2	0.3	0.4	0.5
≤1	1.0	0.90	0.80	0.60	0.45
2	1.0	0.90	0.80	0.65	0.50
3	1.0	0.95	0.80	0.70	0.55
4	1.0	0.95	0.80	0.70	0.60
5	1.0	0.95	0.85	0.75	0.65
6	1.0	0.95	0.90	0.80	0.70

注：间距比＝两桁架中心距/迎风桁架高度。

c. 桥墩或桥塔的风载阻力系数 k_1 可依据桥墩的断面形状、尺寸比及高宽比的不同从表 14-14 查得。表中没有包括的断面，其 k_1 值宜通过风洞试验确定。

③ 桥梁顺桥向可不计桥面系及上承式梁所受的风荷载，下承式桁架顺桥向风荷载标准值按其横桥向风压的 40％乘以桁架迎风面积计算。

桥墩上的顺桥向风荷载标准值可按横桥向风压的 70％乘以桥墩迎风面积计算。

悬索桥、斜拉桥桥塔上的顺桥向风荷载标准值可按横桥向风压乘以迎风面积计算。

桥台可不计算纵、横向风荷载。

上部构造传至墩台的顺桥向风荷载，其在支座的着力点及墩台上的分配，可根据上部构造的支座条件，按汽车制动力的规定处理。

④ 对风敏感且可能以风荷载控制设计的桥梁，应考虑桥梁在风荷载作用下的静力和动力失稳，必要时应通过风洞试验验证，同时可采取适当的风致振动控制措施。

桥墩或桥塔的阻力系数 k_1　　　　**表 14-14**

断面形状	$\frac{t}{b}$	桥墩或桥塔的高宽比						
		1	2	4	6	10	20	40
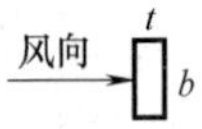	≤1/4	1.3	1.4	1.5	1.6	1.7	1.9	2.1
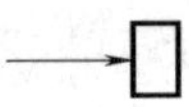	1/3 1/2	1.3	1.4	1.5	1.6	1.6	2.0	2.2
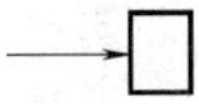	2/3	1.3	1.4	1.5	1.6	1.8	2.0	2.2
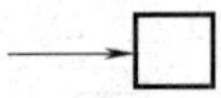	1	1.2	1.3	1.4	1.5	1.6	1.8	2.0
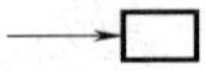	3/2	1.0	1.1	1.2	1.3	1.4	1.5	1.7
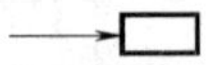	2	0.8	0.9	1.0	1.1	1.2	1.3	1.4
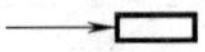	3	0.8	0.8	0.8	0.9	0.9	1.0	1.2
	≥4	0.8	0.8	0.8	0.8	0.8	0.9	1.1

续表

断面形状	$\frac{t}{b}$	桥墩或桥塔的高宽比						
		1	2	4	6	10	20	40
		1.0	1.1	1.1	1.2	1.2	1.3	1.4
12边形		0.7	0.8	0.9	0.9	1.0	1.1	1.3
光滑表面圆形且 $D\sqrt{W_0}\geqslant5.8$	D	0.5	0.5	0.5	0.5	0.5	0.6	0.6
1. 光滑表面圆形且 $D\sqrt{W_0}<5.8$ 2. 粗糙表面或有凸起的圆形	D	0.7	0.7	0.8	0.8	0.9	1.0	1.2

注：1. 上部结构架设后，应按高宽比为40计算 k_1 值；

2. 对于带有圆弧角的矩形桥墩，其风载阻力系数应从表中查得 k_1 值后，再乘以折减系数 $(1-1.5r/b)$ 或0.5，取二者之较大值，其中 r 为圆弧角的半径；

3. 对于沿桥墩高度有锥度变化的情形，k_1 值应按桥墩高度分段计算，每段的 t 及 b 取该段的平均值，高宽比则应以桥墩总高度对每段的平均宽度之比计算；

4. 对于带三角尖端的桥墩，其 k_1 值应按包括该桥墩处边缘的矩形截面计算。

13）作用在桥墩上的流水压力标准值可按公式（14-40）计算：

$$F_w = KA\frac{\gamma V^2}{2g} \tag{14-40}$$

式中 F_w——流水压力标准值，kN；

γ——水的重力密度，kN/m^3；

V——设计流速，m/s；

A——桥墩阻水面积，m^2，计算至一般冲刷线处；

g——重力加速度，$g=9.81$m/s^2；

K——桥墩形状系数，见表14-15。

流水压力合力的着力点，假定在设计水位线以下0.3倍水深处。

桥墩形状系数 **表 14-15**

桥墩形状	K	桥墩形状	K
方形桥墩	1.5	尖端形桥墩	0.7
矩形桥墩(长边与水流平行)	1.3	圆端形桥墩	0.6
圆形桥墩	0.8		

14）对具有竖向前棱的桥墩，冰压力可按下述规定取用：

① 冰对桩或墩产生的冰压力标准值可按公式（14-41）计算：

$$F_i = mC_t btR_{ik} \tag{14-41}$$

式中 F_i——冰压力标准值，kN；

m——桩或墩迎冰面形状系数，可按表14-16取用；

C_t——冰温系数，可按表 14-17 取用；

b——桩或墩迎冰面投影宽度，m；

t——计算冰厚，m；可取实际调查的最大冰厚；

R_{ik}——冰的抗压强度标准值，kN/m^2；可取当地冰温 0℃时的冰抗压强度；当缺乏实测资料时，对海冰可取 $R_{ik}=750kN/m^2$；对河冰，流冰开始时可取 $R_{ik}=750kN/m^2$，最高流冰水位时可取 $R_{ik}=450kN/m^2$。

桩或墩迎冰面形状系数 *m*　　**表 14-16**

迎冰面形状	平面	圆弧形	尖角形的迎冰面角度				
			45°	60°	75°	90°	120°
m	1.00	0.90	0.54	0.59	0.64	0.69	0.77

冰温系数 C_t　　**表 14-17**

冰温(℃)	0	−10 及以下
C_t	1.0	2.0

注：1. 表列冰温系数可直线内插；
2. 对海冰，冰温取结冰期最低冰温；对河冰，取解冻期最低冰温。
当冰块流向桥轴线的角度 $\phi \leqslant 80°$时，桥墩竖向边缘的冰荷载应乘以 $\sin\phi$ 予以折减。
冰压力合力作用在计算结冰水位以下 0.3 倍冰厚处。

② 当流冰范围内桥墩有倾斜表面时，冰压力应分解为水平分力和竖向分力。

水平分力
$$F_{xi}=m_0 C_t R_{bk} t^2 \tan\beta \qquad (14\text{-}42)$$

竖向分力
$$F_{zi}=\frac{F_{xi}}{\tan\beta} \qquad (14\text{-}43)$$

式中　F_{xi}——冰压力的水平分力，kN；

F_{zi}——冰压力的垂直分力，kN；

β——桥墩倾斜的棱边与水平线的夹角，°；

R_{bk}——冰的抗弯强度标准值，kN/m^2；取 $R_{bk}=0.7R_{ik}$；

m_0——系数，$m_0=0.2b/t$，但不小于 1.0。

③ 建筑物受冰作用的部位宜采用实体结构。对于具有强烈流冰的河流中的桥墩、柱，其迎冰面宜做成圆弧形、多边形或尖角，并做成 3∶1～10∶1（竖∶横）的斜度，在受冰作用的部位宜缩小其迎冰面投影宽度。

对流冰期的设计高水位以上 0.5m 到设计低水位以下 1.0m 的部位宜采取抗冻性混凝土或花岗岩镶面或包钢板等防护措施。同时，对建筑物附近的冰体采取适宜的使冰体减小对结构物作用力的措施。

15）计算温度作用时的材料线膨胀系数及作用标准值可按下列规定取用：

① 当桥梁结构需要考虑温度作用时，应根据当地具体情况、结构物使用的材料和施工条件等因素计算由温度作用引起的结构效应。各种结构的线膨胀系数规定见表 14-18。

线膨胀系数　　**表 14-18**

结构种类	线膨胀系数(以℃计)
钢结构	0.000012
混凝土和钢筋混凝土及预应力混凝土结构	0.000010
混凝土预制块砌体	0.000009
石砌体	0.000008

② 计算桥梁结构因均匀温度作用引起外加变形或约束变形时，应从受到约束时的结构温度开始，考虑最高和最低有效温度的作用效应。如缺乏实际调查资料，混凝土结构和钢结构的最高和最低有效温度标准值可按表 14-19 取用。

桥梁结构的有效温度标准值（℃）　　**表 14-19**

气温分区	钢桥面板钢桥		混凝土桥面板钢桥		混凝土、石桥	
	最高	最低	最高	最低	最高	最低
严寒地区	46	−43	39	−32	34	−23
寒冷地区	46	−21	39	−15	34	−10
温热地区	46	−9(−3)	39	−6(−1)	34	−3(0)

注：1. 全国气温分区见“全国气温分区图”；
2. 表中括弧内数值适用于昆明、南宁、广州、福州地区。

③ 计算桥梁结构由于梯度温度引起的效应时，可采用图 14-9 所示的竖向梯度温度曲线，其桥面板表面的最高温度 T_1 规定见表 14-20。对混凝土结构，当梁高 H 小于 400mm 时，图中 $A=H-100$（mm）；当梁高 H 等于或大于 400mm 时，$A=300$mm。对带混凝土桥面板的钢结构，$A=300$mm，图 14-9 中的 t 为混凝土桥面板的厚度。

混凝土上部结构和带混凝土桥面板的钢结构的竖向日照反温差为正温差乘以−0.5。

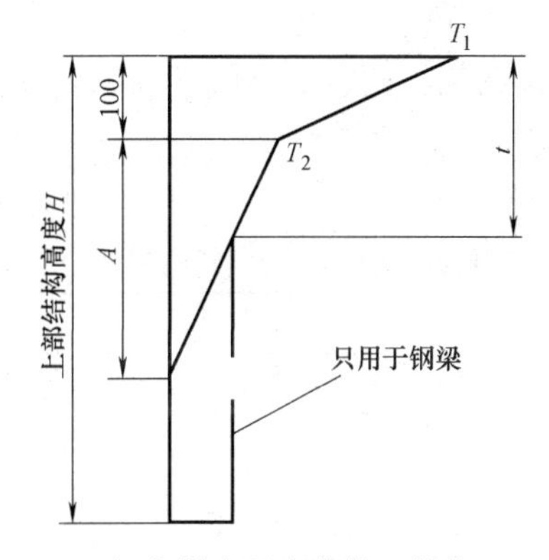

图 14-9　竖向梯度温度曲线（单位：mm）

④ 计算圬工拱圈由于徐变影响引起的温差作用效应时，计算的温差效应应乘以 0.7 的折减系数。

竖向日照正温差计算的温度基数　　**表 14-20**

结构类型	T_1(℃)	T_2(℃)
混凝土铺装	25	6.7
50mm 沥青混凝土铺装层	20	6.7
100mm 沥青混凝土铺装层	14	5.5

16）支座摩阻力标准值可按公式（14-44）计算：

$$F=\mu W \tag{14-44}$$

式中　W——作用于活动支座上由上部结构重力产生的效应；

μ——支座的摩擦系数，无实测数据时可按表 14-21 取用。

支座摩擦系数　　**表 14-21**

支座种类	支座摩擦系数 μ
滚动支座或摆动支座	0.05
板式橡胶支座：	
支座与混凝土面接触	0.30
支座与钢板接触	0.20
聚四氟乙烯板与不锈钢板接触	0.06(加硅脂；温度低于−25℃时为 0.078) 0.12(不加硅脂；温度低于−25℃时为 0.156)

(4) 偶然作用

1) 地震作用

地震动峰值加速度等于 $0.10g$、$0.15g$、$0.20g$、$0.30g$ 地区的桥涵，应进行抗震设计。地震动峰值加速度大于或等于 $0.40g$ 地区的桥涵，应进行专门的抗震研究和设计。地震动峰值加速度小于或等于 $0.05g$ 地区的桥涵，除有特殊要求者外，可采用简易设防。做过地震小区划的地区，应按主管部门审批后的地震动参数进行抗震设计。

桥梁地震作用的计算及结构的设计，应符合现行《城市桥梁抗震设计规范》CJJ 166—2011 的规定。

2) 位于通航河流或有漂流物的河流中的桥梁墩台，设计时应考虑船舶或漂流物的撞击作用，其撞击作用标准值可按下列规定采用或计算：

① 当缺乏实际调查资料时，内河船舶撞击作用的标准值可按表 14-22 采用。

四、五、六、七级航道内的钢筋混凝土桩墩，顺桥向撞击作用可按表 14-22 所列数值的 50%考虑。

内河船舶撞击作用的标准值　　　　**表 14-22**

内河航道等级	船舶吨级 DWT(t)	横桥向撞击作用(kN)	顺桥向撞击作用(kN)
一	3000	1400	1100
二	2000	1100	900
三	1000	800	650
四	500	550	450
五	300	400	350
六	100	250	200
七	50	150	125

② 当缺乏实际调查资料时，海轮撞击作用的标准值可按表 14-23 采用。

海轮撞击作用的标准值　　　　**表 14-23**

船舶吨级 DWT(t)	3000	5000	7500	10000	20000	30000	40000	50000
横桥向撞击作用(kN)	19600	25400	31000	35800	50700	62100	71700	80200
顺桥向撞击作用(kN)	9800	12700	15500	17900	25350	31050	35850	40100

③ 可能遭受大型船舶撞击作用的桥墩，应根据桥墩的自身抗撞击能力、桥墩的位置和外形、水流速度、水位变化、通航船舶类型及碰撞速度等因素做桥墩防撞设施的设计。当设有与墩台分开的防撞击的防护结构时，桥墩可不计船舶的撞击作用。

④ 漂流物横桥向撞击力标准值可按下式计算：

$$F=\frac{WV}{gT} \tag{14-45}$$

式中　W——漂流物重力，kN；应根据河流中漂流物情况，按实际调查确定；

V——水流速度，m/s；

T——撞击时间，s；应根据实际资料估计，在无实际资料时，可用 1s；

g——重力加速度，$g=9.81\text{m/s}^2$。

⑤ 内河船舶的撞击作用点，假定在计算通航水位线以上 2m 的桥墩宽度或长度的中点。海轮船舶的撞击作用点需视实际情况而定。漂流物的撞击作用点假定在计算通航水位线上桥墩宽度的中点。

⑥ 桥梁结构必要时需考虑汽车的撞击作用。汽车撞击力标准值在车辆行驶方向取 1000kN，在车辆行驶垂直方向取 500kN，两个方向的撞击力不同时考虑，撞击力作用于行车道以上 1.2m 处，直接分布于撞击涉及的构件上。

对于设有防撞设施的结构构件，可视防撞设施的防撞能力，对汽车撞击力标准值予以折减，但折减后的汽车撞击力标准值不应低于上述规定值的 1/6。

⑦ 防撞护栏的防撞等级，可按表 14-7 选用。与防撞等级相应的作用于桥梁护栏上的碰撞荷载大小，可按现行行业标准《公路交通安全设施设计规范》JTG D81—2006 的规定确定。

2. 作用效应组合

(1) 桥涵结构设计应考虑结构上可能同时出现的作用，按承载能力极限状态和正常使用极限状态进行作用效应组合，取其最不利效应组合进行设计：

1) 只有在结构上可能同时出现的作用，才进行其效应的组合。当结构或结构构件需做不同受力方向的验算时，则应以不同方向的最不利的作用效应进行组合。

2) 当可变作用的出现对结构或结构构件产生有利影响时，该作用不应参与组合。实际不可能同时出现的作用或同时参与组合概率很小的作用，按表 14-24 规定不考虑其作用效应的组合。

可变作用不同时组合　　　　表 14-24

编号	作用名称	不与该作用同时参与组合的作用编号
13	汽车制动力	15、16、18
15	流水压力	13、16
16	冰压力	13、15
18	支座摩阻力	13

3) 施工阶段作用效应的组合，应根据计算需要及结构所处条件而定，结构上的施工人员和施工机具设备均应作为临时荷载加以考虑。组合式桥梁，当把底梁作为施工支撑时，作用效应宜分两个阶段组合，底梁受荷为第一个阶段，组合梁受荷为第二个阶段。

4) 多个偶然作用不同时参与组合。

(2) 桥涵结构按承载能力极限状态设计时，应采用以下两种作用效应组合：

1) 基本组合。永久作用的设计值效应与可变作用的设计值效应相组合，其效应组合表达式为：

$$\gamma_0 S_{ud}=\gamma_0(\Sigma_{i=1}^{m}\gamma_{Gi}S_{Gik}+\gamma_{Q1}S_{Q1k}+\Psi_c\Sigma_{j=2}^{n}\gamma_{Qj}S_{Qjk}) \tag{14-46}$$

或

$$\gamma_0 S_{ud}=\gamma_0(\Sigma_{i=1}^{m}S_{Gid}+S_{Q1d}+\Psi_c\Sigma_{j=2}^{n}S_{Qjd}) \tag{14-47}$$

式中　S_{ud}——承载能力极限状态下作用基本组合的效应组合设计值；

γ_0——结构重要性系数，按表 14-25 规定的结构设计安全等级采用，对应于设计安全等级一级、二级和三级，分别取 1.1、1.0 和 0.9；

公路桥涵结构的设计安全等级　　**表14-25**

设计安全等级	桥涵结构
一级	特大桥、重要大桥
二级	大桥、中桥、重要小桥
三级	小桥、涵洞

注：本表所列特大、大、中桥，系指按表14-26中的单孔跨径确定（对于多孔桥梁，以其中最大跨径为准）。“重要”系指快速路、城市交通繁忙主干路的桥梁。

桥梁涵洞分类　　**表14-26**

桥涵分类	单孔跨径 L_K(m)
特大桥	$L_K>150$
大桥	$40\leqslant L_K\leqslant 150$
中桥	$20\leqslant L_K<40$
小桥	$5\leqslant L_K<20$
涵洞	$L_K<5$

γ_{Gi}——第 i 个永久作用效应的分项系数，应按表14-27的规定采用；

永久作用效应的分项系数　　**表14-27**

编号	作用类别		永久作用效应的分项系数	
			对结构的承载能力不利时	对结构的承载能力有利时
1	混凝土和圬工结构重力(包括结构附加重力)		1.2	1.0
	钢结构重力(包括结构附加重力)		1.1或1.2	
2	预加力		1.2	1.0
3	土的重力		1.2	1.0
4	混凝土的收缩及徐变作用		1.0	1.0
5	土侧压力		1.4	1.0
6	水的浮力		1.0	1.0
7	基础变位作用	混凝土和圬工结构	0.5	0.5
		钢结构	1.0	1.0

注：本表编号1中，当钢桥采用钢桥面板时，永久作用效应分项系数取1.1；当采用混凝土桥面板时，取1.2。

S_{Gik}、S_{Gid}——第 i 个永久作用效应的标准值和设计值；

γ_{Q1}——汽车荷载效应（含汽车冲击力、离心力）的分项系数，取 $\gamma_{Q1}=1.4$。当某个可变作用在效应组合中其值超过汽车荷载效应时，则该作用取代汽车荷载，其分项系数应采用汽车荷载的分项系数；对专为承受某作用而设置的结构或装置，设计时该作用的分项系数与汽车荷载取同值；计算人行道板和人行道栏杆的局部荷载，其分项系数也与汽车荷载取同值；

S_{Q0k}、S_{Q0d}——汽车荷载效应（含汽车冲击力、离心力）的标准值和设计值；

γ_{Qj}——在作用效应组合中除汽车荷载效应（含汽车冲击力、离心力）、风荷载外的其他第 j 个可变作用效应的分项系数，取 $\gamma_{Qj}=1.4$，但风荷载的分项系数取 $\gamma_{Qj}=1.1$；

S_{Qjk}、S_{Qjd}——在作用效应组合中除汽车荷载效应（含汽车冲击力、离心力）外的其他第 j 个可变作用效应的标准值和设计值；

Ψ_c——在作用效应组合中除汽车荷载效应（含汽车冲击力、离心力）外的其他可变作用效应的组合系数，当永久作用与汽车荷载和人群荷载（或其他一种可变作用）组合时，人群荷载（或其他一种可变作用）的组合系数取 $\Psi_c=0.80$；当除汽车荷载（含汽车冲击力、离心力）外尚有两种其他可变作用参与组合时，其组合系数取 $\Psi_c=0.70$；尚有三种可变作用参与组合时，其组合系数取 $\Psi_c=0.60$；尚有四种及多于四种的可变作用参与组合时，取 $\Psi_c=0.50$。

设计弯桥时，当离心力与制动力同时参与组合时，制动力标准值或设计值按 70% 取用。

2）偶然组合。永久作用标准值效应与可变作用某种代表值效应、一种偶然作用标准值效应相组合。偶然作用的效应分项系数取 1.0；与偶然作用同时出现的可变作用，可根据观测资料和工程经验取用适当的代表值。地震作用标准值及其表达式按现行《城市桥梁抗震设计规范》CJJ 166—2011 的规定采用。

（3）公路桥涵结构按正常使用极限状态设计时，应根据不同的设计要求，采用以下两种效应组合：

1）作用短期效应组合。永久作用标准值效应与可变作用频遇值效应相组合，其效应组合表达式为：

$$S_{sd}=\sum_{i=1}^{m}S_{Gik}+\sum_{j=1}^{n}\Psi_{1j}S_{Qjk} \tag{14-48}$$

式中 S_{sd}——作用短期效应组合设计值；

Ψ_{1j}——第 j 个可变作用效应的频遇值系数，汽车荷载（不计冲击力）$\Psi_1=0.7$，人群荷载 $\Psi_1=1.0$，风荷载 $\Psi_1=0.75$，梯度温度作用 $\Psi_1=0.8$，其他作用 $\Psi_1=1.0$；

$\Psi_{1j}S_{Qjk}$——第 j 个可变作用效应的频遇值。

2）作用长期效应组合。永久作用标准值效应与可变作用准永久值效应相组合，其效应组合表达式为：

$$S_{ld}=\sum_{i=1}^{m}S_{Gik}+\sum_{j=1}^{n}\Psi_{2j}S_{Gjk} \tag{14-49}$$

式中 S_{ld}——作用长期效应组合设计值；

Ψ_{2j}——第 j 个可变作用效应的准永久值系数，汽车荷载（不计冲击力）$\Psi_2=0.4$，人群荷载 $\Psi_2=0.4$，风荷载 $\Psi_2=0.75$，梯度温度作用 $\Psi_2=0.8$，其他作用 $\Psi_2=1.0$；

$\Psi_{2j}S_{Gjk}$——第 j 个可变作用效应的准永久值。

（4）当结构构件需进行弹性阶段截面应力计算时，除特别指明外，各作用效应的分项系数及组合系数均取为 1.0，各项应力限值按各设计规范规定采用。

（5）验算结构的抗倾覆、滑动稳定时，稳定系数、各作用的分项系数及摩擦系数，应根据不同结构按各有关桥涵设计规范的规定确定，支座的摩擦系数可按表 14-21 的规定采用。

（6）构件在吊装、运输时，构件重力应乘以动力系数 1.2 或 0.85，并可视构件具体情况作适当增减。

14.1.4　常用桥梁结构简介

1. 桥梁结构分类

桥梁的结构有板、梁、拱、吊（斜拉）等几大类型。细分种类很繁杂。城镇防洪中主要是中、小型桥梁。以下仅对中、小型桥梁做一简介。

2. 板、梁桥

（1）中、小跨径最常用桥梁。

从建筑材料分，可分为钢筋混凝土、预应力混凝土的简支与连续板、梁桥。

从截面形式分，可分为 T 形、I 形、空心截面简支与连续梁桥。

从结构形式分：可分为整体式与装配式两种结构。整体式结构跨径适用于 4～8m；装配式结构跨径适用于 6～30m。

（2）板桥：钢筋混凝土简支板桥的标准跨径不宜大于 13m；连续板桥的标准跨径不宜大于 16m。预应力混凝土简支板桥的标准跨径不宜大于 25m；连续板梁的标准跨径不宜大于 30m。

（3）梁桥：钢筋混凝土 T 形、I 形截面简支梁的标准跨径不宜大于 16m，箱形截面简支梁的标准跨径不宜大于 25m；钢筋混凝土箱形截面连续梁的标准跨径不宜大于 30m。预应力混凝土 T 形、I 形截简支梁的标准跨径不宜大于 50m。

（4）中、小跨径的板、梁桥，在各行业编制的“标准图”、“通用图”、“手册”等专业资料中，均有现成图纸供工作中采用。本导则不再赘述。

3. 板、梁桥墩台

（1）板、梁桥墩台是桥墩和桥台的合称，墩台承受桥跨结构的恒荷载和活荷载，并连同本身自重及填土压力传递至地基上。桥梁的墩台形式较多，跨越排洪沟渠的桥梁一般跨径较小，高度较低，所以多采用重力式和井柱式的墩台。

（2）重力式墩台：

1）重力式桥墩的平面形状，通常设计成墩头半圆形或三角形，墩顶宽 0.8～1.0m，长度根据桥面宽度而定。桥墩两侧通常设计成 30∶1～40∶1 的竖向坡度，小型桥梁可做成竖直的。

2）桥墩的基础尺寸，应根据地基承载力决定，通常为改善地基应力，基础可适当增大。

3）桥涵墩台基础（不包括桩基础）基底埋置深度：

① 当墩台基底设置在不冻胀土层中时，基底埋深可不受冻深的限制。

② 上部为外超静定结构的桥涵基础，其地基为冻胀土层时，应将基底埋入冻结线以下不小于 0.25m。

③ 当墩台基础设置在季节性冻胀土层中时，基底的最小埋置深度可按公式（14-50）计算：

$$d_{\min}=Z_{\mathrm{d}}-h_{\max} \tag{14-50}$$

$$Z_{\mathrm{d}}=\psi_{\mathrm{zs}}\psi_{\mathrm{zw}}\psi_{\mathrm{ze}}\psi_{\mathrm{zg}}\psi_{\mathrm{zf}}Z_0 \tag{14-51}$$

式中　$d_{\min}$——基底最小埋置深度，m；

Z_{d}——设计冻深，m；

Z_0——标准冻深，m；

ψ_{zs}——土的类别对冻深的影响系数，按表 14-28 查取；

ψ_{zw}——土的冻胀性对冻深的影响系数，按表 14-29 查取；

ψ_{ze}——环境对冻深的影响系数，按表 14-30 查取；

ψ_{zg}——地形坡向对冻深的影响系数，按表 14-31 查取；

ψ_{zf}——基础对冻深的影响系数，取 $\psi_{zf}=1.1$；

h_{max}——基础底面下容许最大冻层厚度，m，按表 14-32 查取。

土的类别对冻深的影响系数 ψ_{zs}　　**表 14-28**

土的类别	黏性土	细砂、粉砂、粉土	中砂、粗砂、砾砂	碎石土
ψ_{zs}	1.00	1.20	1.30	1.40

土的冻胀性对冻深的影响系数 ψ_{zw}　　**表 14-29**

冻胀性	不冻胀	弱冻胀	冻胀	强冻胀	特强冻胀	极强冻胀
ψ_{zw}	1.00	0.95	0.90	0.85	0.80	0.75

注：季节性冻土分类见《城市桥梁抗震设计规范》附录 H。

环境对冻深的影响系数 ψ_{ze}　　**表 14-30**

周围环境	村、镇、旷野	城市近郊	城市市区
ψ_{ze}	1.00	0.95	0.90

注：当城市市区人口为 20 万～50 万时，按城市近郊取值；当城市市区人口大于 50 万、小于或等于 100 万时，按城市市区取值；当城市市区人口超过 100 万时，按城市市区取值，5km 以内的郊区应按城市近郊取值。

地形坡向对冻深的影响系数 ψ_{zg}　　**表 14-31**

地形坡向	平坦	阳坡	阴坡
ψ_{zg}	1.0	0.9	1.1

不同冻胀土类别在基础底面下容许最大冻层厚度 h_{max}　　**表 14-32**

冻胀土类别	弱冻胀	冻胀	强冻胀	特强冻胀	极强冻胀
h_{max}	$0.38Z_0$	$0.28Z_0$	$0.15Z_0$	$0.08Z_0$	0

注：Z_0 为标准冻深（m）。季节性冻胀土分类见《城市桥梁抗震设计规范》附录表 H.0.2。

④ 桥梁墩台建在非岩石地基上时，基础埋深安全值按表 14-33 确定。

基础埋深安全值（m）　　**表 14-33**

总冲刷深度	0	5	10	15	20
大桥、中桥、小桥（不铺砌）	1.5	2.0	2.5	3.0	3.5

注：1. 总冲刷深度为自河床面算起的河床自然演变冲刷、一般冲刷与局部冲刷深度之和；
2. 表列数值为墩台基底埋入总冲刷深度以下的最小值；若对设计流量、水位和原始断面资料无把握或不能获得河床演变准确资料时，其值宜适当加大；
3. 若桥位上、下游有已建桥梁，应调查已建桥梁的特大洪水冲刷情况，新建桥梁墩台基础埋置深度不宜小于已建桥梁的冲刷深度且适当增加必要的安全值；
4. 如河床上有铺砌层时，基础底面宜设置在铺砌层顶面以下不小于 1m。

⑤ 位于河槽的桥台，当其最大冲刷深度小于桥墩总冲刷深度时，桥台基底的埋深应与桥墩基底相同。当桥台位于河滩时，对河槽摆动不稳定河流，桥台基底高程应与桥墩基

底高程相同；在稳定河流上，桥台基底高程可按照桥台冲刷结果确定。

4）桥台将桥跨结构与两岸路堤相连接，桥台通常既是承重结构，又是挡土结构，在平面上常设计成“U”形，它由基础底板、前墙和侧墙三部分组成，且连成整体，其各部分尺寸和相关关系，如图 14-11 所示。

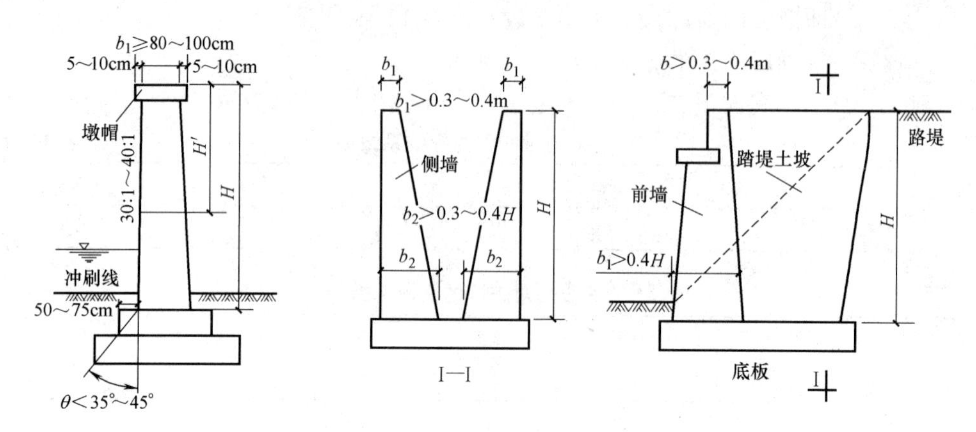

图 14-10　桥墩各部分尺寸和相关关系　　图 14-11　桥台各部分尺寸和相关关系

5）主梁在墩台上的支承形式，简支梁桥一般设一个固定支座和一个或多个（多跨）活动支座。固定支座用于固定桥跨结构对墩台的位置，可以转动而不能移动；活动支座可以保证在温度变化、混凝土胀缩和荷载作用下，桥跨结构自由变形。

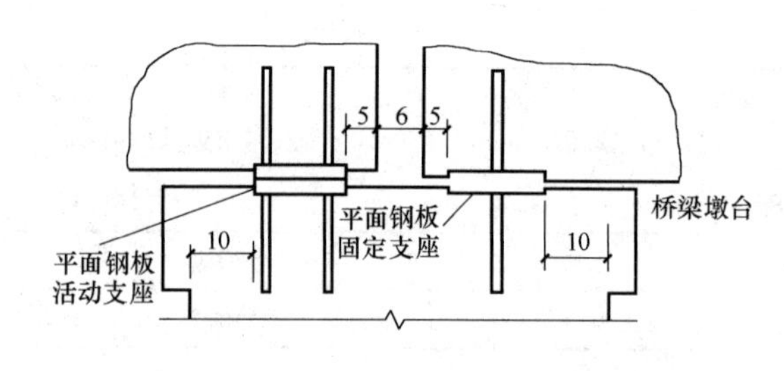

图 14-12　平面钢板支座（单位：cm）

① 跨越排洪沟渠的桥梁跨径一般都不大，可以采用较简单的平面钢板支座，如图 14-12 所示。活动支座由两块钢板构成，分别固定在主梁和桥墩上，板间涂润滑剂以防锈蚀；固定支座由一块钢板制成，板中穿过一根穿钉以固定梁的位置。

② 现在桥梁最常采用各种橡胶支座。板式橡胶支座常用在小跨径的桥梁上。

6）墩台稳定性计算：

作用在桥墩上的荷载有：自重 W_1、桥墩基础上的土重 W_2、上部结构自重 W_3、车辆荷载对支座的作用力 W_4、土基反力 W_5、车辆制动力 H、温度变化引起的摩阻力 T。桥台则还有台后填土重 W_6 以及土侧压力 E，如图 14-13 所示。

① 抗滑稳定系数：

$$K_1=\frac{f\sum W}{\sum P}\geqslant 1.2\sim 1.4 \tag{14-52}$$

式中　$\sum W$——垂直力的总和；

$\sum P$——水平力的总和；

f——摩擦系数。

② 抗倾覆稳定系数：

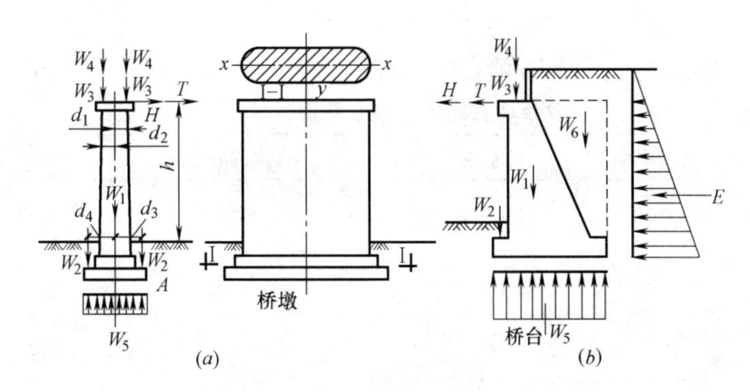

图 14-13　墩台稳定计算
(a) 桥墩；(b) 桥台

$$K_2=\frac{M_1}{M_2}\geqslant 1.5 \tag{14-53}$$

式中　M_1——抗倾覆力矩，等于荷载对图 14-13 中 A 点的顺时针力矩之和；

M_2——倾覆力矩，等于荷载对图 14-13 中 A 点的逆时针力矩之和。

③ 抗滑稳定系数、抗倾覆稳定系数不应小于表 14-34 的规定。

抗倾覆和抗滑稳定系数　　**表 14-34**

作用组合		验算项目	稳定性系数
使用阶段	永久作用(不计混凝土收缩及徐变、浮力)和汽车、人群的标准值效应组合	抗倾覆 抗滑动	1.5 1.3
	各种作用(不包括地震作用)的标准值效应组合	抗倾覆 抗滑动	1.3 1.2
施工阶段作用的标准值效应组合		抗倾覆 抗滑动	1.2 1.2

7）地基应力计算：

重力式墩台地基应力分布，可按偏心受压计算：

$$\sigma=\frac{\sum W}{lB}\pm\frac{6\sum M_0}{l^2B}$$

或
$$\sigma=\frac{\sum W}{lB}\pm\frac{6e_0\sum W}{l^2B} \tag{14-54}$$

式中　l——底板顺水流方向长度，m；

B——底板宽度，m；

$\sum M_0$——对底板中心点取矩的力矩总和，kN·m；

e_0——地基反力的合力作用点与底板中心点之间的距离，即偏心距，m。

为了使地基不受到破坏，要求地基应力值应小于容许应力值，此外，为了减少因地基应力不均匀而引起过大的不均匀沉降，还应验算作用于基底的合力偏心距。

基底以上外力作用点对基底重心轴的偏心距按公式（14-55）计算：

$$e_0=\frac{M}{N}\leqslant[e_0] \tag{14-55}$$

式中　N、M——作用于基底的竖向力和所有外力（竖向力、水平力）对基底截面重心的弯矩。

$[e_0]$ ——墩台基底的合力偏心距容许值。应符合表 14-35 的规定。

墩台基底的合力偏心距容许值 $[e_0]$　　　　**表 14-35**

作用情况	地基条件	合力偏心距	备　注
墩台仅承受永久作用标准值效应组合	非岩石地基	桥墩 $[e_0]\leqslant 0.1\rho$	拱桥、钢构桥墩台的合力作用点应尽量在重心附近
		桥台 $[e_0]\leqslant 0.75\rho$	
墩台承受作用标准值效应组合或偶然作用(地震作用除外)标准值效应组合	非岩石地基	$[e_0]\leqslant\rho$	拱桥单向推力墩不限制，但应符合抗倾覆稳定的要求
	较破碎、极破碎岩石地基	$[e_0]\leqslant 1.2\rho$	
	完整、较完整岩石地基	$[e_0]\leqslant 1.5\rho$	

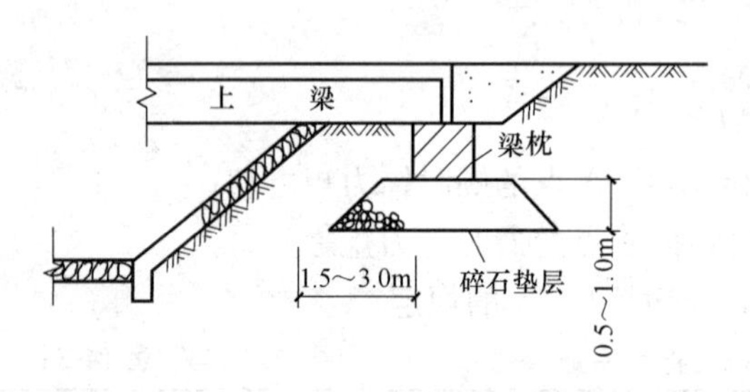

图 14-14　钢筋混凝土枕梁桥台

8）对于宽度较小的排洪沟渠，且两侧土质密实时，亦可在距沟渠边坡顶面 1.5～3.0m 处设置钢筋混凝土枕梁桥台，如图 14-14 所示。

（3）钻孔桩式墩台：

1）钻孔桩式墩台是先用钻机在设墩台处钻孔，然后向孔内浇筑混凝土或钢筋混凝土作为桥墩台的基础，地面（或冲刷线）以上接着浇筑混凝土或钢筋混凝土柱，再在柱上部设置盖梁，这就称为钻孔桩式墩台。这种形式的墩台施工设备简单，工程造价低，建造速度快，特别适用于水下施工和地下水位高，明挖基础施工有困难的情况。钻孔桩式墩台有单柱式、双柱式、多柱式等多种形式，单、双柱式如图 14-15 所示。

2）构造要求：

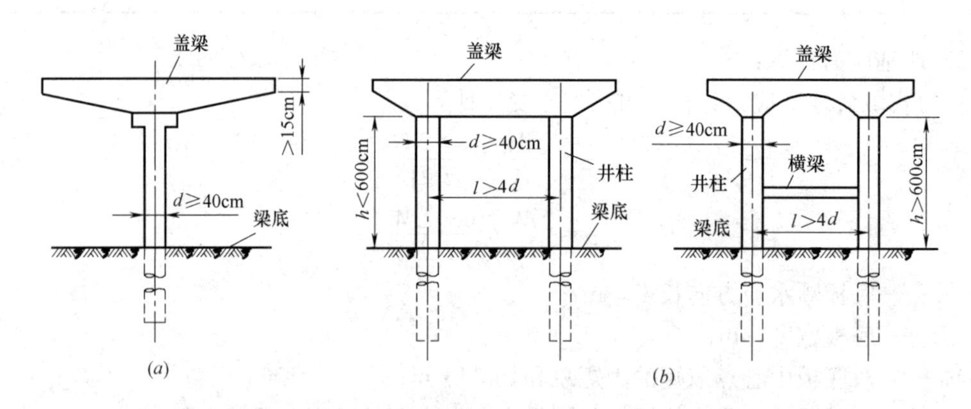

图 14-15　钻孔桩式墩台
（*a*）单柱式桥墩；（*b*）双柱式桥墩

① 单柱式桥墩，如图 14-15（*a*）所示，这种桥墩最适用于单车道的简易道路桥，桥高一般不大于 4m，净跨在 5～10m 之间，钻孔桩直径不宜小于 80cm。

② 双柱式桥墩，如图 14-15（*b*）所示，每排由两根钻孔桩组成，这种桥墩适用于桥高不超过 8m 的桥梁，净跨在 5～15m 之间，当桥高大于 6m 时，两柱之间要加设横梁，

以增加钻孔桩桥墩的刚度，柱顶设置双悬臂盖梁，两端自由悬臂长约 0.2～0.4 倍两柱间距。跨度较大的桥梁可采用双柱变截面或其他形式的桥墩。

3）钻孔桩按支承情况可以分为摩擦桩和支承桩，在土层厚度较大时，用摩擦桩；当岩层或坚硬层埋藏较浅时，则采用支承桩。前者靠钻孔桩与土层间的摩阻力及钻孔桩桩尖的反力支承钻孔桩上的作用力；后者靠钻孔桩桩尖的反力支承钻孔桩上的作用力。摩擦钻孔桩的中距不得小于成孔直径的 2.5 倍。支承（或嵌同）在基岩中的钻孔桩的中距不得小于成孔直径的 2.0 倍。

4）桥台与桥墩结构形式相同，只是钻孔桩全部为钻机钻孔浇筑的钢筋混凝土柱，如图 14-16 所示。

5）设计荷载：作用在钻孔桩上的荷载有恒载和活荷载两部分。在计算每根桩柱承受的最大计算荷载时，恒载可假定各桩柱平均分担，活荷载应考虑行车时纵向和横向的最不利位置。图 14-17 中$\sum P$为纵向最不利位置时的车辆总重，C_1是车辆横向中距，C为车轮距路缘处（或人行道）的最小距离。单车道求B柱的最大荷载有两种情况。一是车轮在路边（图 14-17 中实线箭头所示）；一是车轮布置在B柱上（图 14-17 中虚线箭头所示）。可分别求出上述两种情况下B点的反力，取其最大者作为钻孔桩的设计活荷载。

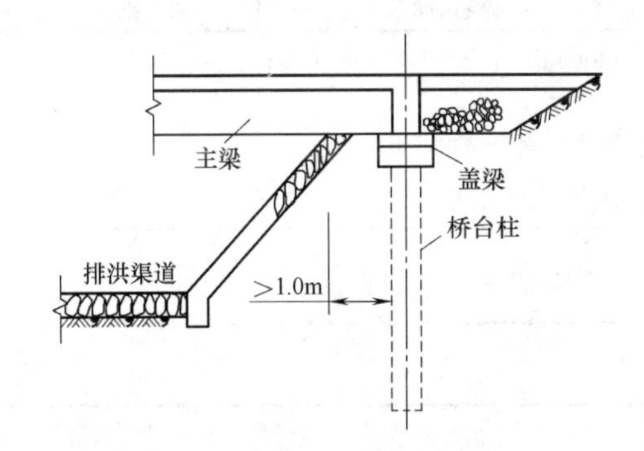

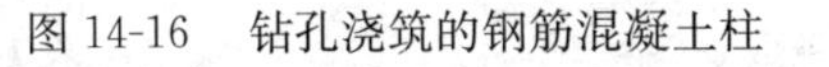
图 14-16 钻孔浇筑的钢筋混凝土柱

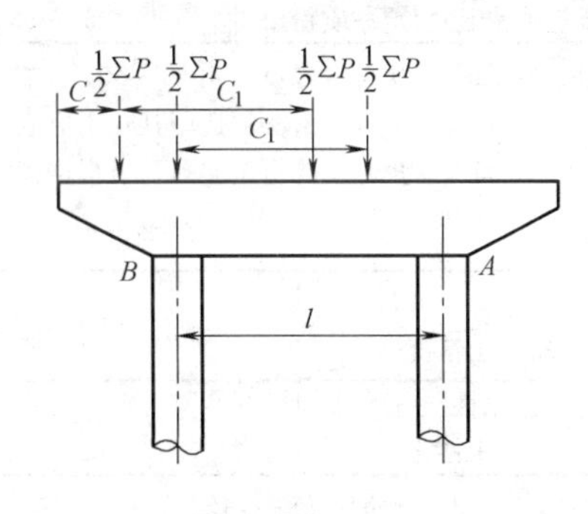

图 14-17 设计荷载

钻孔桩所承受的垂直荷载应等于上部结构的重量，最不利活荷载位置，是作用于钻孔桩的最大垂直荷载以及钻孔桩自重。

钻孔桩的水平荷载是由于汽车在行车方向的制动力及由于温度变化，使桥跨结构伸长或缩短，在支座处产生摩阻力而引起的水平推力。

6）钻孔桩的轴向承载力：

① 摩擦钻孔桩（单柱）轴向容许承载力可按公式（14-56）计算：

$$[P]=\frac{1}{\text{安全系数}}[\text{柱身摩擦力}+\text{柱尖支撑力}]$$

$$=\frac{1}{2}\{\pi Dl\tau_{\mathrm{p}}+2\lambda\varphi F[\sigma]\} \tag{14-56}$$

式中 $[P]$——摩擦钻孔桩轴向受压容许承载力，kN；

D——桩柱直径（按成孔直径计），m；

l——桩柱桩尖埋置深度，m，一般从冲刷线算起，无冲刷时由天然地面或实际开挖地面算起；

τ_{p}——柱壁与土层间的加权平均极限摩阻力，MPa，可按表 14-36 选用；

λ——考虑桩柱入土长度的影响修正系数，可按表 14-37 选用；

φ——孔底清底系数，可按表 14-38 选用；

$[\sigma]$——桩柱桩尖处土的容许承载力，MPa；可按公式（14-57）计算：

$$[\sigma]=\sigma_0+K_0\gamma(l-3) \tag{14-57}$$

σ_0——当桩柱桩尖埋置深度≤3m 时，桩尖处的基本承载力，MPa，可按表 14-39～表 14-45 选用；

γ——桩柱桩尖以上土的重力密度，kN/m^3，水下按浮重力密度算；

K_0——考虑桩柱桩尖以上土层的附加荷载作用系数，可按表 14-46 选用；

F——柱底横截面面积，m^2。

钻孔桩桩周土的极限摩阻力 τ_P　　表 14-36

土的名称	极限摩阻力(kN/m^2)	土的名称	极限摩阻力(kN/m^2)
回填的中密炉渣，粉煤炭	40～60	硬塑粉质黏土，硬塑轻黏土	55～85
极软黏土，粉质黏土，黏质粉土	20～30	粉砂，细砂	35～55
软塑黏土	30～50	中砂	40～60
硬塑黏土	50～80	粗砂，砾砂	60～140
硬黏土	80～120	圆砾，角砾	120～180
软塑粉质黏土，软塑黏质粉土	35～55	碎石，卵石	160～400

注：1. 漂石、块石（含量占 40%～50%，粒径在 300～400mm）可按 600kN/m^2 采用；

2. 砂类土可根据密实度选用其较小值或较大值；

3. 圆砾、角砾、碎石、卵石，可根据密实度和填充料选用较小或较大值

考虑钻孔桩入土长度的影响修正系数 λ　　表 14-37

桩底土情况 \ l/D	4～20	20～25	>25
透水性土	0.70	0.70～0.85	0.85
不透水性土	0.65	0.65～0.72	0.72

注：l—桩入土长度；D—桩径。

钻孔桩清底系数 φ　　表 14-38

沉淀土厚 t/桩径 D	0.6～0.3	0.3～0.1
φ	0.25～0.75	0.70～1.00

注：1. 设计时宜限制 $t/D<0.4$，不得已才采用 $0.4<t/D<0.6$；

2. 当实际施工发生 $t/D>0.6$ 时，桩底反力 $[\sigma]$ 按沉淀土承载力 $\sigma_0=0.5$MPa 或 1.0MPa（如沉淀土中有碎石），$K_0=1$（表 14-46），φ—1 验算，加沉淀土过厚应对桩的承载力进行鉴定。

一般黏性土地基的基本承载力 σ_0 (MPa)　　表 14-39

土的天然孔隙比 e_0	地基上的碱性指数 I_L										
	0	0.1	0.2	0.3	0.4	0.5	0.6	0.7	0.8	0.9	1.0
0.5	0.45	0.44	0.43	0.42	0.40	0.38	0.35	0.31	0.27	—	—
0.6	0.42	0.41	0.40	0.38	0.36	0.34	0.31	0.28	0.25	0.21	—
0.7	0.40	0.37	0.35	0.33	0.31	0.29	0.27	0.24	0.22	0.19	0.16
0.8	0.38	0.33	0.30	0.28	0.26	0.24	0.23	0.21	0.18	0.16	0.14
0.9	0.32	0.28	0.26	0.24	0.22	0.21	0.19	0.18	0.16	0.14	0.12
1.0	—	0.23	0.22	0.21	0.19	0.17	0.16	0.15	0.14	0.12	—
1.1	—	—	0.16	0.15	0.14	0.13	0.12	0.11	0.10	—	—

注：土中含有粒径大于 2mm 颗粒重量超过全部重量 20%时，可酌量提高。

硬黏性土地基的基本承载力 σ_0 (MPa)　　　表 14-40

原状土室内压缩模量 E_s(N/cm²)	1000	1500	2000	2500	3000	3500	4000
σ_0	0.38	0.46	0.52	0.55	0.58	0.61	0.63

残积黏性土地基的基本承载力 σ_0 (MPa)　　　表 14-41

原状土室内压缩模量 E_s(N/cm³)	400	600	800	1000	1200	1400	1600	1800	2000
σ_0	0.19	0.22	0.25	0.27	0.29	0.31	0.32	0.33	0.34

砂类土地基的基本承载力 σ_0 (MPa)　　　表 14-42

砂类土名称	密实度 / 湿度	密实的	中等密实的	稍松的
砾砂、粗砂	与湿度无关	0.55	0.40	0.20
中砂	与湿度有关	0.45	0.35	0.15
粗砂	水上	0.35	0.25	0.10
	水下	0.30	0.20	—
粉砂	水上	0.30	0.20	—
	水下	0.20	0.10	—

注：砂类土密实度划分标准如下：

项目	稍松的	中等密实的	密实的
相对密实度 D	$0.20 \leqslant D \leqslant 0.33$	$0.33 < D < 0.67$	$0.67 \leqslant D < 1.00$
标准贯入击数 N	5～9	10～29	30～50

碎卵石类土地基的基本承载力 σ_0 (MPa)　　　表 14-43

密实程度	松　散	中等密实	密　实
卵石	0.3～0.5	0.6～1.0	1.0～1.2
碎石	0.2～0.4	0.5～0.8	0.8～1.0
圆砾	0.2～0.3	0.4～0.7	0.7～0.9
角砾	0.2～0.3	0.3～0.5	0.5～0.7

注：1. 由硬质岩块组成，或填充砂性土的用高值；由软质岩块组成，或填充黏性土的用低值；当含水量较大时，还可将表列数据降低；
2. 半胶结的碎、卵石类土，可按密实的同类土的 σ_0 值提高 10%～30%；
3. 松散的碎、卵石类土在天然河床中很少见，需要特别注意鉴定。

黄土地基的基本承载力 σ_0 (MPa)　　　表 14-44

黄土年代	W_L	e_0	W_0				
			$W_0<10$	$10<W_0<15$	$15<W_0<20$	$20<W_0<25$	$25<W_0<30$
新黄土 Q4、Q5	$W_L \leqslant 26$	0.7～0.9	0.22	0.18	0.14	0.11	—
		0.9～1.1	0.20	0.16	0.12	0.08	—
		1.1～1.3	0.17	0.14	0.10	—	—
	$26<W_L \leqslant 30$	0.7～0.9	0.26	0.23	0.19	0.15	0.10
		0.9～1.1	0.24	0.21	0.17	0.13	—
		1.1～1.3	0.21	0.18	0.14	0.11	—

续表

黄土年代	W_L	e_0	W_0				
			$W_0<10$	$10<W_0<15$	$15<W_0<20$	$20<W_0<25$	$25<W_0<30$
新黄土 Q4、Q5	$W_L>30$	0.7～0.9	—	0.25	0.22	0.19	0.15
		0.9～1.1	—	0.23	0.20	0.16	0.13
		1.1～1.3	—	0.20	0.17	0.13	0.10
老黄土 Q1、Q2	$W_L \backslash e_0$		$e_0<0.8$		$0.8<e_0<1.0$		$e_0>1.0$
	$W_L \leqslant 28$		0.5～0.6		0.3～0.5		0.3
	$28<W_L \leqslant 32$		0.6～0.7		0.4～0.6		0.3～0.4
	$W_L>32$		0.7～0.9		0.5～0.7		0.4～0.5

注：1. 表列新黄土数值系指天然地基的 σ_0 值。当为湿陷性黄土时应按湿陷性黄土地基处理（人工处理后，值可予提高，见公路桥涵设计规范）；

2. 当可明确为 Q3 黄土时，表列新黄土数值可适当提高 0.5；

3. 表列老黄土数值适用于半干硬状态（$I_L<0$），对于硬塑状态（$0 \leqslant I_L<0.5$），表列老黄土数值可适当降低；

4. 新老黄土的划分，见《公路桥涵设计规范》第七章；

5. e_0-土的天然孔隙比；W_0-土的天然含水量；W_L-土的液限，以含水量重量的百分数表示。

岩石地基的基本承载力 σ_0 (MPa)　　表 14-45

岩石破碎性 / 岩石坚固性	碎石状	块石状	大块状
硬质岩（RC>3.0kN/cm²）	1.5～2.0	2.0～3.0	>4.0
软质岩（RC=0.5～3.0kN/cm²）	0.8～1.2	1.0～1.5	1.5～3.0
极软岩（RC<0.5kN/cm²）	0.4～0.8	0.6～1.0	0.8～1.2

注：1. 易软化的岩石按软质岩确定；

2. 表中数值视岩块强度、层厚、裂隙发育程度等因素适当选用。易软化的岩石及极软岩受水浸泡时，宜用较低值；

3. 岩体已风化成砾、砂土状的（即风化残积物），可比照相应的土类确定，如颗粒间有一定的胶结力，可比相应的土类提高；

4. RC 为天然湿度下岩石试件的单轴极限抗压强度；

5. 岩石破碎的划分：

碎石状：岩体多数分割成 2～20cm 的岩块；

块石状：岩体多数分割成 20～40cm 的岩块；

大块状：岩体多数分割成 40cm 以上的岩块。

考虑桩尖以上土层的附加荷载作用的系数 K_0　　表 14-46

土名 / 系数	一般黏土		硬黏土	粉砂	细砂	中砂	粗砂	砾砂	碎、卵石
	$0<I_L<0.5$	$I_L \geqslant 0.5$							
K_0	2.5	1.5	2.5	2	3	4	5	5	6

注：I_L-土的液性指数。

钻孔嵌入桩的系数 C_1、C_2　　表 14-47

条件	C_1	C_2	条件	C_1	C_2
良好的	0.48	0.040	较差的	0.32	0.024
一般的	0.40	0.032			

② 支承在岩基上单柱轴向容许承载力：支承在岩基上或嵌固岩基深度小于 0.5m 的单柱轴向受压容许承载力可按公式（14-58）计算：

$$[P]=(0.30\sim0.45)R_cF \quad (14\text{-}58)$$

式中　　F——柱底横截面面积，m^2；

R_c——天然湿度下岩石单轴极限抗压强度，MPa；试件的直径为 7～10cm 时，试件的高度与直径相同；

0.30～0.45——系数，严重裂纹、易软化，可采用 0.30；匀质无裂纹，可采用 0.45。

③ 嵌入基岩中单柱轴向容许承载力：嵌入基岩中的钻孔桩，当嵌入深度（不包括风化层）等于或大于 0.5m 时，单柱轴向受压容许承载力可按公式（14-59）计算：

$$[P]=(C_1F+C_2\pi D_1)/R_c \quad (14\text{-}59)$$

式中　F——钻孔桩底横截面面积，m^2，按设计直径计算；

C_1、C_2——根据岩石破碎程度、清孔情况等因素而定的系数，可按表 14-47 选用。

钻孔桩水平承载力，通常采用“m 法”计算。计算时可按专业规范进行。

4. 拱桥

(1) 拱桥历史悠久，是一种传统的桥梁形式。

从结构受力分：可分为无铰拱桥、两铰拱桥、三铰拱桥；从拱上结构分：可分为实腹式拱桥、空腹式拱桥；从拱轴线型分：可分为圆弧线拱桥、悬链线拱桥；从建筑材料分：可分为石拱桥、混凝土拱桥、钢筋混凝土拱桥、钢拱桥等。

(2) 一般中、小跨径，常采用石拱桥、混凝土拱桥、钢筋混凝土拱桥。它的形式、跨径及矢跨比等，应按因地制宜、就地取材的原则，根据地形、水文、通航、施工设备等条件选择。它对地基要求较板、梁桥高。拱桥结构坚固，用料少，工程造价低，承载潜力大，经久耐用，造型美观。

(3) 空腹式拱上建筑的腹孔跨径不宜大于主拱跨径的 1/8～1/15。其比值随跨径的增大而减小。腹拱靠近墩台的第一孔应做成三铰拱；腹拱的拱铰可用弧形铰、平铰或其他形式假铰。在腹拱铰上面的侧墙、人行道、栏杆等处均应设置变形缝。

(4) 实腹拱应在侧墙与桥台间设伸缩缝分开；对于多孔拱桥应在桥墩顶部设伸缩缝。

(5) 多孔拱桥应根据使用要求设置单向推力墩或采取其他抗单向推力的措施。单向推力墩宜每隔 3～5 孔设置一个。

(6) 在严寒地区修建拱桥，设计上要特别注意温度变化的影响，要采取一定的措施，如采用较大的矢跨比和较小的拱轴系数；拱圈尽可能在低温时合拢；混凝土及钢筋混凝土拱桥在主拱圈的拱脚顶面及拱顶底面增设钢筋，拱脚顶面钢筋应伸入拱座；也可增加拱脚附近一段截面下缘宽度或增加钢筋，并相应加密箍筋以提高拱脚下缘的局部承压能力；拱上建筑应适应严寒地区温度变形的要求。

(7) 实腹式石拱桥的主拱圈为一个石砌板拱。跨径小于 15m 的拱圈，通常采用实腹式等截面圆弧拱，矢跨比为 1/2～1/6。

(8) 空腹式石拱桥的主拱圈也是石砌板拱，拱上建筑设有腹拱和横墙。一般大、中跨径拱圈，可采用空腹式等截面或变截面悬链线拱，矢跨比一般为 1/4～1/8。主拱圈在坚固的岩基上一般都采用无铰拱，在非岩基或承载力较弱的岩基上，可采用二铰拱。采用满布式拱架施工时，预留拱度一般可按拱圈跨径的 1/400～1/800 估计。

(9) 拱桥的种类繁多，本导则主要关注中、小桥梁，其他可查各专业书籍中的讲述。有关中、小型拱桥的图纸，可查阅各行业编制的“标准图”、“通用图”、“手册”等专业资料。

5. 拱桥墩台

（1）桥台一般常采用 U 形桥台、空心桥台、轻型桥台等。U 形桥台的前墙，其任一水平截面的宽度，不宜小于该截面至墙顶高度的 0.4 倍。U 形桥台的侧墙，其任一截面的宽度，对于片石砌体不小于该截面至墙顶高度的 0.4 倍，块石、料石砌体或混凝土不小于 0.35 倍；如桥台内填料为透水性良好的砂性土或砂砾，则上述两项可分别相应减为 0.35 倍和 0.30 倍，如图 14-18 所示。

当 U 形桥台两侧墙宽度不小于同一水平截面前墙全长的 0.4 倍时，可按 U 形整体截面验算截面强度。

U 形桥台侧墙顶长 b_1，一般取 0.4～1.0m；侧墙顶宽 b_2，一般取 0.4～0.5m；侧墙底长 b_3，一般取桥台高 H 的 0.3～0.4 倍；侧墙底宽 b_4，一般取桥台高 H 的 0.4 倍，如图 14-18（b）所示。

等跨拱桥的实体桥墩的顶宽（单向推力墩除外），混凝土墩可按跨径的 1/15～1/30，石砌墩可按跨径的 1/10～1/15（其比值随跨径的增大而减小）估算。墩身两侧边坡可取为 20∶1～30∶1。图 14-18（a）所示。

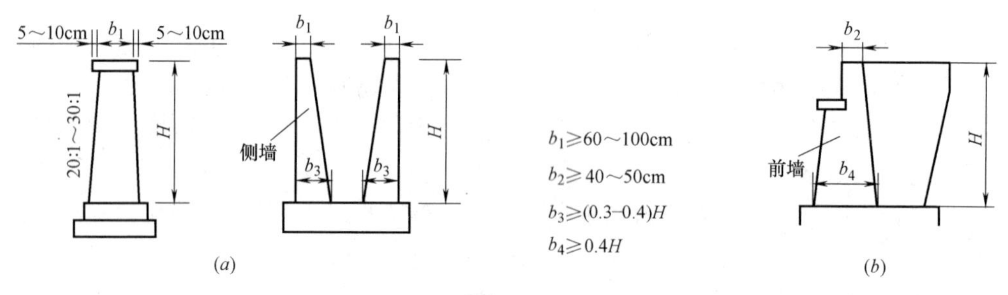

图 14-18　实体桥墩及 U 形桥台尺寸示意

（a）实体桥墩；（b）U 形桥台

（2）对各种形式的桥台，为了减少土的变形对上部结构的影响，桥台背后填土可在主拱圈安装以前完成。台后填土不得采用含有淤泥、杂草的土壤及冻土、腐殖土填筑，适宜填筑透水性土壤，且应在最佳含水量情况下分层夯实，每层厚度不宜超过 30cm，密实度控制在 0.9～0.98 之间。

桥台后的土侧压力，一般情况下可采用主动土压力，或按填土压实情况采用静土压力；或静土压力加土抗力。

（3）组合式桥台由前台与后台两部分组成，前台可采用桩基或沉井基础，宜斜直桩相结合，前直后斜，且斜桩多于直桩；当采用多排桩基础时，宜增加后排桩长或桩数，以提高桩基抵抗前台向后转动和水平位移的能力。

前台和后台之间设置沉降缝，以适应不均匀沉降。后台在考虑沉降后的基底标高时，宜接近于拱脚截面中心标高。

前台以承受拱的竖向力为主，拱的水平推力则主要由后台基底的摩阻力及台后的土侧压力来平衡。其计算可采用静力平衡法或变形协调法。

在软土地基上修建拱桥，应防止由于后台的不均匀沉降引起前台向后倾斜，可采取扩大桥台的台底面积和台背面积，以减小基底压力，并利用基底与地基的摩阻力和适当利用台背土侧压力，以平衡拱的水平推力。

14.2　涵洞及涵闸

14.2.1　涵洞布置和构造要求

涵洞由进口段、洞身、出口段三部分组成，如图 14-19 所示。

1. 进口段

（1）涵洞进口段主要起导流作用，为使水流从渠道中平顺通畅地流进洞身，一般设置导流翼墙，导流翼墙有喇叭口形状（扭曲面或直立面）或八字墙形状，以便水流逐渐缩窄，平顺而均匀地流入洞身，并起到保护渠岸不受水流冲刷的作用。

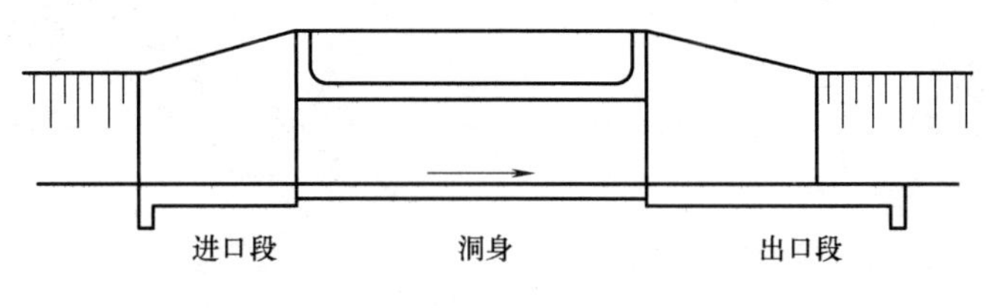

图 14-19　涵洞布置

（2）为防止洞口前产生冲刷，除在进口段进行护底外，还要根据水流速度的大小，向上游护砌一段距离。

（3）当流速较大时，在导流翼墙起点设置一道垂直渠道断面的防冲齿墙，其最小埋深为 0.5m，如图 14-20 所示。

（4）导流翼墙的扩散角 β（导流翼墙与涵洞轴线夹角），一般为 15°～20°，如图 14-21 所示。

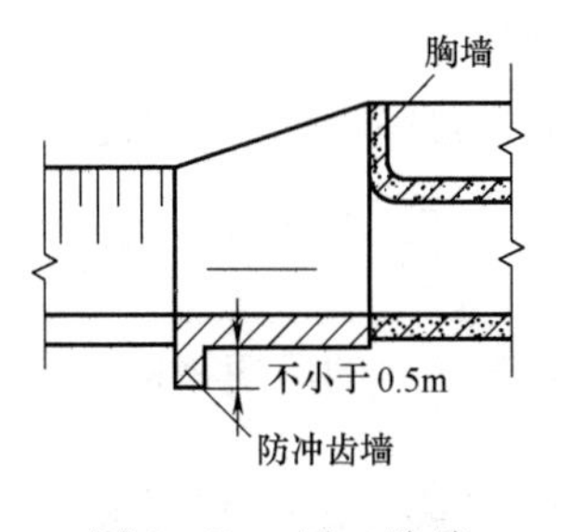

图 14-20　进口胸墙

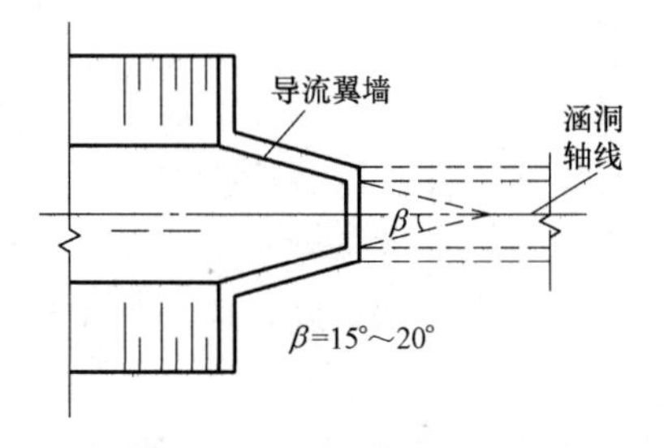

图 14-21　进口翼墙扩散角

（5）导流翼墙长度不宜小于洞高的 3 倍。

（6）为挡住洞口顶部土壤，在洞身进口处设置胸墙，与洞口相连的迎水面做成圆弧形，如图 14-21 所示。

2. 洞身

（1）洞身中轴线要与上、下游排洪渠道中轴线在一条直线上，以避免产生偏流，造成洞口处冲刷、淤积和壅水等现象。

（2）在排洪渠道穿越公路、铁路和堤防等构筑物时，为了便于涵洞的平面布置和缩短长度，尽量选择正交。如果上游流速较大，或水流含砂量很大，宜顺原渠道水流方向设置涵洞，不宜强求正交。

(3) 为防止洞内产生淤积，洞身的纵向坡度一般均比排洪渠道稍陡。在地形较平坦处，洞底纵坡不应小于 0.4%；但在地形较陡的山坡上涵洞洞底纵坡应根据地形确定。

(4) 当洞身纵坡大于 5%时，洞底基础可作成齿坎形状，如图 14-22 所示，以增加抗滑力。

(5) 山坡很陡时，应在出口处设置支撑墩，以防涵洞下滑，如图 14-23 所示。

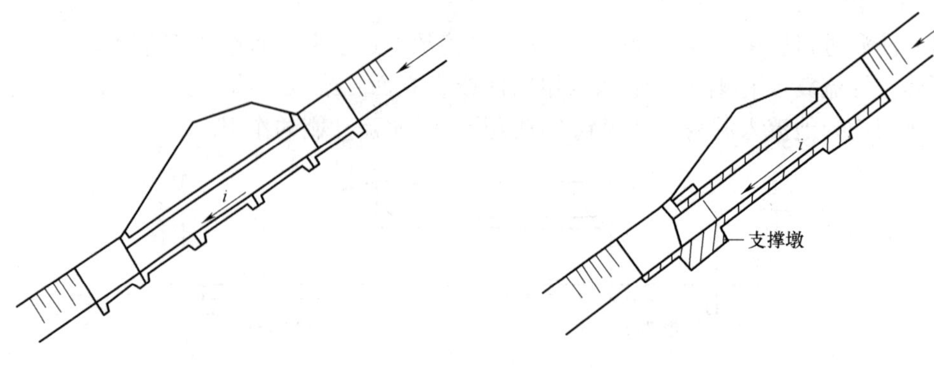

图 14-22　齿状基础涵洞　　　　图 14-23　有支撑墩的涵洞

(6) 当涵洞长度为 15～30m 时，其内径（或净高）不宜小于 1.0m；当涵洞长度大于 30m 时，其内径（或净高）不宜小于 1.5m。

(7) 洞身与进出口导流翼墙和闸室连接处应设变形缝。设在软土地基上的涵洞，洞身较长时，应考虑纵向变形的影响。

(8) 建在季节冻土地区的涵洞，进出口和洞身两端基底的埋深，应考虑地基冻胀的影响。

3. 出口段

(1) 出口段主要是使水流出涵洞后，尽可能地在全部宽度上均匀分布，故在出口处一般要设置导流翼墙，使水流逐渐扩散。

(2) 导流翼墙的扩散角度一般采用 10°～15°。

(3) 为防止水流冲刷渠底，应根据出口流速大小及扩散后的流速来确定护砌长度，但至少要护砌到导流翼墙的末端。

(4) 当出口流速较大时，除加长护砌外，在导流翼墙末端设置齿墙，深度应不小于 0.5m。

(5) 若出口流速很大，护砌已不能保证下游不发生冲刷或护砌长度过长，可在出口段设置消力池，消除多余能量，如图 14-24 所示。

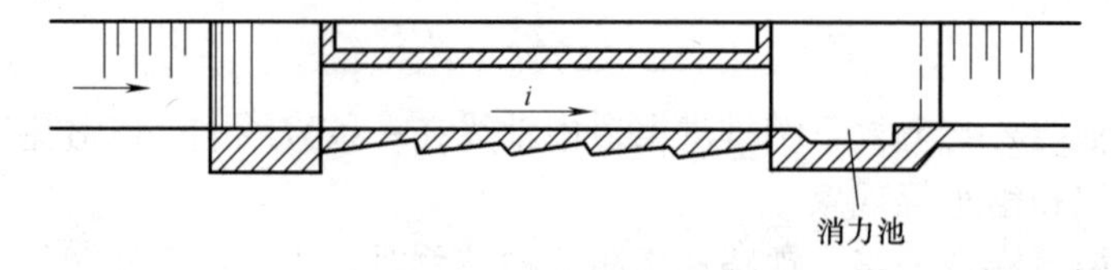

图 14-24　涵洞出口段设置消力池

14.2.2　涵洞水力计算

1. 涵洞水流状态判别

判别水流通过涵洞的状态，可以正确选用各种水流状态的计算公式，但由于影响涵洞水流状态的因素比较复杂，要做到精确地确定各种水流状态之间的界限是比较困难的。一般是根据实验按近似的经验数值来判别。

水流状态的判别，可根据涵洞进口水头 H 和洞身净高 h_T 的比值来确定，其判别条件如下：

（1）具有各式翼墙的进口：

1）洞身为矩形或接近矩形断面时：

$$\left.\begin{aligned}&\text{当 } H/h_T \leqslant 1.2\text{时,为无压流}\\&\text{当} 1.5 > H/h_T > 1.2\text{时,为半有压流}\\&\text{当 } H/h_T \geqslant 1.5\text{时,为有压流}\end{aligned}\right\} \tag{14-60}$$

2）洞身为圆形或接近圆形断面时：

$$\left.\begin{aligned}&\text{当 } H/h_T \leqslant 1.1\text{时,为无压流}\\&\text{当} 1.5 > H/h_T > 1.1\text{时,为半有压流}\\&\text{当 } H/h_T \geqslant 1.5\text{时,为有压流}\end{aligned}\right\} \tag{14-61}$$

（2）无翼墙进口：

$$\left.\begin{aligned}&\text{当 } H/h_T \leqslant 1.25\text{时,为无压流}\\&\text{当} 1.5 > H/h_T > 1.25\text{时,为半有压流}\\&\text{当 } H/h_T \geqslant 1.5\text{时,为有压流}\end{aligned}\right\} \tag{14-62}$$

当涵洞坡度 i 大于临界坡度 i_c 时，出口水流形成均匀流动的正常水深；当涵洞坡度 i 小于或等于临界坡度 i_c，且洞身又较长时，则出口的水流形成临界水深 h_c。

2. 涵洞出流状态判别

涵洞出流分为自由出流和淹没出流，当下游水深 h_t 对设计流量下泄无影响时，为自由出流；当下游水深 h_t 对设计流量下泄产生影响时，为淹没出流，其判别条件为：

$$\left.\begin{aligned}&\text{对无压涵洞:} h_T/H < 0.75\\&\text{对有压涵洞:} h_T/H < 0.75\end{aligned}\right\}\text{时,为淹没出流} \tag{14-63}$$

式中　H——洞前水深，m；

h_T——洞身净高，m；

h_t——下游水深，m。

3. 自由出流时排洪能力计算

（1）无压涵洞的排洪能力计算：

排洪流量公式为：

$$Q = \varphi\omega_1\sqrt{2g(H_0 - h_1)} \tag{14-64}$$

$$\varphi = \sqrt{\frac{1}{1+\xi}} \tag{14-65}$$

$$H_0 = H + \frac{v_0^2}{2g} \tag{14-66}$$

$$H_0-h_1+\frac{v_1^2}{2g}+\xi\frac{v_1^2}{2g}=h_1+\frac{v_1^2}{2g\varphi^2}$$

$$v_1=\varphi\sqrt{2g(H_0-h_1)} \tag{14-67}$$

式中　Q——涵洞排洪流量，m^3/s；

ω_1——收缩水深断面处的过水面积，m^2；

φ——流速系数，可由表 14-48 查得；

H——洞前水深，m；

v_0——洞前行进流速，m/s；

H_0——洞前总水头，m；

h_1——收缩断面水深，m；$h_1=0.9h_c$；

v_1——收缩断面处流速，m/s。

公式（14-67）为自由出流情况下的排洪能力，当为淹没出流时，应乘以淹没系数 σ，可由表 14-49 查得。

ε、φ、ξ、k 值　　**表 14-48**

进口特征	收缩系数 ε	流速系数 φ	进口损失系数 ξ	k
流线型进口	1.00	0.95	0.10	0.64
八字翼墙进口	0.90	0.85	0.38	0.59
门式端墙进口	0.85	0.80	0.56	0.56

无压涵洞淹没系数值　　**表 14-49**

h_1/H	σ	h_1/H	σ	h_1/H	σ
<0.750	1.00	0.900	0.739	0.980	0.360
0.750	0.974	0.920	0.676	0.990	0.257
0.800	0.928	0.940	0.598	0.995	0.183
0.830	0.889	0.950	0.552	0.997	0.142
0.850	0.855	0.960	0.499	0.998	0.116
0.870	0.815	0.970	0.436	0.999	0.082

在设计流量 Q 及涵洞底坡为已知的条件下，先假定一个临界流速 v_c，然后确定涵洞尺寸，或者假定一个涵洞尺寸，然后验算其水流速度是否合理。无论矩形还是圆形涵洞的计算，都应当先从临界水深开始计算。

（2）水力特性计算：

1）箱形涵洞：先假定涵洞宽度为 B，则临界水深为：

$$h_c=\sqrt[3]{\frac{\alpha Q^2}{gB^2}}=\sqrt[3]{\frac{\alpha q^2}{g}} \tag{14-68}$$

式中　α——流速修正系数，$\alpha=1.0\sim1.1$；

q——单宽流量，$m^3/(s\cdot m)$；

B——涵洞宽度，m；

Q——设计流量，m^3/s；

g——重力加速度，m/s^2。

根据 q 及 α 值由表 14-49 查得 h_c 值。

若先假定临界流速 v_c，则临界水深 h_c 可由公式（14-69）求得：

$$\frac{Q^2}{g}=\frac{{\omega_c}^3}{B_c} \tag{14-69}$$

或

$$\frac{Q^2}{g{\omega_c}^2}=\frac{\omega_c}{B_c}$$

$${v_c}^2=\frac{Q^2}{{\omega_c}^2}$$

$$h_c=\frac{\omega_c}{B_c} \tag{14-70}$$

则

$$h_c=\frac{{v_c}^2}{g} \tag{14-71}$$

在求得临界水深 h_c 值后，即可计算下列各值：

① 收缩水深 h_1： $h_1=0.9h_c$ (14-72)

② 临界水深时的过水断面面积 ω_c：

$$\omega_c=Bh_c$$

③ 临界流速 v_c：

$$v_c=\frac{Q}{\omega_c}$$

④ 收缩水深处的过水断面面积 ω_1：

$$\omega_1=\frac{Q}{v_1}$$

⑤ 涵洞前水深 H：

$$H=h_c+\frac{h_c}{2g\varphi}$$

或

$$H=h_c+\frac{h_c}{2\varphi^2}=\left(\frac{2\varphi^2+1}{2\varphi^2}\right)h_c$$

令

$$h=\frac{2\varphi^2+1}{2\varphi^2} \tag{14-73}$$

则

$$H=\frac{h_c}{k} \tag{14-74}$$

式中 φ——流速系数，由表 14-48 查得；

k——系数，由表 14-48 查得。

⑥ 涵洞临界坡度 i_c：

$$i_c=\frac{v_c^2}{C_c^2R_c}$$

式中 R_c——临界水深处的水力半径，m；

C_c——临界水深处流量系数。

⑦ 收缩断面处的坡度 i_1：

$$i_1=\frac{v_c^2}{C_1^2R_1}$$

2）圆形涵洞：

① 表格法：根据已知设计流量 Q 和涵洞直径 d，由 Q^2/gd^5 值从表 14-50 可求得 h_c 值。

圆形涵洞水力特征值　　**表 14-50**

充满度	水力特征值			
$\frac{h_0}{\mathrm{d}}$或$\frac{h_c}{d}$	$\frac{\omega^3}{B_c d^5}=\frac{Q^2}{g d^5}$	比值$\frac{K_0}{K_d}$	比值$\frac{\omega_0}{\omega_d}$	总比值$\frac{K_0}{K_d}<\frac{\omega_0}{\omega_d}$
0.00	0.000	0.000	0.000	0.000
0.05	0.000	0.004	0.184	0.022
0.010	0.000	0.017	0.333	0.051
0.15	0.000	0.043	0.457	0.094
0.20	0.000	0.084	0.565	0.141
0.25	0.005	0.129	0.661	0.195
0.30	0.009	0.188	0.748	0.251
0.35	0.016	0.256	0.821	0.312
0.40	0.025	0.332	0.889	0.374
0.45	0.040	0.414	0.948	0.436
0.50	0.060	0.500	1.000	0.500
0.55	0.088	0.589	1.045	0.564
0.60	0.121	0.678	1.083	0.626
0.65	0.166	0.765	1.113	0.680
0.70	0.220	0.850	1.137	0.748
0.75	0.294	0.927	1.152	0.805
0.80	0.382	0.994	1.159	0.857
0.85	0.500	1.048	1.157	0.905
0.90	0.685	1.082	1.142	0.948
0.95	1.035	1.089	1.103	0.980
1.00	1.000	1.000	1.000	1.000

注：1. 流量 $Q=K_0\sqrt{i}$（m^3/s）；$v_0=\omega_0\sqrt{i}$（m/s）；

2. 对于全部充满水的钢筋混凝土圆形涵洞的满流特征流量 $K_d=24d^8$/s（m^3/s）。$\omega_d=30.5d^2$/s（d 以 m 计）；

3. 该表可以内插。

② 图解法：图 14-25 为各种涵洞断面的 $Q^2/r^5 \sim B_c/r$ 关系曲线，可根据设计流量 Q 及半径 r 查得 B_c/r。求得 P_c，则 h_c 即可求得。B_c 为临界水深时涵洞过水断面面积的平均水面宽度。

求得临界水深 h_c 值后，就可计算其他各值。

a. 收缩断面水深 h_1 为：

$$h_1=0.9h_c$$

b. 临界水深及收缩断面水深的过水断面面积 ω_c 和 ω_1，可分别根据 h_c/d 及 h_1/d 的值，从表 14-51 中查出相应的 X 值，根据下式求算：

$$\omega_c=X_c d^2$$

$$\omega_1=X_1 d^2$$

c. 临界流速 v_c、收缩断面流速 v_1、涵洞前水深 H 和临界坡度 i_c 的计算与箱形涵洞相同。但水力半径 $R=Yd$，可查表 14-51 计算。

***X*、*Y* 值**　　**表 14-51**

$\frac{h_1}{d}$或$\frac{h_c}{d}$	$X(X=\omega/d^2)$	$Y(Y=R/d)$	$\frac{h_1}{d}$或$\frac{h_c}{d}$	$X(X=\omega/d^2)$	$Y(Y=R/d)$
0.30	0.19817	0.1712	0.40	0.29337	0.2143
0.35	0.24498	0.1951	0.45	0.34278	0.2338
0.50	0.39270	0.2500	0.75	0.63155	0.3016

续表

$\frac{h_1}{d}$或$\frac{h_c}{d}$	$X(X=\omega/d^2)$	$Y(Y=R/d)$	$\frac{h_1}{d}$或$\frac{h_c}{d}$	$X(X=\omega/d^2)$	$Y(Y=R/d)$
0.55	0.44262	0.2642	0.80	0.67357	0.3031
0.60	0.49243	0.2775	0.85	0.71152	0.3022
0.65	0.54042	0.2867	0.90	0.74452	0.2977
0.70	0.58723	0.2957	0.95	0.77072	0.2861

3）出口流速计算：

① 当 $i>i_c$ 时：涵洞底坡大于临界坡度时，出口水深等于该坡度下的正常水深 h_0，此时 $h_0<h_c$，$v_0>v_c$。出口流速用等速流公式计算。

矩形涵洞可采用试算法，先求得 h_0，然后再用下式计算出口流速：

$$v_0=\frac{Q}{\omega_0}$$

圆形涵洞计算比较复杂，一般可采用较简单的查表法，具体计算步骤如下：

a. 首先求出流量模数 $K_0=\frac{Q}{\sqrt{i}}$和满流特征流量 $K_d=24d^{8/3}$。

b. 计算$\frac{K_0}{K_d}$值。

c. 根据$\frac{K_0}{K_d}$值，从表 14-50 查出相应的$\frac{h_0}{d}$和$\frac{\omega_0}{\omega_d}$值，则：

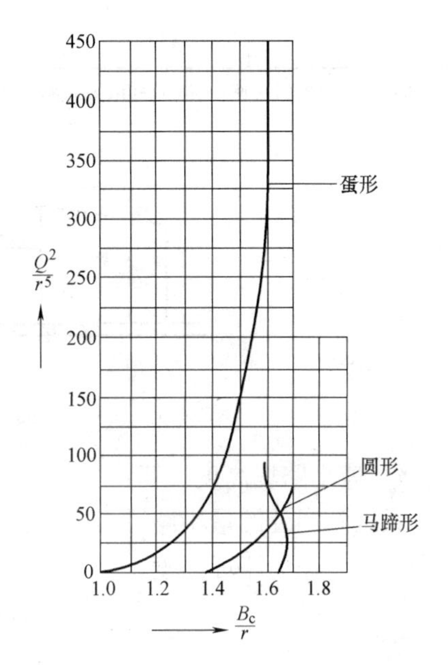

图 14-25　涵洞断面的 $Q^2/r^5\sim B_c/r$ 关系曲线

$$v_0=\frac{\omega_0}{\omega_d}\cdot 30.5d^{2/3}i^{1/2}$$

或根据查得的$\frac{h_0}{d}$值，求得 h_0，然后根据 h_0 值由表 14-51 查得 X 值，则按下式求出 v_0：

$$v_0=\frac{Q}{\omega_0}=\frac{Q}{Xd^2}$$

② 当 $i\leqslant i_c$ 时：涵洞底坡等于或小于临界坡度时，出口处的水深形成临界水深 h_c 或接近临界水深。流速大约等于临界流速 v_c。即当采取比临界坡度更小的坡度时，也不至于使出口流速降低很多，因此，当涵洞 $i=i_c$ 时，出口水深可按临界水深 h_c 计算，相应 h_c 的流速就是临界流速 v_c。

为了使涵洞出口处水深能达到 h_c 值，则需要涵洞有个最小的长度，这个长度就是从水深 h_1 增大到 h_c 时所需要的距离，取涵洞坡度等于 i_c，自 h_0 以后的自由水面是水平线，则：

$$L_{min}=\frac{h_c-h_1}{i_c}=\frac{h_c-0.9h_c}{i_c}=\frac{0.1h_c}{i_c} \tag{14-75}$$

若涵洞实际长度 $L < L_{min}$，则出口水深将小于 h_c，且大于 h_0；出口流速 v_0 则大于临界流速 v_c，且小于收缩断面处的流速 v_1，现将出口流速分布状况汇列于表 14-52 和图 14-26。

涵洞出口流速　　**表 14-52**

涵洞坡度 / 涵洞长度	$i \leqslant i_c$	$i_c < i < i_1$	$i = i_1$	$i_1 < i < i_{max}$	$i = i_{max}$
$L < L_{min}$	$v_c < v_0 < v_1$	$v_c < v_0 < v_1$	$v_0 = v_1$	$v_1 < v_0 < 4.5-6$	$v_0 = 4.5 \sim 6$
$L \geqslant L_{min}$	$v_0 = v_c$	$v_c < v_0 v_1$	$v_0 = v_1$	$v_1 < v_0 < 4.5 \sim 6$	$v_0 = 4.5 \sim 6$

注：L_{max}为出口流速 v_0 达 4～6m/s 时的长度。

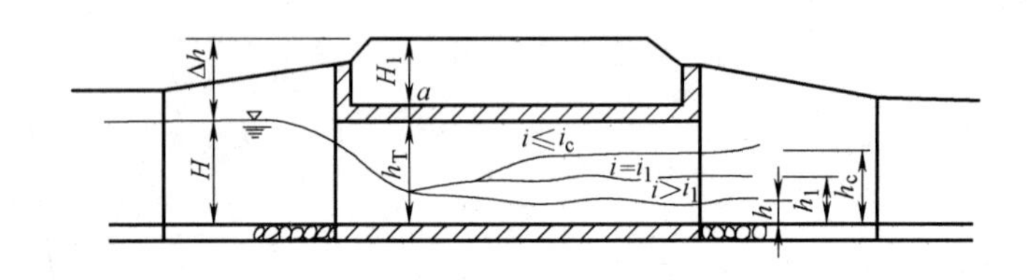

图 14-26　涵洞出口水深

4）最小路堤高度计算：

无压涵洞处的最小路堤高度 H_{min}，按公式（14-76）和公式（14-77）计算，并取其中一个较大值作为路堤高度。

$$H_{min} = h_T + a + H_1 \tag{14-76}$$

或

$$H_{min} = H + \delta \tag{14-77}$$

式中　H_{min}——最小路堤高度，即从涵洞进口处洞底到路肩的高度，m；

h_T——涵洞净高，m；

a——洞身顶板厚度，m；

H_1——涵洞洞身顶板外皮至路肩高度，m；

H——涵洞前水深，m；

δ——安全超高，一般为在涵洞前水位以上加 0.2～0.5m。

（3）半有压流涵洞的排洪流量计算：

1）排洪流量公式：

① 箱形涵洞：

$$Q = \varphi \omega_1 \sqrt{2g(H_0 - h_1)}$$

$$H_0 = H + \frac{v_0^2}{2g}$$

$$h_1 = \varepsilon h_T$$

② 圆形涵洞：

$$h_1 = \varepsilon d$$

式中　Q——涵洞排洪流量，m^3/s；

H_0——涵洞前总水头，m；

h_T——箱形涵洞净高，m；

d——圆形涵洞内径，m；

ω_1——收缩断面面积，m^2；

h_1——收缩水深，m；

v_0——涵洞前水流行进流速，m/s；

ε——挤压系数，可由表 14-53 查得；

φ——流速系数，可由表 14-53 查得。

ε、φ 值（半有压涵洞）　　**表 14-53**

进口类型	挤压系数 ε		流速系数 φ
	箱形断面	圆形断面	
喇叭口式端墙(翼墙高程两端相等者)	0.67	0.60	0.90
喇叭口式端墙(翼墙高程靠近建筑物一端较高,另一端较低者	0.64	0.60	0.85
端墙式	0.60	0.60	0.80

2）水力特征计算：

箱形涵洞：

① 先假定涵洞宽度 B 和净高 h_T：

则

$$h_c=\sqrt{\frac{Q^2}{gB^2}}$$

$$h_1=\varepsilon h_T$$

$$\omega_1=Bh_1$$

② 求涵前水深 H：

$$H=H_0-\frac{v_0^2}{2g}$$

$$H_0=\frac{Q^2}{\varphi^2\omega_1^2 2g}+h_1$$

若忽略$\frac{v_0^2}{2g}$不计，则 $H\approx H_0$。

③ 判别水流状态：

根据进口翼墙形式、洞身断面形状及 H/h_T 值，用公式（14-60）～公式（14-62），判别是否属于半有压流涵洞。

④ 临界流速和临界坡度计算方法与无压涵洞相同。圆形涵洞计算与箱形涵洞相同，只是将箱形涵洞净高 h_T 换成圆形涵洞内径 d。

3）出口流速 v：

当 $i\leqslant i_c$ 时，$v=v_c$；

当 $i>i_c$ 时，$v=v_0$。

（4）有压流涵洞的排洪能力计算：

1）排洪流量公式：

① 箱形涵洞：

$$Q=\varphi\omega\sqrt{2g(H_0-h_T)} \tag{14-78}$$

式中　Q——涵洞的排洪流量，m^3/s；

φ——流速系数，$\varphi=0.95$；

ω——涵洞的断面面积，m^2；

h_T——涵洞净高，m；

H_0——涵洞前总水头，m。

② 圆形涵洞：计算方法与箱形涵洞相同，只是将箱形涵洞净高 h_T 换成圆形涵洞内径 d。

2）水力特征计算：

① 涵洞出口流速：

$$v_0=\frac{Q}{\omega}$$

② 涵洞坡度不应大于摩阻力坡度 i_f：

$$i_f=\frac{Q}{\omega^2C^2R^2}$$

4. 淹没出流排洪能力计算：

涵洞出流为淹没状态，其排洪流量为：

$$Q=\varphi\omega\sqrt{2g(H_0+iL)-h_t} \tag{14-79}$$

式中　φ——流速系数，按下式确定：

$$\varphi=\sqrt{\frac{1}{\xi_1+\xi_2+\xi_3}}$$

ξ_1——入口损失系数，$\xi_1=0.5$；

ξ_2——沿程损失系数，$\xi_2=\frac{2gL}{C^2R}$；

ξ_3——出口损失系数，$\xi_3=1.0$；

i——涵洞底坡；

L——涵洞水平长度，m；

h_t——出口下游水深，m；

C——流速系数；

R——水力半径，m；

H_0——涵洞前总水头，m。

14.2.3　涵闸

排洪渠道穿越堤防时，为防止河水倒灌，在涵洞出口设置的闸门，称为涵闸。

1. 涵闸布置和构造要求

（1）直升式平板闸门涵闸：

涵闸主要由闸门、闸室、工作桥、出口段组成，如图 14-27 所示。

1）闸门：应用极为广泛，如图 14-28 所示。闸门启闭设备多采用手动或电动固定式启闭机，闸门多为钢木混合结构，也有采用钢结构或钢筋混凝土结构。

2）闸室：闸室设置在涵洞末端，与涵洞相连接处，一般设置变形缝，以防止由于地基不均匀沉降或温度产生裂缝。闸室包括底板、闸墩及闸墙三部分。底板基础埋深，一般要比涵洞基础深。底板通常采用钢筋混凝土或混凝土结构。

闸墩是用来分隔闸孔、安装闸门和支承工作桥，墩头一般做成半圆形或流线型。

闸墙位于闸室两侧，其作用是构成流水范围的水槽，并支撑墙后土壤不坍塌，因此闸墙可按挡土墙的要求布置，为减小墙后水压力，可在墙上设置排水孔，排水孔处设置反滤层。

3）工作桥：用来安装闸门启闭设备、进行闸门启闭操作以及供管理人员通行。桥面标高应不低于设计洪水位加波浪和安全超高，并满足闸门检修要求。

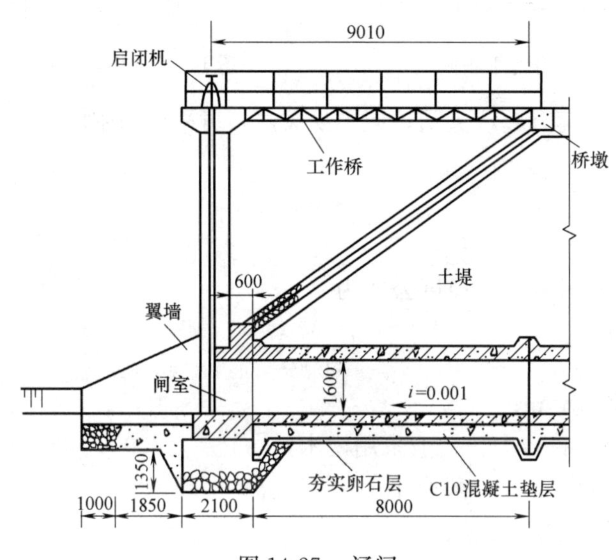

图 14-27　涵闸

4）出口段：

① 出口段是使水流出涵闸后，尽可能在全部宽度上均匀分布，因此在出口处设置导流翼墙，使水流逐渐扩散。

② 导流翼墙的扩散角度一般以 10°～15°为宜。

③ 为防止水流冲刷渠底，应根据出口流速大小及扩散后的流速来确定护砌长度，一般都护砌到导流翼墙的末端。

④ 当出口流速较大时，除加长护砌外，还应在导流翼墙末端设置齿墙，其深度应不小于 0.5m。

⑤ 若出口流速很大，护砌已不能保证下游不发生冲刷或护砌长度过长，可在出口段设置消力池以消除多余能量。

（2）横轴拍门式闸门涵闸：

这种涵闸，是将闸门安装在涵洞出口处，门轴安装在闸门顶部。在涵洞出口顶对称部位安装两个铰座，在闸门上相对位置安装两个支座，以门轴和铰座相连，使闸门能绕水平轴上下移动，如图 14-29 所示。

闸门的支座应对称布置在闸门中线的两侧，闸门高度和宽度，以满足闸门支承长度要求和安装止水要求为依据确定，支承长度不应小于 50mm。由于闸门开启和关闭是靠水压力来完成的，因此闸门的重量不能过大，应使配重后的密度略大于水的密度。

横轴拍门式闸门是不用启闭设备的简易闸门。多用于尺寸较小的涵闸工程上。这种闸

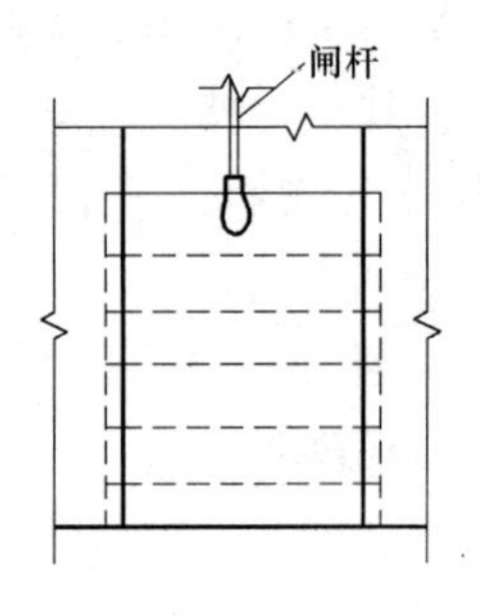

图 14-28　直升式平板闸门

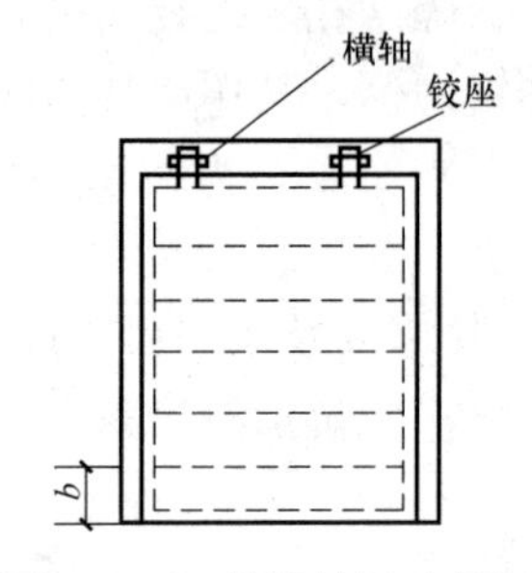

图 14-29　横轴拍门式闸门

门可利用内外水压差迅速升起或关闭，但不易关严，可采取将闸门向外稍倾斜的方式，使闸门关严。

2. 闸门设计

（1）闸门板厚度计算：

闸门板按受弯构件计算，其厚度公式为：

$$t=\left(\frac{6M}{[\sigma]b}\right)^{1/2} \tag{14-80}$$

式中　t——闸门板厚度，m；

$[\sigma]$——木板抗弯容许应力，一般采用松木，$[\sigma]=7000000\sim8000000\text{kN/m}^2$；

b——闸门板高度，m；一般取 1m 进行计算；

M——闸门板承受的最大弯矩，

$$M=\frac{1}{8}qL_0^2$$

L_0——闸门计算跨度，$L_0=1.05L$；

L——闸孔净宽度，m；

q——作用在闸门板计算高度 b 上的水压力：

$$q=\gamma Hb\ (10\text{kN/m})$$

H——闸门两侧最大水位差，m。

将 M 和 $[\sigma]$ 值代入公式（14-80）得：

$$i=0.0343LH^{1/2} \tag{14-81}$$

（2）启门拉力和闭门压力计算：

1）启门拉力 P_1：

$$P_1=\left[\frac{1}{2}\gamma Bf(h_1^2-h_2^2)+G-W\right]K \tag{14-82}$$

式中　P_1——启门拉力，10kN；

γ——水的重力密度，10kN/m^3；

f——闸门与闸槽的摩擦系数，可参照表 14-54 选用；

B——闸门宽度，m；

h_1——闸门前水深，m；

h_2——闸门后水深，m；

G——闸门自重，湿松木可采用 8000kN/m；

W——水对闸门的浮力，10kN；

K——安全系数，$K=1.2\sim1.5$。

摩擦系数值　　　**表 14-54**

材料名称	摩擦系数 f	材料名称	摩擦系数 f
木与钢(水中) 橡胶与钢(水中)	0.30～0.65 0.65	钢与钢(水中)	0.15～0.50

2）闭门压力 P_2：

$$P_2=\left[\frac{1}{2}\gamma Bf(h_1^2-h_2^2)-G+W\right]K \tag{14-83}$$

3）闸门螺杆计算：

在启闭闸门时，螺杆受到拉力、压力及扭力，要分别算出，再假定螺杆直径，并核算其容许应力。

① 螺杆扭力矩：

$$T=\frac{P_1r(\tan\alpha+\tan\beta)}{1-\tan\alpha\tan\beta} \tag{14-84}$$

式中　T——扭力矩，10kN·mm；

P_1——启门拉力，10kN；

r——螺杆平均半径，mm；

β——螺杆旋面的摩擦角，一般采用 5°～7°；

$$\tan\beta=0.087\sim0.123$$

α——螺杆螺旋的斜角，一般采用 3°～5°；

$$\tan\alpha=\frac{p}{2\pi r}$$

p——螺距，mm。

② 螺杆扭应力：

$$S_\tau=\frac{16T}{\pi d^3} \tag{14-85}$$

式中　S_τ——扭应力，$10kN/mm^2$；

d——螺杆净直径，mm。

闸门螺杆一般为Ⅰ级钢或Ⅴ级钢，其容许应力可按表 14-55 选用。

由锻材和轧制钢锻造闸门机械零件的容许应力（MPa）　　　**表 14-55**

应力种类	Ⅰ级钢		Ⅴ级钢	
	主要荷载	主要荷载和附加荷载	主要荷载	主要荷载和附加荷载
拉、压、弯曲应力	100	110	145	170
剪应力	65	70	95	105
局部承压应力	150	165	220	250
局部紧接挤压应力	80	90	120	135
孔眼受拉应力	120	140	170	195

注：局部紧凑挤压应力，针对不常转动的铰接触表面投影面积而言。

③ 闸门螺杆安全压力：

$$P=\frac{1}{4}P_c \tag{14-86}$$

$$P_c=\frac{\pi^2 EI}{L_0^2} \tag{14-87}$$

式中　P_c——螺杆临界荷载，10kN；

E——钢的弹性模量，$E=2000\text{kN/mm}^2$；

I——螺杆惯性矩，$I=\pi d^4/64$，mm^4；

L_0——螺杆的计算长度，mm；$L_0=0.7L$；

L——螺杆的实际长度，mm；

d——螺杆净直径，mm。

将公式（14-87）代入公式（14-86）得：

$$P=\frac{1}{4}P_c=4936\frac{d^4}{L^2} \tag{14-88}$$

公式（14-88）适用于 $L_0/R=0.7L/(d/4)>100$；若 $L_0/R<100$，则公式（14-88）不能应用，应按表 14-56 先求出螺杆的容许应力折减系数 φ，再求螺杆直径。

螺杆的容许应力折减系数 φ 值　　**表 14-56**

$\frac{L_0}{R}$	φ	$\frac{L_0}{R}$	φ	$\frac{L_0}{R}$	φ
10	0.99	50	0.89	90	0.69
20	0.96	60	0.86	100	0.60
30	0.94	70	0.81	110	0.52
40	0.92	80	0.75	120	0.45

④ 启门时扭应力与拉应力联合作用：

$$\sigma=(S_t^2+4S_\tau^2)^{\frac{1}{2}}<9000(\text{MPa}) \tag{14-89}$$

式中　S_t——拉应力，$S_t=\frac{4P_1}{\pi d^2}$，MPa；

S_τ——扭应力，MPa。

3. 启闭设备

（1）平轮式启闭机：

平轮式启闭机结构较为简单，闸门螺杆的下端固定于闸门上，上端有螺丝穿过平轮，平轮放于座架上，如图 14-30 所示。闸门螺杆螺距为 6～12.5mm，多采用矩形螺纹。

闸门启闭力为：

$$F=\frac{PS}{2\pi R\eta} \tag{14-90}$$

式中　F——闸门启闭力，10kN；

P——闸门重加上门在槽内的摩擦力，10kN；

S——闸门螺杆的螺距，mm；

R——平轮半径，mm；

η——螺丝对螺杆传力的效率，矩形螺纹为 15%～35%。

（2）蜗轮蜗杆式启闭机：

这种启闭机由蜗轮和蜗杆组成，蜗轮和蜗杆的关系与上述平轮式启闭机一样，摇柄上的力由蜗杆传到蜗轮，再传到螺杆，如图 14-31 所示。

1）闸门开启力为：

$$F=\frac{SS_1P}{4\pi^2RR_1\eta_1\eta_2} \tag{14-91}$$

式中　F——闸门启闭力，10kN；

P——闸门重加上门在槽内的摩擦力，10kN；

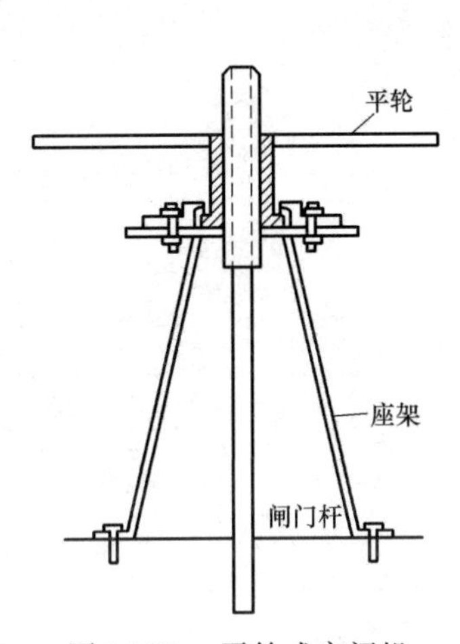

图 14-30　平轮式启闭机

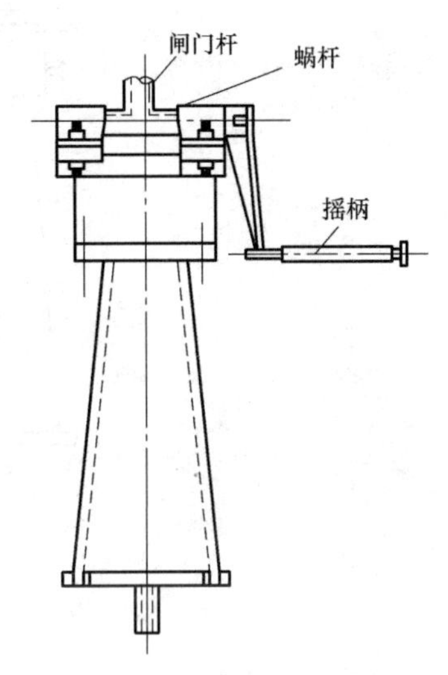

图 14-31　蜗轮蜗杆式启闭机

S——螺杆的螺距，mm；

S_1——蜗杆的螺距，mm；

R——摇柄的长度，mm；

R_1——蜗轮的半径，mm；

η_1——蜗杆与蜗轮之间的效率，约为 40％；

η_2——蜗轮与螺杆之间的效率，矩形螺纹为 15％～35％。

2）机械效益为：

$$\frac{P}{F}=\frac{4\pi^2RR_1\eta_1\eta_2}{SS_1} \tag{14-92}$$

此种形式的启闭机适用于开启重量较大的闸门，速度较慢，亦可改装成电动启动。

（3）八字轮式启闭机：

这种启闭机启门速度较蜗轮蜗杆式快，启门力较平轮式大，故广泛应用于小型涵闸上，其由一组互相垂直的八字轮构成，如图 14-32 所示。

闸门启门力为：

$$F=\frac{SRP}{2\pi RR_1\eta_2\eta_3} \tag{14-93}$$

式中　F——闸门启闭力，10kN；

P——闸门重加上门在槽内的摩擦力，10kN；

S——螺杆的螺距，mm；

R——摇柄长度，mm；

R_1——平轮的半径，mm；

η_2——平轮与螺杆间的传力效率，矩形螺纹节 $\eta_2=15\%\sim35\%$；

η_3——小轮与平轮间的传力效率，铸造齿 $\eta_3=90\%$。

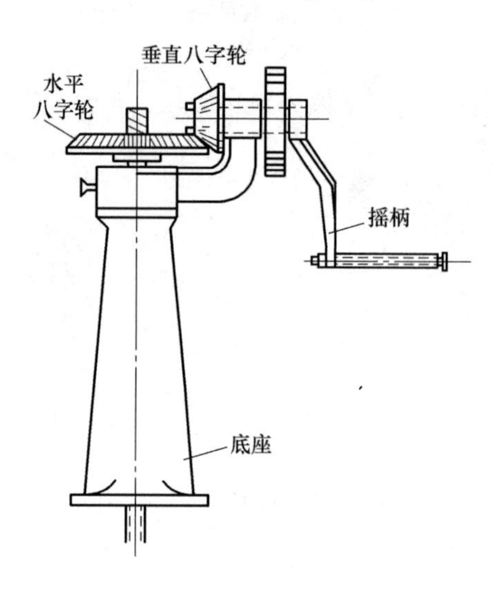

图14-32　八字轮式启闭机

14.3　引道及通行闸

14.3.1　引道

当土堤与道路交叉时，多采用引道从堤顶逐渐坡向道路的方式，引道有直交和斜交两种，如图14-33～图14-35所示。

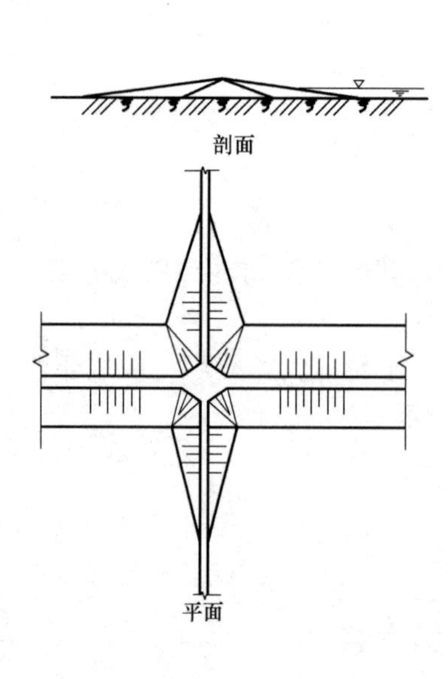

图14-33　与堤顶齐平的引道

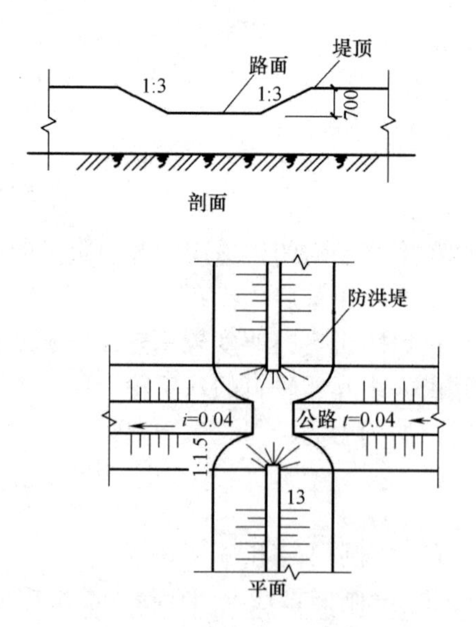

图14-34　土堤与公路正交的引道

引道一般与堤顶齐平，有时为了节省土方或满足道路坡度要求，引道顶低于堤顶，但过堤顶处的路面不低于设计洪水位。安全超高部分可在洪水期临时堵上。图 14-34 和图 14-35 为某市防洪堤与公路交叉的引道，堤高为 3m，堤顶宽为 3m，边坡为 1∶3。道路宽为 5m，公路路面与校核洪水位齐平，低于堤顶 0.7m，引道纵坡为 0.04。

堤顶作为道路时，可作侧向引道上堤，如图 14-36 所示。

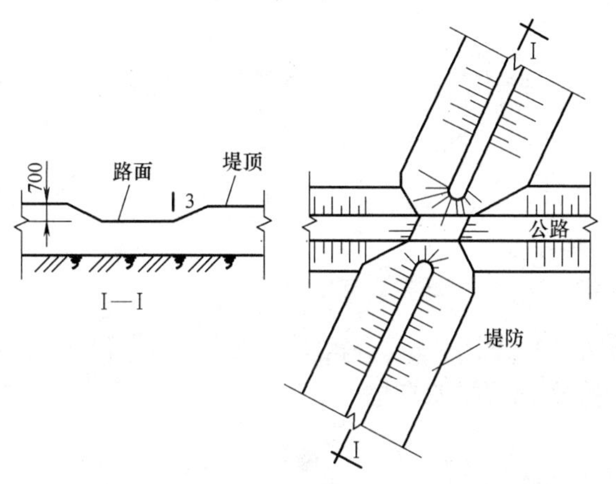

图 14-35　土堤与公路斜交的引道

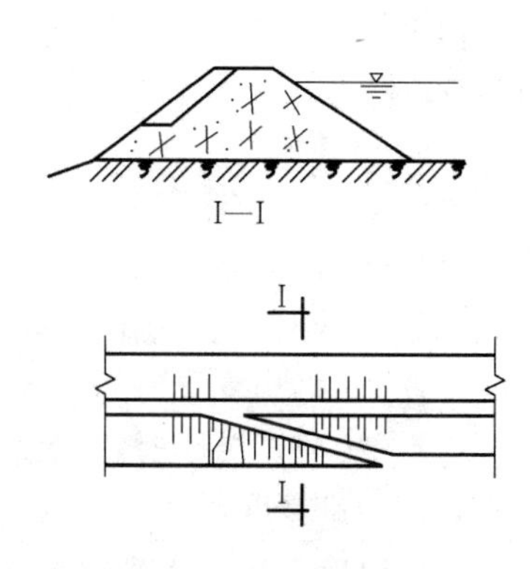

图 14-36　土堤的侧向引道

引道应保持平顺，使车辆能平稳通过，引道一般为直线，如必须设计成曲线时，其各项指标应符合公路部门规定。引道的纵坡应满足公路的要求，一般应不大于 5%。引道的构造应与道路同级。

14.3.2　通行闸

为了满足港口码头运输和寒冷地区冬季冰上运输的要求，在堤防上留闸口，作为车辆通行的道路。为防止洪水期进水，在闸口处设闸挡水，这种闸称为通行闸，若上部设置桥梁，则为桥闸。通行闸在枯水期和平水期间闸门是开着的，车辆可以正常通行。只有在洪水期，当水位达到关门控制水位时，才关闭闸门挡水；当水位退至开门水位时，开始开门。通行闸的关门和开门控制水位均在闸底板以下，因此，通行闸的闸门开关运行是在没有水压力的情况下进行的。通行闸闸门形式有人字式闸门、横拉式闸门和叠梁式闸门。

1. 人字式闸门

它通常用于闸门较宽、水头较高、关门次数较多的通行闸上。人字式闸门是由两扇绕垂直轴转动的平面门扇构成的闸门，闸门关闭挡水时，两门扇构成“人”字形，如图 14-37 所示。

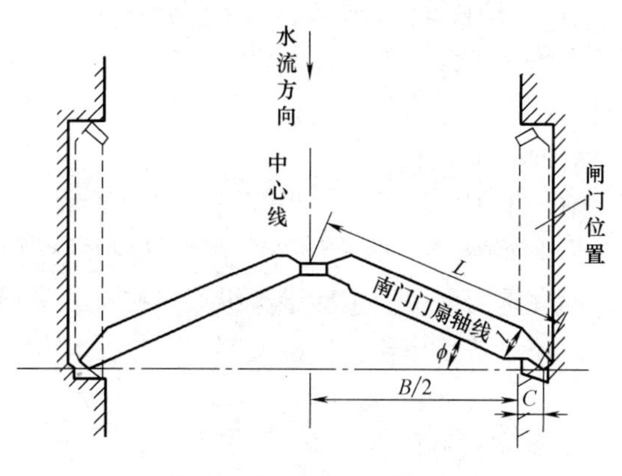

图 14-37　人字式闸门示意

人字式闸门由门扇、支承部分和止水装置组成，门扇是由面板、主横梁、次梁、门轴柱及斜接柱所构成的挡水结构；支承部分包括支垫座、枕垫座、顶框和底框等支承闸门的设备。

闸门关闭挡水后，闸门所受的水压力是由相互支承的两扇门构成的三铰拱所承受。闸门多为钢木混合结构或钢结构，构造简单、自重轻、操作方便、运行可靠。

平面人字式闸门可分为横梁式和立柱式两种，横梁式闸门的主要受力构件为横梁；立柱式闸门的主要受力构件为立柱（纵梁）。

人字式闸门的基本尺寸决定于闸口尺寸和设计水位以及关闭时门扇轴线与闸室横轴线间夹角的大小等。

（1）门扇计算长度：

门扇计算长度系指门扇支垫座的支承面至两扇门相互支承的斜接面的距离，可按公式（14-94）计算：

$$L=\frac{B+2C}{2\cos\phi} \tag{14-94}$$

式中　L——门扇计算长度，m；

B——闸首边墩墙面之间的口门宽度，m；

C——门扇支垫座的支承面至门龛外缘的距离，m，一般取（0.05～0.07）B；

ϕ——闸门关闭时，门扇轴线与闸室横轴线间的夹角，°。

（2）门扇厚度：

门扇厚度系指主横梁的中部高度，可按公式（14-95）计算：

$$t=(0.1\sim0.125)L \tag{14-95}$$

式中　t——门扇厚度，m；

L——门扇计算长度，m。

（3）门扇高度：

门扇高度系指面板底至顶的距离，可按公式（14-96）计算：

$$h=H_1-H_2+\Delta h\pm S \tag{14-96}$$

式中　h——门扇高度，m；

H_1——设计水位，m；

H_2——闸底板面标高，m；

Δh——设计水位以上安全超高；

S——闸门面板底部与闸底板面或闸槛顶面的高差，与止水布置有关。

（4）门扇轴线与闸室轴线间的夹角 θ：

夹角 θ 取值的大小关系到门扇结构承受的轴向压力与传递到闸首边墩上水平推力的大小及门扇长度，因此要通过方案来确定。

2. 横拉式闸门

适用于闸门较宽、水头较高、关门次数较多的通行闸上。它是沿通行闸闸口横向移动的单扇平面闸门，如图14-38所示。横拉式闸门一般由门扇、支承移动设备和止水装置组成。门扇是由面板、主横梁、纵梁、端架及联结系统所构成的挡水结构；闸门一侧设有闸库和启闭设备工作台。横拉式闸门一般采用钢木混合结构，制造安装简单、操作方便、运行可靠。

3. 叠梁式闸门

它是通行闸采用最早也是使用最普遍的闸门形式，如图14-39所示。这种闸门适用于闸门宽度较小、水头较低、关闭次数较少的通行闸上。一般可根据水头高低，设置一道闸门或两道闸门。在洪水位上涨至关门控制水位时，将叠梁闸放入闸槽内，并在背水面培土夯实，或在两道闸门之间，填夯实黏性土，以防止渗漏。叠梁一般采用钢筋混凝土结构或木材制成。

若通行闸的闸口较宽，可采用多孔通行闸。

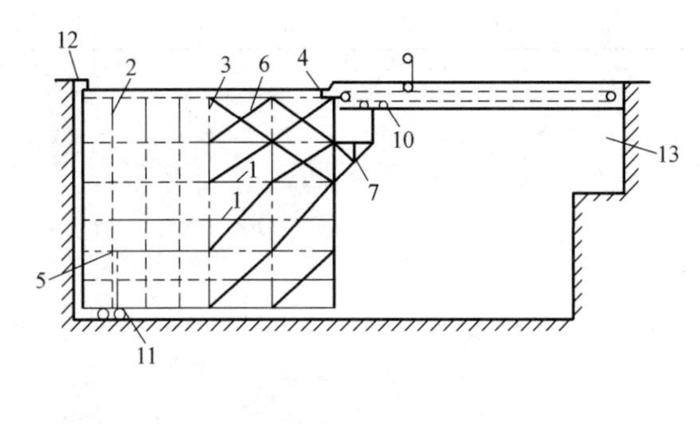

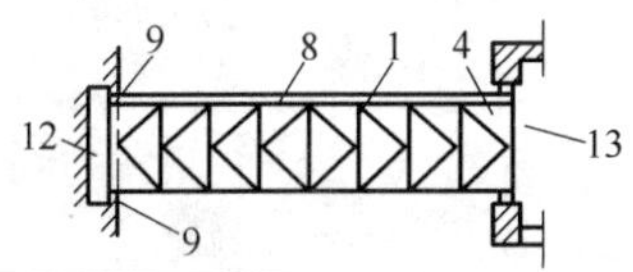

图 14-38 横拉式闸门构造示意

1—主横梁；2—次梁；3—竖立桁架；4—端柱；5—加强横梁；6—连接系统；7—三角桁架；8—面板；9—支承木；10—顶轮小车；11—底轮小车；12—门槽；13—门库

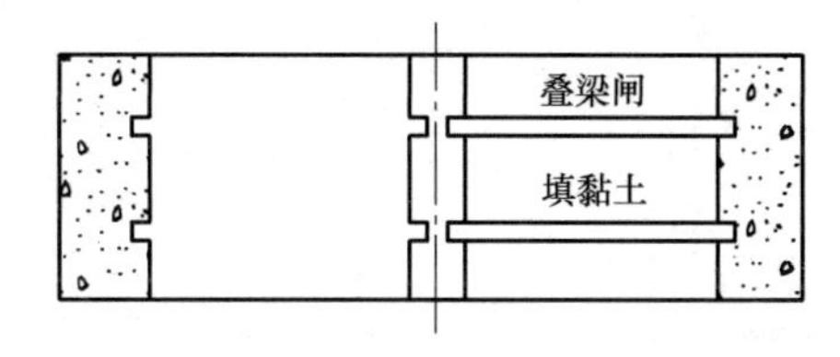

图 14-39 叠梁式闸门平面

14.4 渡槽

(1) 渡槽是跨越渠道、溪谷、洼地、铁路、道路的明渠输水建筑物。渡槽比倒虹吸水头损失小，管理运用方便，因而是常用的交叉建筑物。

(2) 在平面布置上，渡槽的进出口应尽可能与上、下游渠道顺直连接。渡槽与两岸连接时，进出口槽身的底部应深入挖方渠段，深入的长度最好为 2.5～3.5 倍的渠道水深，并使槽底渗径长度达到渠道水深的 4 倍以上，同时在进口首端与出口末端修建截水墙，以延长渗径，确保安全。当渡槽进出口与填方渠道连接时，宜待填方体预沉后再进行连接段的施工。当填方段为砂性土壤时，渠道底部应改填黏性土壤，厚度不得小于 0.5～1.0m，以加强防渗。

(3) 渡槽槽身一般采用矩形和 U 形断面，也有梯形、半椭圆形、抛物线形等。矩形槽身多为悬臂侧墙式钢筋混凝土结构，U 形槽身也多为钢筋混凝土制作，当跨径较大时可采用预应力钢筋混凝土，以利于抗裂防渗。

(4) 渡槽进出口渐变段长度应符合以下规定：

1) 渡槽进口渐变段长度，一般为渐变段水面宽度差的 1.5～2.0 倍；

2) 渡槽出口渐变段长度，一般为渐变段水面宽度差的 2.5～3.0 倍。

(5) 渡槽出口护砌形式与长度，应根据水流流速确定。护底防冲齿墙埋入地基深度不应小于 0.5m。

（6）渡槽内的水面，应与上、下游沟渠水面平顺连接，渡槽设计水位以上的安全超高值应符合表14-57的规定。表中建筑物级别按表3-3确定。

安全超高值（m）　　**表14-57**

建筑物级别	1	2	3	4
土堤、防洪墙、防洪闸	1.0	0.8	0.6	0.5
护岸、排洪渠道、渡槽	0.8	0.6	0.5	0.4

第15章 防洪管理

15.1 一般规定

(1) 城市防洪工程的工程类型多、密度大、标准高。因此，城市防洪工程设计应重视管理设计。城市防洪工程管理设计的主要内容包括：

1) 明确管理体制、明确管理机构设置和人员编制。做到组织落实、人员落实。只有这样，在我国社会主义市场经济体制逐步建立、由传统水利向现代水利和可持续发展水利转变的新形势下，才能最大限度地发挥城市防洪工程的效益，保障城市经济的可持续发展。

2) 划定防洪工程的管理范围和保护范围。

3) 做好观测设施、交通和通信设施、抢险设施、生产管理和生活设施的设计是防洪工作的保证。

4) 做好防汛指挥调度系统设计。

5) 运行期管理除原则性要求外，具体的管理细则应由管理者根据有关法律、法规及规范，结合工程运行的实际情况，编制调度运行管理规定。

6) 年运行管理费测算。

(2) 根据《中华人民共和国水法》的规定和工程实际需要，划定城市防洪工程管理范围和保护范围是一项政策性很强的工作。必须以防洪保安为重点，以法律、法规为依据，根据城市的自然地理条件、土地开发利用情况、工程运行需要及当地人民政府的规定划定。它是防洪工作的根本。

(3) 城市防洪工程设计，应依据现行的有关规定、规程、规范和标准为城市防洪工程管理设置必要的管理设施及必要的观测和监测设施。

城市防洪建筑物（主要指防洪堤、防洪墙、水库大坝、溢洪道、防洪闸和较大桥梁等）一般均应进行水位、沉陷、位移等的观测和监测工作。因此，城市防洪工程管理必须配备必要的管理设施及必要的观测和监测设施。以便随时掌握建筑物运行状态及检验工程设计、积累运行与管理资料，确保防洪工作正常运行，为持续改进提供资料和依据。

目前城市防洪工程中的各类单项工程都已有相应的管理、设计的规程、规范和标准，工程设计时可按相应规范要求进行。在这里只是强调应设置必要的观测、监测设施。

(4) 城市防洪工程管理应加强对辖区的洪水情况进行调查、研究、分析工作，对随时可能出现的各种洪水灾害情况，要做好各种洪水灾害的预防、处理的防护预案。

(5) 蓄滞洪区、超标准洪水处置区的运用，是为保证重点防洪地区安全和全局安全而牺牲局部利益的一项重要措施。蓄滞洪区的运用必须是有条件、有计划的运用，才能尽量减少淹没损失。城市防洪工程管理应重视这两个区域的防洪管理工作，建立相应的管理制度，才能将损失降低到最小。

（6）城市防洪工程管理设施、防汛指挥调度系统等应与主体工程同时设计、同时施工、同时投入使用。

15.2 管理体制

（1）城市防洪工程基本上是以防洪为主的纯公益性的水利工程，或者是准公益性的水利工程。城市防洪管理单位一般没有直接的财务收入，不具备自收自支条件，其管理单位大多为事业单位。按照国务院体改办2002年9月3日颁布的《水利工程管理体制改革实施意见》，应根据水管单位承担的任务和收益状况，确定城市防洪管理单位的性质。其划分如下：

1）第一类是指承担防洪、排涝等水利工程管理运行维护任务的水管单位，称为纯公益性水管单位，定性为事业单位。

2）第二类是指既承担防洪、排涝等公益性任务，又承担供水、水力发电等经营性功能水利工程管理运行维护任务的水管单位，称为准公益性水管单位。准公益性水管单位依其经营收益情况确定性质，不具备自收自支条件的，定性为事业单位；具备自收自支条件的，定性为企业。目前已转制为企业的，维持企业性质不变。

3）第三类是指承担城市供水、水力发电等水利工程管理运行维护任务的水管单位，称为经营性水管单位，定性为企业。

另外，由于城市防洪非工程措施建设包括很广泛的内容，而加强有关法规的编制和宣传工作，是当前城市防洪工作中的当务之急。在防洪工作中只有有法可依，才能做到有法必依。在建立健全有关法规体系的基础上，开展多种形式的宣传活动，提高公众参与程度，才能真正做好城市防洪工作。根据国外的经验，防洪保险也是一条行之有效的防洪非工程措施。在我国这方面的经验还比较少，建议有条件的地方开展防洪保险的试点工作。

（2）城市防洪管理的内容包括水库、河道、水闸、蓄滞洪区等的调度运用、日常维护和管理，同时，还与城市供水、水资源综合利用紧密地结合在一起，是一项涉及面很广的复杂管理工作。

《中华人民共和国水法》规定“国家对水资源实行流域管理与行政区域管理相结合的管理体制”。

《中华人民共和国防洪法》规定“防汛抗洪工作实行各级人民政府行政首长负责制，统一指挥、分级分部门负责”。

国家防汛总指挥部《关于加强城市防洪工作的意见》中要求“必须坚持实行以市长负责制为核心的各种责任制”、“建议城市组织统一的防汛指挥部，统一指挥调度全市的防洪、清障和救灾等项工作”。

根据上述法律法规文件精神，要求城市防洪工程设计时，应明确城市防洪管理体制，即应根据城市防洪工程的特点、城市防洪工程规模、管理单位性质，确定管理机构的设置和人员编制，明确隶属关系及相应的防洪管理职责与权限。

对于新建工程，应该建立新的防洪管理单位。对于改扩建工程，原有体制还基本合适的，可结合原有管理模式，进行适当调整和优化；如原有管理模式确实已不适合改建后工程的特点，也可建立新的管理单位。

目前，我国的水管理体制还比较松散，很多城市的防洪工程分别由水利、城建和市政等部门共同管理。在这种体制下，不可避免地形成了各部门之间业务范围交叉、办事效率低下、责任不清等状况，不利于城市防洪的统一管理，也不利于城市防洪工程整体效益的发挥，应逐步集中到一个部门管理，实施水务一体化管理。

15.3　防汛指挥调度系统

（1）城市防洪是一项涉及面很广的系统工程。除建设完整的城市防洪工程体系外，还需加强城市防洪非工程体系的建设。工程措施与非工程措施并用，才能最大限度地发挥城市防洪工程的效益。

防洪非工程措施，包括加强管理、通信、预报、预警等措施。

防汛指挥调度系统包括水库、河道、水闸等城市防洪工程的调度，也包括对非工程措施的管理。因此，建立防汛指挥调度系统是非常必要的。

（2）防汛指挥调度系统包括城市防洪调度预案的编制、水情自动测报系统、信息采集系统、通信系统、计算机网络系统和决策支持系统等几个方面。随着科技的发展，将来随时还会产生新的子系统。

（3）编制城市防洪调度预案和城市防洪超标准洪水调度预案是建立防汛指挥调度系统的基础。调度预案应在防御洪水方案和洪水调度方案的框架内编制。并应根据防洪工程的实际情况，按照河流流域防洪规划、城市防洪总体规划等有关规划的精神，对洪水调度方案进行细化，这样形成的预案才具有可操作性、可选择性，有利于有关部门进行决策。

（4）防汛指挥调度系统中的水情自动测报系统、信息采集系统、通信系统、计算机网络系统、决策支持系统的建设应符合国家防汛指挥系统建设的有关专业规范的要求。在其他专业规范中有详细规定的内容，原则上采用相应的专业规范，本标准不再赘述。

（5）防汛指挥调度系统应是一个实时的、动态的系统，在实际运行中应进行动态管理，结合新的工程情况和调度方案进行不断修订，不断补充完善。这其中既包括由于工程情况和调度方案的变化而造成的防汛指挥调度系统的修订，也包括随着科技的发展和对防汛指挥调度系统认识及要求的提高而需要进行的修订。

15.4　年运行管理费测算

（1）城市防洪安全是关系到社会安定、经济发展的大事。做好防洪工程的管理工作，必须要有稳定的经费来源作保证。因此，既要完善各项管理规章制度，又要落实管理费用，做到工程建设与工程管理并重。

城市防洪工程管理设计，应在工程总体经济评价的基础上，提出工程初期运行和正常运行期间所需要的年运行管理费用。它是有关部门筹集维护管理资金和制定相关的财务补贴政策的数值依据。

（2）测算城市防洪工程年运行管理费的工程项目包括：

1）主体工程；

2）配套工程及其附属设施；

3）管理单位生产、生活用房屋建筑工程。

（3）城市防洪工程的年运行管理费主要包括：

1）工资及福利费。包括基本工资、补助工资及劳保福利费等。

2）材料、燃料及动力费。包括消耗的原材料、辅助材料、备品备件、燃料及动力费。

3）工程维修费。包括主体工程及其附属工程的维修费、养护费、检修费及防汛抢险经费等。

4）其他直接费。包括技术开发费、工程测试费等。

5）管理费。包括办公费、差旅费、邮电费、水电费、会议费、采暖费、房屋修缮费及工会经费等。

（4）工程年运行管理费的计算原则和方法，应按照现行的《水利建设项目经济评价规范》SL72-94的有关规定执行。另外，可总结现有工程实际开支或参照有关工程测算，并应符合国家现行的财务会计制度。

（5）《中华人民共和国防洪法》第六章第四十九条规定“城市防洪工程设施的建设和管理费用，由城市人民政府承担”。

国家防汛总指挥部《关于加强城市防洪工作的意见》明确提出“城市防洪工程建设、维修和管理所需经费，主要应由地方自筹解决。与大江大河有密切关系的大城市防洪骨干工程，仍以地方为主，中央可予以适当补助。城市应从地方财政和城市维护建设费中拨出一定经费，按照城市防洪规划进行城市防洪工程建设和维修管理。同时还应按照‘谁受益，谁出资’的原则，采取多层次、多渠道的途径开辟资金来源……”。

城市防洪工程管理设计应根据国家有关法律、法规制定的精神，与城市政府相关部门密切配合，明确年运行管理费资金来源。